现代农业气象预报

主　编：景元书
副主编：高益波　谢新乔

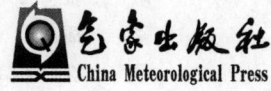

内 容 简 介

现代农业气象预报是应用气象专业的专业主干课程。本书是为高等院校开设应用气象学专业而编写的农业气象预报课程教材,也可供农、林、牧、渔业生产、管理部门和气象、生态、水文、土壤、地理等科研业务相关人员作为参考用书。全书共 10 章,以高等数学、统计分析结合智慧农业气象基本理论,阐述分析现代农业生产与气象服务问题,为农业天气、农产品品质评价、设施农业与温室气象预报等提供可靠工具。本书目标是通过理论讲解和实际案例分析,熟悉农业气象预报的种类与农用天气预报方法、农业气候评价预测方法、统计分析与智能预测、卫星遥感方法,掌握农田土壤水分预报、作物发育期预报、农业气象产量预报、农业病虫害预报等主要农业气象预报种类,了解农业气象预报业务系统等,为新农科教学改革与后续专业课程的学习打下坚实的基础。

图书在版编目(CIP)数据

现代农业气象预报 / 景元书主编. -- 北京 : 气象出版社, 2021.7
ISBN 978-7-5029-7463-3

Ⅰ. ①现… Ⅱ. ①景… Ⅲ. ①农业气象预报 Ⅳ. ①S165

中国版本图书馆CIP数据核字(2021)第112201号

现代农业气象预报
Xiandai Nongye Qixiang Yubao

出版发行:气象出版社	
地　　址:北京市海淀区中关村南大街 46 号　邮政编码:100081	
电　　话:010-68407112(总编室)　010-68408042(发行部)	
网　　址:http://www.qxcbs.com　E-mail:qxcbs@cma.gov.cn	
责任编辑:黄红丽	终　审:吴晓鹏
责任校对:张硕杰	责任技编:赵相宁
封面设计:地大彩印设计中心	
印　　刷:三河市百盛印装有限公司	
开　本:720 mm×960 mm　1/16	印　张:22
字　数:450 千字	彩　插:3
版　次:2021 年 7 月第 1 版	印　次:2021 年 7 月第 1 次印刷
定　价:75.00 元	

本书如存在文字不清、漏印以及缺页、倒页、脱页等,请与本社发行部联系调换。

《现代农业气象预报》编委会

主　　编：景元书（南京信息工程大学）

副主编：高益波（浙江省余姚市气象局）

　　　　谢新乔（云南省红塔集团）

编　　委：韩　玮（南京信息工程大学）

　　　　韩丽娟（国家气象中心）

　　　　杨继周（云南省红塔集团）

　　　　李湘伟（云南省红塔集团）

　　　　朱云聪（云南省红塔集团）

　　　　刘　霞（广东省广州市气象局）

　　　　陈继珍（南京信息工程大学）

　　　　李　根（南京信息工程大学）

　　　　马慧琴（南京信息工程大学）

序

我国是农业大国,围绕粮食安全、质量提升、生态改善、智慧农业等多项目标,坚持科技兴农、科技强农、科技富农,加快推进农业现代化与农业科技自主创新,意义重大。农业气象服务已成为农业现代化与经济社会发展中各级党委、政府最为重视、广大农业生产者最为需要的公共气象服务。农业气象预报是一种及时准确的专业性气象预报,对农业管理和生产部门制定合理农业政策、采取科学管理措施、确保农业生产可持续发展具有重要的指导意义。

面对中国新农村建设和乡村振兴面临的新机遇和新挑战,以及气候变化、农业气象防灾减灾、生态文明建设和乡村振兴战略等国家重大新需求,现代农业气象预报在农作物生长发育的动态监测与产量预报、农用天气预报、农业气象灾害风险与评估预警、农业病虫害气象监测预测、气候变化对农业生产影响预估,以及设施农业与温室气象预报、特色农业气象预报服务等方面,发挥着愈来愈重要的作用,为现代农业发展、国家粮食安全和农民增收增产做出了重要贡献。

南京信息工程大学景元书教授团队编写的《现代农业气象预报》专业课教材,内容充实,层次清楚。编写者在传统农业向高产、优质、高效、生态、安全的现代农业加快转变时期,辛勤耕耘,凝练了农业气象预报课程建设、实践教学经验与多年科研成果,系统深入地阐述了农业气象预报种类与方法、作物生育期预报方法、土壤水分预报实例、农用天气与设施农业气象预报、农业气象产量预报、农业气象灾害与病虫害预报等内容。该教材编写人员以较强的科研能力与丰富的实践阅历,阐述了现代农业气象预报中智能化预测、设施农业气象预报、气候品质评价预测等基本概念、基础理论与最新进展内容,形成了农用天气预报方法、农业气候评价预测方法、统计分析与智能预测方法、卫星遥感估测预测方法体系。不同的农业气象预报方法与具体农业气象问题案例结合分析,有利于培养学生在应用气象学科领域的思考能力、实践能力与创新能力,能够激发学生与相关农业气象工作者对农业气象预报问题的兴趣,开展全方位、全程化的智慧气象为农业精准化精细化服务。相信读者一定会受益匪浅。

南京信息工程大学重视高质量教材建设,加强政策支持和经费保障,大力推进

"三百工程"精品教材工作,注重先进教学内容与人才培养、专业建设和课程设置相结合,确保高质量教材进课堂。该教材出版也将促进农业气象预报与一流应用气象学专业建设,有助于培养具有创新能力的农业气象、应用气象及生态环境相关领域的卓越人才,促进农业气象预报技术能力进一步提高,引领现代农业气象学有更大的跨越!

教育部大气科学类专业教学指导委员会副主任
南京信息工程大学校长、教材建设委员会主任
(李北群)
2020 年 11 月

前　　言

现代农业气象预报是面向高等院校应用气象学专业开设的专业主干课程,可作为高等农业院校应用气象、作物、园艺、植物保护、资源环境、农田水利等相关专业的重要参考内容。本书将专门作为应用气象学专业、农业资源与环境及相关专业课程教材或参考用书。

农业是安天下的战略产业,"三农"问题始终是关系党和人民事业发展的全局性和根本性问题。没有农业农村现代化,就没有整个国家现代化。传统大田农业生产与现代温室大棚农业皆受气象环境的影响。气候异常和气象灾害对农业的不利影响呈不断加剧的趋势,对农业可持续发展和粮食安全构成了严重威胁。开展农业气象监测预报服务,对提高农业气象服务水平、增强农业防灾减灾能力、保障农业可持续发展有重要意义。掌握现代农业气象预报的种类和方法是有效开展农业气象科研、业务和服务所必须的前提,有助于农业气象工作者与农业研究人员从事有关农业气象产量预报与保障技术、作物种植面积遥感提取、作物长势监测与动态估产、作物发育期预报、农田土壤水分与病虫害预报、设施农业与温室气象预报、农业气象条件与灾害预报等工作。

作者在总结南京信息工程大学长期的课程教学和最新科研成果基础上,参阅了近十多年来国内外的研究成果,完成了本书的撰写工作。全书编写分工为:景元书、韩玮负责图书框架拟定、统稿、编写进度推进等;第 1 章为绪论,由景元书、李根编写;第 2 章为农业气象预报种类与方法,由景元书、韩玮编写;第 3 章为作物生育期预报,由高益波、马慧琴编写;第 4 章为农田土壤水分预报,由景元书、刘霞编写;第 5 章为农用天气预报,由景元书、韩丽娟、马慧琴编写;第 6 章为农业气象产量预报,由景元书、刘霞、韩丽娟编写;第 7 章为农业气候评价预测方法,由景元书、谢新乔、杨继周、李湘伟、朱云聪编写;第 8 章为农业气象灾害与病虫害预报,由景元书、马慧琴、谢新乔编写;第 9 章为统计分析与智能预测方法,由高益波、韩玮编写;第 10 章为卫星遥感方法,由景元书、李根、陈继珍编写。

在教材编撰过程中,中国气象科学研究院副院长周广胜研究员、江苏省气象局李亚春研究员在百忙之中为本书进行了认真审稿。教材反映了编写组承担江苏省农业气象重点实验室项目、江苏省应用气象学一流本科专业、教育部新农科研究与改革实践项目、南京信息工程大学教务处一流课程项目与专创课程项目、国家自然科学基金(41575111)、红塔集团项目(S-6019001)等取得的最新成果,应用气象学院陈一虹、娄运生、张雪松、张方敏、肖薇、李永秀、江晓东、刘春伟、张琪等同事,李根、韩湘云、浩宇、徐芸皎、谭孟祥、薛杨、王晗、何佳敏、王晓莹等研究生给予了很多支持与帮助,在此一并表示感谢。对本书中引用的国内外教材、著作和资料、图片的作者表示诚挚的谢意。参考文献难免有遗漏之处,请有关作者见谅。

尽管我们花费很多时间和精力完成了此书的编纂,但由于知识和水平的局限,不免存在不足和错误,敬请读者不吝指正。

景元书

2020 年 12 月

目　　录

序

前言

第1章　绪论 …………………………………………………………………… 1

 1.1　现代农业与农业气象预报概述 ……………………………………… 1

 1.2　现代农业气象预报服务发展 ………………………………………… 7

 1.3　现代农业气象预报的原则和步骤 …………………………………… 11

  思考题 …………………………………………………………………… 15

  参考文献 ………………………………………………………………… 15

第2章　农业气象预报种类与方法 …………………………………………… 16

 2.1　农业气象预报的理论依据 …………………………………………… 16

 2.2　农业气象预报数据审核 ……………………………………………… 20

 2.3　农业气象预报主要种类 ……………………………………………… 26

 2.4　农业气象预报的常用方法 …………………………………………… 31

  思考题 …………………………………………………………………… 35

  参考文献 ………………………………………………………………… 35

第3章　作物发育期预报 ……………………………………………………… 36

 3.1　作物发育期预报概念 ………………………………………………… 36

 3.2　作物发育长势监测 …………………………………………………… 36

 3.3　作物发育期常用预报方法 …………………………………………… 39

 3.4　作物发育期监测预报举例 …………………………………………… 56

  思考题 …………………………………………………………………… 61

  参考文献 ………………………………………………………………… 61

第 4 章　农田土壤水分预报 ··· 63

4.1　农田土壤水分预报原理 ·· 63
4.2　农田土壤水分动态监测 ·· 70
4.3　土壤水分预报实例分析 ·· 76
4.4　土壤水分监测系统 ·· 85
思考题 ·· 86
参考文献 ·· 86

第 5 章　农用天气预报 ·· 88

5.1　农用天气的特点及主要类型 ·· 88
5.2　农用天气预报内容及等级 ·· 98
5.3　大田农业气象预报实例 ··· 102
5.4　设施农业与温室气象预报 ··· 113
5.5　农用天气预报应注意的问题 ··· 119
思考题 ··· 120
参考文献 ··· 120

第 6 章　农业气象产量预报 ··· 122

6.1　农业气象产量预报意义与依据 ··· 122
6.2　趋势产量与气象产量处理 ··· 127
6.3　数据融合的作物生长与产量预测 ······································· 133
6.4　经济作物产量预报 ··· 161
6.5　未来气候变化对作物生长和产量评价 ··································· 166
思考题 ··· 168
参考文献 ··· 168

第 7 章　农业气候评价预测方法 ··· 170

7.1　气候演变的特点及其研究途径 ··· 170
7.2　农业气象预报中的气候学方法 ··· 173
7.3　农业气候中的作物品质评价 ··· 174
7.4　农业气候旱涝与冷暖趋势预测 ··· 187

7.5　气候学方法注意的几个问题 ·· 209
  思考题 ··· 210
  参考文献 ·· 210

第 8 章　农业气象灾害与病虫害预报 ·· 211
8.1　农业气象灾害类型与分布 ·· 211
8.2　农业气象灾害指标与预报 ·· 213
8.3　农业气象灾害风险预测 ·· 242
8.4　病虫害发生发展预报 ·· 245
  思考题 ··· 250
  参考文献 ·· 250

第 9 章　统计分析与智能预测方法 ·· 253
9.1　统计分析方法类别 ·· 253
9.2　多元回归预报稻飞虱发生等级 ·· 256
9.3　非线性回归分析晚稻光响应曲线 ······································ 259
9.4　基于主成分回归的日光温室内低温预测 ·························· 261
9.5　灰色理论与回归模型组合的土壤类型预测 ······················ 264
9.6　智能监测预测应用 ·· 267
  思考题 ··· 277
  参考文献 ·· 277

第 10 章　卫星遥感方法 ·· 279
10.1　农业生产动态监测 ·· 279
10.2　试验监测和过程监测指标集 ·· 292
10.3　定量遥感信息模型与反演 ·· 296
10.4　农作物种植面积遥感估测 ·· 301
10.5　卫星遥感方法监测预测应用 ·· 332
  思考题 ··· 339
  参考文献 ·· 339

第 1 章 绪 论

农业气象预报是农业气象科学的一个分支学科,它是气象为农业生产服务的有效途径之一。长期的生产实践使人们认识到,作为环境条件之一的天气、气候条件在相当大的程度上影响着农业生产进程。因此,分析、预测未来将要出现的天气气候条件对农业生产的利弊影响,以便管理者和生产者及早做好准备并采取相应的农业生产措施,是对农业气象服务提出的必然需求,它的作用是一般性气象预报不能替代的。

近些年来,随着全球气候变化愈演愈烈,世界各国政府均非常重视并加强了农业气象预测预报的研究和应用,促进了农业气象科学的发展。我国《现代农业气象发展专项规划(2009—2015年)》中指出,在由传统农业向高产、优质、高效、生态、安全的现代农业加快转变的关键时期,现代农业发展将对气象为农业的服务与支持提出更新更高的要求。针对现代农业的科学化、集约化、商品化和产业化,迫切要求我们用现代科学技术开展面向农林牧渔各业,全方位、全程化的农业气象业务服务,以满足现代农业发展的新需求。

本章主要阐述农业气象预报的目的和任务,农业气象预报服务及其组织,开展农业气象预报的一般原则与步骤等内容。

1.1 现代农业与农业气象预报概述

1.1.1 现代农业概念与基本特征

现代农业是我国现阶段农业结构战略调整的要求,是提高我国农业国际竞争力的要求,是增加农民收入的迫切需要,是适应当前社会消费需求、世界经济一体化和全球农业市场细分需要的必然结果。现代农业发展的趋势越来越呈现系统化、智能化、专业化的趋势,现代农业的发展应依据本区域内整体资源优势及特点,突出地域特色,围绕市场需求,坚持以科技为先导,高效配置各种生产要素,形成规模适度、特色突出、效益良好和产品具有较强市场竞争力的农业生产体系(张美萍,2020)。

农业的发展已有悠久的历史,它走过了从原始农业到传统农业再到现代农业的发展历史,农业的发展关乎民生福祉问题。现代农业的内涵从不同的角度有不同的定义,它的内涵随着时代的发展而不断丰富和更新,现代农业概念主要是涉及对农业发展阶段的划分问题。

现代农业是在传统农业的基础上发展起来,广泛应用现代科技、现代工业提供的生产要素和科学经营管理方法进行社会化生产的农业形态。

现代农业是从工业革命以来形成的农业,是逐步走向商品化、市场化的农业。这一阶段,农业在市场经济框架下,广泛运用现代工业成果和科技、资本等现代生产要素,农业从业人员不断减少,但农业劳动者具有较多的现代科技和经营管理知识,农业生产经营活动逐步专业化、集约化、规模化,农业劳动生产率得到大幅度提高(陶武先,2004)。其基本特征表现为:

(1)市场化程度日趋成熟。市场经济体制是现代农业发展的制度基础。这时期产品生产的主要目的不在于自给,而在于为市场提供商品以实现利润最大化。市场机制在资源配置中起着主导作用,市场体系日益完善,农业从生产成果到手段普遍商品化。除了农业最终产品即各种农产品外,各种中间产品、劳务和消费品以及其他农业生产要素,包括各种农业机械、化学肥料、农用化学品、良种及兽医服务等,都进入农业交换领域,甚至农民的生活消费也普遍成为商品性消费,农产品商品率得到前所未有的提高,农业打破了内部物质循环的局限性进而实现物质的开放式循环,从自给农业发展为市场化农业。

(2)工业装备普遍采用。工业装备是现代农业的硬件支撑。随着现代工业的发展,农业生产各个环节和整个过程,逐步由播种机、脱粒机、饲草收割机、水利灌溉设备等现代机械取代人力、畜力及手工工具。尤其是20世纪50年代以后,拖拉机和配套农具广泛使用,欧美的发达国家先后实现农业机械化、电气化、联合化。农业机械与计算机、卫星遥感等技术结合,新型材料、节水设备和自动化设备应用于农业生产,农田水利化、农地园艺化、农业设施化以及交通运输、能源传输、信息通讯等的网络化、现代化成为当代农业发展的基本趋势。

(3)先进科技广泛应用。先进的科技是现代农业发展的关键要素。19世纪中叶农业化学技术得到发展,欧洲率先突破只施用有机肥的传统,开始大量使用化肥;20世纪中叶部分国家进行了以杂交玉米、杂交小麦、杂交水稻为主的"绿色革命";之后生物技术和信息技术也逐步渗透到农业种质资源、动植物育种、作物栽培、畜禽饲养、土壤肥料、植物保护等各个领域,农业科研的领域和范围不断扩大,农业生产的深度和广度不断拓展,农业的可控程度大大提高,出现了"精确农业"等全新的农业发展模式。农业增产的60%~80%依靠科技进步来实现。与科技运用相适应,农业劳动者素质也得到普遍提高,先进的科技不断从潜在生产力转化为现实生产力,正成为推动现代农业发展的强大动力。

(4)产业体系日臻完善。完善的产业体系是现代农业的重要标志。与现代生产手段、生产技术相适应,农业发展突破了传统的产加销脱节、部门相互割裂、城乡界限明显等局限性,普遍通过农业公司、农业合作社带农户(家庭农场)等生产组织形式,使农产品的生产、加工、销售等各环节走向一体化。农业与工业、商业、金融、科技等不同领域相互融合,城乡经济社会协调发展,农业产业链条大大延伸,农产品市场半径大为拓展,逐步形成了农业专业化生产、企业化经营、社会化服务的格局。

(5)生态环境受到重视。注重农业经济与生态环境的协调发展,是现代农业发展的基本趋势。现代农业以化学物质的使用和能源(主要是石油)的大量消耗为开端,其发展虽然取得了巨大成就,但也带来了资源破坏、环境污染等突出问题。近年来,世界各国在农业发展中更加注重生态环境的治理与保护,重视土、肥、水、药和动力等生产资源投入的节约和使用的高效化,在应用自然科学新成果的基础上探索出"有机农业""生态农业"等农业发展模式。农业的可持续发展已经受到广泛的关注和重视,正成为全球农业发展的新理念和新趋势。

因此,加快推进互联网+智慧农业建设,包括现代种植业、现代养殖业、现代加工流通业和现代观光休闲农业等建设,对于保障国家粮食安全、保护消费者健康、促进农民增收、提高农业国际竞争力、保护生态环境具有重要意义。

1.1.2 农业气象预报内容

农业气象预报是根据农业生产对象对天气气候条件的需要而编发的一种专业性气象预报。它包括编制:①各种对农业生产有重要影响的农用天气预报;②根据作物生长前期和当前气象条件及发育状况,可能从事的农事活动及有关天气气候条件的预报;③结合未来天气演变而进行的作物生长、发育、产量、受灾害程度等的预报。农业气象预报需要针对农业生产的具体要求,根据过去和当前的气象条件,结合有关的农业气象指标,运用一定的分析和计算方法,编制关于未来的农业气象条件及其对农业生物和农业生产活动影响的专业性的农业气象报道。其任务在于鉴定并估算环境气象条件对预报对象可能产生的影响,并尽可能给出一个客观的和定量的预报结果(冯定原,1988)。

因此,按照农业气象预报的内容,大致分为以下7类。

(1)农用天气预报

作物播种、收获以及平时的施肥、喷药、灌溉等田间管理需要的天气预报等。

(2)农业气象条件预报

包括农作物生长期间热量条件及其供应状况的预报,农田土壤水分及灌溉量预报等。

(3)作物发育期预报

如小麦适宜播种期、成熟期预报,牧草开花期预报,果树开花期、成熟期预报等。

(4) 农业气象灾害预报

主要包括霜冻预报、冻害预报、冷害预报、干热风预报、农业干旱预报、连阴雨预报、渍涝预报和高温预报等。

(5) 病虫害发生发展气象等级预报

如稻飞虱、稻瘟病、小麦白粉病、赤霉病、玉米螟、红蜘蛛及蚜虫等病虫害发生发展气象等级预报。

(6) 作物产量与品质预报

主要包括水稻、小麦、玉米、油菜、大豆、棉花、花生等粮油作物的单产、总产和全年粮食总产预报,也包括一些经济作物及果树等的产量和品质预报。

(7) 森林草原等特色气象预报

包括森林与草原火险气象等级预报、载畜量气象预报、生态气象预报、茶叶气象预报、赏花气象预报等。

有关农业气象预报的知识和经验,在我国传统农业生产实践中早有流传。例如预报农作物适宜播种期,有"清明到,把种泡""枣发芽、种棉花""寒露早,立冬迟,霜降种麦正当时"等农谚。预报农作物生长发育速度和收获期,有"花见花,四十八""穗见穗,一月对""小满收油菜,芒种割麦子""大暑割早稻,白露割中稻,寒露割晚稻"等农谚。预报旱涝灾害对农业生产的影响,有"前旱不算旱,后旱丢一半""伏旱不要紧,秋旱要了命"等农谚。预报产量和年景趋势,有"瑞雪兆丰年""阵头(指热雷雨)多,稻禾款"等农谚。尽管这些农谚使用时具有一定的地域限制,但反映了广大农民群众在进行农业生产过程中对农业气象预报的需求和将其主动用于指导农业生产的认知。学习、总结这些朴素的农业气象知识和经验并把它提高到一个新的水平,对于发展我国现代农业气象预报业务和服务,具有十分重要的意义。

在我国《现代农业气象发展专项规划(2009—2015年)》中,明确提出了现代农业气象预报应优先发展的内容,主要包括:围绕国家粮食安全和现代农业发展的需要,开展多元化、多时效的农用天气、农业年景、作物产量、特色农业产量与品质、土壤墒情与灌溉、关键物候期和农林病虫害发生发展气象条件等级等的动态化和精准化预报,为农产品出口贸易,国内收购、调拨与储运,农业生产管理与决策,以及为农民及时提供农业气象预报信息服务等。

1.1.3 农业气象预报与一般性气象预报的区别

农业气象预报与一般性气象预报,既有联系也有区别。联系是指两者均要预测未来将要出现的天气气候条件,对农业气象条件的分析和预报所采用的方法和使用的工具与一般气象报道基本相同。主要区别在于其预报的具体内容是否针对当前农业生产,有无结合确切的农业气象指标,具体表现在:

(1)农业气象预报是根据农业生产的实际需要而编发的专业性气象预报,是在分析过去、当前和未来的水文气象条件并鉴定其对农业生产影响的基础上,而编制的关于农作物生长发育和产量状况、各种农业生产活动进行的适宜时期和气象条件、各种农业气象灾害发生的时间及其危害程度、农用天气条件等方面的报道。而一般性气象预报则不针对某一具体行业和部门的特殊需要,许多行业和部门都可以一般性地使用,具有通用性。

(2)从服务报道时段上看,农业气象预报关注未来某段时间内农业气象条件及其对农业生物和农业生产活动的影响,在非农业生产区域、季节和非关键时期可以不开展农业气象预报或不作为重点服务的时期,而一般性气象预报一年四季都要按时编制。

(3)从报道内容和服务形式上看,农业气象预报要针对当地、当时农业生产中的主要气象问题,报道主要农业气象条件的状况及其对农业生产的影响,而那些与农业生产关系不大的气象条件和气象要素可以不予报道,报道的形式也是灵活多样的,而一般性气象预报在不同的地区和时期,报道的内容和形式比较固定。

(4)开展农业气象预报必须结合具体的农业气象指标,进而具体分析和鉴定气象条件对农业生产的利弊影响。农业气象指标是表示农业生产对象和农业生产过程对气象条件的要求和反应的定量值,是衡量农业气象条件利弊的尺度,是开展农业气象工作的科学依据和基础。

例如,大田生产中一般以日平均温度稳定通过 10~12 ℃作为南方适宜早稻播种的指标温度,如果播种后,日平均温度连续 3 d 以上低于 12 ℃,则作为烂秧天气指标。如果某气象台站预报:3月下旬平均气温 12~13 ℃,比历年同期偏高 0.5~1.0 ℃;降水量 20 mm 左右,比历年同期偏少 1~2 成;主要天气过程出现在 3 月 22—24 日和 29—30 日等。那么这份预报就没有考虑具体农业生产对象对气象条件的要求,没有结合确切的农业气象指标,没有说明气象条件对农业生产影响的情况,尽管这份预报对当地的农业生产有一定的参考价值,但这只是一份一般性的气象预报,不是农业气象预报。如果能进一步针对早稻播种和育秧需要,结合水稻适宜播种的温度指标和烂秧指标,预报出温度稳定通过 12 ℃出现的日期,以及容易造成烂秧的低温阴雨天气和适宜秧苗生长的连续晴暖天气出现的时段,并通过综合分析提出早稻适宜播种日期的预报结论,那就是农业气象预报。

农业气象预报是将一般性气象预报用于服务农业生产的具体表现形式,是对一般气象预报服务产品的进一步解释应用。农业气象预报和情报比一般性的气象预报和情报更具体、更确切地回答了农业生产中提出的气象问题,并结合了农业气象指标对某些气象条件进行分析和鉴定,有很强的针对性。因此,农业气象预报是一般气象预报无法代替的,并深受农业部门和生产单位的欢迎。

1.1.4 农业气象预报任务

气象条件是影响农业生产的重要自然环境条件之一,在任何地区从事传统农业生产,不仅要与当地的气候条件相适应,还必须与当年的天气条件相适应。某一地区各年气象条件的变化,必然导致年际间农业作物产量的波动,并且对该地区作物构成、品种搭配比例、农事作业时间的早晚、采用的耕作栽培技术措施等也有重要影响,进而影响作物产量(申双和 等,2017)。

世界气象组织(WMO)的资料显示,仅降水条件的变化可决定印度小麦产量变化的 75%,决定美国高草原小麦产量变化的 36%~80%,说明受气象条件影响的粮食产量年际间波动幅度较大。我国是季风性、大陆性气候特点明显的国家,每年各地均有不同程度的旱涝、酷暑、低温等农业气象灾害频繁发生,造成我国粮食产量较大波动。因此,必须因时、因地制宜,充分考虑气象条件的综合配置对自然农业生产过程和最终产量、品质形成的影响。主动、及时地向当地农业主管部门、生产单位提供当前或未来与农业生产关系密切的天气、气候方面的可靠气象资料,并分析和鉴定这些气象条件对作物、牧草的生长发育、禽畜的舍饲、放牧及各项农事活动(如播种、排灌、施肥、防治病虫、防御气象灾害和收获等)等产生的有利作用和不利影响,进而提出趋利避害、促进生产的农业对策及应采取的农业技术建议措施,这对于农业领导部门制订安全生产计划、进行作物布局、掌握生产的主动权具有重要的参考价值。同时,为生产部门总结农业生产经验,适时地采取积极的农业技术措施进行防灾抗灾提供重要依据。

近几十年的全球气候变化,使作为农业主体的作物生产与粮食安全受到重要影响。数据表明,全球平均气温每升高 1 ℃,非洲干旱地区农作物产量将减少约 10%。气候变化背景下我国的粮食安全已受到严重威胁,2020—2050 年我国农业生产将受到气候变化的更严重冲击。积极倡导加强农业气象预报工作,通过预测未来气候可能变化,评估农业生态系统对气候变化的响应,以最大限度地减少气候变化带来的不利影响,从而保证粮食安全,特别强调开展保障农业可持续发展的农业气象灾害防御和预警应急工作势在必行(赵俊芳 等,2010;UNDP,2007)。

在我国,随着现代农业的发展和社会主义新农村建设进程的深入,面对农村改革发展的新形势和发展现代农业对气象提出的新需求,充分利用有利的农业气象条件,防御不利的农业气象因子,以谋求农业取得高产、优质、高效、生态、安全,这是现代农业气象预报服务的最终目的。新时期、新形势下,现代农业气象预报服务工作的任务,不仅要为传统种植业,也要为特色农业、设施农业、畜牧业、水产养殖业、林(果)业及储运、加工等环节提供农业气象服务保障,以坚实的理论和现代化的业务技术支撑,提供多元化、精准化、规范化、集约化的农业气象预报信息服务,使各级政府和农业生产领导机关增强指挥农业生产的预见性和计划性,减少盲目性,为发展现代农业、保障国家粮食安全、应对气候变化、强化农业防灾减灾、建设社会主义新农村和小康社会等助力。

1.2 现代农业气象预报服务发展

1.2.1 农业气象预报的发展

世界范围内,近代农业气象业务始于19世纪后半叶,关于农业气象预报和情报的系统性研究则始于20世纪初。以20世纪20年代英国的费希尔教授把统计学方法应用于农业气象研究为代表,为后来的农业气象统计预报方法的发展奠定了基础。从服务内容看,世界各国农业气象预报服务开展得很广泛,对农、林、牧、渔、果、菜等均有涉及。如美国在20世纪20年代初就编制了太平洋沿岸的水果冻害预报和森林火险预报;日本自20世纪30年代起在水稻低温冷害预测方面开展了研究;苏联在20世纪40年代—50年代则致力于物候期和土壤水分预报的研究和试验,制定了一系列的编制预报和开展服务的指导性规则,并于1959年编写了第一本《农业气象预报方法》。至于主要农作物产量形成条件及最终产量预测,则是世界各国普遍开展的一项农业气象预报服务。20世纪60年代,由于电子计算机、卫星和遥感等先进科学技术的发展和应用,在植物生理学和数理统计学进展的基础上,农业气象预报服务进入了一个新的客观化、定量化和自动化的创建发展阶段,各种作物生长模拟模型率先被美国、苏联等国家陆续用于作物长势监测、产量预测等农业气象预报服务中。进入21世纪,一些在农业气象观测仪器设备先进、业务自动化和网络化程度较高、计算机和卫星遥感信息技术应用较广泛、先进数学模型应用较普遍的国家,已经在科技支撑和气象业务技术水平上具有一定的领先地位。随着目前全球数据化、信息化、网络化技术的日新月异,气象预报与气候预测服务也必将迎来一场深刻的变革(Tang, 2020;Sales et al.,2021)。

我国气象科学技术源远流长,古代劳动人民总结了大量的农业气象经验,大多以谚语的形式留存于世。真正意义上的农业气象预测报告是发表在20世纪30年代末的《华北棉产汇报》上,题名为《本年度华北棉产第一次预想情况》。20世纪50年代末,我国开始试验作物发育期和土壤水分预报,并开始发布《农业气象旬报》,农业气象预报和情报服务工作正式起步。20世纪70年代中后期—80年代中期,农业气象产量预报技术得到迅速发展,在气象部门建立起农业气象产量预报业务,预报精度和时效均达到了国际先进水平,深受各级政府和生产部门的欢迎。20世纪80年代中后期—90年代,气象部门利用气象卫星遥感信息进行作物长势监测和综合估产技术,取得了重大进展,开拓了气象卫星监测为农业生产服务的新领域,推动并健全了国家、省、市、县4级布局的农业气象业务服务体系,成为我国开展最早、发展最成熟的专业气象业务。至此,农业气象业务在为农服务中,逐步显现出其不可替代性。21世纪以来,随着各种现代化信息加工处理技术和设备的广泛使用,4S(GPS(全球定位系统)、RS(遥感)、GIS(地球信息系统)、DSS(决策支持系统))技术和互联网技术等的普遍应用,各项现代农业气象预报服务的科技含量和技术水平也得到迅速发展,农业气象预测预警能力不断提高。

中国气象局农业气象预报业务发展大事记主要有:

(1)1954年,中央气象局成立农业气象管理机构,组织开展全国范围的农业气象情报预报业务工作。

(2)1958年,中央气象局首次发布《全国农业气象报告》服务产品。

(3)20世纪60年代初,初步形成国家、省(区、市)、地、县农业气象情报预报服务多层次日常业务。

(4)1973年,农业气象工作开始恢复发展。1974—1978年,我国相继开展了寒露风、干热风、南方秋季水稻低温冷害的科研协作和气象服务工作。

(5)1985年,全国农业气象工作会议召开,全国农业气象业务工作得到全面快速发展。

(6)1989年,国家气象局下发《农业气象产量预报业务服务工作暂行管理办法》,农业气象产量预报业务服务工作得到进一步加强。

(7)1995年,中国气象局把农业气象服务正式纳入气象基本业务,并于1997年印发了《农业气象观测质量考核办法》(试行)、《农业气象预报质量考核办法》(试行)、《农业气象情报质量考核办法》(试行),使得农业气象业务服务逐步走向规范化和制度化。

(8)2002年以后,国家级作物产量预报由国内拓展到国外,开展了美国大豆产量预报技术研究和业务系统建设,并不断拓展国外作物产量预报的种类和地域范围。

(9)2005年以来,国家级业务部门开展了多模型农业气象业务技术集成。

(10)2006年以后,国家级业务部门开展了作物病虫害气象预测业务技术研究。

(11)2012年,国家气象中心成立"作物模型业务化应用创新团队"。

(12)2015年,农业气象业务迈向格点化、精细化、精准化。

(13)2020年,发展"互联网+"的智慧农业气象服务,提高农业气象预报与服务质量。

1.2.2 我国农业气象预报服务的组织基础

世界各国有一套相应的农业气象业务管理、服务机构和详尽的计划作为其组织基础。大多数国家的农业气象服务机构设立在气象部门,专门开展农业气象预报及其相关服务工作。少数国家如日本,它的许多农业气象预报是由气象部门配合农业部门编发的。美国农业气象业务设立在农业部,由农业部、气象局和美国国家海洋大气局(NOAA)等多部门联合发布预报服务产品。欧盟农业气象业务产品主要由欧盟联合研究中心发布。我国的农业、气象部门及相关科研院所都设有农业气象机构,专门负责农业气象科学研究和开展农业气象预报服务、管理工作,但就开展服务的经常性和广泛性来说,则以气象部门为主。

(1) 农业气象服务体系

在我国,做好气象为农业生产服务历来是党中央、国务院对气象工作的明确要求。气象部门始终把气象为农业服务作为首要任务,在农业气象的监测、情报、灾害防御,农业气候区划及资源开发利用,农作物产量预报等方面开展了大量富有成效的工作,在为农服务中发挥了重要作用。自20世纪60年代初,初步形成国家、省(区、市)、地市、县农业气象情报预报服务的多层次日常业务以来,预报业务体系不断充实完善,目前已经形成国家、省、市、县全过程、多时效、针对性的4级农业气象业务,加上乡、村,共6级服务网。

其中,国家气象局设有农业气象处,负责全国农业气象组织建设和业务管理,编制农业气象业务工作发展规划及年度计划,制定各种农业气象业务指南,指导各省(市、自治区)气象局开展农业气象服务业务和进行业务管理;各省(市、自治区)气象局业务处下设农业气象科(组),配有农业气象业务管理人员,负责本省(市、自治区)的农业气象业务管理和服务业务的组织工作;市、地区气象局的业务科中配有农业气象业务管理人员,和县气象站的农业气象员一起,具体负责开展对本地区或县的农业气象预报等服务工作,同时市、地区气象局的农业气象机构对所属县站的农业气象预报等服务工作也负有组织管理和指导的责任。部分地区已建设乡镇气象信息服务站,配有气象协理员,建立不同地区、不同作物的针对性农业气象指标、模型体系,对包括春耕春播、夏收夏种、秋收秋种等重要农业生产管理过程中的关键农事季节,围绕冬小麦、夏玉米等重要粮食作物的主要生育阶段,开展多时效(日、周、旬、月、季、年)的多种预报和预警服务,促进发展现代农业、增加农民收入。

河南省农业气象服务平台功能框如图1.1所示,系统功能分为3部分:农业气象服务产品展示、气象资料地图查询和后台管理维护。在农业气象服务产品展示模块下包含若干子模块,分别完成对首页、农气产品展示、农产品价格信息、专家答疑等内容的访问。农气产品展示模块展示的信息有农气预报、农气情报、农气灾害、专题服务、遥感监测、土壤墒情、气候资料、特色农业等。气象资料地图查询模块支持对雨量、多要素自动站、自动土壤水分站、紫外线和闪电观测等数据的查询和显示。后台管理维护模块为业务用户提供了服务产品管理和用户管理等功能,为管理员提供了增加产品类型定制和页面配置等功能。

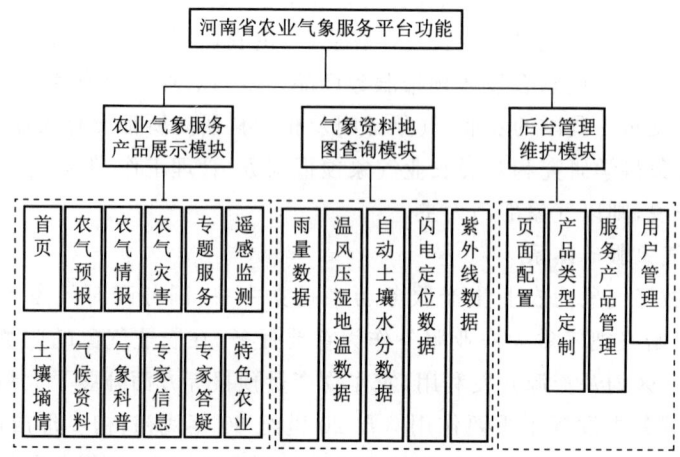

图 1.1　河南省农业气象服务平台功能框(薛龙琴,2015)

(2)农业气象观测站网建设

1980 年我国重新组建农业气象观测站网。截至 2020 年,已形成了由 653 个农业气象观测站和 2750 个自动土壤水分观测站组成的农业气象观测站网,其中包括 70 多个农业气象试验站。各级农业气象观测站主要承担农作物、畜牧、林木、果树、蔬菜、水产养殖、土壤湿度、农业气象灾害、自然物候和农业小气候等项目观测,使用统一的观测技术规范和资料传输方式,按作物或年度报送农业气象记录报表,为开展农业气象预报服务和科学研究提供了必要的情报和资料。

(3)服务计划

要搞好农业气象预报服务,除了有严密的组织机构、精良的仪器设备及较高的人员业务素质之外,还必须有周密的服务计划。我国地、县等基层农业气象服务人员,通过调查研究当地常年各季节农业生产对农业气象预报和情报服务的需求,逐步制定了农业气象服务计划,其最常见的形式是"农业气象服务一览表"。农业气象服务一览表是把全年各农业生产季节对农业气象服务的具体要求、服务的项目、农事活动的种类、需要的农业气象指标、需考虑采用的农业技术措施,以及当地的基本气候特点、重大的和常见的灾害性天气现象、各主要作物各发育时期有利的和不利的农业气象条件等都编制在一张大表上,可以使农业气象服务做到心中有数、有的放矢。

在农业气象服务一览表的基础上,为了进一步加强气象台站的农业气象预报服务,促使农业气象服务工作经常化和制度化,提高服务质量,一些气象台站提出了按照时间顺序安排农业气象服务的计划。如"周年农业气象情报和预报服务大纲"或"服务方案"等服务形式,就是根据当地全年农业生产中存在的有关农业气象问题及其对农业气象预报(情报)服务的要求,按照时间顺序,排列出每个时期应该开展的农业气象预报和情报项目、内容。例如某地每年3月应该开展早稻育秧预报服务,4月应该开展小麦赤霉病预报服务,7月应该开展早稻灌浆期间的高温天气预报和情报服务等。又如南京地区在设施农业气象服务中,制定了大棚蔬菜气象服务季节方案(表1.1),气象部门可立足此表,根据不同服务重点,通过制作多种服务产品,利用多种服务方式,将预报信息送到服务对象手中,涉及服务的内容更加全面。总之,无论哪种形式的服务计划,都是农业气象服务的工作历和实用技术指南,有了它可使农业气象预报工作目标明确,任务具体,便于及时、有效地开展农业气象服务。

表1.1 大棚蔬菜气象服务季节方案

月份	生育期	气象条件	气象灾害	服务指标		服务重点	服务产品	服务方式	服务对象
				灾害指标	适宜气象条件				
9	秋延后定植 冬春茬播种、育苗 越冬茬播种、育苗	月平均气温 18~20℃ 月平均日照:142~176 h 最长连阴雨日数:15~17 d	阴雨寡照 低温	天气连阴4~5 d,植株叶片变色,黄瓜灰霉病发生;连阴7 d,植株龙头变黄,黄瓜霜霉病、白粉病、西红柿晚疫病发生	番茄发芽期有效积温175~180℃·d;黄瓜花芽分化适温25~30℃·d	育苗期连阴雨趋势预报及服务;设施蔬菜主产区气候资源评价	设施农业气象报告(连阴雨趋势预报、低温预报预警等)	短信为主,书面材料为辅	政府、农林局、各街镇、龙池生态园、超大蔬菜等农业大户
10	……								
11	……								
12	……								

1.3 现代农业气象预报的原则和步骤

1.3.1 农业气象预报的一般原则

农业生产及生产过程复杂多样,因此在编制农业气象预报时,一般应掌握以下原则。

(1)要抓住影响当地当前农业生产中存在的关键气象问题,积极、主动、及时地开展预报服务

农业生产从种到收,需要开展农业气象预报服务的情况和问题很多。对于地、县基层气象台站来说,要想开展好农业气象预报服务,使之在促进和保障当地农业丰产稳产中真正发挥作用,就需要经常深入当地农业生产实际,了解和熟悉农业生产,抓住影响当前农业生产的关键气象问题,作为开展农业气象预报服务的主要内容(冯定

原,1988)。

农业生产和天气气候条件都具有明显的地域性,因此各地农业生产实践中存在的气象问题不完全相同。例如南方地区春秋季节的低温连阴雨和夏季的高温伏旱,北方地区的春季干旱,初夏的干热风和春秋霜冻,都对农业生产有重要影响,是当地农业生产中的关键气象问题。即使同一地理纬度,情况也不完全一样,例如沿海注意台风,山区注意低温,内陆平原湖区怕雨涝湿渍害等等。如果这些不利气象条件明显影响当地当前农业丰产稳产,那就是关键气象问题,就应该密切关注,紧紧抓住。如果避开这些关键气象问题,只是泛泛开展一般性的农业气象条件预报,势必年年如此,月月相同,或者不分清主次和轻重缓急,"眉毛胡子一把抓",其服务效果肯定不会很好。因此,开展农业气象预报服务,一定要注意抓住关键气象问题,克服一般化,有重点地进行。

此外,围绕关键气象问题开展的农业气象预报编制和发布工作,强调要积极、主动、及时,使气象预报预警服务真正起到防灾减灾的作用,确保农业生产趋利避害。预报发布得过早,一方面准确性较差,另一方面农业部门和生产单位还没有把这个问题提到议事日程上来考虑,不会引起足够重视和采用;预报发布得过晚,会使预报的服务效果大大降低,甚至变得毫无用处。例如,一份当年秋季寒露风出现时间的农业气象预报,必须赶在晚稻播种以前送到生产单位和群众手里,以便安排晚稻品种及确定适宜播种期。

(2)要做到"目的明确、任务具体、依据充分、措施细致"

"目的明确"是指编制农业气象预报必须具有针对性、避免盲目性。每项预报必须明确回答农业生产上存在和提出的农业气象问题,以便通过气象服务达到解决问题、趋利避害的目的。例如编制农作物适宜播种期预报时,首先要明确其目的是为了使种子播种、萌发和出苗过程处于最适宜的农业气象条件下,以便一次播种保全苗,为农业丰收打下良好基础。再如冬小麦越冬冻害预报,要在越冬前和越冬期间,对当地当年越冬条件做出预报,并结合苗情诊断预测冬小麦冻害发生程度和发展趋势,其目的是为农业生产相关部门采取正确的防冻保苗措施和补救措施提供依据。

"任务具体"是指每项农业气象预报必须针对当地当时的一个具体农业气象问题,抓住重点开展服务。因此,农业气象预报一般都是按作物种类、生育阶段、农时季节或某项田间农事活动的需要来编发的。如南方一年两熟地区,按农事季节的需要而开展的农用天气预报服务,可针对性地顺序编制冬春季节的农作物越冬天气条件预报、春耕春播季节的播种育秧天气条件预报、汛期雨季和"烂场"天气预报、夏季干热风和伏旱天气预报、夏秋季节的台风天气预报、秋收秋种天气条件预报等。

"依据充分"是指所得出的预报结论必须依据充分,不能单凭主观估计或某一种预报方法,而应采用多种预报方法进行综合归纳分析,最后得出结论。

"措施细致"是指根据所得出的预报结论,针对当前和未来的农业生产与天气气候条件,结合农作物生长发育状况及有关的农业气象指标,提出存在的农业气象问题及解决问题的切实可行的具体措施和建议,使农业部门和生产单位能够掌握生产主动权。

(3) 充分利用农业气象科研成果,提高农业气象预报的准确率

农业气象服务的实践表明,农业气象科研与农业气象预报服务是相辅相成、不可分割的。没有科研工作的指导,就不可能有针对性地开展预报服务;反过来,科研工作不注重应用,科研成果就得不到检验和提高,也很难提升预报服务能力。因此,农业气象预报要与农业气象科研工作紧密结合起来,充分利用科研成果并加快实现成果转化,才能提高预报的准确性和实用性,发挥其显著的效益。上海市气象科学研究所在研制"水稻生长数值模拟模式"过程中,综合分析了水稻生长的气、水、肥、土等外部环境条件与光合物生产、输送、消耗等内在生理过程的关系;测定了不同气象条件和生产措施对光合产物的定量影响;模拟了光能在水稻群体内的垂直分布及物质分配系数随时间和群体生长的变化。该模式充分利用了农业、气象科研的成果,不仅有明确的农学、生理学意义,而且具有较强的实用性。模式投入业务实践后,使水稻产量预报的能力和水平明显提高,得到了上海市农业部门和有关方面的高度评价。上海市统计局有关部门指出,该模式"准确程度很高,特别是在时间上和所花的财力方面显示了目前各种产量调查无法比拟的优越性"。

1.3.2 农业气象预报编制的一般步骤

一份完整的农业气象预报,通常包括预报内容的农业气候分析,前期和当前农业气象条件的基本特点,主要预报结论,有关农业气象措施的建议,以及必要的资料图表等。根据当地农业生产的实际需要和本单位农业气象服务大纲的规定,在确定了预报项目和内容之后,开展农业气象预报服务一般需要经历以下步骤。

(1) 确定有明确农业意义的农业气象指标

是否采用具有明确农业意义的指标,这是农业气象预报区别于一般气象预报的重要标志。农业气象指标是衡量农业生产活动(包括作物的生长发育、田间农事活动等)与气象条件之间关系的定量值。如春季日平均气温稳定通过 3 ℃时,小麦开始返青;最低气温降至 1~2 ℃时,棉花开始遭受冻害;日平均气温≤10 ℃、最低气温<5 ℃且连续阴雨天≥5 d 时,水稻开始发生烂秧死苗;日最高气温≥32 ℃、14 时相对湿度≤30%、14 时风速≥2 m·s^{-1}时,小麦开始受干热风危害等。这些农业气象指标对于作物的农业气象鉴定、进行农业气象预报提供了重要依据。

确定农业气象指标一般有两种途径:一是直接引用有关指标,在引用外地指标时,要注意地区间农业生产水平和农业气象条件差异的影响,指标必须经过验证和实

际预报的检验才能在本地使用；二是根据田间调查、试验研究和资料分析来确定所需要的指标，如通过验证农谚等群众经验、利用调查观测资料进行对比分析、开展农业气象平行观测试验以及利用历史资料进行分析等方法确定，这是确定农业气象指标的根本途径。需要注意的是，农业气象指标往往不是恒定值，而是有一定的幅度范围，这和农业生产对象对外界环境气象条件的适应性、不同作物品种和农业技术措施的差异性等有关。此外，随着现代农业生产的发展和气候条件的变化，农业生产与气象条件的关系也会有所改变。所以，农业气象指标也会有所变化。在使用农业气象指标时，既要看到在一定地理区域内和一定生产条件下农业气象指标具有相对稳定性，也要看到它的变动性。在实践中对指标要多方验证，适当修改，使指标更符合当地实际情况、更具有农业意义。

(2) 预报内容的农业气候分析

主要包括历年平均情况、极端情况、各种情况出现的概率和保证率等方面。通过分析可以了解当地常年预报对象出现的一般情况和极端情况，这样就可以根据预报是否远远偏离常年一般情况，或者是否超出历年极端值等，来判断预报结论是否合理，还可为确定关键预报时段和重点服务时期提供依据。例如，在开展小麦干热风预报时，通过分析某地历年发生情况看出，干热风主要出现在 5 月中旬—6 月下旬，且 5 月下旬出现的概率最大，于是可以确定 5 月中旬—6 月下旬为当地干热风预报服务的重点时期，5 月下旬为预报服务的关键时段。

(3) 当前农业气象条件的鉴定

分析鉴定当前有关农业气象条件实况，评定当年前期已经形成的农业气象条件，说明其特点及对农业生产影响的利弊程度，以此为基础编制预报，可提高预报准确率。前期的农业气象条件能够直接影响农作物生长发育的进程，并对作物后期的生长发育有持续性影响，还可能改变作物对后期气象条件变化的适应能力。因此，开展预报时，必须考虑前期已形成的农业气象条件的特点，以及受其影响的作物当前发育状况，这样就可以进一步分析当前及前期气象条件对农业生产的利弊影响，并以此为基础开展预报，才能确保预报的合理性和准确程度。另外，通过作物生长季，水、热状况等预报对象历史演变规律的分析，可得到预报对象前后变化的自相关规律或周期变化规律，并在此基础上进行外延预报。

(4) 综合各种预报方法的预报结果，得出预报结论

为了避免片面性，使预报服务取得较好的效果，应采取多种预报工具和预报方法进行预报，必要时要进行多部门和上下级会商。农业气象预报方法多为数理统计方法、农学方法、卫星遥感方法、作物生长与产量模拟方法、人工智能预测方法等。

(5) 提出有效的措施和建议

为了使农业气象预报在实际生产中发挥作用，可以在得出预报结论的基础上，从

农业气象角度根据有关农业气象试验研究成果和服务经验,结合具体问题考虑提出应采取的趋利避害的措施和建议。提出的措施要切实可行、经济适用且效果显著。例如编制小麦干热风预报时,在具体预报干热风出现日期和强度基础上,应针对当前小麦生育状况,进一步提出有效的措施和建议,使干热风对小麦的危害降到最低限度,尽可能保障小麦有较好的收成。

(6)农业气象预报的编印和发布

编印时要力争做到文字通俗易懂,图文并茂,图表力求清晰,重点突出。

思考题

1. 农业气象预报通常包含哪些内容?
2. 农业气象预报与一般性气象预报有何区别?
3. 如何认识农业气象预报任务?

参考文献

冯定原,1988. 农业气象预报和情报方法[M]. 北京:气象出版社:5-6.

申双和,景元书,2017. 农业气象学原理[M]. 北京:气象出版社:4-5.

陶武先,2004. 现代农业的基本特征与着力点[J]. 中国农村经济(3):4-12.

薛龙琴,2015. 河南省农业气象服务平台的设计与实现[J]. 气象与环境科学,38(4):99-104.

张美萍,2020. 浅谈现代农业发展趋势[J]. 农名致富之友(4):68-69.

赵俊芳,郭建平,马玉平,等,2010. 气候变化背景下我国农业热量资源的变化趋势及适应对策[J]. 应用生态学报,21(11):2922-2930.

SALES L P, RODRIGUES L, MASIERO R, et al, 2021. Climate change drives spatial mismatch and threatens the biotic interactions of the Brazil nut[J]. Global Ecology and Biogeography, 30(1): 117-127.

TANG K H D, 2020. Climate change in Malaysia: Trends, contributors, impacts, mitigation and adaptations[J]. Science of the Total Environment, 650(2): 1858-1871.

UNDP, 2007. Human development report 2007/2008: Fighting Climate Change, Human Solidarity in a Divided World [M]. Oxford: Oxford University Press for UNDP.

第 2 章 农业气象预报种类与方法

农业气象预报制作是农业气象业务的重要内容,不仅对作物栽培与田间管理具有指导意义,而且为制定农业宏观决策具有重大意义。本章将对现代农业气象预报的理论依据、数据整理、主要种类和常用的方法进行介绍。

2.1 农业气象预报的理论依据

2.1.1 农业气象预报的对象

农业气象预报是根据农业生产对天气气候条件的需要而编发的一种专业性气象预报。农业气象预报与一般天气预报相比,特点是针对农业生产,回答农业生产上提出来的有关气象问题比较具体确切,便于农业生产实际应用。因此,这就规定了农业气象预报的对象与一般性气象预报的对象不完全相同。一般性气象预报的对象主要是天气形势和天气现象。农业气象预报的对象,既包括农业气象条件,还包括农业生产的情况在内。农业气象条件有些是有利的,有些是不利的;农业生产情况包括农作物的生长、发育过程,病虫害发生发展以及农作物产量形成和农业气象年景趋势等。

2.1.2 农业气象预报的基本模型

模型是组成系统实体的各个单元或要素,通过适当的筛选,采用一定的表现规则描写而成的系统实体的简明映像,是研究处理某一事物(或工作)的程序、步骤,亦称模式、格式。随着电子计算机的推广应用,现代科技普遍采用"模型"这一术语,它对于正确分析、研究和解决某个具体问题,具有十分重要的意义。总结国内外开展农业气象预报服务工作的经验、农业气象预报的基本模型可归纳如下(图 2.1)。

(1)确定预报目的和内容

这是开展农业气象预报服务,提高服务效果的前提。每编发一份农业气象预报,首先必须针对当地当前农业生产中提出的有关农业气象问题,给予确切的回答,以便农业部门和生产单位实际应用。不同地区的农业气象问题不一样,因而开展农业气象预报的目的和内容有差异。例如,南方水稻地区春播育秧季节的主要问题是低温连阴雨引起的烂秧死苗;北方旱作地区春播季节的主要问题是少雨干旱、土壤水分不足,不能保证全苗;所以南方和北方春播预报的内容就不一样。即使同一地区不同年份或同一年份不同季节,农业生产的内容和存在的农业气象问题也不一样,因此,必须具体情况具体对待。

(2)调查收集有关历史与当前实况资料

这是开展农业气象预报服务,提高农业气象预报服务效果的基础。由于预报对象、预报因子和预报信息都包含在历史资料中,所以调查收集有关历史和当前实况资料相当重要,应该想尽方法把有关资料收集齐全。

(3)对资料进行加工处理

调查收集来的有关历史和当前实况资料,必须对其进行初步加工处理,以使其内涵的有关预报对象、预报因子以及预报信息演变规律逐渐表露,便于提取预报因子或预报指标。加工处理所包含的内容比较广泛。例如计算某一气象或农业气象要素的距平值、距平百分率。将数据"0-1"化、标准化等。

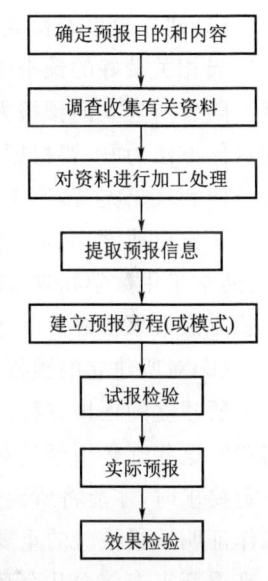

图 2.1 农业气象预报模型示意图

在随机过程分析一类方法中,常常采用对有关历史资料数据进行两次差分处理,使之由不平稳随机过程变为平稳随机过程。

$$\Delta x = x' = x_{t+365} - x_t \tag{2.1}$$

$$z = \Delta\Delta x = \Delta x' = x_{t+1} - x_t \tag{2.2}$$

式中,式(2.1)是减去一年前同一天的数值,式(2.2)是今日减去昨日数值,为平稳随机过程序列作外延预报。

(4)提取预报信息

为了从大量的历史资料中提取出对预报有效的相关较好的预报因子或预报指标等预报信息,普遍采用两种不同的方法进行提取。一种是对原数据进行压缩,例如用自然正交函数:

$$H(t) = a_0 + a_1 t + a_2 t^2 + \cdots + a_n t^n = b_0 + b_1 \Phi_1(t) + b_2 \Phi_2(t) + \cdots + b_n \Phi_n(t) \tag{2.3}$$

其中,只取前面几个对 $H(t)$ 贡献较大的分量,称为"信息压缩法"。另一种是对相关的预报因子或预报指标进行筛选,例如计算和检验相关系数 r,进行逐段回归,逐步回归等,称为"信息筛选法"。

筛选相关预报因子或预报指标,可分粗选和精选。粗选是指采用一些简易方法剔除那些与预报对象相关很差的预报因子或预报指标;精选是指在建立预报方程或模式的同时,对预报因子或预报指标进行择优选用,例如逐步筛选、正交筛选等。

(5) 建立预报方程或模式

当相关较好的预报因子或预报指标提取出来以后,即可着手建立预报方程或模式。随着所建立的预报方程或模式的不同,所采用的方法亦很不相同。究竟采用哪种具体方法为好,要根据所预报问题的性质而定。一般说来,预报较短时段的农用天气条件和气象灾害,通常采用数理统计和气候学方法比较稳定可靠;预报农作物或病虫生长发育速度,通常采用物候学方法比较适宜;预报农作物生长发育状况或产量形成,通常采用数学物理方法比较理想,监测大面积农作物长势或产量估计,采用卫星遥感方法效果较好。

(6) 对所建立的预报方程或模式进行试报检验

所建立的预报方程或模式效果如何？是否反映了客观实际情况？能否用于业务实践？这些都必须经过对独立样本的试报检验。只有试报准确率和历史拟合率满足一定要求时,才能将所建立的预报方程或模式正式投入实际业务使用。越来越多的工作证明试报检验的重要性,如果试报检验发现预报方程或模式效果较差时,应回过头来重新审查前面几个环节,以便改进其预报性能。

(7) 进行实际业务预报

"实践是检验真理的唯一标准""任何事物都有一个逐步发展和不断完善的过程"。所建立的预报方程或模式,只有通过日常实际业务使用,才能发现问题并不断改进和完善。为了使所建立的预报方程或模式适应不断变化着的天气气候和农业生产条件,需要随时地将已经出现的实况"吞入"样本集内,并重新订正有关参数,以作下一次预报。这样,总样本数随着预报进行将不断增多,这种预报方式称为增长记忆的预报方式。

(8) 效果检查

对预报服务来说,每编发一次预报,进行一次预报服务,均要注意检查服务效果,讲究经济效益,以便研究改进,精益求精,不断提高服务质量,使现代农业气象预报在农业丰产稳产中发挥更大的保障作用。

2.1.3 农业气象预报的理论依据

农业气象预报的对象,不论是农业气象条件、农作物等生命有机体的生长发育状况,或者农业生产过程,无非是农业生产和气象条件两个方面。这两个方面各有自己固有的规律,例如农业生产具有生长发育和产量形成的生物学规律,气象条件具有天气气候演变的气象学规律。这些规律,虽未完全被人们所认识,但它们的基本规律都早为人们所熟知,并被用来指导农业生产和天气预报的实践。农业气象预报可以充分利用这两方面的基本规律,作为自己的理论依据,指导自己的实践。而且,各种具体的农业气象预报方法,也有自己的理论依据,也是农业气象预报的理论依据。此外,当农业生产与气象条件相结合以后形成的独特的农业气象学规律,更是农业气象预报特有的理论依据(冯定原,1988)。因此,农业气象预报的理论依据主要表现在以下4个方面。

(1)农业气象要素对农业生产过程作用的持续性(亦称"惰性""后延性")。持续性含义有二:一是某些农业气象要素本身可以累积或贮存起来,以便逐渐地、持续地提供给农作物,满足生长发育的需要,例如由大气降水或人工灌溉所形成的农田土壤水分这一农业气象要素,就明显地具有这种特性;二是当农业气象要素对农作物生长发育发生作用以后,这种作用的效果可以持续到其后一段时间,例如某一时段天气持续晴好,温度偏高,光照充足,促使农作物生长健壮,发育加快,致使其后各发育期也相应提前出现。

农业气象要素对农业生产过程作用的持续性,对于编制某些农业气象预报来说,必须考虑。例如大气降水形成的农田土壤水分贮存量,在编制农田土壤水分预报和分析未来墒情状况时,作为前期的预兆性因子非常重要。根据对北京地区某农田水分与大气降水关系的研究:当8月降水量≥250 mm,9月上、中旬降水量又达200 mm时,则冬前可以形成良好的底墒,且可维持到第二年春季,即使第二年春季3—4月降水较常年偏少,农田土壤水分含量仍可供应春播作物正常出苗的需要,而不致发生春旱。因此,根据头年8—9月的大气降水或早春土壤解冻时的农田含水情况及其对农田墒情变化的持续性作用,便可以准确地预报当年春播季节是否会发生干旱。

(2)农作物生长发育状况对外界气象条件反应的前后相关性。这是因为农业生产是活的有生命物质的生产,在它整个生命周期中,各发育期之间彼此有机联系。前期气象条件造成农作物生长发育状况的好坏固然可以通过栽培措施加以调节,使其后的生长发育状况有所改变,但终究会保留其前期作用的某些结果的痕迹。例如黄淮地区的冬小麦,在拔节—孕穗以前,如遇低温、寡照等不利天气气候条件影响,生长瘦弱的话,尽管加强拔节—孕穗期间的水肥管理,也很难扭转灌浆成熟期植株抗性较弱的状况,后期再遇有干热风或病虫危害,产量将明显下降。

基于外界气象条件对农作物生长发育状况作用的前后相关性,英国著名农业气象学家L. P. Smith曾提出采用前期的土壤温度来预报多年生黑麦抽穗期的关系式:

$$y=52.6-2.73x \qquad (2.4)$$

式中,y是从4月30日—抽穗期的间隔日数,x是3—4月0~30 cm土层的平均温度。

除上述农作物生长发育状况对外界气象条件反应的前后相关性外,外界气象条件之间,农作物或农业生产之间也有一些相关性。例如高温年份一般雨水偏少,生长季节相应延长,低温年份一般雨水偏多,生长季节相应缩短。三麦成熟偏晚的年份,水稻移栽期将相应推后。这些相关性,特别是前后期相关,对于编制农业气象预报也是一项重要的理论依据。

(3)农业气象要素和农业生产的相对稳定性。一个地区逐年的天气气候条件和农业生产情况虽然不完全相同,有的年份可能变化较大,但从多年平均情况看,二者则是相对稳定的。以农业气象要素变化为例,既有多年平均值和极端值,又有各种界限值和保证率,这些数值均相对稳定,而且有一定的概率分布。至于农业生产的相对稳定性,则更是显而易见,这里不多赘述。深入细致地分析各种农业气象要素、农业气象条件和农业生产的相对稳定性,掌握各种平均值、极端值、界限值和保证率,就可以比较准确地编制出各种农业气象要素或农业气象条件的预报。

(4)外界气象条件对农作物生长发育和产量形成作用的不等同性。不等同性有两层含义:①在一定的气候栽培区内,各个农业气象要素对农作物生长发育和产量形成的作用程度不相同。例如长江中下游地区影响水稻产量高低的主要是温度因子,凡是温度偏高的年份,产量就高,凡是温度偏低的年份,产量就低。而影响三麦产量高低的则主要是降水因子,凡是春季降水偏少的年份,三麦就丰产,凡是春季降水偏多的年份,三麦就歉收。②同一气象因子对农作物不同生育阶段的作用效果不相同。农业气象学和植物生理学中的"临界期"概念,农业气象学中的"关键期"概念,都是这种不等同性的概括表达。例如水稻分蘖和穗形成期对温度因子反应比较敏感,温度稍低一点,就严重影响分蘖数和结实率,孕穗期对水分因子反应比较敏感,这个时期如果不能保证水分供应,发生水分亏缺,就会严重影响结实率和产量。而在其他发育期,反应就不那么明显,对产量影响也不那么大。

总之,农业生产过程中农作物或畜禽等农业生产对象生长发育的生物学规律、天气气候演变的气象学规律、各种预报方法的内在规律,以及农业生产及气象条件相结合以后所形成的农业气象学特有规律,都是编制农业气象预报的理论依据。

2.2 农业气象预报数据审核

2.2.1 农业气象数据

2.2.1.1 农业气象资料

农业气象研究对象既包括农业方面内容,如作物生长状况、发育期、产量、质量、病虫害情况等;又包括与农业有关的气象方面内容,如温度、湿度、日照与降水量等。农业气象资料指对农业设施、农业生物及其产品的状况和周围的农业气象条件进行同步观测的资料,通常有3种形式。

(1)文字记载,例如对农业气象观测地段的描写、对农业气象条件的描述、对农业气象灾害的调查记录以及对农业气象试验研究中各种农业技术措施的描述等。

(2)数值记载,又称农业气象数据,是农业气象条件、试验研究结果统计的分析对象。

(3)图表记载,借助一定的图表将抽象的数据用具体的图表体现出来,能够快速传递信息。从数据格式上来说,还有结构化数据、文本表格数据、地理数据等。

农业气象数据来源:

(1)农业气象观测与气象观测,这种统一观测所获得的数据是农业气象数据的主要部分。

(2)农业气象试验研究,按特定的目的进行平行观测或农田小气候观测所获得的数据。

(3)农业气象调查或考查,所获得的有关数据。

(4)年鉴、史料记载的数据,如关于旱涝、冰雹、冰冻与病虫害等受灾状况的历史记载。

(5)航空或卫星遥感,所获得的农业气象数据。

2.2.1.2 主要农业气象要素

农业气象旬报、月报涉及的主要农业气象要素如下(王行行 等,2014)。

(1)基本气象要素

气温:旬平均气温、旬平均气温距平、旬极端最高气温、旬极端最高气温出现时间、旬极端最低气温、旬极端最低气温出现时间。

降水:旬降水量、降水距平百分率、日降水量>0.1 mm 天数、日降水量>25 mm天数、日降水量>50 mm 天数。

日照:旬日照时数、旬日照百分率。

最大积雪深度和旬风速>17 m·s^{-1}的天数。

(2)土壤相对湿度

干土层厚度、10~100 cm 之间每隔 10 cm、灌溉或降水。

(3)作物要素

作物生长发育:作物名称、作物品种、作品熟性、作物生长发育期、发育时间、发育期距平、发育期百分率、植株高度、植株密度。

牧草发育期:牧草名称、发育期、发育期百分率、牧草科别。

干物质与叶面积:发育期、生长率、含水率、叶面积指数。

灌浆速度:作物名称、作物千粒重、灌浆速度、作物熟性。

产量因素:作物名称、发育期、测定值、产量因素。

产量结构:作物名称、品种、产量测定值、产量结构。

关键农事活动:项目名称、方法和工具及当前作物名称、品种和熟性。

产量水平:年度、作物名称、测站产量水平、地区平均单产、产量增减百分率等。

(4)畜牧要素

牧草名称、生长高度、牧草科别、牧草名称、牧草干重、牧草鲜重、牧草干鲜比、牧草覆盖度、草层状况评价、采食度、采食率、灌木、半灌木每公顷株丛数、总株丛数、家畜膘情等级、成畜头数、幼畜头数。

(5)物候期要素

动植物名称、物候期名称、物候期、子物候期、水文现象出现时间、名称、子水文现象名称。

(6)农业气象灾害要素

灾害综合、灾害名称、受灾作物、器官受害程度、预计对产量影响、减产成熟、受害症状、受害作物、作物品种、作物熟性、成灾面积、成灾比例;牧草、家畜灾害:起始时间、终止时间、灾害名称、灾害等级、受害症状。

农业气象观测规范中农业气象观测3类主要报表对应不同的内容。第一类农气表主要实现水稻、小麦、棉花、玉米等主要农作物的数据采集、报表生成;第二类农气表主要实现固定地段和作物地段两种类型土壤湿度观测的数据采集、报表生成;第三类农气表主要实现物候观测的数据采集、报表生成。

2.2.1.3 农业大数据

大数据是无法在一定时间内用常规软件工具进行抓取、管理和处理的数据结合。大数据有"4V"特征。

(1)Volume(大数据量)。90%数据过去两年产生,由GB数量级到TB数量级,发展到现在的PB数量级。

(2)Velocity(速度快)。数据增长速度快,天气预报、灾害应急等需要实时或准实时的数据分发反馈。

(3)Variety(多样化)。数据种类和来源多样化,地面台站或试验站的观测数据与实验模拟数据,构成了各式各样的数据类型。

(4)Value(价值低)。需挖掘获取价值。体现在农业、林业、气象、水文、地理、土地测绘与灾害应急等诸多领域。

农业大数据可以分为农业数据获取、数据处理和数据应用3个层面。大数据技术在农业气象数据整合、存储、处理和预报应用等方面发挥了不可替代的作用。例如,西南稻区综合考虑水稻药肥精准施用相关的各来源的数据特点,采用大数据与互联网技术,设计并实现水稻药肥精准施用大数据平台(图2.2),包括用户管理、农情监测、示范区、重大消息、预报、资讯、商业服务、上报、数据展示、病虫害识别、系统性功能等。提供海量多源异构数据的存储、处理、共享、可视化、监测预报和病虫害识别应用等服务。

第2章 农业气象预报种类与方法　　23

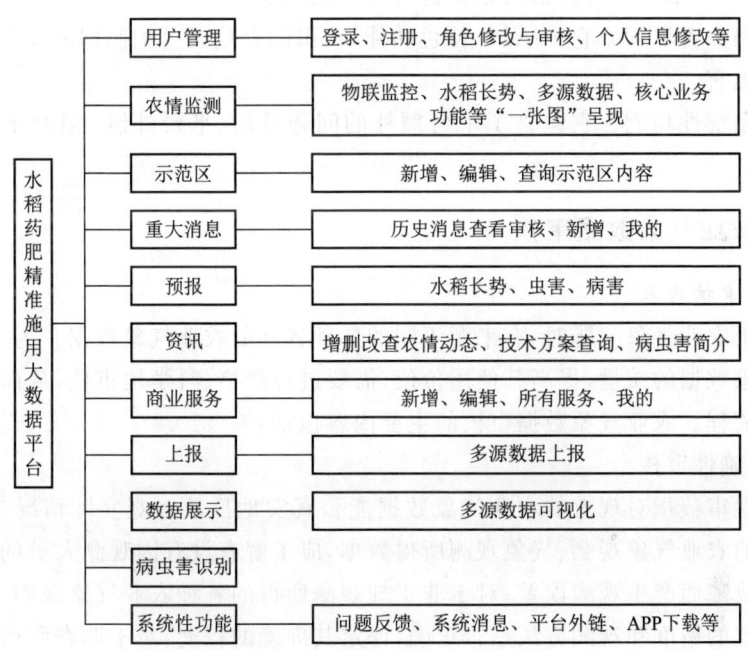

图2.2　大数据平台组成结构(何彬彬 等,2020)

以上大数据平台子功能如下。

(1)用户管理。保证用户实名使用,并对其角色、权限、个人信息进行统一管理与维护。

(2)农情监测。它是一个复合功能,"一张图"直观展示重要信息。

(3)示范区功能。集成各地区与水稻相关的先进技术模式,包含农药减施增效技术、配方肥与精准施用技术、减量施肥技术、病虫草实时监测、种植品种选取等,这些技术模式可能仅适用于某些地区,平台旨在统一整合并进行推广,让更多农户受益。

(4)重大消息。主要发布平台通过获取相关权威机构发布的病虫情报等信息或平台内部算法模型生成的有价值的并通过专家审核的信息。

(5)预报。主要针对水稻长势,病害发生规律,虫害迁飞规律等,能为病虫害防治、水稻估产等提供指导。

(6)资讯。主要包含一些常见病虫害知识的介绍,技术方案的检索,以及农情动态的发布与查看等。

(7)商业服务。主要是在发现病虫害的情况下,提供无人机植保,常见农药化肥产品销售等信息服务。

(8)上报。它是大数据平台采集整合数据的入口之一,方便用户上传数据。

(9)数据展示。对有价值的数据进行可视化展示。

(10)病虫害识别。它为 APP 特色功能,在田间直接通过拍照即可知道发生了什么种类病虫害。

(11)系统性功能。它包含了平台额外的问题反馈、平台外链、APP 下载等一些辅助功能。

2.2.2 农业气象数据审核

2.2.2.1 审核内容

在分析农业气象问题时,有来源不同的各种各样的农业气象数据。为了检查、评定农业气象数据的质量,提高其使用价值,需要进行严格、科学地审核,从而形成质量控制业务流程。农业气象数据审核的主要内容包括:

(1)准确性审核

准确性审核指对现有的农业气象数据能否真实地反映客观实际情况进行审核。对于正规的农业气象观测、气象观测所得数据,应了解有没有因观测人员的失误或观测引起的故障而产生观测误差;对于非正规观测所得的各种农业气象观测,尤其要注意使用引起的精度和观测方法是否正确,评定其准确的程度;对于调查所得的间接数据或历史文献中记录的农业气象数据,应设法验证或考证其可靠性;对于遥测遥感或其他技术手段测得数据,要从原理上考查其准确性、合理性。

(2)均一性审核

均一性审核指审查现有的农业气象数据的观测条件是否一致,农业气象数据序列的变化是否真正反映了农业气象本身的变化。对农业气象数据中出现的个别异常值,或某一时段的数值明显偏高或偏低现象,均应查清原因。若属于观测时间、地点、方法的改变,观测引起和人员的更换或者作物种类、品种以及栽培技术变化等造成数据的不均一性,则要进行适当的订正处理。

(3)代表性审核

代表性审核指农业气象问题涉及的土壤、地理环境、作物品种、种植方式和栽培技术条件等,要了解获得农业气象数据的测点位置、观测时间等是否具有代表性,从而审定这些农业气象数据对所研究问题是否有代表性。例如,某山区大部分耕地是海拔 1500 m 以上的山地,若气象观测场在海拔 1000 m 的山谷河滩上,所得的各种气象数据就难以代表本地区情况。

(4)比较性审核

比较性审核指当研究农业气象要素或农业气象条件在地域上或时间上的差异时,要求农业气象数据具有比较性。比如,要求数据的样本容量相同,观测的年代和时期一致,统计方法使用量纲和单位一样等。

2.2.2.2 审核方法

农业气象数据审核以农业气象学、气象学、农业生物学、农学等基本理论及气象观测规范为依据。常见数据错误的情形有：

(1)信息不完整,例如观测值、测站号、时间等必须字段值的缺失。

(2)错误数据,比如日期类型字段填入的不是日期,在存储与应用时将会发生异常。

(3)冗余信息,例如重复录入的数据以及删除失败的数据。

(4)异常值,例如某一项观测指标远高于或低于正常值。

审核方法主要有：

(1)核对核算法

通过核对和核算,直接找出记录、抄录或初步整理计算造成的错误。如某次温度记录为20.1 ℃,在计算日平均温度时误认为26.7 ℃;某农业气象灾害实际出现18次,统计抄录时却为17次。

(2)变化规律分析法

根据农业气象研究对象本身变化规律,审核农业气象数据是否合理。若25 d计算的积温为276.5 ℃·d,而相同起始日30 d计算的积温为270.8 ℃·d,就出现了前后矛盾。

(3)相关分析法

根据农业气象研究对象相互之间的关系,审核推断农业气象数据是否合理。若某种作物的生物学下限温度在0 ℃以上,其一定时段内的有效积温一般会小于活动积温,当出现相反情况时,数据可能存在问题。

(4)时空分布规律分析法

农业气象研究对象,在时间与空间的分布上有一定规律。根据这种规律性,可审查农业气象数据的均一性。例如,某地春季日平均气温稳定通过10 ℃的初日,1969年以前均在3月10日之前,而1970年以后均在3月15日之后,显然前后存在不均一的特点。究其原因,是1970年测站迁址,地理环境与以前有较大差异所致。

此外,也可以利用农业气象要素的空间分布图、相关图、频率分布图、时间演变曲线图、"野点子"奇异值等,审核发现那些与正常规律变化不同的数据资料。

例如,为实现高频次、多品种、多站点农情信息的及时获取,杭州市气象局建立了蔬菜气象观测基础大数据信息。按照"互联网+"理念,以智能手机为载体,设计基于手机APP的蔬菜观测数据收集新方法。各蔬菜基地人员通过该软件每天定时上传种植方式、生育期、生长状况与照片、产量和气象灾害等内容,基地有气象灾害或病虫害发生时,同时上传气象灾害或病虫害数据。内网服务器以SQL数据库形式存储蔬菜观测人员填写的信息、上传时间、上传位置等信息,农业气象人员可实时查看、审核、更新上传数据,掌握一线农情。具体实现途径见下图2.3。

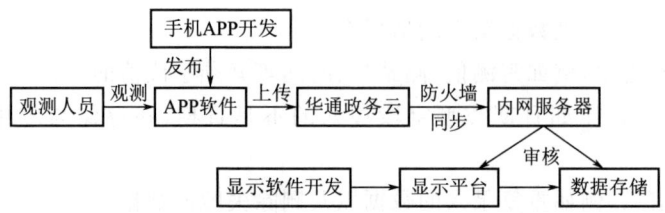

图2.3 杭州蔬菜观测数据上传流程示意图(朱兰娟 等,2018)

2.2.2.3 对可疑资料的处理方法

通过农业气象数据审核,可能发现个别资料存在问题。这时应查明原因,对数据资料恰当处理。处理方法有两种:一是舍去;二是进行更正或序列订正。对于伪造或误差大的数据,缺乏代表性或在实际问题中不便比较或应用的数据,以及经过判断确定为"野点子"的那些数据,可以删除。对于观测记录、抄录或计算过程中产生错误的数据,以及由于仪器更换或发生故障等原因造成一定误差的那些数据应当进行更正或订正。插补数据序列中个别缺测资料;订正那些没有满足均一性等要求、误差较大的资料;延长序列的长度以满足比较性及其他统计上的要求。

随着物联网技术的快速发展,GPS、摄像头、传感器、M2M终端、可穿戴设备等大量应用,气象观测数据真正实现了海量化。但各种数据采集标准不统一,采集方式复杂多样,将造成数据质量较差、运算困难,需要气象部门进行统一规范,提高采集数据的质量,实现观测精细化,并可根据需要进行采集设备远程控制和自检,提高设备的稳定性,为气象服务提供稳定可靠的数据支撑。

2.3 农业气象预报主要种类

就目前国内外实际开展的情况看,农业气象预报的种类很多。按农业气象预报的时效,还可将其分为长期、中期和短期等预报。一般预报的时效短于48 h的为短期预报,在3~10 d以上的为中期预报,一个月以上的为长期预报或短期气候预测;而按农业气象预报使用的地区也可将其分为县、市、省、区域以及全国的农业气象预报等;按农业气象预报的发布情况可将其分为一次性预报、阶段性逐次订正预报、实时预报等;按预报内容,则从农事关键季节的天气条件、各种农作物主要发育期、主要农技措施适宜天气、病虫害发生发展、直到农作物产量形成和年景丰歉等都有开展(冯定原,1988)。但从我国农业生产和天气气候特点以及广大气象台站近年来开展的农业气象预报服务实践看,大致可归纳为以下6种主要类型。

(1) 农用天气预报

农用天气预报是根据当地农业生产过程中各主要农事环节以及有关技术措施对天气条件的需要而编发的一种针对性较强的天气预报。20 世纪 60 年代以后,农业生产的集约经营对农用天气预报愈来愈迫切的要求,大大推动和促进了国内外农用天气预报的研究和开展,国外以欧美和日本等国开展得最多。例如,英国冬季为农场冬耕需要开展冻土预报,2—3 月为牧场饲养仔畜需要开展夜间温度预报,7—8 月为收割和晾晒牧草需要开展日照时数预报,3—8 月为园艺场喷洒农药需要开展风向风速预报等。国内由于农业现代化的迅速推进,相关部门也普遍根据当地农业生产对天气条件的需要,积极开展了各种农用天气预报服务。

农用天气预报就其本质来说,虽然也是天气预报,但它不同于一般性的天气预报。它除了分析天气形势和有关的天气系统外,还具体考虑了当地当前农业生产对天气条件的要求。预报的项目、内容比一般性天气预报明确、具体,便于农业生产直接使用。例如南方双季稻区常年早稻播种育秧期间,往往由于北方冷空气南下带来长期低温连阴雨而引起大面积烂秧,不仅浪费大量良种,而且延误了生长季节,打乱整个品种布局和茬口安排。这时,如果只编发气温较常年偏高(低),降水较常年偏多(少)等一般性天气预报,难以解决上述问题,而一份准确的春播季节天气条件预报,它可以明确、具体地指出哪些时段将有北方冷空气侵袭影响,哪些时段将出现低温连阴雨,哪些时段是连晴回暖天气,哪些时段是冷尾暖头适宜落谷,就可使农业生产部门做出适当安排,避免大面积烂种烂秧,大大减轻损失,从而使农业生产处于主动地位。广大基层气象台站自从 20 世纪 60 年代末开展农用天气预报服务以来,普遍受到各级党政领导和农业部门欢迎,也充分说明了农用天气预报在保障农业夺取丰产稳产过程中具有重要的实践意义。当然,农用天气预报如果报得不准或者完全报错了,则会使本来可以充分利用的有利气象条件没有充分利用,本来可以避免的不利气象条件没有完全避免,所造成的损失也是非常大的。这就提醒和要求我们必须抱着对工作极端负责任的态度,发扬对技术精益求精的精神,深入分析研究本地区各个农事关键季节的天气气候变化规律,努力把农用天气预报报得准一点、好一点,以便农业生产获益大、损失小,真正为促进当地农业生产的发展,为实现农业现代化做出应有的贡献。

由于农业生产全过程包括播种、管理和收获 3 个主要环节,所以农用天气预报通常也应包括播种、管理和收获 3 个方面。就国内目前实际开展的情况看,主要限于播种和收获两个方面受天气条件利弊影响的分析与建议。至于田间管理方面的,例如施肥、喷药、中耕、除草、耘、烤以及排灌等适宜天气条件预报,开展得比较少。

(2) 农业气象条件预报——农田土壤水分状况预报

土壤水分是作物生长发育的重要农业气象条件之一,并且对各项田间作业能否顺利进行以及作业质量好坏影响也很大。这是因为农作物所进行的光合作用、养分吸收、输送、转化、调节体温以及最终形成产量等生长发育均需要在水分的参与下,才能正常进行,没有水分的参与和保障,生长发育就会受到抑制甚至停顿、死亡。据测定,作物每生产一个单位重量干物质所消耗水分的重量常达数百倍乃至上千倍。即使是需水较少,比较耐旱的高粱、玉米,每生产一个单位重量干物质所消耗水分也高达200倍以上,这些水分主要靠作物根系从土壤水分中吸取。大气降水或人工灌溉也要变成土壤水分之后才能被作物吸收,作物茎叶等地上部分直接对大气降水的截留量是很少的。田间作业能否顺利进行以及作业质量好坏,虽然直接决定于土壤的物理性状,但土壤物理性状主要受制于土壤水分含量多少。当土壤水分含量过多时,土壤空气被迫减少,因而呈现泥泞粘烂;当土壤水分含量过少时常又呈现干燥板结;二者均不利于田间作业的进行,即使勉强进行,其质量和效果也会大大降低。

在自然条件下,农田土壤水分状况往往与作物生长发育需水和田间作业有矛盾,这在降水量少、变率大的我国北方旱作地区,表现最为突出。在作物生长发育期间,土壤含水量常不能满足作物需水要求,特别是在春季,群众素有"十年九春旱"之说。有的年份甚至春旱连夏旱,严重影响作物生长发育和产量形成。而在南方水作地区,春季降水较多固然对水稻生长发育比较有利,但对小麦、油菜等旱茬作物则往往由于长期连续阴雨,土壤水分持续偏多而形成湿害。

由于上述原因,农业部门和生产单位经常需要了解农田土壤水分的动态,以便正确安排和指导生产活动的进行,特别是在干旱发生的季节,气象台站依据土壤水分平衡理论编发的农田土壤水分预报,就成为各级党政领导动员抗旱或采取必要措施的重要依据。

此外,随着农田基本建设的开展,高产稳产农田日益增加,灌溉面积逐步扩大,给农田土壤水分预报服务提出了更高的要求。在干旱地区或干旱季节,尽管有水库或机井等灌溉条件,但总的来说水源仍不够充裕;而高产农田也不是灌水愈多,产量就愈高。所以,在灌溉地区还有一个经济用水和合理灌溉的问题,这就需要农业气象预报提供适宜灌溉期和灌溉量方面的预报服务。

(3)作物发育期预报

包括农作物适宜播种期和收获期、主要发育期预报。农业生产实践证明:播种和收获适宜与否,不仅影响到作物的生长发育过程,而且还会影响最终的产量和品质。广大农民很早就对适宜播种期和收获期的重要性有深刻认识。例如早在公元前几世纪,就有播种、收获的"上时""中时""下时"的说法。到公元前一世纪,在《氾胜之书》中对小麦播种就已有"种麦得时无不善,早种则虫而有节,晚种则穗小而不实"的记载。农作物适宜播种期和收获期预报的实际意义就在于帮助农业部门了解和适应当年变动着的气象条件,使每年的农作物播种和收获都能安排在当年气象条件下的最适时期内,以保障农作物生长发育良好,丰产丰收。国内目前广泛开展的农作物适宜播种期和收获期预报,主要是水稻、棉花等喜温作物和小麦等耐凉作物的适宜播种期和收获期预报。

另外,根据农作物的生物学特性,结合外界气象条件变化,准确预测农作物主要发育期的出现日期,可以为农业部门适时、科学地进行田间管理、合理引种以及对农作物各生长发育时期的农业气象条件进行鉴定提供依据。

农作物主要发育期预报不仅能直接为田间管理等生产活动提供服务,而且也是其他各类农业气象预报的基础。例如农作物适宜播种期和收获期预报、小麦干热风预报、后季稻寒露风预报以及病虫害发生发展的气象条件预报等,都需要配合有关农作物的发育期一起进行分析,才能得出正确的结论。

在农业生产实践中,像施肥、灌水、防治病虫害等田间管理活动,以及农作物适时收获、新品种推广、新垦区作物种类选择等,均需准确地掌握有关发育期出现的时间及其变动情况。特别是近年来,随着种植制度的改变、生长季节的利用更加紧凑,以江南地区为例,由原来的稻麦两熟改为双季稻三熟制,如果三熟都想达到高产,除了妥善搭配早、中、晚熟品种比例外,还要安排适宜的育苗移栽期。生产上对早、晚稻育苗移栽的秧龄要求非常严格,秧龄过长会导致早穗、小穗而减产;秧龄过短则会延长本田生长时间而影响后茬生长。这时的三麦成熟期预报就为确定早稻适宜播栽期提供了依据,早稻成熟期预报又为晚稻的适时播栽提供了依据,以免生产上经常出现所谓"田等秧"和"秧等田"现象,各茬农作物都能合理利用生长季节而取得全年丰收。至于杂交水稻、玉米、高粱等制种,由于父母亲本身育期长短相差悬殊,为了保证两者花期相遇,夺取制种的高产,更与发育期预报密切相关。

国内目前开展的农作物发育期预报有三麦、油菜、早稻成熟期预报,晚稻齐穗期预报,杂交水稻、玉米、高粱制种的花期相遇预报,桑树展叶期预报等。

(4)农业气象灾害预报

在农业生产过程中,凡出现抑制生产正常进行,并导致减产的气象灾害,统称为农业气象灾害。例如持续晴天引起的旱害、持续阴雨引起的涝害、持续低温引起的冷害、持续高温引起的热害(俗称"高温逼熟")等。我国及其他国家因地理位置不同,各种农业气象灾害发生比较频繁,特别是旱、涝、低温灾害,几乎每年都有发生,只是发生的范围和强度不同,严重影响农业丰产稳产(Morozov et al.,2021)。

为了防灾抗灾,保证农业丰产稳产,农业部门对农业气象灾害预报的要求愈来愈迫切。气象台站开展农业气象灾害预报服务,可以为农业部门制定种植计划,选择作物种类和品种搭配,安排茬口,采取相应的栽培技术措施,避免或减轻灾害损失提供依据。例如气象台站在头年底或当年初准确地预报出当年是低温年,那么农业部门就可以在制定种植计划时考虑增加耐凉作物的面积,适当扩大生育期短的早熟品种比重,并采取一系列增温促进成熟的措施,使种植的作物能够正常成熟,以保证在低温之年获得较好的收成。

国内目前开展的农业气象灾害预报主要包括霜冻预报、冻害预报、冷害预报、干热风预报、农业干旱预报、连阴雨预报、渍涝预报和高温预报等。

(5)农作物病虫害发生发展的气象条件预报

农作物病虫害发生发展,常使农作物产量下降品质变劣,严重时甚至颗粒无收。据统计:全国每年因病虫害而引起的减产损失占农业总产值的20%~25%;全世界每年仅病害造成的损失至少为世界农业总产值的10%。可见,病虫害对农业生产危害之严重。搞好病虫害发生发展的预测预报和加强防治,建立农业气象实验站自动监测,对于夺取农业丰产稳产具有重要的经济意义(Aleinikova et al. ,2021)。

生产实践证明,适宜病虫蔓延的气象条件常常是决定病虫能否大量发生和造成危害的主要因子。这是因为在农作物生长季节内,可食用的寄生植物或饲料,每年都是存在的;病虫本身通过世代循环和发育阶段,总是具有危害农作物的能力,只是每年的农业气象条件不同,病虫发生发展的程度不一样。所以,从农业气象角度来编制和开展农作物病虫害发生发展的气象条件预报服务,愈来愈引起人们的重视,国内国外均如此。

农作物病虫害发生发展的气象条件预报,包含有长、中、短期之分。一般在病虫发生以前半年左右编发的长期预报,多是为农业部门和生产单位制定病虫防治计划服务的;在病虫发生以前一个月或7 d左右编发的中、短期预报,是为防治的准备工作和具体指导防治措施服务的。预报时效的长短,与病虫本身繁殖、发病周期长短有关。凡是传染周期短、繁殖迅速,能在短时间内就达到较多的群体数量或发病率的,预报的时效就短;而对一年内发生代数较少的害虫,预报的时效就长些。在实际服务中,多是长、中、短期结合进行的(王静 等,2015)。

农作物病虫害发生发展的气象条件预报的内容,从生产实践要求来看,主要有病虫的发生期(或流行期)和发生量(或流行程度)。关于发生期和发生量的具体指标、预报模型,多是在统计分析历史资料基础上,根据发生时间早晚和严重程度加以确定的,也可以参照植物保护部门规定的标准。

国内目前已经开展的病虫害发生发展的气象条件预报比较多,几乎涉及了稻、麦、棉、油、玉米等作物的主要病虫。如稻飞虱、稻瘟病、小麦白粉病、赤霉病、玉米螟、红蜘蛛及蚜虫等病虫害发生发展气象等级预报。

(6)农作物产量和农业气象年景预报

农作物产量和农业气象年景预报,特别是农作物产量预报,是目前世界各国开展得比较广泛的一种农业气象预报。由于政治和经济的目的,一些主要农产品出口国,如美国等,不仅编制本国的农作物产量预报,而且编制世界范围的农作物产量预报。

从农业气象角度编制农作物产量和农业气象年景预报,更确切地说,应是农作物产量和农业气象年景形成的农业气象条件预报,重点在于分析、预测影响农作物产量和农业气象年景形成的关键时期、关键气象条件的变化情况。生产实践证明,在一个地区内,当农业技术水平大致相同时,不同年份的农作物产量高低和农业气象年景丰歉,主要取决于当年形成农作物产量和农业气象年景的农业气象条件好坏,在农业生产条件比较差的地区,这种关系尤为明显。

农业气象年景或年成好坏,表面看来似乎是指产量高低或收成丰歉,但实际是指农业气象条件好坏。因为当光照、热量、水分等农业气象要素配合适宜,农业气象条件较好时,自然会促使农作物生长发育良好,产量较高,形成丰收年景;反之,就会促使农作物生长发育恶化,产量较低,形成歉收年景。

世界各国之所以普遍开展农作物产量和农业气象年景预报服务,主要是因为这种预报在农业生产和国民经济活动中具有重大的经济意义。例如预先了解全国的农作物产量情况,这对国家制定农产品进出口计划和确定合理的销售价格是十分重要的依据;不同地区的农作物产量预报,对于农产品调运、贮存计划安排都是不可缺少的参考资料。对于农业部门来说,农业气象年景预报,可以使农业部门的领导和技术人员预先了解到未来农业气象条件的利弊,从而及早采取有效的农技措施。

除上述 6 种主要预报类型外,在林区还有森林火灾危险度预报,简称"森林火险预报";在牧区还有畜牧气象预报,包括牧草生长、放牧条件、畜群转场以及畜牧气象灾害预报等;在渔区还有渔业气象预报等。

2.4 农业气象预报的常用方法

农业气象预报所采用的方法,归纳起来主要有统计学、模糊数学、天气学、气候学、物候学、数值模拟和卫星遥感等 7 种类型的方法。各类方法编制农业气象预报的原理、思路、步骤和适用范围简介如下。

(1) 统计学方法

统计学方法是以概率论、数理统计理论为依据,运用统计手段,寻求和建立各随机变量之间相关关系的方法。运用统计学方法编制农业气象预报的思路和步骤是:

设 y 为所要预报的对象(亦称"预报量")。将预报对象 y 同有关因子 $x_k(k=1, 2, \cdots, p)$(包括农业和气象两个方面)进行统计分析,建立一个关系式。

$$y = a_0 + a_1 x_1 + a_2 x_2 + \cdots + a_p x_p = a_0 + \sum_{k=1}^{p} a_k x_k \tag{2.5}$$

式中,$a_0, a_1, a_2, \cdots, a_p$ 为待定系数,$x_1, x_2, \cdots, x_p$ 为预报因子,它们可以是过去时刻

或编制预报时刻的变量。建立了上述关系式以后,将编制预报时刻所测得的各个 x 值代入,便可求出预报对象 y 的数值。

要想得到有效的统计预报关系式或统计预报方程,关键在于选择真正相关的预报因子,这可以从气象学、生物学、农业生产知识和农业气象人员自己的实践经验等方面去考虑。在选择相关较好的预报因子时,需要将预报对象 y 同被选的预报因子 x_k 进行单相关分析,同时衡量其气象学和生物学意义。只有将这两者有机地结合起来,才能选择出真正相关的预报因子 x_k。

相关预报因子 x_k 选定后,根据统计学中的回归、判别、聚类、随机过程分析等具体统计方法,建立预报对象 y 数量大小的预报方程或预报对象 y 出现或不出现的判别式。如果使用电子计算机,这种预报方程或判别式是很容易求得的。最后还需要对这种方程或判别式的精确程度进行检验,只有当确信预报方程或判别式的精确程度稳定可靠以后,才能用于实际业务预报。

统计学方法由于能够比较客观、定量地揭示各种随机变量之间的内部规律,能够很好地反映农业生产与天气气候条件之间的相关关系,所以是农业气象预报中应用最为广泛的一种方法,几乎所有类型的农业气象预报,都可采用统计学的方法来编制。

(2) 模糊数学方法

模糊数学方法是以模糊集理论为依据,以描述和分析事物模糊性为手段,寻求或建立各农业气象因子间模糊关系进行农业气象预报的方法。运用模糊数学方法编制农业气象预报的思路和步骤是:根据有关农业气象因子资料,运用模糊集理论,结合研究人员的实践经验分析建立这些因子隶属于某模糊集的隶属函数或建立因子间的模糊相似、模糊等价关系,建立预报对象与预报因子之间的模糊关系,采用 λ 截集、最大隶属原则或择近原则得出预报结果。

由于在农业气象研究问题中存在许多具有一定模糊性的问题,因此近年发展起来的模糊数学方法已逐渐成为广大气象台站编制农业气象预报常用的方法之一。采用模糊数学方法编制农业气象预报,除了与统计学方法一样要注意选择相关较好的因子外,更重要的是如何建立符合客观实际的隶属函数。

模糊数学方法可用于编制农业气象灾害、农作物产量和农业气象年景等定性或半定量的农业气象预报。

(3) 天气学方法

天气学方法是以天气学原理为依据,以分析天气图为手段,进行具体农业气象预报的方法。运用天气学方法编制农业气象预报的思路和步骤是:根据有关历史天气图、表、资料和天气学原理,分析研究当地常年各农事关键季节和作物生长发育期间的主要农用天气形成、变化的特点,从中找出其固有的规律进行预报。

天气学方法由于综合考虑了天气形势和天气系统的演变过程,物理意义比较明显,短期预报的准确率一般较高,服务效果也较好,是广大气象台站编制农业气象预报常用的重要方法之一。

天气学方法除主要适用于编制农用天气预报和农业气象灾害预报外,也用来编制农作物病虫害发生发展的气象条件预报和农作物产量预报。

(4) 气候学方法

气候学方法是以气候学原理为依据,以分析气候资料为手段,进行具体农业气象预报的方法。运用气候学方法编制农业气象预报的思路和步骤是:根据气候学原理和气候资料,利用气候分析方法,分析本地常年各农事关键季节和农作物生长发育期间的农业气象条件变化特点,从中找出固有的规律,进行农业气象预报。

运用气候学方法分析得出的预报指标,一般准确率较高,而且时效较长,特别适宜编制长期和超长期农业气象预报。

气候学方法主要适用于编制农业气象灾害预报、农作物病虫害发生发展的气象条件预报以及农作物产量和农业气象年景预报等。

(5) 物候学方法

物候学方法是以物候学原理为依据,以分析生物物候出现日期以及从一种物候到另一种物候的间隔日数等物候资料为手段,研究生物有机体生长发育与周围环境条件,特别是与天气气候条件间相互关系的方法。

运用物候学方法编制农业气象预报的步骤是:根据物候学原理和物候资料,分析本地常年出现的各种物候现象,尤其是那些对农业生产活动有指示意义的生物物候出现日期早晚、间隔日数长短及其与天气气候条件关系的演变特点,从中找出其固有的规律,并归纳成具体的预报指标,用来进行实际的农业气象预报。

运用物候学方法之所以能够编制农业气象预报主要是由于物候能够综合反映当时和过去一段时间内的天气气候实况,例如"杨柳绿、桃花开、燕始来"等生物物候现象的出现,不仅反映了当时的日平均气温已经稳定回升到 5 ℃以上,而且反映了过去一段时间内日平均气温≥5 ℃的积温已经累积达到某一数值,以及日照长短、湿度大小等气象条件的总和。

气候变化对物候影响,如春季提前出叶和开花以及延迟出叶,这些现象变化有可能实质性地影响植物适应性和分布(Prevey et al.,2021),以及区域和全球范围的碳、水和能量平衡(Richardson et al.,2013)。然而,植物物候如何继续转变仍具有不确定。生物物候是一架综合的"气象仪器",它既比目前气象观测中各种仪器所反映的单个气象要素更加全面,也比用固定的"节气"日期所反映的天气气候条件更为准确。所以早就引起人们的注意,并被用来指导农事实践。

物候学方法主要适用于编制农作物适宜播种期、收获期、主要发育期预报以及病虫害发生发展的气象条件预报等。

(6) 数值模拟方法

数值模拟方法亦称数学物理方法，它是以相似性原理为依据，以分析模拟对象运动变化的物理过程、物理机制和环境条件为手段，设法将模拟对象的运动变化表述为有关的物理学定律，并用数学语言将这些物理学定律写成数学方程，使模拟对象的运动变化归结为数学问题，以便采用数学计算求解的方法。运用数值模拟方法编制农业气象预报的思路和步骤是：根据所模拟的农业气象对象的有关试验观测资料，利用数值模拟原理，分析模拟对象运动变化的物理过程、物理机制和环境条件，从中寻找出其固有规律，设法建立模拟对象各种变化的概念模式和综合模式，确定有关参数，并通过实践检验修正，进行农业气象预报。

数值模拟方法由于分析模拟对象运动变化的物理过程、物理机制比较深入，数学处理比较严密，具有客观、定量的特点，是农业气象学科研究的新途径之一。它不但对农业气象预报服务，而且对整个农业气象学科理论研究均有十分重要的意义。

数值模拟方法主要适用于编制农作物产量预报和农业气象年景预报，也适用于编制农作物生长发育状况和主要发育期预报等。

(7) 卫星遥感方法

卫星遥感方法是以辐射感应原理为依据，以分析遥感图像和数据资料为手段，及时获取大范围地区地表及其周围环境各种自然景观的信息，监视和掌握自然界各种动态变化的方法。运用卫星遥感方法编制农业气象预报的思路和步骤是：根据从卫星或其他航空器上接收得到的遥感图像和数据资料，将其进行各种技术处理，使其清晰化和标准化，以便从中提取有关信息，并对照预先测定好的地面各种农作物有机体辐射光谱特征，连续多次分析、比较前后时间不同的遥感图像和数据资料，就可以对所研究地区的天气气候条件和农作物生长发育状况作出判断。

卫星遥感方法由于具有不受高山、沙漠、海洋、国界等地面条件的限制，可以对大范围地区成像，系统收集地球表面及其周围环境的各种信息，便于宏观地研究各种自然景观和演变规律，能迅速获得所覆盖地区各种自然景观的最新资料，能对同一地区周期性地重复拍摄。对多次取得的遥感图像和数据资料进行分析对比就能及时发现和掌握自然界的各种变化特点，因而广泛应用于国防、海洋、地质、农业、气象等几十个部门，普遍引起各国政府的重视。卫星遥感方法主要适用于编制农田土壤水分，农作物主要发育期、产量，农业气象灾害和病虫害等多种类型的预报。

思考题

1. 农业气象预报对象是什么?
2. 如何认识农业气象预报的理论依据?
3. 农业气象数据来源有几方面?
4. 主要农业气象要素包含哪些?
5. 农业气象预报主要覆盖哪些类型?

参考文献

冯定原,1988. 农业气象预报和情报方法[M]. 北京:气象出版社:25-27.

何彬彬,曹辉,张宏国,等,2020. 水稻药肥精准施用大数据平台设计与实现[J]. 中国农业信息,32(1):9-20.

王行行,孙涵,邓树林,等,2014. 基于拓扑原理的农业气象情报文档编辑自动化技术[J]. 中国农业气象,35(3):351-356.

王静,景元书,黄文江,等,2015. 冬小麦条锈病严重度不同估算方法对比研究[J]. 光谱学与光谱分析,(6):1649-1653.

朱兰娟,范辽生,张玉静,等,2018. 基于手机 APP 的蔬菜观测数据收集方法研究[J]. 广东气象,40(2):65-68.

ALEINIKOVA N V,RADIONOVSKAIA Y E,GALKINA Y S,et al,2021. Information databases-the basis for the formation of the adaptive pest control systems in the ampelocenoses of the crimea[J]. Plant Biology and Horticulture theory innovation,1(157):18-25.

MOROZOV N A,KHRIPUNOV A I,OBSHCHIYA E N,et al,2021. The influence of agro meteorological conditions on the yield of sainfoin on green forage in the arid zone of the Stavropol Territory[J]. Agrarian Science,(11-12):76-78.

PREVEY J S,VITASSE Y,FU Y,et al,2021. Experimental manipulations to predict future plant phenology[J]. Frontier Plant Science,11:6371-6374.

RICHARDSON A D,KEENAN T F,MIGLIAVACCA M,et al,2013. Climate change,phenology,and phenological control of vegetation feedbacks to the climate system[J]. Agriculture Forest Meteorology,169:156-173.

第 3 章　作物发育期预报

作物发育期预报是一项基础性的农业气象预报内容。农作物在不同的发育期，对气象条件与土壤、栽培、管理等因素要求与反应不同。准确预测作物的具体发育日期，可以科学诊断气象条件对作物生育期与产量的影响。本章重点介绍作物发育期概念、作物发育长势监测、常用预报方法及作物发育期预报应用举例等。

3.1　作物发育期预报概念

作物发育期预报是根据作物当前发育状况与未来气象条件来预测作物某一发育期出现的一种农业气象预报。实际农业生产较普遍的预报是作物播种期与收获期预报。上海、江苏、浙江等地结合现代农业发展需要，还开展花卉、果树开花期、采摘期预报。准确及时的发育期预报，能为当地政府、生产单位与农户适时田间管理、农事作业、病虫害防治提供重要科学参考。

作物发育期预报的基本依据是：相同作物品种发育期长短遵循积温学说。当积温到达一定的指标时，某一发育期完成后进入下一个时期。分期播种可以在同样的土壤和栽培管理技术条件下，利用播种期的差别，使作物生长在不同的气象条件下，从而观察作物生长发育期变化对气象条件的反应，其资料可以用于建立作物发育期预报方法，较准确地预报作物主要发育期(陈剑 等，2012)。

3.2　作物发育长势监测

3.2.1　作物长势定义

作物长势受到光、温、土壤、水、肥、病虫害、灾害性天气、管理措施等诸多因素影响，是多因素综合作用的结果。作物长势信息反映作物生长的状况和趋势，是农情信息的重要组成部分。通过对农作物长势监测可以获取作物长势信息，进而可以为田间管理提供及时的信息及作物产量早期估计提供依据(杨邦杰，1999)。

作物长势监测，指对作物的苗情、生长状况及其变化的宏观监测。国内杨邦杰(1999)提出长势即作物生长的状况与趋势。作物的长势可以用个体与群体特征来描述。发育健壮的个体所构成的合理的群体,才是长势良好的作物区。

3.2.2 作物长势监测原理

作物长势监测是农情遥感监测与估产的核心部分。其本质是在作物生长早期阶段利用遥感技术监测作物的长势,包括作物的苗情、生长状况及其变化等,从中及时反映出作物产量的丰歉趋势,通过实时的动态监测逐渐逼近实际的作物产量。

长势监测通过获取遥感数据,提取作物农学参数、生长环境等遥感信息,对区域作物生长状况进行分析评价,是一项包括遥感数据获取、数据处理分析、长势信息提取的系统工程。其原理建立在绿色植物光谱理论基础上。同一种作物,由于光、温、水、土等条件的不同,其生长状况也不一样,在卫星照片上表现为光谱数据的差异。根据绿色植物对光谱的反射特性,在可见光部分有强的吸收带,近红外部分有强的反射峰,可以反映出作物生长信息,判断作物的生长状况,从而进行长势的监测。

长势遥感监测可为农业生产管理提供宏观长势信息支持,指导农田水、肥等农业生产中管理,保证作物生长正常,作物产量稳定。此外,通过作物长势分析,也可以及时掌握病虫害、气象灾害等对作物生长、产量的影响及灾害后采取各项生产管理措施的效果,为早期产量估计提供依据。通过作物遥感监测,可提前分析预测粮食产量波动,进而为政府相关部门制定粮食储备、运输及贸易决策提供更加准确的信息,降低国际粮食贸易的风险,保证国家粮食安全。

3.2.3 作物长势遥感监测研究进展

3.2.3.1 作物长势遥感监测的数据

作物长势遥感监测一般使用中低空间分辨率的多光谱遥感数据。随着遥感理论、技术不断进步,高空间分辨率、主动微波遥感数据也将成为作物长势监测的数据源。

用于作物长势遥感监测的遥感数据有时间分辨率和空间分辨率要求。一般大区域的作物长势监测使用中低分辨率遥感影像,如 NOAA-AVHRR 数据,EOS-MODIS 数据,或者 SPOT-VGT 数据。它们具有很高的时间分辨率,从而保证大面积作物监测的数据要求,是当前作物长势遥感监测最主要的数据源(周清波,2004;Ma et al.,2020)。而近期及未来,将不断有这类数据的卫星平台及传感器升空工作,满足近期及未来的数据需求。2008 年,中国风云三号试验星发射成功,星上载有 11 种遥感仪器,未来几年将有业务运行星发射;其中星载扫描辐射计、中分辨率光谱成像仪将可能为未来中国大区域作物长势监测估产的主要数据。区域的作物长势的精准监测一般使用空间分辨率较高的遥感影像,其中以空间分辨率 30 m 的 TM 影像为代表。基于高分辨率遥感影像的作物长势精准监测方法已建立。2008 年 10 月发射成功的环境减灾小卫星 A/B 星载有 4 台 CCD 多光谱相机。CCD 多光谱相机在保证遥感数据具有 30 m 空间分辨率的前提下，具备 4 d 重访的能力，大大提高了中高分辨率遥感影像的时间分辨率。随着高分辨率的传感器不断升空，将使特定区域、时期作物长势精准监测成为可能。

高光谱仪器获得的连续波段宽度在 10 nm 以内，波段数多达十几至几百，可将视域中观测的各种地物以完整的光谱曲线记录下来。理论上高光谱数据具有区分地表物质诊断性光谱特征的特性，很多研究表明，高光谱能准确提取植被物理参数，如叶面积指数、生物量、植被盖度、FAPAR 等，以及植被化学参数，如植被水分状态、叶绿素、纤维素、木质素、氮、蛋白质、糖、淀粉等。通过分析这些重要物理、化学参数可以进行精准作物的长势监测。但是目前在轨运行的高光谱传感器很少，数据很难保证，很少使用高光谱数据进行长势监测。此外高光谱传感器在提高光谱分辨率的同时，也产生了数据冗余的问题。在信息提取过程中，并不是所有的数据都发挥了作用，因此高光谱遥感在长势监测中的应用还有待于相关理论、技术的发展。

微波遥感与可见光、近红外遥感相比，优点是不受云、雨、雾的影响，可在夜间工作，并能透过植被、冰雪和干沙土，具有全天候获得近地面信息的能力。已有研究尝试通过航空和卫星微波影像获取作物的冠层水分、叶面积指数以及生物量等进行长势监测及作物产量预报，并对不同窄幅微波遥感数据效用进行研究。Chen 等（2006）使用 RADAR-SATI 卫星数据，通过人工神经网络法监测菲律宾的水稻长势，并进行产量预测，精度达 94%。Dente 等（2004）利用 C 波段 HH/VV 后向散射率同化作物生长模型 CERES-Wheat，实现雷达数据与作物模型的同化，使得微波数据在长势遥感监测中研究应用更深入。合成孔径雷达卫星窄幅扫描数据可以很好地反映地面作物的长势状况，并较为准确地估测地面作物的产量。但是其时间分辨率低和数据费用较为昂贵等原因，阻碍了其在作物长势和产量预测的实际应用。合成孔径雷达卫星的宽幅扫描数据有较高的时间分辨率，并可覆盖大面积的地面，费用较低，而最有可能用于一般的作物长势监测。Blaes 等（2007）研究基于模拟的 ENVISAT-ASAR 宽幅模式影像数据监测区域作物和区分不同作物类型，与窄幅模式数据相比较，发现 ENVISAT-ASAR 宽幅模式影像数据时间序列与区域作物生长相关，具有应用于农作物监测的潜力。刘良云等（2007）使用多时相的 ENVISAT-ASAR 影像数据和 TM 影像数据研究了北京郊区返青期、拔节期和灌浆期的冬小麦，比较 ENVISAT-ASAR 影像数据和 TM 影像数据在反演土壤水分，以及作物生物量、水分状况和叶绿素等长势信息的能力，发现雷达数据应用效果良好。微波遥感全天候工作的特点，使得其成为在可见光近红外遥感数据缺失时的补充数据。

作物长势遥感监测涉及不同地区的多种作物，单一数据难以满足不同作物不同时期不同精度的长势监测。多源遥感数据的作物长势监测将成为发展趋势。

3.2.3.2 作物长势遥感监测方法进展

经过国内外长时间的研究,目前已经形成了直接监测法、同期对比法、作物生长过程监测法、作物生长模型法和诊断模型等方法,这些方法都各有优缺点。直接监测方法多使用一些特定波段的光谱反射率、植被指数或影像分类技术来直接评价作物长势,虽然操作简单、使用的数据少,但缺乏生物物理基础;同期对比方法只能在一个时间断面上反映作物长势,且监测结果容易受作物物候变化和作物种植结构变化的影响;过程监测方法弥补了同期对比的方法只能反映一个较短时间内作物长势的缺点,但由于需要高时间分辨率的时间序列遥感数据,而这类数据通常空间分辨率较低,因而其空间精细程度达不到田块尺度长势监测的要求;作物生长模型方法可以较为真实地反映作物生长过程,但模型所需要的大量农学参数较难获取,使这些模型的应用受到限制;诊断模型考虑了各类作物生长环境因子对作物生长的胁迫,但目前不同因子对作物生长的作用机理还需要进一步的研究。

目前绝大多数长势监测方法只能对作物长势进行定性或半定量的监测,而且没有综合考虑个体、群体特征的差异及物候的影响。同时这些模型都易受混合像元的影响,容易因端元组分的变化和不确定性而将错误信息引入监测结果。发展一种定量的,同时考虑作物个体与群体特征的且可以在大范围内推广的作物长势评价方法将成为长势遥感监测领域的主要研究内容。

3.3 作物发育期常用预报方法

3.3.1 积温法

3.3.1.1 积温学说与表达

在农业气象预报研究和实际应用中,既要注意到温度强度,还须考虑温度影响的持续时间。这就产生兼具以上两种作用的温度指标——积温(申双和 等,2017)。积温是指某一生育期内,某一温度范围内的温度总和。一般可将积温学说归纳为3个基本论点。

(1)在其他条件得到满足的前提下,温度因子对生物的发育起着主导作用。

(2)生物开始发育要求一定的下限温度;近年来的研究指出,对于某些时段的发育,还存在着上限问题。实际上,从生物体生长发育存在三基点温度出发,也应当有上限问题。

(3)生物完成某一阶段的发育,需要一定的积温。

不同作物以及同一作物不同品种所需的积温不同。下表 3.1 给出了几种主要农作物活动积温的指标($T>10$ ℃)。

表 3.1 几种主要作物所需 10 ℃ 以上活动积温 (℃ · d)

作物	类型		
	早熟型	中熟型	晚熟型
水稻	2300～2600	2800～3500	3500～4100
棉花	2600～3100	3200～3600	4000
小麦	—	1400～1700	—
玉米	2100～2400	2500～2700	>3000
高粱	2200～2400	2500～2700	>2800
谷子	1700～1800	2200～2400	2400～2600
大豆	—	2500	>2900
马铃薯	1000	1400	1800

一般农作物发育速度与平均气温有以下正线性相关关系：

$$A = \sum_{i=1}^{n}(T_i - B) = \sum_{i=1}^{n} T_i - nB$$

$$\therefore \frac{1}{n}\sum T_i = \frac{1}{n}A + B \tag{3.1}$$

$$\therefore \bar{T} = \frac{1}{n}A + B$$

式中，n 为发育期天数，则 $\frac{1}{n}$ 为作物发育速度，$\bar{T}$ 为发育期间温度的平均值。因而，依据试验观测资料 $(n, \bar{T})$ 绘制图。根据散布点所描直线之纵截距即为 B 值，斜率则为 A 值。

3.3.1.2 积温求算方法的改进

为了减小积温的变异，提高农业气象预报的准确率，我国农业气象工作者提出了不少订正积温的表达形式以及计算方法上的改进措施。一般可分为积温的光照条件订正、温度条件订正及回归订正 3 类。

(1) 积温的光照条件订正

有些作物的发育对光周期比较敏感，光照对发育速率的影响很大，与温度的影响相当，甚至超过了温度的影响，比如水稻、大豆等作物，尤其是感光性强的品种。当用积温表示这些作物发育速度的关系时，就必须进行光照条件的订正。

在研究杂交稻生育期的热量指标时，曾使用有效光积温代替有效温度，效果较好。有效光温度 (T_0) 用下式表示：

$$T_0 = \frac{S}{S_0}T \tag{3.2}$$

式中,S 为实际日照时数,S_0 为可照时数,T 为日平均气温。在实际工作中可直接求出某一时段或某一发育期积温($\sum T$)与同期日照百分率(K)的乘积,即为该发育期的有效光积温($\sum T_0$):

$$\sum T_0 = K \sum T \tag{3.3}$$

据不同年份与不同地点的杂交稻本田发育期≥10 ℃积温与有效光积温的比较,明显可见有效光积温较为稳定。

更为简便的订正方法是把感光性较强的作物品种,在某一光照长度下所要求的积温订正为另一光照长度下的积温,计算公式为:

$$\sum T_B = (1 + f \Delta S) \sum T_A \tag{3.4}$$

式中,$\sum T_A$ 和 $\sum T_B$ 分别为日平均可照时数 S_A、S_B 条件下的积温,ΔS 为两地或两时段日平均可照时数的差值,即

$$\Delta S = S_A - S_B \tag{3.5}$$

f 为日平均可照时数变化 1 h 所引起的积温变化量与 $\sum T_A$ 的比值,对具体品种而言,f 为常数,可通过试验求得。根据在贵州铜仁对杂交水稻、农垦 58 等所做的试验,f 值为 0.08~1.12。短日照作物的 f 取正值,长日照作物的 f 取负值。

(2)积温的温度条件订正

温度强度对作物发育速度的影响是不一样的。夜间温度的高低及日较差的大小等,也会影响积温的稳定性,应给予考虑。由式(3.1)可得:

$$\frac{1}{n} = \frac{T-B}{A} = \alpha T - \beta \tag{3.6}$$

或

$$n = \frac{A}{T-B} \tag{3.7}$$

式中,n 为发育期天数,$\frac{1}{n}$ 则表示了作物发育速度,T 为生育期平均气温。

上式假定了作物发育速度随温度呈线性变化,这一假设有着严重的不足。基于温度三基点理论及温度有效性,有人提出一种温度因素对作物发育速度影响的非线性模式,以替代积温公式中的线性假设。在综合考虑上、下限温度对作物发育速度影响的基础上,可得温度的非线性模式:

$$\frac{1}{n} = \frac{1}{K}(T-B)^{1+P}(M-T)^{1+Q} \tag{3.8}$$

式中,M、B 为作物发育速度等于 0 的上、下限温度,K、P、Q 为经验参数,并均>0。

在上式中令:

$$A(T) = K(T-B)^{-P}(M-T)^{-(1+Q)} \tag{3.9}$$

则有

$$A(T) = \sum T - nB \tag{3.10}$$

$A(T)$为温度的函数,称为有效积温变量。用实际资料可以验证,$A(T)$值与有效积温的实际值十分接近。

(3)积温的回归订正

为了研究积温的稳定性,江苏省杂交稻气象科研协作组曾提出用播种日期、降水量建立回归方程,对积温指标进行订正,称为动态积温。试图用多因子的综合影响预测杂交水稻的亲本花期。

首先分析父、母本的活动积温(y)与当年播种期的早晚(x_1,播种日期距4月1日的天数)、始穗前30 d内的降水量多少(x_2,mm)的关系,建立父本的积温方程:

$$y_父 = 2839.6 - 7.49x_1 + 1.60x_2 \tag{3.11}$$

式中,$y_父$为父本植株当年播种至始穗所需活动积温指标值。同理,再建立母本积温方程:

$$y_母 = 1765.0 - 4.36x_1 \tag{3.12}$$

式中,$y_母$为母本稻株当年播种至始穗所需活动积温(动态积温)值。

根据式(3.11)和式(3.12),将当年的x_1、x_2值代入,即可算得当年父、母本播种至始穗所需的动态积温指标,然后按一般积温预测花期相遇的方法,即可预测花期。

3.3.1.3 积温法预报

将积温公式稍作变换,可得预报应用公式:

$$D = D_1 + \frac{A}{T-B} \tag{3.13}$$

式中,D为所要预报的发育期日期,D_1为前一发育时期出现日期,A为由前一发育时期到预报发育时期之间的有效积温,T为两发育期间的平均气温,B为下限温度。对感光性强的品种,需作光温系数订正。如对感光性强的水稻品种,其预报式应为:

$$n = n_1 + \frac{A - n_1(T_1 - B)K}{(T_2 - B)} \tag{3.14}$$

式中,A为总有效积温,T_1、T_2分别为长、短光照期间的平均温度,n_1为长光照期间的发育期天数,n为发育期总天数,K、B为光温系数和生物学下限温度。

近年来,相关研究者对小麦、水稻叶龄、分蘖以及干物质积累与相应积温的关系进行了较深入分析,建立了一系列模式。

(1)叶龄的积温模式

小麦叶片数的增加受温度和水肥条件等因素的影响,还与温度条件关系最为密切。而在极端恶劣的条件下,水肥条件通常只影响叶片的大小,而对叶龄的增长速度

影响不大。定株观测的资料分析表明,小麦叶龄(X)与大于 0 ℃的活动积温($\sum T$)有线性关系,可表示为:

$$X = a + b\sum T \tag{3.15}$$

式中,a、b 为待定系数,依各品种观测资料拟合的回归方程列于表 3.2。

表 3.2 小麦品种的叶龄与积温的关系

品种	拟合公式	相关系数	样本数 n	试验年份
农大 139	$\dot{X} = 0.0120\sum T - 1.22$	0.988***	40	1974
农大 139	$\dot{X} = 0.0180\sum T - 0.615$	0.989***	61	1980
红良 4 号	$\dot{X} = 0.0121\sum T - 0.868$	0.983***	65	1980
京作 348	$\dot{X} = 0.0120\sum T - 0.712$	0.988***	63	1980
北京 15	$\dot{X} = 0.0124\sum T - 1.19$	0.959***	61	1980

注:***表示显著性达到 0.001 显著水平。

冯阳春(2008)对分析主茎各叶出伸所需有效积温与叶位的关系,发现整个过程可明显地分为 3 个阶段,将叶龄分 3 段分别进行模拟,建立分段叶龄模拟函数如下:

$$LN_{(t)} = LN_{(t-1)} + \frac{T_t - T_b}{\text{EATPLN}_{(t-1)}} \tag{3.16}$$

式中,$\text{EATPLN}_{(t)} = \begin{cases} b_1 LN + a_1 & (0 < LN \leqslant 3) \\ a_2 & (3 < LN \leqslant (N-n-2)) \\ a_3 e^{b_2[LN-(N-n-2)]} & ((N-n-2) < LN \leqslant N) \end{cases}$

式中,b_2 是与水稻主茎总叶龄有关的参数为 $b_2 = \alpha - \beta N$,EATPL 为主茎各叶位出伸有效积温,LN_t 为主茎叶龄,N 为水稻品种主茎总叶片数,n 为节间数,T_t 为每日均温,T_b 为生物学起点温度,a_1、a_2、a_3、b_1、b_2、b_3、α 和 β 为品种参数。

除了对水稻、小麦等粮食作物的研究,前人对番茄、棉花、烟草等经济作物也进行了相关研究。棉花叶龄与积温两者存在着很好的线性关系,建立叶龄的积温模式表达式为:

$$LN = 3.18 + (1.14 \times 10^{-2})\sum T \tag{3.17}$$

式中,LN 为叶龄数,$\sum T$ 为三叶期起到某一叶龄时所对应的积温值。并在叶龄积温模式的基础上得出晋棉 6 号每形成一张叶片需积温 84.1~91.9 ℃·d。

番茄作为中国设施栽培的主要蔬菜之一,其生长发育和出叶速率与环境条件密切相关。以温度的影响最为明显(图 3.1),在此基础上构建了设施番茄叶龄模拟模型,并且具有较好适用性和可靠性。

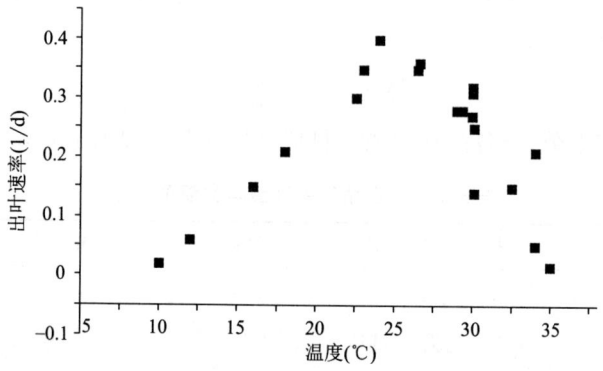

图 3.1　温度与出叶速率的关系(张智优 等,2011)

考虑烟草不同播移栽期、不同叶位成熟采收的叶龄与累积有效积温关系,发现烟草 3 个叶位叶片成熟时的叶龄与有效积温呈线性关系,3 个叶位叶片的成熟时间与发育期的有效积温呈显著正相关,拟合方程结果为表 3.3。

表 3.3　各叶位叶片成熟期叶龄与有效积温的拟合方程

日期	叶位	模型方程	判定系数	P
2010-03-23	4	$X_2=3.3867+0.0950X_1$	$R^2=0.9974$	0.0001
	10	$X_2=2.2543+0.0822X_1$	$R^2=0.9949$	0.0001
	16	$X_2=2.8107+0.0680X_1$	$R^2=0.9913$	0.0001
2011-03-20	4	$X_2=2.5412+0.0909X_1$	$R^2=0.9943$	0.0001
	10	$X_2=-1.0181+0.1208X_1$	$R^2=0.9566$	0.0001
	16	$X_2=3.3870+0.0699X_1$	$R^2=0.9894$	0.0001

注:X_2 为有效积温,X_1 为叶龄。

(2)分蘖的积温模式

分析小麦分蘖数与冬前积温的关系,可建立不同形式的积温模式。

指数模式:
$$y=y_0 e^{\alpha+\beta\sum T} \tag{3.18}$$

Logistic 曲线模式:
$$y=\frac{y_m}{1+e^{\alpha+\beta\sum T}} \tag{3.19}$$

Compertz 曲线模式:
$$y=y_m e^{-e^{C-D\sum T}} \tag{3.20}$$

式中,y 为包括主茎在内的单株茎数,$\sum T$ 为冬前积温,其他为有关常数或系数。

根据水稻群体分蘖的消长变化,可建立模式:

$$y_x = a_0(a_f - a_0) e^{\frac{-c(d-x)^2}{x^2}} \tag{3.21}$$

式中,y_x 指积温为 x 时单位面积上水稻的总茎数,x 为水稻移栽后 20 ℃以上有效积温,a_0 为单位面积的基本苗数,a_f 为分蘖高峰时的总茎数,c 和 d 为经验系数,由实验资料求得。

通过将各旬的积温与水稻分蘖进程进行相关分析(表 3.4 和表 3.5),发现水稻茎数变化与生育期内积温有密切关系。

表 3.4 6 月各旬水稻茎数变化与积温的相关分析

		积温							
		5月下旬	6月上旬	6月上旬前	6月中旬	6月中旬前	6月下旬	6月中下旬	6月
茎数变化	6月上旬	0.726	0.751	0.864*	0.270	0.815*	0.462	−0.295	0.673
	6月中旬	0.523	0.534	0.618	0.703	0.837*	0.803*	0.177	0.887
	6月下旬	−0.770	0.236	0.112	0.264	0.220	0.222	−0.009	0.329
	6月	0.386	0.543	0.546	0.484	0.671	0.536	−0.029	0.701

注:* 表示显著性达到 0.05 显著水平。

表 3.5 7 月上中旬水稻茎数变化与积温的相关分析

		积温										
		5月下旬	6月上旬	6月上旬前	6月中旬	6月中旬前	6月下旬	6月中下旬	6月	7月上旬	6月下旬和7月上旬	7月中旬	7月上中旬
茎数变化	7月上旬	−0.587	−0.661	−0.733	−0.604	−0.878**	−0.680	−0.374	−0.864**	0.092	−0.342	−0.405	−0.373
	7月中旬	−0.261	0.134	−0.049	−0.269	−0.173	−0.348	0.671	−0.175	−0.527	0.718	−0.410	−0.025

注:** 表示显著性达到 0.01 显著水平。

(3) 干物质增长的积温模式

在对江苏省杂交水稻、三麦气象条件试验研究时,对干物质累积与其间积温的关系进行了探讨,证明其关系可用 Logistic 方程(即 S 型曲线)进行有效拟合,其一般式为:

$$W = \frac{c}{1 + e^{a-b\sum T}} \tag{3.22}$$

在对三麦气象条件研究时,考虑到地区差异,以一站点作为基本点进行日照时数的订正,求得了江苏省各地小麦灌浆的气象模式:

$$W = \frac{c}{1 + e^{a-b\sum T}} + (D + E\Delta\sum S) \tag{3.23}$$

式中,W、$\sum T$ 分别为干物重及积温值,a、b、c 为参数,$\Delta \sum S$ 为推测地与基准地之间抽穗后累积日照时数差值,E 为日照参值方程系数,D 为常数项。所有参数都由实验求得。

用 Logistic 方程进行拟合苜蓿干物质积累与有效积温关系的数学模型,模型的拟合度都达到极显著水平,其表达式为:

$$m = \frac{m_0}{1 + e^{a+bk}} \tag{3.24}$$

式中,m 为生物量,m_0 为生物量最终可达到的最大值,k 为日均气温稳定≥5 ℃开始时,随牧草生长的有效积温(史纪安 等,2009)。a、b 是待定系数($a>0$,$b<0$)。

植株地上部干物质(w_t)及其叶片干物质(w_t)增长动态随有效积温(t)而增长的轨迹也同样符合 Logistic 方程所描述的曲线,表达式为:

$$w_t = \frac{w_0}{1 + e^{(a-bt)}} \tag{3.25}$$

式中,w_t 为干物质量,w_0 为生物量最终可达到的最大值,t 为有效积温,a、b 是待定参数。

此外,对其他植物(如菊花、怀地黄、番茄)建立了积温与干物质积累量的模型,且均符合 Logistic 方程。但有的植物干物质积累与积温之间的关系却并不符合 Logistic 方程,有的温室甜瓜干物质积累和分配模型分别为有效积温驱动下的指数函数和二次抛物线函数,常数项均由日温差积累和光辐射积累驱动,它们之间为一次函数关系。经过验证,该模型能较为真实、客观地模拟植株干物质积累与分配变化过程。另外,利用积温,还可建立昆虫生长发育及其消长的动态模式、林木演替的生态模式及畜产品产量模式等。

3.3.2 物候相关法

同一种农作物的前期物候和后期物候之间,往往具有比较好的、稳定的相关关系。根据前期物候预测后期物候,或根据某一种物候预测另一种物候。这种利用前后期或不同物候现象之间的相关关系进行的发育期预报方法,称为物候相关法。

例如,南京市农业科学研究所根据晚稻幼穗分化进程与抽穗期之间存在的相关关系,提出了利用晚稻的幼穗分化进程来预测抽穗期和齐穗期的方法。这种方法将晚稻从幼穗开始分化—抽穗期间分成3个时段,采用长期、中期、短期预测3种不同时间尺度来预测,并按温度高低或光照长短进行适当订正。具体做法是,从晚稻抽穗前一个月起,每隔2~3 d 在田间随机取样,量取主茎幼穗长度,由其长度参照表3.6,即可推算出抽穗期。试验实践表明,晚稻从幼穗开始分化到50%抽穗间隔日数,籼稻约为28 d,中粳约为30 d,晚粳约为32 d。因为取样是量取幼穗的平均长度,故预报的发育期是 50% 的抽穗期。若预报齐穗期,需再加 2~3 d。

表 3.6 晚稻幼穗长度与距抽穗天数的关系

幼穗长度(cm)	幼穗发育期	分化后天数(d)	中粳稻(d)	晚粳稻(d)
<0.01	苞原始体分化期	0~2	28~30	30~32
0.01~0.05	一次枝梗分化期	2~3	27~28	29~30
0.05~0.10	二次枝梗分化期	3~5	25~27	27~29
0.10~0.20	颖花分化期	5~7	23~25	25~27
0.20~0.40	雌雄蕊形成前期	7~10	20~23	22~25
0.40~0.70	雌雄蕊形成中期	10~13	17~20	19~22
0.70~1.00	雌雄蕊形成后期	13~15	15~17	17~19
1.00~1.50	花粉母细胞形成前期	15~16	14~15	15~17
1.50~2.50	花粉母细胞形成中期	16~17	13~14	13~15
2.50~5.00	花粉母细胞形成后期	17~18	12~13	12~13
5.00~12.00	花粉母细胞减数分裂期	18~22	10~12	10~12

3.3.3 气候适宜度法

假定某一日作物的气候适宜度为 1.0,说明当日的气象条件非常有利于作物的生长发育,可以把这一日确定为一个冬小麦生长发育日;假定某一日的气候适宜度为 0.5,说明该日的气象条件对冬小麦生长发育有利有弊,可以把这一日确定为 0.5 个冬小麦生长发育日,以此类推。即某日的气候适宜度值,就是冬小麦生长发育日数(李昊宇 等,2012)。

为建立气候适宜度因子发育期预报模型,确定单站相邻两个作物发育期间的发育日数,由对应时段内的逐日气候适宜度累加求得。预报区域相邻两个发育期间的发育日数,由该区域内各单站同一时段的发育日数平均算出。

利用不同作物阶段的气候适宜度发育日数和发育期间的实际观测天数,可以建立各区域不同发育阶段持续天数的预报模式。在预报出不同发育期间的天数后,加上前面一个发育期的具体日期,就是后一个发育期的出现日期。

以锦州农业气象试验站为平台,应用 2005—2011 年的玉米发育期观测资料和气象资料对玉米发育期动态模型参数进行本地化,建立适用于锦州玉米发育期预报的动态模型(张慧 等,2016),并应用 2012 年和 2013 年的玉米发育期观测数据对模型预报值的精度及准确度进行检验。

(1) 模型介绍

假设玉米开始第 s 发育阶段时的进程为 0，结束第 s 发育阶段时的进程为 1。完成第 s 发育阶段所经历的天数 t 用 N_S 表示，该阶段的玉米发育速度 V_S 可表示为：

$$V_S = \frac{ds}{dt} = \frac{1}{N_S} \tag{3.26}$$

考虑气温与日照长度因子，玉米发育期速度模型为：

$$V_S = \frac{ds}{dt} = f(K)f(\bar{T})f(\bar{D}) \tag{3.27}$$

式中，$f(K)$ 表示玉米生长发育基本函数，即最适环境下玉米生长发育的速度。K 反映了玉米的基本发育特性，表示为：

$$f(K) = e^{-K} \tag{3.28}$$

$f(\bar{T})$ 表示玉米温度函数，具体表达式为：

$$f(\bar{T}) = \left(\frac{\bar{T}-T_L}{T_O-T_L}\right)^P \left(\frac{T_H-\bar{T}}{T_H-T_O}\right)^Q \tag{3.29}$$

式中，$\bar{T}$ 玉米发育期日平均气温，T_L、T_H 和 T_O 表示玉米发育期的最低、最高和最适温度。根据已有研究确定锦州玉米生长发育的三基点温度(表3.7)。

表 3.7　玉米各发育期三基点温度(℃)

发育阶段	T_O 最适温度	T_L 最低温度	T_H 最高温度
播种—三叶	14～16	8	22
三叶—七叶	18～20	8	30
七叶—拔节	18～22	10	35
拔节—抽雄	25～27	20	35
抽雄—乳熟	20～24	18	34
乳熟—成熟	20～24	16	30

P 是增温促进系数，即 P 增大时表明在下限到最适温度范围内，温度升高可以促进玉米的发育。Q 是高温抑制系数，即 Q 增大时表明在最适到上限温度范围内，温度升高抑制玉米的发育：

$$Q = \left(\frac{T_H-T_O}{T_O-T_L}\right)P \tag{3.30}$$

$f(\bar{D})$ 表示光效应函数：

$$f(\bar{D}) = e^{-G(\bar{D}-D_0)} \tag{3.31}$$

式中，D 表示玉米发育期日照长度，D_0 表示玉米发育的临界日长为 12.5。因为玉米是短日照作物，$f(\bar{D})$ 是 $\bar{D}$ 的减函数。G 是感光性系数，表示短日照对玉米生长发育的促进作用。当玉米经历 N_S 天完成第 s 发育阶段的函数表达式为：

$$\int_0^1 \frac{\mathrm{d}s}{\mathrm{d}t}\mathrm{d}t = \sum_{i=1}^{N_S} \frac{1}{N_S} \tag{3.32}$$

根据以上公式可得到玉米发育期预报模型为：

$$1 = \sum_{i=1}^{N_S} e^{-K}\left(\frac{\bar{T}-T_L}{T_O-T_L}\right)^P \left(\frac{T_H-\bar{T}}{T_H-T_O}\right)^Q e^{-G(\bar{D}-D_0)} \tag{3.33}$$

即从第 s 发育阶段第一天逐日累加 $e^{-K}\left(\frac{\bar{T}-T_L}{T_O-T_L}\right)^P \left(\frac{T_H-\bar{T}}{T_H-T_O}\right)^Q e^{-G(\bar{D}-D_0)}$，直至累加值为 1 的 N_S 值即为玉米第 s 发育阶段的发育天数。

(2) 确定模型参数

2005—2011 年的数据用来确定模型参数，建立适用于锦州地区的玉米发育期模型。2012 年和 2013 年的数据用来检验模型的准确性。模型参数 K、P、Q 和 G 的确定方法如下：

$$\frac{1}{N_S} = e^{-K}\left(\frac{\bar{T}-T_L}{T_O-T_L}\right)^P \left(\frac{T_H-\bar{T}}{T_H-T_O}\right)^{\left(\frac{T_H-T_O}{T_O-T_L}\right)^P} e^{-G(\bar{D}-D_0)} \tag{3.34}$$

对公式两边取对数可得：

$$-\ln N_S = -K + P\ln\left(\frac{\bar{T}-T_L}{T_O-T_L}\right) + P\left(\frac{T_H-T_O}{T_O-T_L}\right)\ln\left(\frac{T_H-\bar{T}}{T_H-T_O}\right) + [-G(\bar{D}-D_0)] \tag{3.35}$$

运用多元回归的方法 $y = a_0 + a_1 x_1 + a_2 x_2$ 确定 K、P 和 G 的初始值。

式中，$y = -\ln N_S$，$x_1 = \ln\left(\frac{\bar{T}-T_L}{T_O-T_L}\right) + \left(\frac{T_H-T_O}{T_O-T_L}\right)\ln\left(\frac{T_H-\bar{T}}{T_H-T_O}\right)$，$x_2 = -(\bar{D}-D_0)$，$a_0$、$a_1$ 和 a_2 分别表示 $-K$、P 和 G。

首先将参数初始值带入公式中，然后对参数作进一步调整，直至模拟值与观测值的误差最小时的参数值为最终的模型参数。因为确定参数时运用的是玉米第 s 发育阶段的平均气象数据，而进行发育期预测时运用的是逐日的气象数据，为了减少其中存在的误差，所以运用两步来确定模型参数。

应用锦州 2005—2011 年的玉米发育期观测数据和逐日气象资料通过多元回归分析和回代检验的方法确定玉米不同发育期的模型参数见表 3.8。

表 3.8　玉米不同类型品种各生育阶段的模型参数值

发育期	K	P	G
播种—三叶	2.9726	−0.7032	—
三叶—七叶	2.9793	−1.5684	0.03290
七叶—拔节	3.0517	−1.7094	0.03610
拔节—抽雄	3.3521	0.2720	0.03225
抽雄—乳熟	3.5485	0.0804	0.02955
乳熟—成熟	3.5962	0.3102	0.02055

根据表 3.8 参数结果得出锦州影响玉米发育期的主要因素是玉米的品种。温度对玉米发育期的影响大于光照。表中 G 的系数非常小,说明在锦州光照条件是满足玉米生长发育需要的,其并不是限制玉米发育的影响因子。

(3) 模型准确性验证

应用 2012 年和 2013 年玉米发育期观测资料和逐日气象资料对模型进行检验,图 3.2 给出了预测值与观测值一致性的检验结果,其相关系数 R^2 均达到 0.89 以上;表 3.9 给出了 2012 年和 2013 年的预测值与观测值误差大小,其误差标准差分别为 3.2 d 和 2.7 d。说明预测值与观测值有较好的一致性,且预测准确度满足农业气象业务需求。

由表 3.9 可知模型预报准确性是播种—抽雄期好于抽雄—成熟期。模型对于玉米从抽雄到乳熟这一发育阶段的预报误差较大为 5~6 d。其他阶段预报误差小于 3 d。

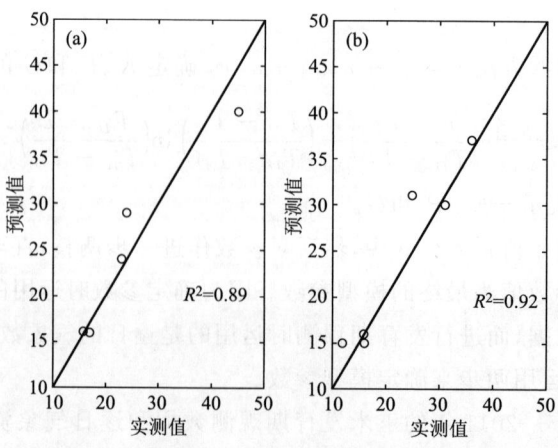

图 3.2　2012 年(a)和 2013 年(b)玉米发育期天数预测值与观测值一致性检验(单位:d)

表 3.9　玉米发育期天数模型值与观测值的对比(单位:d)

发育期	2012 年			2013 年		
	实测值	模拟值	误差	实测值	模拟值	误差
播种—三叶	17	16	−1	16	15	−1
三叶—七叶	16	16	0	12	15	3
七叶—拔节	16	16	0	16	16	0
拔节—抽雄	23	24	1	31	30	−1
抽雄—乳熟	24	29	5	25	31	6
乳熟—成熟	45	40	−5	36	37	1
全发育期	141	141	0	136	144	8
标准差			3.2			2.7

3.3.4　卫星遥感法

3.3.4.1　水稻田种植信息提取

(1)植被指数的选择

基于遥感手段的水稻种植面积提取过程,利用 8 d 合成 MODIS 影像的 3 种光谱指数归一化植被指数(Normalized Difference Vegetation Index,NDVI)、增强型植被指数(Enhanced Vegetation Index,EVI)和陆表水指数(Land Surface Water Index,LSWI),通过生物物理特征进行水稻信息提取(陈建军 等,2012)。

通过对典型植被区的 NDVI 和 EVI 的比较,结果见图 3.3a,在有植被存在的情况下,当 NDVI<0.8 时,NDVI 与 EVI 的关系基本呈近似线性关系。此外,8 d 合成 MODIS 地表反射率产品虽经过了严格的大气校正,但是计算得到的 NDVI 受土壤背景的影响较大,由于构建 EVI 时考虑了土壤背景的影响,所以 EVI 受土壤背景的影响比 NDVI 要小。研究计算二者的比值(NDVI/EVI),结果见图 3.3b,可以看出,NDVI/EVI 的值在无植被覆盖时期时要比有植被覆盖时期稍大些,直到植被冠层覆盖地表时,NDVI/EVI 的值开始变小。通过比较可以知道 NDVI 受土壤背景的影响比 EVI 大,因此研究选取 EVI 作为识别水稻生长发育期的植被指数,并结合 LSWI 共同进行水稻种植面积的提取。

(2)水稻信息识别

水稻生长发育期主要包括:播种期、出苗期、三叶期、移栽期、返青期、分蘖期、拔节期、孕穗期、抽穗期、乳熟期和成熟期。在水稻移栽之前,稻田通常都需要灌水,土壤含水量较高。LSWI 对地表水分含量的变化极其敏感,而 EVI 能够抑制大气、土壤背景对植被信息的影响。因此,可以利用移栽期的植被指数初步识别可能存在水稻的区域,然后根据地物随时间的变化而表现出的差异性,通过移栽期以后的植被指数时间序列数据进一步去除其他地物。

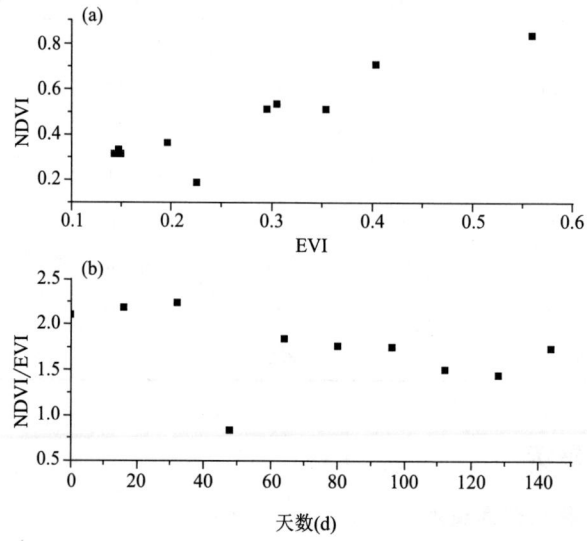

图 3.3　典型植被区 NDVI 与 EVI 的比较结果
(a)NDVI 与 EVI 相关性;(b)NDVI/EVI 随生育期变化

(3)水稻种植信息提取

在水稻的生长发育期内,EVI 通常都大于 LSWI,只有在灌水移栽期,稻田水分含量高,像元的反射光谱表现为 LSWI 大于 EVI。因此,当灌水移栽期某个像元符合 EVI≤LSWI+0.05,那么该像元就可能为水稻田。江西省双季早稻的灌水移栽期集中在 4 月,利用灌水移栽普期的图像数据,提取符合 EVI≤LSWI+0.05 像元,作为第一个条件函数。

为了进一步去除以上区域中其他地物及永久性水体像元的影响,研究结合了另一个条件函数。在移栽期以后 40 d 左右的时间里,EVI 值将超过 EVI 最大值的一半。因此采用移栽期后 40 d 的 EVI 值超过 EVI 最大值的一半作为第二个条件函数。

为检验上述方法所提取的 MODIS 水稻面积的精度有效性,以江西省南昌市南昌县为例,根据样区的 HJ-1A CCD2 卫星影像数据与样区 MODIS 水稻分布图(图 3.4a)进行精度对比验证。对样区 HJ 卫星数据经过目视解译和监督分类的方法提取出了样区 HJ-1A 卫星数据水稻分布图(图 3.4b),结果表明该方法所提取的 MODIS 水稻空间分布与实际水稻分布较一致。

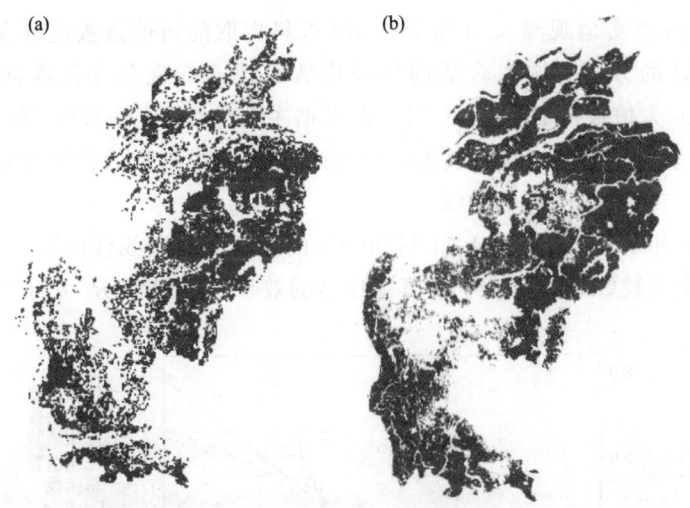

图 3.4　MOIDS 提取水稻分布图(a)和 HJ-1A 提取水稻分布图(b)(附彩图)

3.3.4.2　植被指数与叶面积指数(Leaf Area Index,LAI)的相关分析

在提取的研究区水稻田基础上提取水稻感兴趣区域并加载到植被指数图像中,利用遥感软件实现研究区水稻田像元平均值的提取。

水稻的长势主要体现在苗情的分类上,在现有的长势农学指标中,主要是应用 LAI 作为评定水稻苗情的指标。因此验证 LAI 与各植被指数的相关性。LAI 和各植被指数的相关性分析见表 3.10,由该表可知,所选取的各植被指数与 LAI 均有较高的相关性。

表 3.10　植被指数和 LAI 的相关系数

植被指数	样本个数(个)	相关系数
RVI(比值植被指数)	45	0.714**
NDVI(归一化植被指数)	45	0.775**
VCI(植被状态指数)	45	0.722**
EVI(增强型植被指数)	43	0.777**
SAVI(土地调整植被指数)	45	0.729**

注:**表示显著性达到 0.01 显著水平。

3.3.4.3 植被指数反演水稻生育期 LAI 的关系

以 11 个样点实地观测 LAI 与 MODIS 资料提取的植被指数进行水稻遥感植被指数反演 LAI 的分析。选取合适的植被指数组建立线性与非线性回归方程 $y=f(x)$，式中，x 为植被指数，y 为 LAI。在水稻主要生育期（分蘖期、拔节期、抽穗期和乳熟期）分别对不同的植被指数进行回归拟合，得到植被指数较好效果如下。

(1) LAI 与 NDVI 的拟合曲线

由图 3.5 和表 3.11 可知，LAI 和 NDVI 的拟合曲线以线性函数、二次函数和三次函数回归模型较好，R^2 大于 0.6，其他模型的效果都不理想，R^2 小于 0.6。

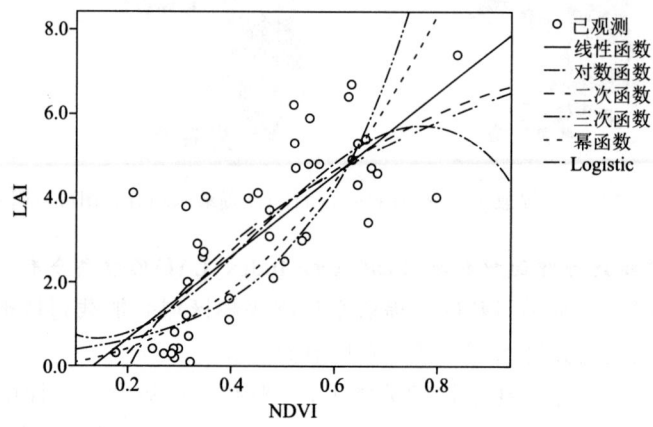

图 3.5　LAI 与 NDVI 的拟合曲线

表 3.11　LAI 与 NDVI 曲线回归模型

模型名称	回归方程	R^2
线性函数	$Y=-1.285+9.737x$	0.601**
对数函数	$Y=6.761+4.24\ln x$	0.592**
二次函数	$Y=-2.724+16.415x-6.876x^2$	0.609**
三次函数	$Y=1.55-13.32x+55.926x^2-41.014x^3$	0.621**
幂函数	$Y=13.588x^{2.194}$	0.535**
逻辑(Logistic)	$Y=1/(1/u+4.324\times 0.008^x)$	0.502**

注：**表示显著性达到 0.01 显著水平。

(2) LAI 与 EVI 的拟合曲线

由图 3.6 和表 3.12 可知，LAI 和 EVI 的拟合曲线以线性函数、二次函数、三次函数和幂函数回归模型较好，R^2 大于 0.6，对数模型和 Logistic 模型效果不佳，R^2 小于 0.6。

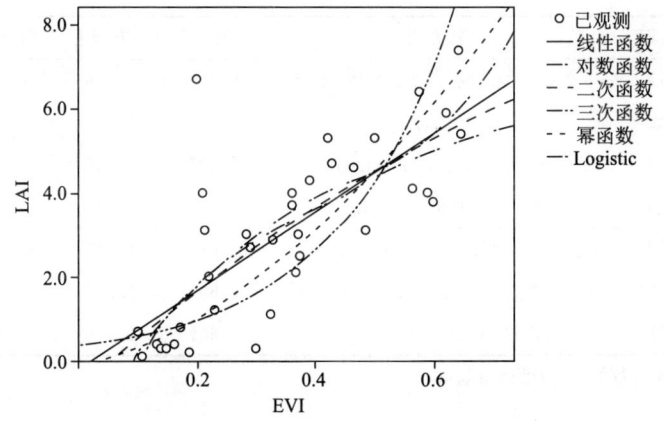

图 3.6 LAI 与 EVI 的拟合曲线

表 3.12 LAI 与 EVI 曲线回归模型

模型名称	回归方程	R^2
线性函数	$Y=-0.169+9.308x$	0.604**
对数函数	$Y=6.498+2.89\ln x$	0.599**
二次函数	$Y=-0.61+12.269x-3.996x^2$	0.607**
三次函数	$Y=-2.393+31.579x-62.448x^2+52.277x^3$	0.615**
幂函数	$Y=14.195x^{1.646}$	0.633**
逻辑(Logistic)	$Y=1/(1/u+2.739\times 0.007^x)$	0.552**

注：**表示显著性达到 0.01 显著水平。

在选取的 5 种植被指数(RVI、NDVI、VCI、EVI、SAVI)中，EVI、NDVI 与 LAI 的拟合曲线的 R^2 值大于 0.6，与其他 3 种植被指数相比较大；在选取的线性与 5 种非线性曲线模型中，线性函数、二次函数和三次函数模型的 R^2 与其他模型相比较大，说明对 LAI 的拟合程度较好。

3.3.4.4 监测精度评价

将 EVI 和 NDVI 依照已建立的模型反演的 LAI 值和试验点实际观测的 LAI 值进行精密度、准确度和相关性等的验证分析(表 3.13)。植被指数与 LAI 的相关性的大小和其对 LAI 的预测的精密度与准确度并不完全保持一致。EVI 的三次函数 (Cubic) 曲线的精密度和准确度分别为 0.322 和 0.956，较其他植被指数和其他模型相比总体较高。综合考虑上述几个评价分析指标，最终选取 EVI 作为早稻生育期内长势监测指标。

表 3.13　LAI 与植被指数模型精度分析

植被指数	模型类型	回归方程	相关系数	均方误差	精密度	准确度
EVI	三次函数	$Y=-2.393+31.579x-62.448x^2+52.277x^3$	0.615	1.226	0.322	0.956
	幂函数	$Y=14.195x^{1.646}$	0.633	1.239	0.295	0.895
	二次函数	$Y=-0.61+12.269x-3.996x^2$	0.607	1.245	0.400	0.929
	线性函数	$Y=-0.169+9.308x$	0.604	1.242	0.451	0.921
NDVI	三次函数	$Y=1.55-13.32x+55.926x^2-41.014x^3$	0.621	1.351	0.450	0.83
	二次函数	$Y=-2.724+16.415x-6.876x^2$	0.609	1.337	0.341	0.911
	线性函数	$Y=-1.285+9.737x$	0.601	1.378	0.417	0.863

注：Y 为叶面积指数值，x 为植被指数值。

3.4　作物发育期监测预报举例

作物发育期能够反映作物对外界环境的要求和适应性。传统生育期观测方法是基于单个站点的目测观察法，容易受到空间的限制，卫星遥感技术发展使生育期的大面积观测成为可能。基于卫星遥感数据生成的植被指数（如 NDVI、EVI 等）可较准确地反映植被生长和覆盖状况。

以下监测预报例子是基于 2010 年的 MODIS 数据和水稻生长发育观测数据，针对江苏水稻种植区，通过提取 MODIS-EVI 指数时间序列，采用 Savizky-Golay 滤波去除噪音，根据水稻在出苗期、移栽期、幼穗分化期、抽穗期和成熟期的 EVI 指数变化特征，实现对水稻 LAI 指数和生育期的定量反演，结合水稻农业气象站点观测资料进行验证，以探索基于水稻 LAI 指数和生育期开展作物动态监测的方法。

3.4.1　MODIS 数据

2010 年的 MODIS 数据，简称 MOD09A1，下载地址为 https://lpdaac.usgs.gov/。MOD09A1 数据是 8 d 合成的陆地表面反射率数据产品。该产品包括了对陆地表面地物反射比较敏感的前 7 个波段，空间分辨率为 500 m，时间分辨率为 8 d。为了突出 EVI 时间序列的表现趋势，去除噪音，本研究利用 Savizky-Golay 滤波对 EVI 的时间序列进行滤波，用以去除 EVI 曲线的噪音。运用 ENVI 软件中的 Layer Stacking 功能分别将多时相 EVI 影像合成多波段影像文件，每个波段代表一个时相的 EVI，从而对多波段遥感影像构成时间序列遥感影像，并使用 Savizky-Golay 滤波方法平滑时间序列遥感影像的噪声。Savizky-Golay(S-G)滤波器可以应用于任何具备相同间隔的连续且多少有些平滑的数据，EVI 时间序列影像满足此条件。

3.4.2 LAI 指数反演与空间分布

(1)LAI 指数反演

LAI 是表征农作物特征的综合指数。LAI 和植被在近红外和可见光波段的光谱反射率密切相关,因此可以利用 LAI 和植被指数之间的关系来识别水稻(Michele et al.,2014)。

利用经验公式法获取 LAI 的依据是植被冠层光谱特征。因为在光照条件下叶片中的叶绿素发生光合作用,对可见光中的红光进行吸收;因此红光波段反射率包含了冠层顶部叶片信息。而近红外波段植被有很高的反射率、透射率和很低的吸收率,因此近红外反射率包含了冠层内叶片信息。经验公式法是建立一个计算模型,以植被指数为输入数据,以 LAI 为输出数据,即 $LAI=f(x)$。其中,x 为光谱反射率或植被指数,具体形式如式(3.36)—(3.39):

$$LAI=ax^3+bx^2+cx+d \quad (3.36)$$

$$LAI=a+bx^c \quad (3.37)$$

$$LAI=-a/2\ln(1-x) \quad (3.38)$$

$$LAI=\ln\frac{VI-VI_\infty}{VI_g-VI_\infty}K_{VI} \quad (3.39)$$

在式(3.36)—(3.38)中,x 为光谱反射率或植被指数,a、b、c 为系数。在式(3.39)中,VI_∞ 为植被指数的渐进无穷值,在 LAI>8.0 时,总能达到此限;VI_g 是裸土的植被指数,K_{VI} 是一个消光系数。

(2)LAI 指数确定

研究选取遥感数据红外波段、近红外波段和蓝光波段范围内的光谱数据,并对其进行平均处理,作为 3 个波段的通道值,利用得到的结果计算植被指数 NDVI 和 EVI,计算公式见式(3.40)与式(3.41)。

$$NDVI=\frac{\rho_{NIR}-\rho_{RED}}{\rho_{NIR}+\rho_{RED}} \quad (3.40)$$

$$EVI=2\times\left(\frac{\rho_{NIR}-\rho_{RED}}{\rho_{NIR}+6\rho_{RED}-7.5\rho_{BLUE}+1}\right) \quad (3.41)$$

式中,ρ_{NIR}、ρ_{RED} 和 ρ_{BLUE} 分别对应遥感影像近红外波段(band2)、红光波段(band1)和蓝光波段(band3)的光谱反射率。

先用一年数据来确定 EVI、NDVI 与 LAI 的拟合关系,再利用另一年数据验证比较两种植被指数拟合 LAI 的优劣。LAI 和 EVI 的拟合曲线以线性、二次、三次和幂函数回归模型较好,R^2 大于 0.6,而 LAI 和 NDVI 的拟合曲线以线性、二次和三次回归模型较好,R^2 分别为 0.601、0.609 和 0.621,其他模型的效果都不理想,R^2 小于

0.6。在对 NDVI 与 EVI 拟合 LAI 优劣的比较中,引入 RMSE,提高了精密度、准确度。EVI 的三次曲线的准确度为 0.956,较 NDVI 及其他模型都较高,且 RMSE 值为 1.226,比 NDVI 及其他模型都小(陈建军 等,2012)。考虑水稻品种相同,选取的植被指数 EVI 反演 LAI 的回归模型如下:

$$Y = -2.393 + 31.579x - 62.448x^2 + 52.277x^3 \quad (3.42)$$

式中,Y 为叶面积指数值,x 为 EVI 植被指数值。利用 ENVI 遥感软件 band math 模块,将公式输入,计算 LAI,得到 LAI 的区域分布图(图 3.7)。LAI 的区域分布特征:反演的 LAI 与相对应的地面观测 LAI 差别不大,基本能反映地表作物生长状况。

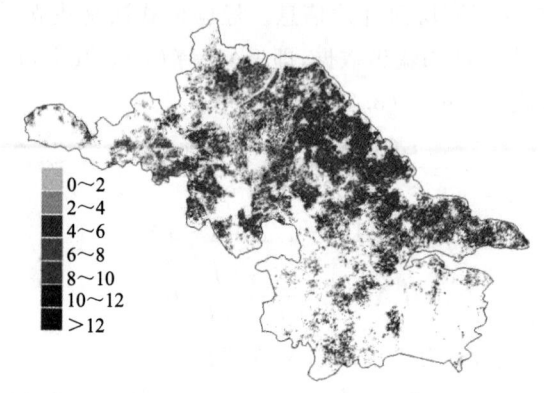

图 3.7　2010 年儒略历第 192 d LAI 区域分布图(附彩图)

3.4.3　水稻生育期识别与空间分布

(1)水稻生育期识别

在对 EVI 时间序列进行 S-G 滤波后,根据上述算法,即可实现对水稻的移栽期、抽穗期和成熟期识别。为验证利用多时相 MODIS 数据对水稻关键生长发育期的识别效果,将根据算法得出的结果与中国气象局气象资料中心提供的江苏 8 个站点的观测数据(表 3.14)进行比较,其中发育期以儒略历表示。表 3.14 为利用遥感数据识别的江苏 8 个站点对应的生育期数据。可以看出,出苗期、幼穗分化期和成熟期的结果绝大部分都在±16 d 以内,而移栽期和抽穗期绝大部分在±8 d 以内,精度总体比相关文献中(陈效逑 等,2007)均方差 8.8~18 d 要略高。比较表 3.14 与表 3.15 可以看出徐州提取的幼穗分化期和抽穗期误差较大,淮安和昆山提取的出苗期误差较大,其他站点各个生育期的提取结果的误差都在一个合理的范围之内。

表 3.14 江苏站点生育期观测数据(单位:d)

站点	出苗期	移栽期	幼穗分化期	抽穗期	成熟期
徐州	127	163	206	237	275
淮安	128	167	207	238	281
赣榆	140	165	203	233	275
兴化	130	166	198	230	275
镇江	139	168	206	239	293
昆山	152	169	215	245	299
无锡	146	169	211	243	291
高淳	132	156	205	237	285

表 3.15 利用 MODIS 识别的江苏站点生育期数据(单位:d)

站点	出苗期	移栽期	幼穗分化期	抽穗期	成熟期
徐州	136	161	195	225	270
淮安	142	177	203	233	278
赣榆	136	161	195	225	270
兴化	144	169	203	233	278
镇江	136	161	211	241	286
昆山	136	161	211	241	286
无锡	136	161	211	241	286
高淳	136	161	195	225	270

相关误差可能来源:①由于 MODIS 数据的时间分辨率为 8 d,引起一定的误差;②所用的遥感数据很大程度上去除了云、大气及气溶胶的影响,会造成一定的影响;③混合像元可能的影响,由于空间分辨率的限制,一个像元中不全是水稻,会造成 EVI 值的一定偏差。上述原因一定程度上会引起水稻物候观测值和算法提取值的偏差。

(2)水稻生育期空间分布

在水稻生育期识别算法基础上,基于 MODIS 2010 年的数据对整个区域水稻像元都采用此种算法,从而得到整个江苏地区 2010 年的水稻生育期空间分布。根据水稻的分布图,将水稻生育期识别算法应用到每个像元中,从而得到 2010 年江苏地区水稻生育期分布图(图 3.8),即出苗期、移栽期、幼穗分化期、抽穗期及成熟期。图 3.8a 表示出苗期的空间分布,出苗时间基本呈现从西北向东南递减的趋势。江苏东

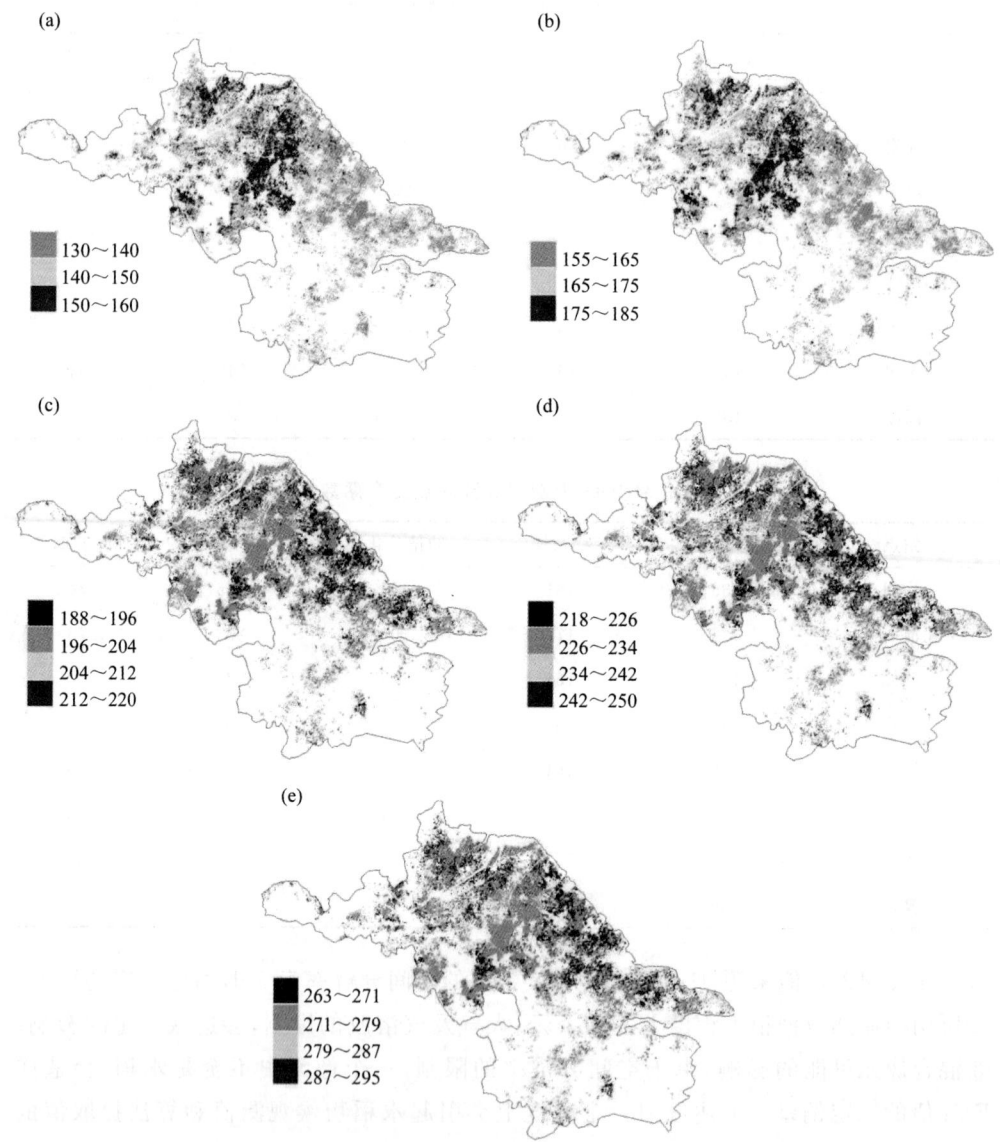

图3.8 2010年江苏地区生育期时空分布（单位：d）（附彩图）
(a)出苗期；(b)移栽期；(c)幼穗分化期；(d)抽穗期；(e)成熟期

南部水稻出苗期在130～140 d(5月中旬)之间；西北部水稻出苗期在150～160 d (6月上旬)之间；东南部与西北部的过渡区域水稻出苗期在140～150 d(5月下旬)之间。图3.8b表示移栽期的空间分布，其总体分布与出苗期类似，从南向北逐渐推迟。其中，江苏南部移栽期在155～165 d(6月中旬)之间，江苏北部移栽期在175～185 d

之间(6月下旬)。图3.8c表示幼穗分化期的分布,呈现出南早北晚的分布。江苏南部在188~196 d之间(7月上旬),苏中地区在196~204 d(7月中旬),苏北地区较晚,在212~220 d之间(8月上旬)。图3.8d表示抽穗期的分布,江苏南部分布在218~226 d之间(8月中上旬),而北部地区则分布在226~234 d之间(8月中下旬)。图3.8e表示成熟期的分布,其分布与抽穗期类似,南部要早于北部。

思考题

1. 解释作物发育期预报概念。
2. 为什么能进行作物长势监测?
3. 作物长势遥感监测数据有什么要求?
4. 举例说明作物发育期预报方法。
5. 积温求算如何订正改进?

参考文献

陈建军,黄淑娥,景元书,等,2012. 基于EOS/MODIS资料的江西省水稻长势遥感监测[J]. 江苏农业科学,40(6):302-305.

陈剑,王琪,韩智平,等,2012. 东北地区春玉米发育期评估与预报方法研究[J]. 现代农业科技,23:18-23.

陈效逑,喻蓉,2007. 1982—1999年我国东部暖温带植被生长季节的时空变化[J]. 地理学报,62(1):41-51.

冯阳春,2008. 水稻叶蘖动态模拟研究[D]. 南京:南京农业大学.

刘良云,王纪华,张永江,等,2007. 叶片辐射等效水厚度计算与叶片水分定量反演研究[J]. 遥感学报,11(3):289-295.

李昊宇,王建林,郑昌玲,等,2012. 气候适宜度在华北冬小麦发育期预报中的应用[J]. 气象,38(12):1554-1559.

申双和,景元书,2017. 农业气象学原理[M]. 北京:气象出版社:99-100.

史纪安,刘玉华,贾志宽,等,2009. 紫花苜蓿第一茬地上部干物质生长过程与有效积温的关系[J]. 草业科学,8:81-86.

杨邦杰,1999. 农作物长势的定义与遥感监测[J]. 农业工程学报,15(3):214-218.

张智优,曹宏鑫,陈兵林,等,2011. 设施番茄发育期与叶龄动态模拟模型研究[J]. 中国农业气象,32(4):550-557.

张慧,李爽,高莉莉,等,2016. 辽西地区玉米发育期动态预报模型研究[J]. 黑龙江气象,33:17-19.

周清波,2004. 国内外农情遥感现状与发展趋势[J]. 中国农业资源与区划,25(5):9-14.

BLAES X,HOLECZ F,LEEUWEN H J,et al,2007. Regional crop monitoring and discrimination based on simulated envisat asar wide swath mode images[J]. International Journal of Remote Sensing,28(1/2):371-393.

CHEN C,MCNAIRN H,2006. A neural network integrated approach for rice crop monitoring [J]. International Journal of Remote Sensing,27(7):1367-1393.

DENTE L, RINALDI M, MATTIA F, et al,2004. On the assimilation of C-band radar data into CERES-wheat model[C]// Geoscience and Remote Sensing Symposium, IGARSS '04. Proceedings. IEEE International.

MA H Q, HUANG W J,JING Y S, et al,2020. Identification of fusarium head blight in winter wheat ears using continuous wavelet analysis[J]. Sensors (Basel,Switzerland),20(1):20-31.

MICHELE M,FELIX R,MICHEL M,et al,2014. Relationship between the Inter-Annual variability of satellite-derived vegetation phenology and a proxy of biomass production in the Sahel [J]. Remote Sens. 6(6):5868-5884.

第4章 农田土壤水分预报

农田土壤水分预报是针对作物各生育期水分需求,预测根层或深层土壤含水量的一种农业气象条件预报。其预报核心是依据土壤水分平衡方程,分析预测作物生育期内自然状况下蒸散量与降水量的变化。它是调节土壤水分、科学管理农田的基础工作,能为作物在各生育期建立适宜的水分条件、推算合理的农田灌溉时间、灌溉数量提供重要依据。

4.1 农田土壤水分预报原理

4.1.1 农田土壤水分预报原理

农田土壤水分预报的原理是土壤水分平衡方程。农田土壤水分平衡是指一定时间内一定深度土壤的水分收支状况。对于地势较为平坦的农田,水分交换主要来自垂直方向。

当地下水位很深时,可忽略地下水对作物根层的补给作用。若将 W_n 作为初始时段土层内土壤贮水量,则土层内的土壤水分可由下式来表示:

$$W_{n+1}=P_n+G_n+F_n-R_n-E_n-D_n-I_n+W_n \tag{4.1}$$

式中,W_n 和 W_{n+1} 为土壤含水量(mm),P_n 为时段内降水量(mm),G_n 为时段内的灌溉量(mm),I_n 为作物冠层对降水的截留量(mm),E_n 为时段内农田实际蒸散量(mm),R_n 为地表径流量(mm),F_n 为土层底部的毛管上升水(mm),D_n 为根层向下渗漏的水(mm)。在已知 n 时段的土壤水分含水量、降水量、灌溉量、截留量、农田蒸散量、地表径流量和毛管水的条件下,就可以预报出下一时段($n+1$)的土壤含水量(W_{n+1})。这里,农田蒸散量与气温、云、风等气象要素和作物发育期有关系,土壤水分与预报时段的降水量有关系,因此,要比较准确地预报下一时段的土壤含水量,还要预报出时段内的降水量、风、气温等气象条件。农田土壤水分预报流程见图4.1。

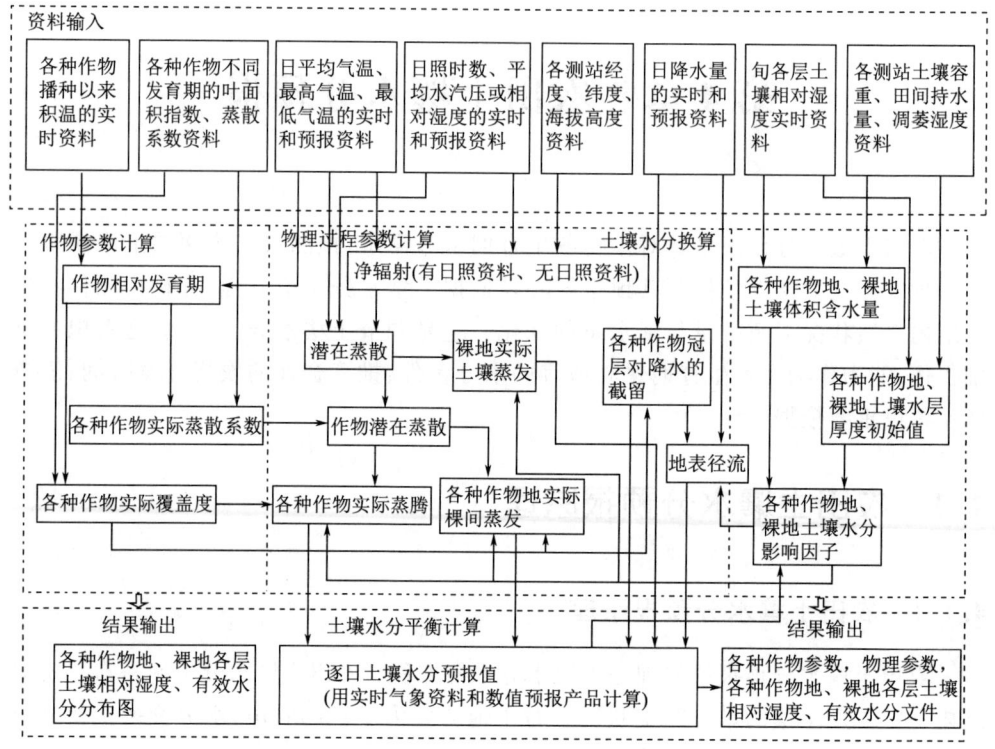

图 4.1 土壤水分预报流程(王建林,2010)

4.1.2 农田土壤水分预报相关参数计算

4.1.2.1 土壤含水量的计算方法

目前农业气象观测中土壤含水量的观测主要采用重量法,即用土钻取土、称重、烘干(105 ℃)后,通过下式计算土壤含水量。

$$W = \frac{m_w - m_s}{m_s} \times 100\% \tag{4.2}$$

式中,W 为土壤重量含水量(%),m_w 为湿土重(g),m_s 为干土重(g)。

在土壤水分平衡方程中大部分项目单位用 mm 来计量,因此一般将土壤水分换算为水层厚度以 mm 记,其换算方法为:

$$W_h = 10 \times hdW \tag{4.3}$$

式中,W_h 为水层厚度(mm),h 为土层厚度(cm),d 为土壤容重(g·cm^{-3}),W 为土壤重量含水量(%)。

4.1.2.2 农田实际蒸散量的计算方法

农田蒸散是土壤与大气水分交换的重要过程,土壤水分通过作物蒸腾作用和土壤表面蒸发过程不断传输到大气中去。因此,农田实际蒸散量由作物实际蒸腾和土壤实际蒸发两部分组成,即:

$$E_a = T_{ra} + E_{sa} \tag{4.4}$$

式中,E_a 为农田实际蒸散量(mm),T_{ra} 为作物实际蒸腾量(mm),E_{sa} 为土壤实际蒸发量(mm)。

目前常用的方法是根据参考蒸散和作物生长发育状况划分作物蒸腾和土壤蒸发的比例,计算农田实际蒸散。

(1)参考蒸散量计算

参考蒸散量计算可以采用 FAO(世界粮农组织)Penman-Monteith 公式或者 Priestley-Taylor 模型,二者所需计算的参数基本相同(曹振凯 等,2015)。FAO Penman-Monteith 公式如下:

$$ET_0 = \frac{0.408\Delta(R_n - G) + \gamma \dfrac{900}{t+273.3} U_2(e_s - e_a)}{\Delta + \gamma(1 + 0.34 U_2)} \tag{4.5}$$

式中,ET_0 为作物潜在蒸散(mm·d^{-1}),Δ 为水汽压曲线斜率(hPa·K^{-1}),γ 为干湿表方程常数(hPa·K^{-1}),R_n 为净辐射(MJ·m^{-2}·d^{-1}),G 为土壤热通量(MJ·m^{-2}·d^{-1}),相比较净辐射而言取值甚小,忽略不计。U 为距地面 2 m 处风速(m·s^{-1}),t 为空气温度(℃),e_s 为空气温度 t 下的饱和水汽压(hPa),e_a 为空气温度 t 下的实际水汽压(hPa)。

Priestley-Taylor 模型计算如下:

$$ET_0 = \frac{ET_1}{\lambda} = PT_c \frac{\Delta}{\lambda(\Delta + \gamma)} (R_n - G) \tag{4.6}$$

式中,ET_0 为参考作物蒸散量(mm·d^{-1}),ET_1 为蒸发潜热(MJ·m^{-2}·d^{-1}),λ 为汽化潜热(MJ·kg^{-1}),Δ 为饱和水汽压-温度曲线斜率(hPa·K^{-1}),γ 为干湿表常数,R_n 为净辐射通量(MJ·m^{-2}·d^{-1}),G 为土壤热通量(MJ·m^{-2}·d^{-1}),PT_c 为常数(1.26)。

上式中汽化潜热(λ)、饱和水汽压-温度曲线斜率(Δ)、干湿表常数(γ)以及土壤热通量(G)的计算公式如下:

$$\lambda = 2.501 - 0.002361 \bar{t}_a \tag{4.7}$$

$$\Delta = \frac{4098 \times \left[6.108 \exp\left(\dfrac{17.27t}{t+237.3}\right)\right]}{(t+237.3)^2} \tag{4.8}$$

$$\gamma = \frac{c_p p}{0.622\lambda} \tag{4.9}$$

$$G = 0.1R_n \tag{4.10}$$

式中,$\bar{t}_a$ 为平均温度(℃),t 为气温(℃),c_p 为空气比热(1.013×10^{-3} MJ·kg^{-1}·℃$^{-1}$),p 为大气压(hPa)。

公式(4.6)中净辐射通量(R_n)计算公式如下:

$$R_n = (1-a)R_s - \sigma\left(\frac{T_{max}^4 - T_{min}^4}{2}\right)(0.34 - 0.14\sqrt{e_a})\left(1.35\frac{R_s}{R_{s0}} - 0.35\right) \tag{4.11}$$

式中,a 为农田反射率(作物叶面积函数),R_s 为太阳辐射通量(MJ·m^{-2}·d^{-1}),σ 为斯蒂芬-玻耳兹曼常数(4.9×10^{-9} MJ·K^{-4}·m^{-2}·d^{-1}),T_{max} 为最高温度(K),T_{min} 为最低温度(K),e_a 为实际水汽压(hPa),R_{s0} 为晴空太阳辐射通量(MJ·m^{-2}·d^{-1})。

其中,农田反射率 a 计算公式如下:

$$a = \begin{cases} a_s & (LAI=0) \\ 0.23 - (0.23 - a_s)e^{-0.75LAI} & (LAI \neq 0) \end{cases} \tag{4.12}$$

式中,a_s 为裸地反射率(0.15),LAI 为叶面积指数。

太阳辐射通量(R_s)由下式计算:

$$R_s = \left(a + b\frac{n}{N}\right)R_a \tag{4.13}$$

式中,$a=0.25$,$b=0.50$,n 为日照时数(h),N 为可照时数(h),R_a 为大气外辐射通量(MJ·m^{-2}·d^{-1})。

在缺少日照时数资料的情况下,R_s 可以采用气温日较差来计算,即 FAO 推荐的 Hargreaves 模型:

$$R_s = k\sqrt{T_{max} - T_{min}}R_a \tag{4.14}$$

式中,T_{max} 和 T_{min} 分别为日最高气温和最低气温(℃),k 为修正系数,在 0.16~0.19 之间,在内陆地区为 0.16,在沿海地区为 0.19,在华北地区可以取 0.18。

晴空太阳辐射通量(R_{s0})计算公式如下:

$$R_{s0} = (0.75 + 2 \times 10^{-5}z)R_a \tag{4.15}$$

式中,z 为测点海拔高度(m),R_a 为大气外辐射通量(MJ·m^{-2}·d^{-1}),计算公式如下:

$$R_a = \frac{24 \times 60}{\pi}G_{sc}d_r(\omega_s\sin\varphi\sin\delta + \cos\varphi\cos\delta\sin\omega_s) \tag{4.16}$$

式中,G_{sc} 为太阳常数(0.082 MJ·m^{-2}·min^{-1}),d_r 为太阳与地球间的相对距离,ω_s 为太阳时角(弧度),φ 为维度(弧度),δ 为太阳赤纬(弧度)。d_r、δ 和 ω_s 的计算公式如下:

$$d_r = 1 + 0.033\cos\left(\frac{2\pi}{365}J\right) \tag{4.17}$$

$$\delta = 0.409\sin\left(\frac{2\pi}{365}J - 1.39\right) \tag{4.18}$$

$$\omega_s = \arccos(-\tan\varphi\tan\delta) \tag{4.19}$$

式中,J 为一年中的日数,取值范围在 1~365 或 1~366 之间。

实际水汽压(e_a)由下式计算:

$$e_a = \frac{e_0(T_{\min})\frac{RH_{\max}}{100} + e_0(T_{\max})\frac{RH_{\min}}{100}}{2} \tag{4.20}$$

式中,

$$e_0(t) = 6.108\exp\left(\frac{17.27t}{t+237.3}\right) \tag{4.21}$$

$$e_s = \frac{e_0(T_{\max}) + e_0(T_{\min})}{2} \tag{4.22}$$

式中,$RH_{\max}$ 和 $RH_{\min}$ 分别为最大和最小空气相对湿度(%),$e_0(t)$ 为气温为 t 时的饱和水汽压(hPa),T 为气温(℃),e_s 为饱和水汽压(hPa)。

(2)作物实际蒸腾量计算方法

作物潜在蒸腾由潜在蒸散量(参考蒸散量)和表示作物特性对其需水量影响的作物系数来计算:

$$ET_p = K_c \cdot ET_0 \tag{4.23}$$

式中,ET_p 为作物潜在蒸腾量(mm·d^{-1}),K_c 为作物系数,因作物的种类和发育阶段而异,不同作物、不同发育阶段的 K_c 取值如表 4.1 所示。ET_0 为参考蒸散量(mm·d^{-1})。

表 4.1 不同作物不同发育阶段的作物系数

冬小麦	播种—分蘖	分蘖—越冬	越冬—返青	返青—拔节	拔节—抽穗	抽穗—灌浆	灌浆—成熟
作物系数	0.60	0.85	0.52	0.68	1.01	1.13	0.83
玉米	播种—出苗	出苗—拔节	拔节—抽雄	抽雄—灌浆	灌浆—收获		
作物系数	0.61	0.85	1.00	1.27	1.01		
早稻	返青期	分蘖期	拔节孕穗期	抽穗开花期	乳熟期	黄熟期	
作物系数	1.01	1.12	1.10	1.38	1.30	0.90	
中稻	返青期	分蘖期	拔节孕穗期	抽穗开花期	乳熟期	黄熟期	
作物系数	0.93	1.09	1.33	1.31	1.25	1.07	
晚稻	返青期	分蘖期	拔节孕穗期	抽穗开花期	乳熟期	黄熟期	
作物系数	0.92	1.27	1.48	1.71	1.68	1.25	

作物实际蒸腾量一部分由叶面积对农田覆盖的状况决定,由作物叶面积决定的实际蒸腾量为:

$$T_{rp} = F_c \cdot ET_p \tag{4.24}$$

式中，T_{rp} 为作物叶面积所决定的实际蒸腾量（mm·d^{-1}），F_c 为植被覆盖度，ET_p 为作物潜在蒸腾量（mm·d^{-1}）。植被覆盖度的计算公式如下：

$$F_c = 1 - \exp(-0.5\text{LAI}) \tag{4.25}$$

作物叶面积大小直接影响着农田蒸散过程，对于不同的作物由于其生物学特性不同，叶面积大小有所不同，对于同种作物在其生长发育过程中叶面积也会逐渐增加，禾本科作物一般在抽穗开花前后达到叶面积的最大值，以后叶片会逐渐衰老死亡，叶面积也会逐渐减少到收获为止。

另外，农田作物的实际蒸腾还受土壤水分含量对作物水分吸收胁迫状况的影响，受水分胁迫因子影响的作物实际蒸腾量为：

$$T_{ra} = T_{rp} \left(\frac{W - W_w}{FC - W_w} \right) \tag{4.26}$$

式中，T_{ra} 为作物的实际蒸腾量（mm），W 为土壤含水量（mm），FC 为田间持水量（mm），W_w 为凋萎湿度（mm）。

(3) 土壤棵间蒸发量计算方法

潜在土壤棵间蒸发量 E_{s0}（mm·d^{-1}）计算公式如下：

$$E_{s0} = (1 - F_c) ET_0 \tag{4.27}$$

式中，F_c 为作物覆盖度，ET_0 为参考蒸散量（mm·d^{-1}）。

土壤棵间实际蒸发受地表阻力影响较大，当地表干燥时，表面阻力就会增大，蒸发受到抑制，实际蒸发 E_{sa}（mm·d^{-1}）由下式计算：

$$E_{sa} = E_{s0} \left(\frac{W - W_d}{FC - W_d} \right) \tag{4.28}$$

式中，W_d 为土壤风干湿度（mm），由下式计算：

$$W_d = W_w / 1.34 \tag{4.29}$$

4.1.2.3 地表径流量计算方法

地表径流量采用美国土壤保持局的径流曲线法计算：

$$R_n = \begin{cases} \dfrac{(P - 0.2S)^2}{(P + 0.8S)} & (P \geqslant 0.2S) \\ 0 & (P < 0.2S) \end{cases} \tag{4.30}$$

式中，R_n 为日径流量（mm），P 为日降水量（mm），S 为表面水分保持力因子（mm），受土壤水分含量影响较大，由下式计算：

$$S = 254 \times (100 - CN) / CN \tag{4.31}$$

式中，CN 为中间变量：

$$CN = \begin{cases} CN_2 + (CN_3 - CN_2) \times \text{CNPW} & (\text{CNPD} < 1) \\ CN_1 + (CN_2 - CN_1) \times \text{CNPD} & (\text{CNPD} \geq 1) \end{cases} \quad (4.32)$$

式中，CN_2 为土壤径流曲线值，CNPD 和 CNPW 分别为干土和湿土对径流的影响因子，计算公式如下：

$$\text{CNPW} = \frac{W_v - U}{FC_d - U} \times WF(l) \quad (4.33)$$

$$\text{CNPD} = \frac{W_v - W_{wd}}{U - W_{wd}} \times WF(l) \quad (4.34)$$

式中，U 为土壤孔隙度（华北地区取 0.45），W_v、W_{wd} 和 FC_d 分别为用体积含水量表示的土壤湿度、凋萎湿度和田间持水量，$WF(l)$ 为土层厚度和对径流影响的权重因子：

$$WF(l) = 1.106 \times \exp\left[\frac{-4.16 \times CD(L)}{\text{Dep}_{\text{Runoff}}}\right] \quad (4.35)$$

式中，$CD(L)$ 为从地表到某层层底 L 的深度（cm），$\text{Dep}_{\text{Runoff}}$ 为最大影响厚度（参考值为 45 cm）。

$$CN_1 = \begin{cases} CN_2 \times (0.02CN_2 - 1) & (CN_2 \geq 96) \\ CN_2 \times (0.3067 + 0.0168CN_2) & (CN_2 < 96) \end{cases} \quad (4.36)$$

式中，CN_2 取水文特性较好、行栽作物土地的径流系数值 78。

4.1.2.4 降水截留量计算方法

在下垫面有植被的情况下，部分降水被作物冠层的叶片截留不能到达地面。降水截留量的大小与植被的疏密状况及降水强度有关，计算公式如下：

$$I_n = \begin{cases} 0.55 F_c P_i [0.52 - 0.0085(P_i - 5.0)] & (P_i \leq 17 \text{ mm} \cdot \text{d}^{-1}) \\ 1.85 F_c & (P_i > 17 \text{ mm} \cdot \text{d}^{-1}) \end{cases} \quad (4.37)$$

式中，I_n 为冠层的平均截留量（mm），F_c 为作物覆盖度，P_i 为降水强度（mm·d^{-1}）。

4.1.2.5 毛管上升水计算方法

按照达西定律，毛管水（F_n）计算公式如下：

$$F_n = K(\theta)(\mathrm{d}\varphi/\mathrm{d}z) \quad (4.38)$$

式中，$K(\theta)$ 为非饱和水力传导系数，$\mathrm{d}\varphi/\mathrm{d}z$ 为土壤水势梯度。由于从我国的农业气象观测中不能获取连续的土层水分观测资料，因此该项常常忽略。

4.1.2.6 深层渗漏计算方法

当降水或灌溉量较大时，水分在向下渗透的过程中使土层中水分含量超过田间持水量（FC），当达到一定量时，水分就会向深层渗漏，水分渗漏量 D_n（mm）可由下式计算：

$$D_n = P_n - I_n - R_n - (1.1FC - W_n) \quad (4.39)$$

4.2 农田土壤水分动态监测

土壤水分不仅影响土壤的物理性质,制约着土壤中养分的溶解、转移和微生物的活动,是构成土壤肥力的一个重要因素,而且它本身更是一切植物赖以生存的基本条件。准确及时测定土壤水分含量有利于研究和了解土壤水分动态变化规律和空间立体分布;同时,掌握不同作物在同一时期对土壤水分含量的不同要求以及土壤水分含量对作物产量的影响,这在理论和生产上都有着重要的意义(Jing et al.,2011;Bradford et al.,2019)。

土壤水分是研究农业干旱及作物干旱的重要指标,是农田灌溉管理、区域水文条件研究和流域水分平衡计算的重要参数。特别是随着水资源危机日益突出,国内外对节水农业研究都给予高度重视,土壤含水量也就成为节水农业研究中经常测定的项目。测定土壤水分方法的研究主要体现在如何快捷、准确、经济地测定土壤含水量,这对于及时探明土壤水分状况,以便适时作出科学的决策或采取合理的措施等具有重要意义。本节主要介绍几种常用农田土壤水分监测方法。

4.2.1 传统农田土壤水分监测方法

(1)烘干法。烘干法又名重量法,即取土样放入烘箱,烘至恒重,此时土壤水分中自由态水以蒸汽形式全部散失掉,再称重量,从而获得土壤含水量。烘干法是当前测定土壤含水量最常用的一种方法,它简单易行,有足够的精度,是土壤水分测定的基本方法,也是检验其他方法与其对比的基础,但是使用此类方法在进行连续土壤水分的测定时,必须不断地变动取土点,其取样及测定时间长,破坏土壤结构,较难实现定点连续监测土壤水分的动态变化。

烘干法通常还有所谓的快速测定法,其程序与常规法相同,实质仍是采用一些手段使土样烘至恒重的时间尽可能缩短,如酒精燃烧法、红外法、炉烤法等,这些方法一般要求样品不能太重(5 g左右),因而样品的代表性和试验结果的准确性较差。为了减小误差,常要求平行测定2~3次取其算术平均值,这样实际上又增大了测定工作量,延长了测定时间,是烘干法较好的选择。

(2)张力计法。检测土壤水分张(吸)力的张力计又称负压计,是以测量土壤水分张力(负压)来显示土壤水分状况的。据多年来作物灌溉理论研究表明,用土壤水吸力作为作物需灌指标是比较合理的。但张力计法只能测定土壤的基质势,且只有知道土壤水分特征曲线才能计算出土壤含水量。启动结构简单,易于制造,易于操作,使用较为广泛。但易受环境温度影响,仪器稳定性较差。同时由于负压计具有滞后性,往往不能及时反映土壤水分状况。对过于干燥的土壤,由于其多孔柱状结构存在垂直裂隙和易透水性问题,在灌溉间隔内土壤干燥过程中滞后性尤为显著,故不宜使用。张力计类仪器有:压阻式、水银触点式、电接点真空式和 TEN 系列张力计等。

(3)电测法。电测法分为电阻法和电容法两类。水印块和石膏块均属电阻法,是基于感湿元件的电阻值与土壤含水量具有一定关系而间接获得土壤湿度,可实现定点测定。由于感湿元件在同土壤进行水分交换时,也常具有溶质交换,特别是埋设时间较长以后,元件常有溶质累积,从而影响到水分测定的精度。其测定结果常常受到土壤类型、盐分浓度及环境温度的影响。此外,由于感湿元件具有一定的滞后性,往往不能及时反映土壤水分现状。

电容法测定土壤湿度是根据土壤介电常数随土壤湿度变化的原理进行的,它同电阻法相比,受土壤盐分影响较小。对于沙质土壤,张力计和水印块均不适用。相对于张力计而言,水印电阻块由于有较大的土壤湿度测量范围,使得水印块更适用来监测干燥性土壤含水量的实时变化。这两种仪器的成本不高,且安装和使用操作简便。对于石膏电阻块而言,虽具有较高的精度和可靠性,但它对实时的土壤含水量的变化灵敏性很弱,只有达到土壤含水量的某些阈值后,其对土壤含水量实时变化的灵敏性才有所增强。

(4)中子仪法。中子水分仪又称中子土壤湿度计,是以测量快中子与土壤水分中氢原子碰撞而转化为慢中子的数量来感知土壤水分状况的。通过仪器可以将计数器的计数转换为土壤含水量值。中子仪使用方法较为简单,将中子源埋入待测土壤中,中子源不断发射快中子,快中子进入土壤介质与各种原子离子相碰撞,快中子损失能量,从而使其慢化。当快中子与氢原子碰撞时,损失能量最大,更易于慢化,土壤中水分含量越高,氢就越多,从而慢中子云密度就越大。中子仪测定水分就是通过测定慢中子云的密度与水分子间的函数关系来确定土壤中的水分含量。利用中子仪测土壤水分含量,不必采土,不破坏土壤结构,并可定点连续监测,从而得到该样点土壤水分动态运动规律,且快速准确,无滞后现象。但中子仪测定时,室内外曲线差异较大,且田间不同的土壤物理性质,如容重不同、土壤质地不同都会造成曲线较大的移动,研究表明中子仪垂直分辨率较差,且表层测量困难,同时中子仪价格昂贵,特别是辐射危害健康,因此不能广泛应用。

(5)γ 射线透射法。与中子仪类似,γ 射线透射法利用放射源 C_s 放射出 γ 线,用探头接收 γ 射线透过土体后的能量,与土壤水分含量换算得到。

γ 射线法与中子仪法都有许多相同的优点,如快速、准确,不破坏土壤结构,能连续定点监测,且 γ 射线比中子仪的垂直分辨率更高,然而,与中子仪相类似,同样存在安全问题,使其应用不便。

(6)时域反射仪法。时域反射仪法(TDR 法)是依据电磁波在土壤介质中传播时,其传导常数如速度的衰减取决于土壤的性质,特别是取决于土壤中含水量和电导率。与土壤中的固体颗粒和空气相比,水的介电常数在土壤中处于支配地位,因此土壤水分含量越高,介电常数值就越大,沿波导棒的电磁波传播时间就越长,通过测定土壤中高频电磁脉冲沿波导棒的传播时间后再计算出传播速度,进而就可以确定出土壤容积含水量。即用一对平行棒或金属线作为导体,土壤作为电介质,一对棒起波导管的作用,电磁波信号在土壤中以平面波传导,经传输线一端返到 TDR 接收器,分析传导速度和振幅变化,根据速度与介电常数的关系、介电常数与体积含水量之间的函数关系而得出土壤含水量(Robinson et al.,2020)。

TDR 仪测定的土壤表层的含水量比中子仪所测定的精度要高得多,即它的垂直分辨率高,并以其快速、准确、安全、方便、一般不需标定、便于自动控制等特点受到极大的推崇。但该仪器主要依赖进口,虽然国内目前也有生产,价格可降至进口的一半,但价格仍然昂贵;不适宜盐碱土土壤测量;在测定时测点要埋多个探头。TDR 的改进和研制得到了迅速发展。对于减少 TDR 仪器探针的几何长度及提高测定精度的可能性,许多学者为此进行了不懈的努力,他们都对如何尽可能地缩短探针长度做了深入的理论与实验研究,其结论是 TDR 探针的下限长度不可能小于 10 cm。通过采用多路传输系统,TDR 还能够进行多点自动测定。TDR 在测定精度要求较低时一般不需标定,但当误差要求很小时,需进行标定或校正。TDR 可以作原位连续测量,测量范围广;既可以做成轻巧的便携式进行田间即时测量,又可通过导线与计算机相连,完成远距离多点自动监测;导波棒可以单独留在土壤中多年,需要时再连上 TDR 进行测定;导波棒可做成不同形状以适应不同需要,长度一般 10~200 cm。

值得一提的是,TDR 给出的含水量是整个探针长度的平均含水量,所以在同一土体中采用不同的埋置方式得出的结果可能会不同,因此,在使用 TDR 时应根据试验要求选择适宜的探针埋置方式。

4.2.2 遥感技术在农田土壤水分监测中的应用

由于土壤水分在时间与空间分布上具有不确定性,因此传统的土壤水分测量方法,如称重法、中子水分探测法等,都由于采样速度慢、适用范围有限而难以满足科研与管理需要。而遥感对地观测技术,能够获取地表时空信息,从而提供全面观测的可能。遥感具有探测范围广、搜集数据块、能反映动态变化等特点,是一个经济有效的土壤水分监测方法。土壤水分遥感取决于土壤表面发射或反射的电磁辐射强度,示意图如图 4.2 所示。在实际工作中,遥感监测土壤水分方法主要采用两类研究方法,即微波监测和可见光/热红外监测方法。

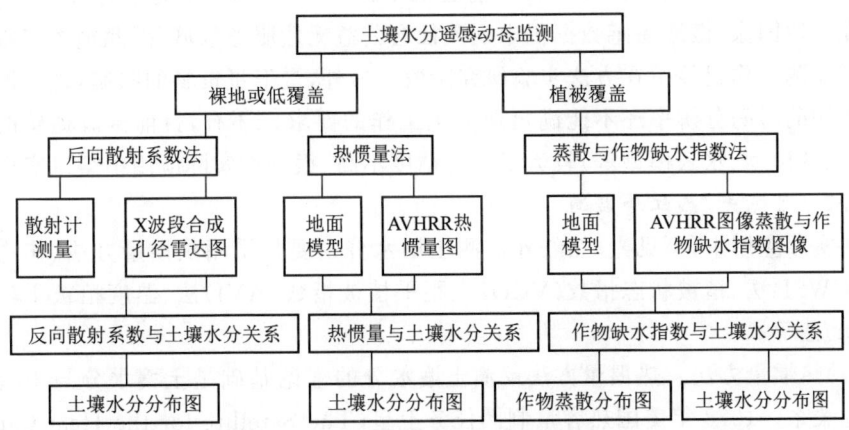

图 4.2　土壤水分遥感动态监测示意图(田国良 等,1992)

4.2.2.1　微波监测

微波具有不受季节、昼夜和日照条件的影响,穿透云雾大气的全天时、全气候及多极化的物理特性。微波遥感监测土壤水分有被动法和主动法。其理论基础是土壤的介电特性和它的含水量有密切关系。干土和湿土由于含水量的不同,其电导率、介电常数具有明显的差异。主动式微波遥感得到回波信号、被动式微波遥感得到的散射信号的强弱反映的是目标分后向散射系数,该系数与电导率直接关联。随着机载和星载微波传感器探测数据源的日益丰富,研究人员尝试运用主动和被动微波遥感数据对土壤的水分条件进行监测试验。1988 年欧空局在 Agriscatt 88 航空试验中,组织了 5 个欧洲国家进行利用主动微波遥感监测土壤含水量的试验,在著名的 FILE 试验中,用航空微波遥感监测土壤含水量是重要的试验内容之一。微波遥感推导土壤水分的信息传递与推理过程如图 4.3 所示。

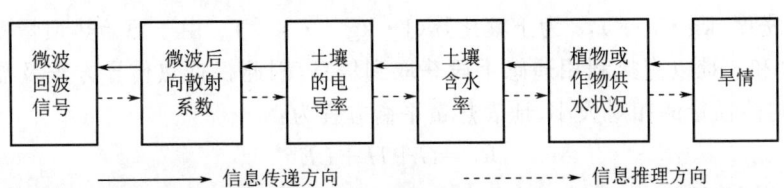

图 4.3　微波遥感推导土壤水分的信息传递与推理过程图(庞治国,2003)

尽管微波遥感监测土壤水分有较好的相关关系,但其研究成果仍然难以在业务上进行推广。首先,机理问题还没有完全解决,如怎样选择微波的最佳工作波段、入射角、极化方式,如何从散射系数——土壤水分关系中去掉植被、垄向、粗糙度、土壤质地等干扰因素,这些基础性实验目前还很不充分。其次,微波遥感数据价格昂贵,即使在发达国家,微波遥感数据仍未列入社会公益无偿服务领域,因此绝大多数的微波遥感监测工作仍停留在方法实验研究阶段。另外,受卫星资料的限制,现阶段微波遥感监测的时间分辨率还不能满足业务化工作的要求。还有,目前微波遥感的模型(MIMICS 模型、水云模型等)较为复杂且精度不高,很难在实际应用中得以实现。

4.2.2.2 可见光/热红外监测

在实际应用中,可见光/热红外监测土壤水分主要是采用热惯量方法、作物缺水指数(CWSI)法、植被状态指数(VCI)法、距平植被指数(AVI)法、温度植被干旱指数(TVDI)法等。

(1)热惯量方法。热惯量方法反演土壤水分的理论基础是土壤水分与土壤温度变化的关系。1978 年美国热容量制图任务卫星(The Satellite for the Heat Capacity Mapping Mission,HCMM)的发射成功,以及 TIROSS 和 NOAA 系列卫星的运行,它们可以获得地表高分辨的卫星图像数据、地表热惯量分布数据,这使得通过昼夜最大与最小温差计算土壤水分成为可能。计算表观热惯量的影响因子很多,比如地表平均湿度、地表平均温度、风速、粗糙度等。另外,热惯量估算土壤水分不仅要解决利用遥感计算土壤表层热惯量的问题,即采用 $CH1$、$CH2$、$CH4$ 和 $CH5$ 通道数据反演经大气订正后的地表温度、反射率、大气透过率,进而计算热惯量值,还要解决如何确定热惯量与土壤水分的关系问题。目前还没有通用的理论公式,大部分都是经验的统计公式。还有,热惯量法适用于冬季和早春,即裸土情况(植被覆盖率小于 5%)。在有植被时则由于植被会改变土壤的热传导,进而影响土壤的含水量,因而不太适用,必须另作处理。

热惯量的表达形式为:

$$P=\sqrt{\lambda \rho c} \qquad (4.40)$$

式中,P 为热惯量($J \cdot m^{-2} \cdot K^{-1} \cdot s^{-1/2}$),$\lambda$ 为热传导系数($J \cdot m^{-1} \cdot K^{-1} \cdot s^{-1}$),$\rho$ 为土壤密度($kg \cdot m^{-2}$),c 为土壤比热($J \cdot kg^{-1} \cdot K^{-1}$)。由于原始热惯量模型中的参数 λ、ρ 和 c 难以直接利用遥感手段获取到信息,因此根据热传导方程及能量平衡方程,可得热惯量的相对大小,地表热量平衡方程为:

$$R_n = G + H + LE \qquad (4.41)$$

式中,R_n 为净辐射($W \cdot m^{-2}$),G 为土壤热通量($W \cdot m^{-2}$),H 为显热通量($W \cdot m^{-2}$),LE 为潜热通量($W \cdot m^{-2}$)。在实际应用中,不考虑地理纬度的影响,可以用表观热惯量 ATI 来近似代替真实热惯量 P,ATI 的表达形式如下:

$$ATI = \frac{1-A}{T_{max} - T_{min}} \qquad (4.42)$$

$$A = aCH1 + bCH2 \qquad (4.43)$$

式中，T_{max}、T_{min} 分别为地表最高、最低昼夜温度，可分别用 NOAA/AVHRR 卫星通道 4 的亮温求得。A 为地表全波段反射率，a、b 为系数，$CH1$、$CH2$ 为 1、2 通道的反射率。在实际应用中，常用表观热惯量 ATI 来代替真实热惯量 P，建立土壤水分与表观热惯量的关系模型，较常用的线性模型为：

$$W = a + b\text{ATI} \tag{4.44}$$

式中，W 为某层土壤湿度，a、b 为系数。

(2) 作物缺水指数法。作物缺水指数是通过在不同气象条件下植物在完全无水分胁迫下的最小冠气温差和完全无水分蒸腾下的最大冠气温差及当前冠气温差来计算的，反映出植物蒸腾与最大可能蒸发的比值。作物缺水指数法是目前遥感反演在有植被覆盖条件下土壤含水量最常用的方法，计算公式如下：

$$\text{CWSI} = 1 - \frac{E_d}{E_0} \tag{4.45}$$

式中，E_d 为实际蒸散发量，E_0 为蒸散发能力，E_d 越小 CWSI 越大，反映了供水能力越差，即土壤越易发生干旱。由于蒸散发量与土壤含水量即供水能力有很大关系，所以 CWSI 与土壤含水量有密切关系，且共同反映了土壤干旱程度。其实 CWSI 与土壤水分的关系也很复杂，它的计算与土壤盐碱性、土壤透水特性、土水势、作物水势、光合作用以及作物产量等有密切关系，所以目前所建立的模型都是统计线性关系，尚需深入研究，建立更合理的模型。

(3) 植被状态指数法。在土壤水分遥感监测中还有使用 NOAA/AVHRR 资料计算的植被状态指数（VCI），由于干旱的最终发生都是因水分的缺乏引起的，因而可以建立 VCI 与土壤湿度指数（SHI）之间的统计关系来监测大范围的干旱状况。VCI 的表达式如下：

$$\text{VCI} = \frac{\text{NDVI} - \text{NDVI}_{min}}{\text{NDVI} - \text{NDVI}_{max}} \tag{4.46}$$

式中，NDVI、NDVI_{max}、NDVI_{min} 分别为平滑后的每月或每旬的 NDVI 值、多年的最大值和最小值。VCI 可以反映出 NDVI 因天气气候变化的影响而产生变化，可以消除或减弱地理位置或生态系统、土壤条件的不同而对 NDVI 的影响，可以表达大范围的干旱状况。

(4) 距平植被指数。距平植被指数（AVI）法是将 NDVI 的变化与天气、气候研究中"距平"的概念联系起来，对比分析 NDVI 的变化与短期的气候变化之间的关系。AVI 的计算表达形式如下：

$$\text{AVI} = \text{NDVI}_i - \overline{\text{NDVI}} \tag{4.47}$$

式中，AVI 是距平植被指数；NDVI_i 是研究区某一特定时段的归一化植被指数值；$\overline{\text{NDVI}}$ 为研究区同一时段归一化植被指数的多年平均值。AVI＞0，则植被生长较常年好，AVI＜0，则植被生长较常年差，AVI 越小则旱情越重；一般而言，AVI 为 $-0.2 \sim -0.1$ 表示旱情出现，$-0.6 \sim -0.3$ 表示旱情严重。

(5) 温度植被干旱指数。国内外学者研究发现 T_s 和 NDVI 之间存在明显的负相关关系，且 T_s 与 NDVI 的散点图多呈三角形或梯形，在此基础上利用简化的地表温度(LST)、归一化植被指数(NDVI)构建特征空间提出的水分胁迫指标，之后对植被指数进行了深入研究，除了 NDVI 外，其他植被指数(VI)如增强型植被指数(EVI)等也被用来进行干旱监测。TVDI 计算表达式如下：

$$\text{TVDI} = \frac{\text{LST} - \text{LST}_{\min}}{\text{LST}_{\max} - \text{LST}_{\min}} \quad (4.48)$$

$$\text{LST}_{\min} = a_{\min} + b_{\min} VI \quad (4.49)$$

$$\text{LST}_{\max} = a_{\max} + b_{\max} VI \quad (4.50)$$

式中，LST 是由遥感影像获得的每个像素地表温度，$\text{LST}_{\min}$ 和 $\text{LST}_{\max}$ 分别是对于一个特定的 VI 值最小和最大的地表温度，$a_{\min}$、$b_{\min}$、$a_{\max}$ 和 $b_{\max}$ 是拟合湿边和拟合干边的参数。

4.3 土壤水分预报实例分析

目前常用的土壤含水量预报模型，可分为确定性方法和随机性方法两类。确定性模型主要有经验性或半经验性模型、概念性模型、机理性模型、反推识别法等；随机性模型主要有时间序列模型、考虑有关因素随机特性的随机模型等。

经验公式法是借助于经验公式，计算土壤含水量的变化而进行土壤水分预报的方法。这些经验公式在因子挑选上有一定的物理含义，但基本上是黑箱子模型。这些经验模型均直接根据土壤水分观测资料分析其消退规律，比较简单但模型参数只能适用于特定的时间和地区，没有通用性。概念性模型与机理性模型的基本出发点都在于对土壤-植物-大气(SPAC)系统的认识。概念性模型通过模拟 SPAC 系统内物质能量传输过程，计算受大气蒸发力、作物种类与冠层状况、土壤供水能力等影响的实际蒸发散量，基于水分平衡方程进行土壤水分预报。

机理模型是根据 SPAC 系统中各物理项之间相关关系，通过求解非饱和土壤水分运动方程来确定土壤水势，机理模型多以模型验证为目的进行，模型所需参数求解办法繁杂，且由于陆地过程的复杂，SPAC 系统内水热具有耦合效应，尤其是土壤蒸发问题仍远远未能解决，因此此类模型仍然限于理论探索，生产中难以应用。事实上由于降水、蒸发散以及土壤特性具有时间域和空间域上的变异性，单用确定性的方法不足以完成描述它们的随机变化特性，而随机性模型认为模型参数和各输入项在一定尺度上服从一定的统计分布规律，利用分布函数来描述变量的空间变异特性，土壤水分被分解成确定性的趋势项和周期项以及一个加性白噪声随机项。

各种模型复杂性及适用性各异。如经验模型一般比较简单、便于应用,但模型中经验参数的适用范围有限;机理模型具有一定的通用性,但参数较多,应用不便。水均衡模式仍是最普遍被采用的模式。人工神经网络是当代科学研究的一个热点,有代表性的网络模型已达数十种,而学习算法的类型更是难以计数。其中以多层前传人工神经网络应用最为广泛,它具有较强的自学习能力及逼迫任意连续函数和非连续函数的能力,已成功地用于预测、预报、图形识别、各种非线性问题的数学建模等领域。但神经网络模型属于黑箱模型,模型建立稍见简单,且模型中的参数一般没有具体的物理意义,不能反映出土壤水分与其影响因素之间的物理关系,是这类模型主要的局限性。

4.3.1 基于新安江模型的土壤水分预测

(1)数据资料

选择松嫩平原半干旱地区兴全、音河旱田灌溉试验站作为研究对象,将土壤分为上、下和深层建立3层蒸发模型,应用新安江流域产流模型进行2005年4—7月逐日模拟计算和验证(李光 等,2010)。

(2)模型简介

新安江模型在我国湿润、半湿润地区的洪水预报中广泛应用且效果很好,也有学者将其移用到半干旱区,也取得较好的结果。为了考虑降雨分布不均的影响及下垫面条件的不均一性,模型设计为分散性的。新安江模型结构参见图4.4,结构图中虚线框内部分为模型汇流计算模块。

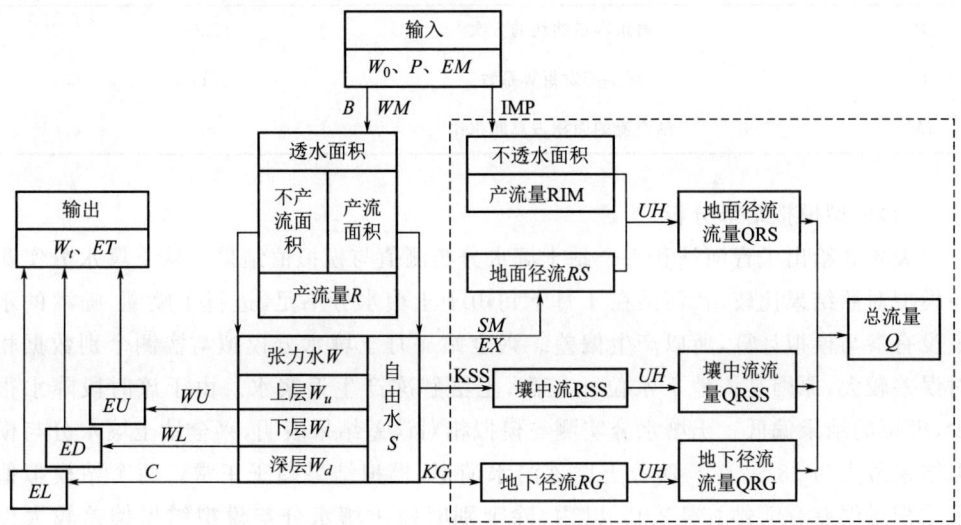

图4.4 新安江土壤墒情预报结构图(庞治国,2003)

(3) 模型参数

模型主要参数包括：土壤蓄水容量 W、上层蓄水容量 W_u、下层蓄水容量 W_l、深层蓄水容量 W_d、蒸发折算系数 K、蓄水容量曲线的方次 B、深层蒸发折算系数 C、易产流的面积占总面积比 IM。在计算前设定初始参数值，调整蒸发折算系数、蓄水容量曲线的方次、深层蒸发折算系数等参数。将率定好的参数值带入模型，以各土层的湿度为初始状态，输入降雨、蒸发，输出土壤水分和蒸散发，计算时间 2005 年 4 月 6 日—7 月 26 日，经过调试后的参数值见表 4.2。

表 4.2　新安江模型参数

参数	说明	选用值 音河站	选用值 兴全站
W(mm)	平均蓄水容量即张力水最大缺水量，它在模型中的优化值与土壤湿度的实测值相等	180	160
W_u(mm)	上层蓄水容量，包括植物截留	20	15
W_l(mm)	下层蓄水容量	90	80
W_d(mm)	深层蓄水容量	70	65
K	蒸发折算系数，利用蒸发皿实测值与蒸散发折算系数推算陆面蒸散发能力	4月 0.30 5月 0.30 6月 0.35 7月 0.35	4月 0.30 5月 0.30 6月 0.35 7月 0.35
B	蓄水容量曲线的方次	0.20	0.20
C	深层蒸发折算系数	0.11	0.11
IM	易产流的面积占总面积比	0.01	0.01

(4) 模型模拟结果分析

表 4.3 给出了音河站和兴全站土壤水分实测值与模拟值结果。从土壤水分实测与模拟对照结果比较，音河站在 4 月下旬由于土壤水分不足，进行了喷灌，喷灌的水量没有参与模拟计算，所以产生偏差。兴全站 4 月土壤水分模拟与实测个别数据相对误差较大，原因是该地下水位比较高，土壤解冻产生返浆水。由于该时段降水很少，模拟的结果偏低。土壤水分实测与模拟相对误差结果表明，兴全站土壤水分与模拟结果最大为 38.97%。随着土壤冻溶水消退，模拟结果趋于正常。两个站模拟值平均相对误差音河站在 13.0% 以内，除个别时段土壤水分与模拟结果偏差较大以外，其他时段模拟值与实测值较为一致。

表 4.3 音河站和兴全站土壤水分模拟结果

时间 (月一日)	音河站			兴全站		
	实测值(mm)	模拟值(mm)	相对误差(%)	实测值(mm)	模拟值(mm)	相对误差(%)
04—06	54.24	54.48	0.44	103.82	74.12	−28.61
04—11	49.86	53.76	7.82	108.53	74.49	−31.36
04—16	67.56	55.81	−17.39	121.21	73.97	−38.97
04—21	76.08	61.61	−19.02	99.78	78.89	−20.94
04—26	108.60	73.66	−32.17	97.25	97.56	0.32
05—01	119.34	84.03	−29.59	124.79	104.58	−16.20
05—06	126.12	99.72	−20.93	121.12	118.19	−2.42
05—11	95.46	119.29	24.96	115.82	117.94	1.80
05—16	108.72	114.51	5.33	115.25	119.45	3.60
05—21	117.78	102.39	−13.07	119.42	106.91	−10.48
05—26	105.42	97.34	−7.66	96.10	106.52	10.82
06—01	124.08	134.64	8.51	126.25	137.16	8.59
06—06	125.28	143.69	14.70	109.04	136.54	25.18
06—11	142.20	136.07	−4.31	145.28	134.11	−7.70
06—16	175.00	145.37	−16.93	141.85	162.69	14.70
06—21	189.60	159.32	−15.97	157.87	175.21	10.98
06—26	126.36	144.98	14.74	134.02	157.20	17.30
07—01	147.30	137.93	−6.36	174.17	163.09	−6.36
07—06	180.00	180.00	0.00	168.12	160.01	−4.83
07—11	173.04	178.10	2.92	164.60	160.00	−2.79
07—16	148.80	173.18	16.38	130.85	152.12	16.16
07—21	156.30	171.54	9.75	130.85	148.01	13.11
07—26	140.00	169.95	21.39	150.14	152.20	1.24

4.3.2 基于多元线性回归的土壤水分预测

(1)数据资料

利用延安站点1982—1998年间每年3月下旬、11月下旬的逐日降水量、日照时数、平均气温、最高气温、最低气温和蒸发量等气象数据以及0~50 cm土壤含水量的数据,进行土壤水分含量的模拟研究(严昌荣 等,2008)。

(2)模型的建立与求解

在对数据作初步整理的基础上,选择降水量、日照时数、平均气温、最高气温、最低气温和蒸发量等6个气象因子的旬值,还确定了对应某一旬数据往前一次递推9旬的降水量数据为可选择的自变量,这样,自变量的选择范围就是7个气象因子和前9旬降水量。

通过初步分析发现,最高气温、最低气温和平均气温这3个变量之间存在着线性关系,平均气温已经体现了最高气温和最低气温这两个指标的信息。选择平均气温作为自变量中的一个,最高和最低气温在模型中不再考虑,这样在经过初步筛选以后的自变量组就成为14个,分别为 x_1 为旬降水量,x_2 为旬平均气温,x_3 为旬均相对湿度,x_4 为旬均日照时数,x_5 为旬均蒸发量,x_6 为前1旬降水量,x_7 为前2旬降水量,x_8 为前3旬降水量,x_9 为前4旬降水量,x_{10} 为前5旬降水量,x_{11} 为前6旬降水量,x_{12} 为前7旬降水量,x_{13} 为前8旬降水量,x_{14} 为前9旬降水量;因变量分别是第1层的土壤含水量 y_1,第2层的土壤含水量 y_2,第3层的土壤含水量 y_3,第4层的土壤含水量 y_4,第5层的土壤含水量 y_5。

采用全模型方式建模,形式如下:

$$Y = XB + E = \hat{Y} + E \tag{4.51}$$

利用逐步回归对延安站的0~50 cm 5层土壤湿度,分别组成的5组回归方程采用后退法进行自变量的筛选,以假设检验的值为标准进行筛选。具体做法是,设后退法的 $P_{选}$ 为0.102,以0~10 cm为例给出具体筛选过程如表4.4所示。

表4.4　0~10 cm回归方程建立过程

步骤	筛选标准	操作	步骤	筛选标准	操作
1	$P=0.9479 \geqslant 0.102$	x_9	6	$P=0.5789 \geqslant 0.102$	x_{10}
2	$P=0.8936 \geqslant 0.102$	x_4	7	$P=0.6025 \geqslant 0.102$	x_8
3	$P=0.8917 \geqslant 0.102$	x_{13}	8	$P=0.4708 \geqslant 0.102$	x_5
4	$P=0.7120 \geqslant 0.102$	x_7	9	$P=0.2436 \geqslant 0.102$	x_{14}
5	$P=0.6945 \geqslant 0.102$	x_{12}	10	$P=0.3142 \geqslant 0.102$	x_{11}

	y	回归系数	剩余标准差	t值	$P>|t|$	95%置信区间
回归结果与参数计算	x_1	0.6191402	0.08048	7.69	0.000	0.46095~0.77733
	x_2	−0.2109550	0.02324	−9.08	0.000	−0.25663~−0.16528
	x_3	1.2948390	0.13919	9.30	0.000	1.02126~1.56842
	x_6	0.1874632	0.07271	2.58	0.000	0.04455~0.33038
	常数	68.15494	8.70851	7.83	0.000	51.03872~85.27115

采用同样的方法,对第 2 层(10~20 cm)、第 3 层(20~30 cm)、第 4 层(30~40 cm)、第 5 层(40~50 cm)的数据进行分析,得出的 5 个层次的土壤水分模型如表 4.5 所示。

表 4.5　不同深度土壤水分模型

层次(cm)	土壤水分模型
0~10	$y_1 = 68.1549 + 0.6191x_1 - 0.2110x_2 + 1.2948x_3 + 0.1875x_6$
10~20	$y_2 = 108.9065 + 0.5374x_1 - 0.2269x_2 + 0.7169x_3 + 0.3390x_6 + 0.1325x_7$
20~30	$y_3 = 131.9372 + 0.4412x_1 - 0.2415x_2 + 0.2653x_3 + 0.4231x_6 + 0.2257x_7 + 0.1444x_8$
30~40	$y_4 = 149.4898 + 0.3859x_1 - 0.3143x_2 - 0.2404x_4 + 0.3033x_5 + 0.5014x_6 + 0.3079x_7 + 0.2393x_8 + 0.1774x_9$
40~50	$y_5 = 144.8923 + 0.3033x_1 - 0.3020x_2 - 0.2769x_4 + 0.3592x_5 + 0.4436x_6 + 0.3124x_7 + 0.2686x_8 + 0.2078x_9$

(3)模型验证

利用构建的各层土壤水分预测模型对 1999 年 0~50 cm 土壤含水量进行预测,得到了 1999 年 2 月下旬—11 月下旬分层的土壤含水量,见表 4.6。比较预测值和实测值可以发现二者之间具有较好的一致性。因此,利用逐步回归法建立气象-土壤水分预测模型是可行的,但在最初自变量选择上还需结合专业知识进行分析判断,尽可能多地将强相关变量选进来。用逐步回归分析法所得结果不一定是全局最优,可能是局部最优。运用逐步回归分析建模可以有效考察自变量进出方程的过程,深入分析自变量的独立和联合作用。因此,在进行逐步回归时,需多用几个剔除变量的界值,考察不同界值时变量进出方程的情况。

表 4.6　2 月下旬—11 月下旬不同深度模拟结果

月份	旬	0~10 cm		10~20 cm		2~30 cm		30~40 cm		40~50 cm	
		实测	预测	实测	预测	实测	预测	实测	预测	实测	预测
2	下旬	12.1	9.9	13.6	12.3	16.0	13.2	16.7	13.3	12.1	12.8
3	上旬	13.9	9.9	14.4	12.1	14.4	12.9	13.5	13.1	13.6	12.7
	中旬	16.7	13.7	13.8	14.3	12.8	13.8	13.0	13.4	13.9	12.9
	下旬	12.8	12.1	12.9	13.4	13.0	13.5	13.0	13.2	13.2	12.7
4	上旬	15.5	10.9	12.4	12.4	12.4	12.6	12.4	12.4	12.8	12.0
	中旬	12.5	9.7	12.5	11.3	12.2	11.8	11.9	11.8	12.1	11.6
	下旬	11.5	11.5	12.1	12.4	12.1	12.1	13.5	11.9	12.8	11.7

续表

月份	旬	0~10 cm		10~20 cm		2~30 cm		30~40 cm		40~50 cm	
		实测	预测	实测	预测	实测	预测	实测	预测	实测	预测
5	上旬	11.3	10.0	11.8	11.2	12.0	11.4	12.3	11.3	12.4	11.1
	中旬	14.9	11.2	13.3	12.0	12.6	11.6	11.9	11.7	12.0	11.5
	下旬	11.4	8.2	13.0	10.0	12.2	10.4	13.1	10.8	12.4	10.7
6	上旬	9.3	9.1	12.0	10.1	12.2	9.9	11.7	10.2	13.8	10.3
	中旬	15.7	11.8	15.2	11.8	13.8	11.1	12.2	10.4	13.3	10.2
	下旬	10.2	8.2	12.4	9.9	12.8	10.1	12.9	10.4	13.0	10.3
7	上旬	17.0	15.1	17.4	14.6	17.3	13.1	17.0	11.7	16.3	11.2
	中旬	14.0	12.4	14.4	12.8	15.6	12.2	15.2	11.2	15.6	11.2
	下旬	12.6	12.1	14.3	12.4	14.4	11.4	14.6	10.6	14.7	10.4
8	上旬	8.6	11.3	9.9	11.9	11.0	12.0	11.3	11.4	12.2	11.2
	中旬	16.3	11.2	11.4	12.0	10.7	11.7	11.9	11.7	11.5	11.6
	下旬	17.3	11.9	16.0	12.3	13.7	12.3	11.1	11.4	10.8	11.1
9	上旬	10.3	12.3	12.1	12.4	12.4	11.7	12.0	11.1	11.5	10.9
	中旬	12.9	14.4	12.3	14.1	11.1	13.0	10.8	12.2	11.3	11.9
	下旬	14.7	14.2	12.5	14.1	12.2	13.3	11.9	12.2	11.9	11.8
10	上旬	15.9	14.9	14.2	14.8	12.7	14.0	11.6	13.3	11.5	12.9
	中旬	12.4	12.1	12.8	13.3	12.0	13.2	11.9	12.9	12.4	12.6
	下旬	11.6	12.1	11.1	13.0	11.6	13.0	11.6	12.6	11.6	12.3
11	上旬	12.1	14.7	12.0	14.8	11.7	14.1	11.9	13.3	12.2	12.8
	中旬	11.5	14.4	11.6	15.0	10.9	14.2	11.6	13.6	11.4	13.1
	下旬	10.9	13.0	11.2	14.3	11.2	14.8	10.7	14.2	10.8	13.6

4.3.3 基于 BP 神经网络模型的土壤水分预测

(1)数据资料

数据资料为凉山会理山地烟田 1971—2008 年 6 月初土壤水分(Q_1),6 月末土壤水分(Q_2),阶段蒸发量(E),平均气温(T),降水量(P),日照时间(S_t),数据如表 4.7 所示。以 Q_1、E、T、P、S_t 作为输入变量,Q_2 作为 BP 神经网络模型的输出(尹健康等,2010)。

表 4.7　1971—2008 年 6 月样本数据

年份	输入变量					输出变量
	6月初土壤水分 Q_1(%)	蒸发量 E (mm·月$^{-1}$)	烟田气温 T(℃)	烟田降雨量 P(mm·月$^{-1}$)	烟田日照时间 S_t(h·月$^{-1}$)	土壤水分 Q_2(%)
1971	17.4	152.1	21.3	253.7	173.4	20.1
1972	20.3	169.9	21.4	181.2	197.5	24.7
1973	17.9	180.7	21.8	184.7	166.4	19.7
1974	24.8	142.1	20.1	500.6	93.0	25.3
1975	20.1	149.1	21.3	155.4	140.5	20.5
1976	24.6	142.0	19.7	176.8	132.7	29.3
1977	20.1	226.8	22.3	82.8	247.2	20.3
⋮	⋮	⋮	⋮	⋮	⋮	⋮
2002	20.0	110.2	21.9	161.8	258.0	21.3
2003	9.2	73.3	19.7	347.4	57.1	14.5
2004	19.7	76.4	19.7	207.1	139.6	28.1
2005	19.2	114	21.9	214.5	192.3	24.7
2006	14.8	84.6	21.2	232.6	192.5	20.3
2007	19.5	120.4	21.7	164.3	239.3	21.4
2008	21.1	99.7	20.2	160.7	161.4	28.7

(2) 模型介绍

BP 神经网络具有较强的自学习能力和处理非线性问题能力,在数据分析中具有与模型无关的特性。BP 神经网络的学习由以下 4 个过程组成:①学习样本对的输入加在神经网络的输入端,神经元的激活值由输入层经隐含层,在输出层各神经元获得相应的"模式顺传播"过程;②按减小希望输出与实际输出的误差方向,从输出层向隐含层再向输入层逐层修正各连接权值的"误差逆传播"过程;③由"模式顺传播"过程与"误差逆传播"过程的交替进行的网络学习训练过程;④网络全局误差趋向极小的学习收敛过程。

利用 BP 神经网络,需要分析目标地区的主要土壤水分影响因子,并依据主要影响因子进行分组或数值量化表示,选取具有普遍代表性的一系列样本对神经网络模型进行训练,得出神经网络模型参数,就可以进行土壤水分分析。利用 BP 神经网络能实现从输入端到输出端的非线性映射,建立 BP 神经网络模型进行土壤水分预测。

(3)模型建立

模型采用 3 层 BP 神经网络,该网络由一个输入层、一个隐含层和一个输出层组成,每层含有若干个节点,建立的农田土壤水分预测的 BP 网络模型如图 4.5 所示。模型输入变量数 $n=5$,输出变量 $m=1$。在神经网络中,关于隐含层节点数量的选择还没有确切的方法和理论,一般可设定不同的 q 值根据训练结果进行选择,q 的经验公式如下:

$$q=\sqrt{n+m}+\alpha \tag{4.52}$$

式中,n 为输入层单元数,m 为输出层单元数,α 为 [1,10] 之间的常数。之后在该 q 值范围内通过试错法选取最佳的隐含层单元数进行网络训练,选取信号最小的神经元数目建立模型。

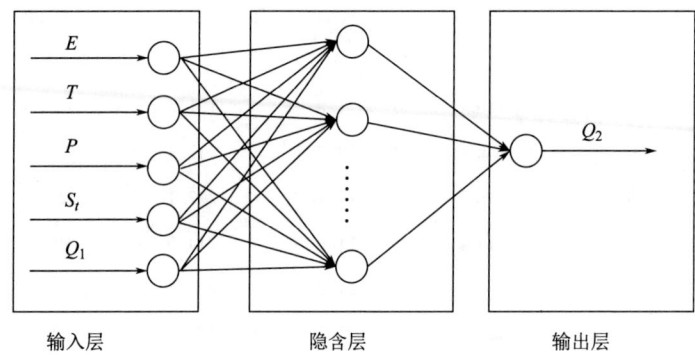

图 4.5　BP 神经网络结构图(尹健康 等,2010)

(4)结果分析

采用 2004—2008 年的 5 组测试数据对模型进行测试,预测结果如表 4.8 所示。BP 神经网络模型对土壤水分预测值与实测值的误差在 9.7% 左右,表明模型可以较为准确地预测土壤含水量。

表 4.8　2004—2008 年土壤水分模拟结果(%)

年份	土壤水分实测值	土壤水分预测值	预测误差
2004	28.10	25.40	−9.66
2005	24.70	21.99	−10.96
2006	20.30	22.71	11.86
2007	21.40	22.67	5.94
2008	28.70	26.59	−7.34

4.4 土壤水分监测系统

农业干旱预报主要有基于降水量的预报方法、基于土壤含水量的预报方法及基于综合性干旱指标的预报方法。降水是影响干旱的主要因素之一,尤其是在雨养农业区,可大致地反映出干旱的发生程度和趋势,被广泛地应用于农业干旱预报。土壤湿度是农业干旱监测预报中比较成熟的指标,主要以作物不同生长状态下土壤墒情的实测资料作为判定标准,根据农田水量平衡原理,利用数值天气预报结果计算出预报时段的土壤湿度,以此来预报农业的干旱程度。农业干旱的发生是一个综合因素影响的结果,采用降水量和土壤湿度指标虽然可以在一定程度上反映农业干旱的发生趋势,但无法对作物需水动态变化进行描述。因此,表达作物水分供需关系的综合指标也被用于农业干旱预报。

2004 年 7 月以来,安徽省建立了完善的土壤水分监测系统,包括 78 个人工站和 30 个自动土壤水分站,为了提高土壤水分监测预测业务水平,从气象业务需求出发,利用土壤水分观测数据,建立土壤墒情统计预报模型,研究与开发了省级土壤水分实时监测与预测系统(SMRTOFS),实现了土壤水分监测资料的实时传输与处理,实现了实时监测预测数据表格化、图形化显示输出,使业务服务人员能实时动态掌握土壤水分监测预测信息,为安徽省农业旱涝防灾减灾提供了科学依据,为防汛抗旱决策服务提供技术支持。SMRTOFS 系统数据流程与结构见图 4.6。

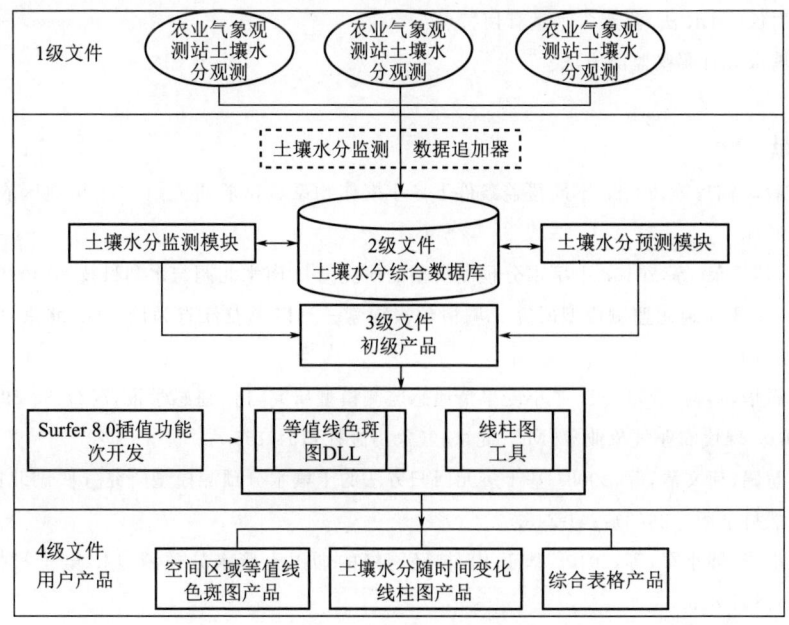

图 4.6 SMRTOFS 系统数据流程图与结构

系统数据文件设计为4级数据文件:1级数据文件为土壤水分监测数据;2级数据文件为标准数据库;3级数据文件为制作各类旱涝监测服务初级产品;4级数据文件为用户级数据文件。SMRTOFS基于客户端与服务器(C/S)结构,主要功能是实现4级数据文件的管理与相互转化。服务器端为2级数据文件,是以SQL SERVER平台建立的数据库。客户端设计3个功能模块。

(1)土壤水分监测模块,实现各类土壤水分监测资料的实时收集及储存入库,即1级数据文件到2级数据文件的转换;并根据业务服务需求从数据库中定制查询生成用户级别数据文件,并以表格、等值线色斑图、线柱图等形式反映土壤水分监测数据的时空变化。

(2)土壤水分预测模块,调用土壤水分预测模型实现土壤墒情预测,并按3级数据文件格式进行输出。

(3)数据处理与显示工具模块,实现对第3级数据文件的分析处理与显示,包括土壤墒情监测与预测等值线色斑图生成、表格和线柱图的显示与输出。

思考题

1. 简要说明土壤水分预报原理。
2. 土壤含水量常见哪些表达方法?
3. 写出参考蒸散量Penman-Monteith公式,并解释其中参数意义。
4. 时域反射仪(TDR法)测定含水量有何特点?
5. 农田土壤水分有哪些监测方法?

参考文献

曹振凯,李毅,冯浩,等,2015. 不同覆盖条件下冬小麦作物系数试验研究[J]. 干旱地区农业研究,33(6):29-34.

李光,应杰,刘长荣,等,2010. 土壤水分预测模型的研究[J]. 南水北调与水利科技,8(4):95-98.

庞治国,2003. 干旱遥感监测模型研究及墒情预报探索——以黑龙江省为例[D]. 北京:中国水利水电科学研究院.

田国良,杨希华,郑柯,等,1992. 冬小麦旱情遥感监测模型研究[J]. 遥感学报,7(2):83-89.

王建林,2010. 现代农业气象业务[M]. 北京:气象出版社:154-155.

严昌荣,申慧娟,何文清,等,2008. 基于多元回归方法的土壤水分预测模型研究[J]. 湖北民族学院学报(自然科学版),26(3):241-245.

尹健康,陈昌华,邢小军,等,2010. 基于BP神经网络的烟田土壤水分预测[J]. 电子科技大学学报,39(6):891-895.

BRADFORD J B,SCHLAEPFER D R,LAUENROTH W K,et al,2019. Climate-driven shifts in soil temperature and moisture regimes suggest opportunities to enhance assessments of dryland resilience and resistance[J]. Frontier Ecology Evolution,7:358-374.

JING Y S,CHEN J,2011. Modelling of soil water movemtent and its application of citrus garden in hilly area of Jiangxi Province [J]. Procedia Engineering,18:145-150.

ROBINSON N J,FERREIRA S J F,MOTA M C,et al,2020. Calibration,measurement,and characterization of soil moisture dynamics in a central amazonian tropical forest[J]. Vadose Zone Journal,7:1-16.

第 5 章 农用天气预报

农用天气预报,是从农业生产对天气条件需要的角度出发,运用天气学原理、工具和分析方法,结合农作物生长期间或关键农事季节的重要天气所进行的专业气象预报。天气学方法直接用于农业气象预报,起源于天气预报为农业服务,逐渐演变为农用天气预报、农业气象灾害预报和农作物病虫害发生发展的气象预报等。

目前天气学方法除用于编制上述 3 种类型的农业气象预报以外,还用来编制农作物产量和农业气象年景等预报,已经成为整个农业气象预报方法中的一种重要方法。本章主要介绍农用天气的特点和我国农业生产中经常出现的农用天气类型,以及运用天气学方法编制的农业气象预报实例等内容。

5.1 农用天气的特点及主要类型

5.1.1 农用天气的特点

农用天气亦称农业天气,是 20 世纪 60 年代随着农业生产经营的集约化,对天气条件的要求越来越严格、对天气预报服务的要求越来越迫切的形势下逐渐提出来的。所谓农用天气是指农事关键季节所经常出现的、对农业生产有显著影响的那些天气现象和天气过程。这些天气现象和天气过程的出现,利则给农作物生长发育提供有益的气象条件,使之增产,害则给农作物生长发育带来气象灾害,使之减收。

农用天气与天气学里所讲的天气概念,既有其相同点,也有其不同点。相同点在于都是研究各种天气系统发生发展所引起的大气物理变化,从而出现的天气现象和天气过程。不同点在于天气学里通常所讲的天气着重探索总结大气物理变化的信息,提出天气预报的指标,以提高天气预报的准确率,为国民经济和国防建设服务。农用天气则在于探讨总结天气现象和天气过程在时空方面出现的规律,从而针对农业生产的需要,及时指出对各农事关键季节不利和有利的天气条件,为农业生产部门利用现代科技采取相应有效的农技措施提供依据,以达到农业丰产稳产的目的。

探讨农用天气必须有地域的针对性,针对当地农事关键季节天气、气候规律,进行必要的分析,总结出它的特点。另外,也要针对当地栽培作物的特点,和它们对于天气、气候条件的要求,既分析其有害的一面,也分析其有利的一面,着重点可放在灾害方面,借以防止它给农业生产带来损害。农用天气和灾害性天气也是不完全相同的,正如上面所指出的那样,灾害性只是农用天气讨论的一个方面,农用天气还要讨论其有利的方面。对待农用天气和对待其他事物一样,要一分为二,不能只注意其害的一面,而忽略其利的一面。以台风为例,台风过境时,常伴有狂风暴雨而危害农业生产,但受害仅限于台风中心移动路径及其附近的地区。就台风天气系统来说,它的倒槽,特别是在倒槽和西风带接触的地区,常可带来丰沛的雨水,这对于长江中下游伏秋干旱季节解除旱象却非常有利。正如该地区农民群众所说"台风危害一条线,受益一大片"。

根据国内外的研究认为,农用天气除出现在农事关键季节,以及对农事活动、农作物生长发育和产量形成具有明显影响外,一般都具有以下3个特点(Kassie et al., 2014; Oladele et al., 2019)。

(1)它是大小尺度天气系统活动所出现的大型天气过程,所以它对农业生产的影响,具有广大的地域性。

(2)农用天气的出现,大多数都是由两个以上的天气过程所组成,因而在时间上通常具有3 d以上的持续性。

(3)不同的农用天气都是随着不同的自然天气季节的到来而出现的,并随着它的结束而消失,所以它具有比较稳定的周期性。此外,若从农用天气的性质来说,它还具有浓厚的气候学规律与气候变化适应性。

5.1.2　5类主要农用天气类型

(1)冬春季节的农作物越冬天气

冬春季节,我国北方和南方分别有小麦、油菜等农作物和柑橘等副热带经济果木,因为气温较低停止生长而进入休眠越冬。在越冬期间,天气条件好坏,主要是北方冷空气南下活动强弱带来的温度高低,决定其是否能够安全越冬或越冬成活率大小。

寒潮、冷空气活动入侵过境时带来的大风、降温和持续雨雪冰凌天气,常给小麦、油菜等越冬作物和柑橘等副热带经济果木造成冻害,特别是初冬和晚春寒潮以及隆冬强寒潮,有时甚至可达毁灭性程度。因为初冬季节,小麦、油菜等越冬作物尚处在旺盛分蘖生长时期,遇寒潮入侵特被迫过早地停止生长,而且来不及进行低温锻炼;入春后,随着天气回暖,小麦、油菜等越冬作物已开始返青生长,长江以南地区有的甚至已开始拔节、抽薹,柑橘等副热带经济果木也已开始萌动,抗寒能力大大减弱,这时如遇寒潮,即使带来0 ℃左右的低温,也会引起大量冻害死亡,至于隆冬强寒潮入侵带来＜－10 ℃的强低温直接造成越冬作物和经济果木的冻害,则是完全可以预见的。

例如,1975年11月21—24日出现的初冬寒潮,因为来得早、势力强、越冬作物尚未得到低温锻炼,寒潮前锋过后,又继续不断有冷空气补充南侵,从11月24日起,霜冻线就移到南岭附近,致使我国南岭以北地区越冬作物普遍受到冻害,长江沿岸各城市蔬菜供应顿感缺乏,给广大人民群众生活带来很大困难。1977年1月25—30日出现隆冬强寒潮后,紧接着2月上旬又有强冷空气不断分裂南下,造成长江以南大范围地区的雨雪冰凌天气达7次之多,特别是1月29—31日、2月7—9日两场大雪,都超过了历史上同期最高纪录。湖南慈利、临澧等地的最低气温下降到-16 ℃、武汉下降到-18 ℃,素称冬季比较温和的湖北恩施也下降到-12 ℃,这次隆冬强寒潮使长江两岸和江南地区的小麦、油菜等越冬作物和柑橘等经济果木均受到严重冻害,尤以柑橘冻害最为突出,到1978年仍未完全恢复生产。类似这样的严重冻害尚有1955年1月、1969年1月和1984年1月。因此,推广种植柑橘等副热带作物时,应考虑寒潮冻害的可能性,否则就会带来经济损失。

冬春季节特别是隆冬期间,适当的低温对于农业生产也有利的方面:第一,$\leqslant 0$ ℃的低温,可使土壤冻结,不利于病虫越冬,回春之后,病虫发生和危害即受到抑制,特别是寒潮与寒潮间歇期交替出现,时间间隔不是太长,气温日际变化较大的冷暖相间天气,常使病原菌和越冬害虫大量死亡。如果隆冬天气偏暖,病原菌和害虫越冬量就大;第二,隆冬适当低温可抑制冬麦早拔节、油菜早抽薹。因为小麦早拔节和油菜早抽薹之后,抗御低温能力减弱,遇到冬末强寒潮入侵或入春以后出现的倒春寒天气,就会受到冻害,影响产量。

(2) 春耕春播季节的播种育秧天气

春季是由冬入夏的过渡季节,随着太阳位置逐渐北移,白昼日照时间延长,地面接收太阳辐射增多,气温逐步回暖,小麦、油菜等越冬作物开始返青恢复生长,早稻、棉花等喜温作物开始播种育秧,全国自南向北,大体从2—4月进入春耕春播季节。在春耕春播季节里,既要求较多的晴暖天气,也要求一定的降水,以满足越冬作物返青生长和春播作物播种育秧对光照、温度和水分的需要。但在春耕春播期间,由于高、低空大气环流的影响,天气多变,晴雨无常,从而与农业生产需要有较多的矛盾,或者延误农时,或者造成烂秧死苗,浪费大量良种。因此,普遍引起广大气象和农业气象人员重视,注意春耕春播季节天气演变的分析研究,认真做好春耕春播季节农用天气预报服务。

春耕春播季节的农用天气分析和预报,主要包括温度条件与晴雨天气两个方面。

从温度条件看:根据春耕播种和越冬作物返青生长对温度条件的要求和我国各地春耕春播季节温度条件实际变化情况,以2—4月的旬平均气温距平为准,规定凡有7~9个旬气温距平值为正者,称为暖春;为负者称为寒春;介于两者之间而又不连续者为正常。其中又有偏冷偏暖之分,如前期连续偏冷,后期连续偏暖,称为短春,反之称为倒春寒。按照上述规定的标准,统计了长江中下游地区1951—1970年的逐年春温类型如表 5.1 所示。

表 5.1　长江中下游地区 1951—1970 年春耕春播季节温度类型

年份	类型	年份	类型
1951	寒春	1961	正常偏暖
1952	短春	1962	倒春寒
1953	江南倒春寒沿江和江北正常偏暖	1963	正常偏暖
1954	正常	1964	短春
1955	倒春寒	1965	倒春寒
1956	正常	1966	倒春寒
1957	短春	1967	正常偏冷
1958	正常偏暖	1968	正常偏冷
1959	正常偏暖	1969	正常偏冷
1960	中游倒春寒、下游暖春	1970	寒春

从表 5.1 中可以看出：正常偏暖和正常偏冷为最多。倒春寒次之，短春又次之，暖春最少。对于农业生产来说，倒春寒的危害比较严重。因为入春以后，前期偏暖，越冬小麦、油菜提早拔节、抽薹，抗御低温能力减弱；春播水稻、棉花等都是喜温作物，前期温暖出苗后也很怕冻。如果出现倒春寒，这些作物均易遭到低温危害。春耕春播季节之所以会出现暖春、寒春、倒春寒和正常等不同温度类型，主要是由于春季大气环流演变不同的结果。一般说来，当经向环流强而稳定时，春温就低，如果在 2—4 月 9 个旬里低温持续时间超过 7 个旬，就出现寒春。反之，如果纬向环流强，经向环流弱，达到 7 个旬以上，就会出现暖春。若前期经向环流强，纬向环流弱，后期出现相反的现象，就可形成短春；如果前期纬向环流强，后期经向环流强，就出现倒春寒。只有经向环流和纬向环流强度大体相当并经常交替变换时才有可能使春温类型出现正常或接近正常，但仍有偏暖偏冷的现象。高空经向环流强，在地面天气图上常表现为冷高压南下次数多，冷空气活动频繁；反之，高空纬向环流强，则冷高压南下次数少。

从晴雨天气看：在春耕春播季节，我国大陆高空的大气环流基本上仍维持冬季的环流特征，但随着太平洋副热带暖高压势力增强北上，西风带中的南支西风急流逐渐减弱，整个西风带环流趋于平直，短波槽脊活动增多，从而导致春耕春播季节冷暖相间，晴雨交替多变的天气。长江流域及其以南地区，由于地理位置和地形的影响，冷暖空气频繁交绥，常常出现由高空欧亚阻塞高压、北方低涡，鞍型场、中空切变线和地面准静止锋形成的，持续 7 d 以上或中间允许间隔一个无雨日的连阴雨天气过程。由欧亚阻塞高压、北方低涡形成的连阴雨，通常温度较低，故称低温连阴雨；由鞍型场形成的连阴雨，通常温度较高，故称暖温连阴雨。有时，遇比较强大而又东移缓慢的高压脊或冷高压过境，或者太平洋副热带暖高压势力较强，单一稳定控制时，也会出现一段持续 7 d 以上的连续晴暖天气过程。

按照以上连续阴雨和连续晴暖天过程标准,取长江中下游地区武汉、长沙、南昌、合肥、南京、上海和杭州等 7 地 1951—1974 年春耕春播季节连续阴雨和连续晴暖天气过程出现实况如表 5.2 所示。从表中可以看出:长江中下游地区春耕春播季节的连续阴雨天气过程中,江南多于江北,连续晴暖天气过程有相反的趋势。连续阴雨和连续晴暖天气过程出现的具体时间,如按旬分,则如表 5.3 所示。连续阴雨天气过程以 4 月上—中旬出现最多,其次是 3 月中—下旬,连续晴暖天气过程集中出现的时间虽没连续阴雨天气过程那样明显,但仍显出以 3 月下旬—4 月上旬相对较多的趋势。长江流域及其以南地区春耕春播季节的连续阴雨天气过程对春耕春播是不利的。在连续阴雨天气过程中,如果气温偏低,则容易引起早稻烂秧死苗,影响栽插面积和棉花等旱作物适时播种;如果气温偏高,则又容易引起夏收作物病虫害大量发生发展,影响丰产稳产。由于长江流域及其以南地区很少出现长时间的春旱,所以春耕春播季节出现一定时段的连续晴暖天气,对农业生产说来,通常都是比较有利的。因为连续晴天,阳光充足,气温回升快,日较差大,既可使早稻提前早播,培育壮秧;又可使越冬作物返青生长后,光合作用进行旺盛,营养物质累积多,植株健壮,病害少,有利夺取夏熟丰产稳产。

表 5.2 长江中下游地区 1951—1974 年春播季节连续阴雨和连续晴天过程出现情况

	项目	武汉	长沙	南昌	合肥	南京	上海	杭州
连续阴雨	总次数(次)	44	46	54	31	35	29	43
	总次平均天数(d)	8	9	9	6	8	8	8
	一次最长天数(d)	16	22	23	8	15	17	16
连续晴暖	总次数(次)	20	12	12	29	31	17	16
	总次平均天数(d)	7	7	7	7	8	8	7
	一次最长天数(d)	15	14	14	33	18	17	15

表 5.3 长江中下游地区春耕春播季节连续阴雨和连续晴好天气出现次数(1951—1974 年)(单位:次)

旬/月份	武汉		长沙		南昌		合肥		南京		上海		杭州	
	连雨	连晴	连雨	连晴	连雨	连晴	连雨	连晴	连雨	连晴	连雨	连晴	连雨	连晴
下/2月	0	4	3	3	5	3	1	5	1	4	0	2	5	3
上/3月	9	2	7	1	11	1	2	4	3	3	1	1	4	1
中/3月	9	4	6	0	6	1	7	4	5	4	4	4	7	2
下/3月	3	3	6	2	6	2	3	5	5	6	5	4	5	3
上/4月	13	4	9	3	14	2	7	4	7	7	7	2	7	3
中/4月	8	1	11	1	9	3	6	4	6	3	4	4	9	4
下/4月	2	2	2	2	3	5	5	3	8	4	8	0	6	0
合计	44	20	46	12	54	12	31	29	35	31	29	17	43	16

黄淮流域等北方地区，由于地理纬度稍高，所以春耕春播季节南方的暖湿空气很少到达，主要受蒙古冷高压单一控制，降水稀少，几乎全为晴天、偏旱，素有"十年九春旱"之说，对春耕春播是不利的，农业生产上通常均需采取抗旱播种的措施。

(3) 汛期雨季和"烂场"天气

由于我国天气气候具有较强的季风大陆性特点，降水相对集中，所以形成了比较明显的汛期雨季。各地汛期雨季开始和结束的时间，随地理纬度不同而不同，大体上在 4—8 月期间，自南向北先后开始和结束。对某个地区说来，雨季持续时间虽然只有 20～30 d 左右，但汛期持续时间却可长达 2～3 个月，这是因为受江河流域和上游集水影响的缘故。

汛期雨季降水相对集中，而且愈往北方相对集中的程度愈明显。我国农业生产所需用的水分，主要靠汛期雨季降水储存和供应。因此，各地汛期雨季开始、结束日期早晚，持续时间长短和降水量多少，对各地农业生产影响较大，当汛期雨季开始日期晚，持续时间短，降水量偏少时，就会造成干旱；反之，当汛期雨季开始日期早，持续时间长，降水量偏多时，就会造成洪涝。

梅雨是长江中下游地区的雨季因正值梅子黄熟的季节。在梅雨季节里，如果梅雨不明显，那就称为空梅。梅雨的开始和结束，即入梅和出梅日期，年际之间波动较大，入梅最早可提前到 5 月 26 日（1896 年），最晚可延迟到 7 月 4 日（1947 年），不过平均多在 6 月中旬前后。出梅最早在 6 月中旬（1917、1952、1961 年），最晚在 7 月底—8 月初（1896、1931、1954 年），平均多在 7 月上—中旬。大约平均每 5 a 出现一次空梅。入梅和出梅日期年际之间波动较大的原因，主要是由于太平洋副热带暖高压势力强弱和副热带高压（简称"副高"）脊线位置变化的结果。一般当太平洋副热带暖高压势力较弱时，110°～125°E 之间的副高脊线迟迟不能越过 20°N，长江两岸入梅就晚，反之，当太平洋副热带暖高压势力较强时，110°～125°E 之间的副高脊线提早越过 20°N，长江两岸入梅就早。出梅的情况亦类同。当太平洋副热带暖高压势力特强时，110°～125°E 之间的副高脊线刚越过 20°N 后，很快就北移到 25°N 以北，致使长江两岸的梅雨很不明显，形成空梅，如 1959 和 1978 年就是这样。正是由于这种原因，使得入梅和出梅日期年际之间波动较大，各年梅雨持续时间长短很不一致，长的可达两个月，短的只有 3～4 d。

梅雨期间，因受江淮切变线，锋面气旋和高空低涡等天气系统的活动和影响，常出现一次次暴雨天气过程。如果暴雨天气过程次数太多，特别是连续暴雨，将会引起洪涝；但如暴雨天气过程次数太少，则又会导致严重伏旱。从农业生产来说，梅雨期间降水丰沛，固然可以满足当时水稻、棉花、玉米等农作物生长发育的需要，保证伏旱期间灌溉用水的供应。但如梅雨持续时间太长，特别是连续阴雨天气，则不仅容易引起洪涝，而且也不利于农作物生长发育，相反还容易引起病虫害大量发生和蔓延，给农业生产带来不利。所以,在农用天气上,常把梅雨天气分为持续梅雨和间歇梅雨两种类型,前者指持续 7 d 以上的降水天气过程,后者指在 7 d 以上降水天气过程中间隔有 1～2 d 无雨甚至多云—晴天的天气过程。间歇梅雨既符合梅雨期间降水系统的南北摆动,使降水出现短期间歇的天气现象,又保证了梅雨期间足够的降水量。生产实践证明,凡在梅雨期间有正常间歇梅雨的,农作物长势一般较好,产量较高,既无严重洪涝,也无明显干旱。

汛期雨季前夕,正值各地越冬油菜、小麦等夏熟作物成熟收获时期。如果汛期雨季开始过早,常影响夏熟作物收获的顺利进行,连绵阴雨使已经成熟的油菜、小麦不能适时收割,或者割后不能及时脱拉、晒干,堆在场上,在高温高湿条件下,很容易发芽霉烂,造成俗称的"烂场"现象,使得丰产不能丰收,对农业生产危害也很大,例如1971 和 1980 年,长江中下游地区就是这样。农民群众对这种引起"烂场"现象的早雨季天气,特称为"烂场天气"。每年夏收季节,农民群众对它特别担心、害怕,迫切要求我们及时开展农用天气预报服务。

(4) 夏季干热风、伏旱与台风天气

我国夏季的干热风天气,随出现的时空分布和影响不同,可分为初夏干热风和盛夏干热风两种类型。前者多出现在 5 月中旬—6 月下旬,以黄淮平原和西北地区为最常见,是北方小麦生育后期主要气象灾害之一,危害轻的可使小麦减产 5%～10%,危害重的可使小麦减产 20% 或更多。后者多出现在 6 月下旬—8 月中旬,以长江中下游地区较为显著,尤以中游为甚。出现早的将增加早稻的空壳率,危害中稻更明显,也是棉花伏天增蕾保铃的大敌。湖北农民有"南洋风起,红蜘蛛盛发"的说法,所谓南洋风就是指出现在长江中下游地区的盛夏干热风。它可引起棉株落叶或早衰,甚至枯萎。如果遇到伏旱,并伴有这种干热风则旱情加剧,使双季晚稻难以适时栽插。

初夏干热风,按其出现的天气特点,通常分为高温低湿、雨后枯熟和旱风 3 种类型。其中高温低湿型,由于气温高、湿度低,地面盛吹偏南、西南风或偏东风,可使小麦炸芒、枯熟、秕粒,影响小麦产量。雨后枯熟型的特点是雨后高温或猛晴,使小麦青枯或枯熟。旱风型除气温高、湿度低以外,主要是风速较大,风力常在 3～4 级以上,风向西北或西南。江淮流域的苏北、皖北麦区的初夏干热风,以旱风型最为常见,也最典型。初夏干热风的形成,主要是由于青藏高原暖高压脊东移停留在沿海,其后的高空有低压系统东移,促使地面低压发展,黄淮平原和西北地区通常处于脊后槽前,盛吹偏南或西南风。因为这时黄淮平原和西北地区地面较干燥,气温也较高,随着高温低湿的发展,就形成了干热风。

盛夏干热风在各地的名称不同,湖南称作"火南风",湖北称作"南洋风"等。盛夏干热风出现时最明显的特征,就是风速的日变化周期。一般上午 09—10 时开始,午后 14—15 时最强,傍晚或黄昏时减为弱风或静风,每日周而复始,重复出现。14 时风力常在3级以上,风向摆动在西、南之间,西南方向占绝对优势。盛夏干热风的形成,主要是由于副高脊线附近空气动力下沉增温减湿和动量加速下传的结果。如果遇上华北地区存在低压系统,出现南高北低的形势,长江中下游地区即很容易形成以西南风为绝对优势的盛夏干热风。因为午后14—15时北方增温降压最显著,风速也最大。统计表明:盛夏干热风天气持续愈久之年,往往是酷暑愈长之年,亦是伏旱愈严重之年,正如1959、1966和1978年那样。盛夏干热风因为出现在盛夏季节,正值长江中下游伏旱之时,所以常给农业生产带来不利影响。一般持续5 d以上的盛夏干热风天气,可使草木变色,落叶如秋,农作物在中午前后呈现萎蔫现象。出现在6月下旬—7月上旬的盛夏干热风天气,将使早稻空壳率剧增。整个伏天7月中旬—8月中旬如出现盛夏干热风,则将助长棉花蕾铃脱落和虫害的发生。

伏旱天气主要出现在长江中下游地区,这是因为该地区梅雨结束进入盛夏季节以后,转受单一的太平洋副热带暖高压稳定控制的缘故。伏旱天气的特点是持续晴天、少雨、高温、低湿,吹一致的偏南风。统计长江中下游各地伏旱开始日期,平均持续天数,一次最长天数如表5.4所示。

表5.4 长江中下游1951—1975年伏旱天气出现情况

项目	武汉	长沙	南昌	合肥	南京	上海	杭州
平均开始日期(月-日)	07-15	07-14	07-12	07-16	07-16	07-13	07-15
平均持续天数(d)	22	18	21	18	15	15	19
一次最长天数(d)	48	30	51	42	28	36	40
出现日期(年-月-日—月-日)	1966-07-16—08-31	1966-07-13—08-11	1966-07-12—08-31	1959-07-15—08-25	1971-07-24—08-21	1966-07-13—08-17	1967-07-14—08-22

从表中可以看出,伏旱开始日期历年都在7月15日左右,最早的南昌和最迟的合肥、南京,相差不过4 d。伏旱天气持续天数,历年平均都在15 d以上,武汉最长达22 d;一次最长除南京为28 d外,其余均在一个月以上,南昌最长达51 d。伏旱天气开始早晚和持续天数长短与梅雨结束早晚和梅雨量多少有关。一般梅雨结束晚,梅雨量多的,伏旱开始就晚,持续天数也短;而梅雨结束早,梅雨量少,特别是空梅年份,伏旱开始就早,持续天数亦长。伏旱天气对农业生产的危害,主要表现在高温影响早稻灌浆,干旱影响晚稻插秧,持续高温干旱将加剧棉花蕾铃脱落、虫害发生以及瓜果不实、蔬菜供应失调。伏旱期间,如遇有盛夏干热风天气出现,那就风助"火威",或者伏旱连秋旱,将使旱情更加严重,对农业生产的危害将更大。

我国东南濒临北太平洋西部台风活动区。每年夏秋季节,正当华南沿海和长江中、下游早、中稻成熟收获和棉花开花、吐絮盛期,常受台风侵袭影响,对农业生产危害很大,特别是在台风登陆地区,狂风暴雨所造成的巨大损失是众所周知的。当然,台风天气对农业生产也有有利的一面,因为台风在我国沿海活动时期,往往正值长江中下游和华南伏秋干旱季节,一次台风过境,在它的边缘和倒槽部位带来的大暴雨,对于解除干旱危害,常有莫大裨益。

(5)秋高气爽、秋风秋雨和寒露风天气

9—10月的秋季是秋收秋播季节。在秋季,一方面要进行中稻、晚稻、棉花、玉米等秋熟作物的收获;另一方面又要进行小麦、油菜等越冬作物的播种。倘若天气条件稍有不适,将会严重影响秋收秋播的顺利进行。因此,秋收秋播季节的天气,在整个农用天气研究中,居于十分重要的位置。就全国情况看,整个秋收秋播季节的天气过程,大体可分为秋高气爽、秋风秋雨以及伴随秋风秋雨而出现的寒露风3种天气类型。

秋高气爽天气是指9或10月的平均降水量、降水日数和云量都要比其前后的8月和11月少,以晴为主、温度适中的天气。我国秋高气爽最显著的地区,大体南自南岭,北到秦岭淮河,东自武夷山、天目山和江苏南部的大茅山,西到鄂西、湘西丘陵地东坡的整个长江中下游地区。秋高气爽天气平均起讫时间为8月底—10月中,为50 d左右。秋高气爽天气的形成,主要是由于自然天气季节从盛夏转入初秋后,随着蒙古和新疆地区冷高压的积极活动和加强,北方冷空气可以很迅速地控制我国大陆大部分地区,于是除华西和华东沿海外,各地区雨季基本结束,这时由于高空副热带暖高压仍然维持在我国东部上空,青藏高原上也维持着夏季的反气旋环流,南纬度的西风环流虽然有所加强,但中心位置40°N附近基本未变,因而在长江中下游构成高空为副热带暖高压,地面为蒙古南侵的冷高压,即下冷上暖的气柱结构,空气层结稳定,风力微弱,天气晴朗,形成秋高气爽天气。到了10月中旬,随着高纬高空西风环流开始明显向南扩张,东风环流迅速向南撤退,青藏高原南侧的南支西风急流迅速建立并南移,基本稳定在30°N以南的冬季平均位置上。经过这样的变化,整个东亚地区高空为西风带控制,高空副热带暖高压已向南退出大陆,地面上蒙古冷高压和阿留申低压大大加强,基本上变为冬季的大气环流形势。长江中下游地区的秋高气爽天气结束。

秋高气爽天气对农业生产来说,既有利,也有弊。利的一面表现在9、10两月,特别是9月,如果保持正常的秋高气爽天气,持续晴天多阳光,降温缓慢,既有利于棉花秋桃吐絮,还可避免在秋分前后出现"寒露风"对晚稻的危害。长江中下游,上自江汉平原,下到长江三角洲,虽然后者因台风活动,雨水较多,但台风过境快,持续雨日少,均能保持秋季多阳的特色,因此成为我国主要的棉花产区,而且棉花品质较好。另外,秋高气爽天气还有利于双季晚稻的开花、灌浆、结实,因而适于种植双季晚稻。长江中下游地区之所以成为我国主要的粮棉基地之一,与这个地区秋高气爽天气多,秋雨频率小等天气条件也是分不开的。弊的一面表现在9、10两月持续多晴少雨,往往带来秋旱,如果秋旱与伏旱前后相承,如1966、1967和1978年那样,旱情就更加严重,这样会使土壤墒情不良,影响适时秋播。

秋风秋雨天气是指出现在8月底—10月中持续3～5 d以上的刮风下雨天气。我国秋风秋雨比较显著的地区有二,一是以四川盆地为中心,北跨陕、甘毗连地区,南括滇黔各一部分,东到豫、鄂、湘三省西部丘陵山地的华西地区;二是北起长江口北岸的启东吕泗,向西经南通到镇江,然后向南过金华、丽水到福建的福安、福州、长乐和平潭,呈北宽南窄近似直角三角形的华东沿海地区。华西地区的秋风秋雨平均从8月底开始,到10月中结束。一般纬度高的地区,秋风秋雨开始早,结束也早,但持续时间均为50 d左右。华东沿海地区的秋风秋雨,均开始于9月上旬,结束于9月下旬,持续时间较华西地区短。秋风秋雨天气的形成,既有地形的影响,也有冷空气和台风的活动。

秋风秋雨天气对农业生产的影响,是一分为二的。即一方面秋季多风雨,可消除秋旱的威胁,保持良好的墒情,有利于秋播;另一方面秋风秋雨往往与低温相联系,给大秋作物带来低温危害。由于秋季风雨连绵,阳光不足,延迟了大秋作物的成熟,不利于有机质的积累,并易使稻瘟病发生发展,增加棉花烂桃,延迟棉花吐絮,即使已经吐絮,也使纤维品质变劣,光泽不良。华西地区因多秋风秋雨,棉花栽培受到影响;华东沿海地区的秋风秋雨因多台风,雨日较华西少,影响不大。考虑作物布局时,这是值得注意的。

寒露风天气是指出现在9月下旬—10月上旬江南双季晚稻抽穗开花期间,日平均气温连续3 d<20 ℃,影响晚稻正常抽穗开花授粉,使晚稻空秕率显著增加而减产的低温天气,也是入秋以后第一次明显南侵的北方冷空气,由于它多出现在"寒露"节气前后,且伴有3～4级以上的偏北风,故特称为寒露风。寒露风出现时,通常表现为湿冷和干冷两种天气类型,前者是在秋风秋雨的低温阴雨天气过程中形成的,多出现在长江中下游各省;后者是在晴冷、干燥并伴有3～4级以上偏北风的天气过程中形成的,多出现在华南两广地区。

寒露风是造成江南双季晚稻产量低而不稳的主要气象原因,它对晚稻产量危害的程度,不仅与低温强度、持续时间有关,而且与晚稻品种特性、施肥水平、栽培管理以及病虫害情况有关。一般说来,粳稻较籼稻耐寒,中粳则介于两者之间,后期施肥偏多、栽培管理不善、病虫害发生重的,危害将加重。在同样的低温强度下,持续时间愈长,危害愈重。值得指出的是,长江中下游地区的寒露风天气危害晚稻,常伴有连阴雨。如果没有连阴雨,冷空气入侵虽可出现低温,但一般为时甚短,危害不大。因为冷空气前锋过境以后,天气较好,气温即可回升。反之,如果持续阴雨,即使气温并不十分低,但由于空气湿度大,也往往使花粉破裂,不能正常授粉,并且抑制光合同化作用,延迟生育期,降低稻株抵抗低温能力,也可形成大量的空壳。根据1951—1975

年资料统计,南岭以北的江南地区寒露风出现日期,平均为9月20—30日,最早为9月11—20日,最晚为10月5—15日。南岭以南的华南地区寒露风出现日期,平均为10月1—10日,最早为9月21—30日,最晚为10月15—20日。研究表明:寒露风出现早晚与9月500 hPa东亚大槽以及我国东南沿海副热带暖高压强弱密切相关,凡东亚大槽偏强,副热带暖高压偏弱的年份,寒露风往往出现偏早,反之,凡东亚大槽偏弱,副热带暖高压偏强的年份,寒露风出现往往偏晚。

5.2 农用天气预报内容及等级

5.2.1 农用天气预报内容

农用天气预报一般根据本地的现代农业生产需求,以大宗作物、经济作物以及其他特色农业、设施农业为主要对象,细化、释用、补充上级业务单位农用天气预报指导产品,制作和发布本地区农业生产过程中的农用天气服务。马树庆(2012)提出现代农业天气预报内容分为两个方面。

(1)主要农事天气预报

农事天气预报是指主要农事活动期间天气对农事活动适宜程度的预报及影响分析,既包括天气条件对农事活动效率(益)的影响,如施肥的肥效、病虫害防治的药效发挥等,也包括由天气决定的相关农事活动难易程度的预测和评估,如降水天气有利于水田的插前整地,节约用水,但增加了作业的强度;暴风雨天气不宜水上捕捞作业等。按行业划分,农事活动天气预报可分为:

①粮棉油生产农事活动天气预报,包括备耕整地、播种、施肥、灌溉、喷药、机械收获、育种授粉等生产活动过程中的天气适宜程度预报。

②畜牧业生产活动天气预报,包括飞播天气(种子或农药)、牧草收获、牛羊转场、草原防火等天气适宜程度预报。

③林业生产活动天气预报,包括育苗播种、树苗栽插、果树修剪与采摘、灌溉、人工喷药、飞机撒药、森林防火、林内放养(林蛙、柞蚕)等活动的天气条件适宜程度预报等。

④渔业生产活动天气预报,包括投苗、投料、防病、出海、捕捞、远洋作业、运输等天气适宜程度预报。

⑤设施农业生产活动天气预报,包括扣棚、育度调控、病虫害防治等活动期间天气适宜程度的分析和预报,也包括设施内气象要素预报与影响分析。

⑥农产品经营活动天气预报,包括农产品(尤其是鲜活水产品和新鲜果、蔬产品)的运输、存储、晾晒、上市销售等活动期间的天气适宜程度预报。

针对某一作物,如黑龙江省水稻农用天气预报系统产品包括:春播春种气象等级预报、水稻育秧气象等级预报和水稻移栽气象等级预报等11项内容(表5.5)。

表5.5 黑龙江省农用天气预报系统产品内容(王萍 等,2013)

预报产品种类	预报产品内容
春播春种气象等级预报	在春播春种农事季节,根据气温、降水、风和天气现象等预报春播春种适宜、较适宜或不适宜的气象等级,提出合理建议
水稻育秧气象等级预报	在水稻育秧农事季节,根据气温、降水、风等预报水稻育秧适宜、较适宜或不适宜的气象等级,提出合理建议
水稻移栽气象等级预报	在水稻移栽农事季节,根据天气现象、气温等预报水稻移栽适宜、较适宜或不适宜的气象等级,提出合理建议
大田铲趟气象等级预报	在大田铲趟农事季节,根据天气现象、降水量等预报铲趟适宜、较适宜或不适宜的气象等级,提出合理建议
秋季收晒气象等级预报	在秋季收晒农事季节,根据天气现象、降水量等预报收晒活动适宜、较适宜或不适宜的气象等级,提出合理建议
农田施肥气象等级预报	在农作物主要的施肥生育阶段,根据降水、温度、风速等预报施肥适宜、较适宜或不适宜的气象等级,提出合理建议
病虫防控气象等级预报	在农作物的病虫高发风险时段,根据天气现象、温湿度、降水、风速等预报喷药适宜、较适宜或不适宜的气象等级,提出合理建议
晒田控蘖气象等级预报	预计水稻在有效分蘖终止时,为达到高产,根据天气现象、气温等预报晒田适宜、较适宜或不适宜的气象等级,提出合理建议
农田排水气象等级预报	预计农田将有渍涝风险时,根据降水量预报农田排水适宜、较适宜或不适宜的气象等级,提出合理建议
农田灌溉气象等级预报	在农田干旱发生时段内,根据降水量、温度、风速等预报灌溉适宜、较适宜或不适宜的气象等级,提出合理建议
农产品储藏气象等级预报	在作物收获后储藏时段内,根据湿度、温度等预报储藏适宜、较适宜或不适宜的气象等级,提出合理建议

(2)农业灾害性天气预报

农业灾害性天气预报是对可能带来农业灾害的天气的预报及分析,是异常天气预报与农业气象灾害指标的有机结合。按行业划分,农业灾害性天气预报可分为:

①农作物生长灾害性天气预报,包括少雨易旱天气、多雨易涝天气、低温冷害天气、寒露风天气、水稻烂秧天气、高温热害天气、冰雹等天气的预报与影响评价。

②畜牧业生产灾害性天气预报,包括草原干旱天气过程(黑灾)、暴雪天气(白灾)、沙尘暴天气、强降温天气、大风等天气的预报与评价。

③林业生产灾害性天气预报,包括低温雨雪冰冻天气、雪凇天气、强低温天气、林火天气、飞播天气、霜冻天气等的预报与影响评价。

④渔业生产灾害性天气预报，包括台风天气、强降温天气、高温天气、暴雨天气、少雨干旱等灾害性天气的预报与影响评价。

⑤设施农业生产灾害性天气预报，包括持续阴雨寡照、低温、高温过程、大风、暴雪、冰雹等灾害性天气的预报与影响分析，包括利用外部天气预报和相关指标及模式，预测和分析设施内的气象要素及可能的灾害性影响。

5.2.2 农用天气预报模型

农用天气预报模型（指标体系）一般分为 3 级：适宜、较适宜和不适宜。

下面将以福建省早稻抽穗开花期、枇杷幼果期和荔枝开花期等作物生长发育期的气象指标体系（杨凯 等，2014），以及春播春种、夏收和秋收等重要农事活动的指标体系为例说明。

（1）重要农事活动农用天气预报模型

作物播种和收获是农业生产过程中两个最重要的农事活动。选取福建省春播春种、夏收和秋收 3 个重要农事活动作为农用天气预报服务对象。福建省春播春种期时段集中在每年的 2 月下旬—4 月上旬，温度是影响早稻播种出苗最主要的因素。在此期间，倒春寒是早稻播种、育秧期的灾害气候问题。它是指春季天气开始变暖，气温逐渐回升，然而由于冷空气活动仍较活跃，使回暖后的气温又急剧下降，当气温降到 12 ℃以下且连续 3 d 以上、并伴有连阴雨天气时，不利早稻播种或引起烂种、烂秧的天气。在福建，倒春寒的标准规定如下：北部（南平、三明、宁德、福州、莆田、龙岩西北部、泉州西北部）3 月下旬日平均气温连续 5 d 以上不大于 12 ℃，或 4 月上旬日平均气温连续 4 d 以上不大于 12 ℃，均称倒春寒。若 3 月下旬或 4 月上旬有两次为期 3 d 不大于 12 ℃降温，其间隔不大于 2 d，也称倒春寒。南部（北部以外的其他地区）3 月中下旬日平均气温连续 4 d 以上不大于 12 ℃，或 4 月上旬日平均气温连续 3 d 以上不大于 12 ℃，均称倒春寒。

由于降雨量的大小也会影响春播进度，因此综合温度和降水两个因子，得到福建省春播春种农用天气预报模型（表 5.6）。夏季和秋季收晒主要考虑降水和日照的影响，根据福建省农业生产的实际情况，得到夏收和秋收的农用天气预报模型如表 5.7 所示，其中指标中的雨日主要为天气现象中出现小雨、中雨、大雨、暴雨等天气，不包括阵雨天气。

表 5.6 春播春种农用天气预报模型（杨凯 等，2014）

名称	预报时段	预报精度	预报模型
春播春种	2 月 21 日—4 月 10 日	3 d	1 级（适宜）：日平均气温不小于 12 ℃，且连续 3 d 无降水
			2 级（较适宜）：1 级与 3 级以外气象条件
			3 级（不适宜）：日平均气温不大于 10 ℃，或 3 d 中有两天降水为中雨级别

表 5.7 夏季、秋季收晒农用天气预报模型

名称	预报时段	预报精度	预报模型
夏季收晒	7月11日—8月10日	3 d	1级(适宜)：无雨日,总日照不小于 9 h
秋季收晒	9月11日—11月30日		2级(较适宜)：雨日 1 d,或无雨日,总日照小于 9 h
			3级(不适宜)：雨日不小于 2 d

(2)早稻抽穗开花期农用天气预报模型

水稻抽穗开花期是水稻产量形成的关键时期,也是对温度等环境因素最敏感的时期。极端高温可能会通过影响颖花发育、花粉育性、柱头活性和干物质转运,而导致穗粒数、结实率和千粒重的下降。水稻在抽穗前后 10 d 对高温最敏感,在此阶段最适宜的温度为 25～30 ℃。当日平均气温达 30 ℃以上,就会对器官和开花结实造成影响。抽穗扬花期如遇 35 ℃以上高温,会影响散粉和花粉管伸长,导致不能受精而形成空壳率。生产中通常以日平均气温高于 30 ℃,日最高温度高于 35 ℃为水稻抽穗扬花期热害指标。

降雨是影响水稻抽穗扬花的另一个主要气象因素,雨水过多,会影响水稻开花,同时日照不足,花粉发育不良,空秕率也将增加。因此,综合考虑温度、日照、降水等影响水稻抽穗开花的因子,最终得到福建省水稻抽穗开花期农用天气预报模型(表 5.8)。

表 5.8 早稻抽穗开花期农用天气预报模型

名称	预报时段	预报精度	预报模型
平均抽穗开花期	6月中旬—下旬	1 d	1级(适宜)：日平均气温 25～30 ℃,且日照不小于 6 h,日最高气温小于 35 ℃
			2级(较适宜)：1级与3级以外气象条件
			3级(不适宜)：日最高气温小于 35 ℃,或日平均气温小于 20 ℃,或降雨等级为中雨级别以上

(3)枇杷幼果期农用天气预报模型

福建省枇杷的花期主要集中在秋季至冬初,其冻害的临界温度指标为 -6 ℃,在此期间出现低于 -6 ℃的天气较为少见,因此确定枇杷幼果期的气象指标为主要的研究对象。福建省冻害一般发生在 12 月—翌年 2 月初,此阶段枇杷已疏花疏果完毕,此时的冻害将严重影响果实品质及产量,温度是枇杷能否作为经济栽培的主要限制因素。通过山坡地枇杷冻害试验和低温箱冻害试验确定枇杷的冻害等级指标与预报模型(表 5.9)。

表 5.9 枇杷幼果期农用天气预报模型

名称	预报时段	预报精度	预报模型
枇杷幼果期	12月—翌年2月	1 d	1级(适宜):日极端最低气温不小于3 ℃ 2级(较适宜):日极端最低气温小于3 ℃且不小于1.5 ℃ 3级(不适宜):日极端最低气温不小于1.5 ℃

(4)荔枝开花期农用天气预报模型

福建荔枝的开花期在3—4月,开花期天气以温暖为适宜。荔枝小花在10 ℃以上才开始开放,18～24 ℃开花最盛,29 ℃以上开花减少。花粉的发芽以20～28 ℃最适,在此温度范围内因品种而异,低于16 ℃或高于30 ℃花粉发芽率明显下降。22～27 ℃荔枝分泌花蜜最多,蜜蜂活动最适,利于传花授粉。花期日照过强,大气干燥,蒸发量大,花药易干枯,花蜜浓度大,影响授粉受精,造成花而不实。所以开花期最好是以晴天为主的晴间雨天。花期阴雨造成沤花,花而不实现象,同时昆虫活动少,影响传粉授粉。总之,盛花期温暖,光足,雨少,是荔枝收成好的年景。因此,综合考虑温度、日照、降水等影响荔枝开花的因子,最终得到福建省荔枝开花期农用天气预报模型(表5.10)。

表 5.10 荔枝开花期农用天气预报模型

名称	预报时段	预报精度	预报模型
荔枝开花期	3—4月	3 d	1级(适宜):日平均气温18～24 ℃,且日照不小于12 h,无雨日或1 d降水小于小雨等级 2级(较适宜):1级与3级以外气象条件 3级(不适宜):日最高气温不小于29 ℃,或日最低气温小于10 ℃,或出现中雨日数

5.3 大田农业气象预报实例

5.3.1 北方麦区的干热风预报

(1)干热风出现的天气形势

干热风是一种大型天气过程,它的出现常与当时的东亚大气环流演变密切相关。有利于干热风出现的500 hPa环流形势有两种类型。

一为蒙古高原东部气流有分支现象。北支在我国东北和俄罗斯远东地区形成一高脊,日本海形成一低槽;南支在我国沿海形成一平阔低槽。两支气流常在低槽东部汇合。

二为我国西部边境是一高脊,亚洲近海是一低槽。此外,在阿尔泰山东麓还有一个由偏西和西北气流构成的小槽,我国华北地区有明显的暖平流,详见图5.1。

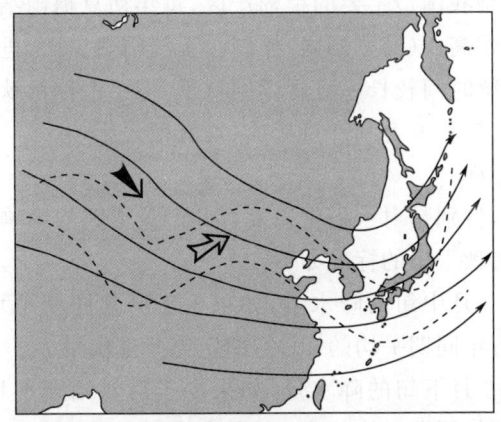

图5.1 第二型干热风500 hPa形势示意

两种形势的温度场,在我国东部均为北高南低。南方的温度槽系蒙古冷高压南下后留下来的冷空气所形成;北方的温度脊乃冷高压南下后从中亚及西藏高原移来的暖平流的反映。

地面形势尽管有东南高西北低、东高西低、南高北低以及东北低压等4种类型,但其共同特点都是形成西南—东北向或西—东向的梯度风。

在上述高空和地面形势出现的情况下,如果华北和黄淮平原地区原来晴旱少雨、地面干燥,就非常容易出现干热风天气,有时甚至持续5~7 d以上,形成明显而强烈的干热风天气过程。直到北方有较强的冷空气南下,破坏了上述高空和地面形势,干热风天气过程方告结束。

(2)干热风预报的着眼点

①北方冷空气的南下活动。每当北方冷空气南下活动时,就会形成东南高西北低、南高北低和东高西低等有利于干热风形成和出现的地面气压场形势。

②华北上空温度脊的形成。华北上空一旦形成温度脊,就会出现较强的暖平流,促使地面升温和低压的生成与发展,而华北地面低压的生成与发展,反过来又促进长江流域高压的稳定,使黄淮平原地区的干热风天气持续时间更长。

③冷气团的变性。当冷高压在蒙古高原时,它是由干冷的极地大陆气团所组成的,尽管湿度较小,但温度也低。当南下到达黄淮平原以南时,冷高压南缘由于降水或吸收水分,相对湿度增大,冷高压后部则随着华北地区温度升高,湿度下降,形成干热的变性冷气团,这种干热的变性冷气团常常加剧干热风的强度。

5.3.2 长江中下游地区的伏秋干旱预报

长江中下游地区是我国最主要的粮棉产区,每年初夏梅雨结束以后,全地区即转受单一的太平洋副热带高压(简称副高)控制。天气晴热少雨,进入盛夏季节,经常出现伏旱。有时伏旱持续时间较长一直延续到秋季 9 月,俗称伏秋连旱,对中稻、晚稻、棉花、玉米等秋熟作物生长发育和产量形成,均有很大影响。

(1)伏秋干旱的标准

根据对农业生产,特别是对水稻生长发育和产量形成的影响出发,考虑到季节和主要天气系统,确定伏秋干旱的标准如下。

伏旱:7月中旬—8月中旬的降水量,如果少于历年同期平均降水量的 80%,即定为轻度伏旱;少于历年同期平均的 50%,即定为严重伏旱。

秋旱:8月下旬—9月下旬的降水量,如果少于历年同期平均降水量的 80%,即定为轻度秋旱;少于历年同期平均的 50%,即定为严重秋旱。

(2)伏秋干旱出现的天气形势

梅雨将结束,进入盛夏以前,500 hPa 西风带为经向环流,乌拉尔山有一阻塞高压,贝加尔湖附近有一切断低压。华北和长江中下游地区为低槽控制。这时,副高中心在日本附近,正不断加强,详见图 5.2。当梅雨结束时,副高就开始西伸北进,很快控制整个长江流域和华南广大地区。

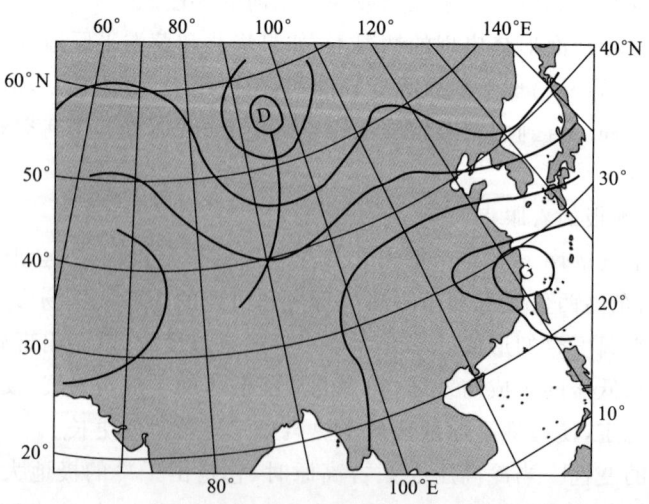

图 5.2 伏旱开始前的天气形势

在 7 月中旬—8 月中旬的盛夏季节副高稳定控制期间,副高脊线在 30°N 附近,588 dagpm 线伸过 110°E,西风带北移到 40°N 以北,环流平直。尽管副高有时也有增强或减弱,南北和东西位置可能稍许摆动,但总的来说是比较稳定的。由于副高稳定控制,天气晴热少雨,致使长江中下游地区呈现伏旱。

一般正常情况下,从 8 月下旬起,随着太阳位置南移,副高势力开始逐渐减弱南撤东退,副高西北侧边缘的锋面雨带移来,秋风秋雨季节开始,伏旱结束。但是,有的年份由于副高势力太强,可持续稳定控制到 9 月中下旬,或者副高势力虽然减弱南撤东退到日本南部,但新疆暖脊发展东移,长江中下游地区受新疆暖脊前部西北气流控制,仍然是晴旱少雨天气。这两种情况均可造成长江中下游地区的秋旱,形成伏秋连旱。

总之,长江中下游地区 7—8 月的伏旱主要是由于太平洋副高势力强盛,稳定控制而造成的;9 月的秋旱,或者是由于副高势力太强,持续稳定控制;或者是由于新疆暖脊发展东移控制而造成的。

(3) 伏秋干旱预报的着眼点

在伏秋干旱开始以前,着重分析日本附近的副高中心势力加强和副高脊的西伸北进,当副高中心势力显著加强,副高脊线开始西伸北进时,即可预报长江中下游地区的伏旱将开始。

在伏秋干旱已经开始和持续期间,着重分析 500 hPa 天气图上副高势力的消长动向。

①当副高西部出现 $+\Delta H_{24}$ 时,则预兆副高势力将加强、西伸北进,伏秋干旱将持续或加剧;反之,副高势力将减弱、南撤东退,伏秋干旱将结束或缓和。

②当暖中心出现在副高中心的北侧时,则预兆副高势力将加强、西伸北进,伏秋干旱将持续或加剧;反之,副高势力将减弱、南撤东退,伏秋干旱将结束或缓和。

③当副高跳跃至较高纬度与副高脊的位置偏离较远时,则尽管没有西来低槽强烈发展,副高势力也会很快减弱、南撤东退,预兆伏秋干旱将缓和。

④当副高脊向 $+\Delta T_{24}$ 区伸展时,副高中心也将随着向 $+\Delta T_{24}$ 中心移动。若副高区内温度少变,则预兆副高势力将相对稳定,伏秋干旱将持续;若副高区内有明显的 $+\Delta T_{24}$,则预兆它将在原地加强,伏秋干旱将加剧;若副高区内有明显的 $-\Delta T_{24}$,则预兆它将在原地减弱,伏秋干旱将缓和。

⑤副高势力加强西伸北进前,对流层上层 300 hPa 或 200 hPa 中的 $+\Delta H_{24}$ 通常比中下层出现早,强度也较大;副高势力减弱南撤东退前,对流层上层中的 $-\Delta H_{24}$ 通常也比中下层出现早,强度也较大。同时,副高在西伸北进或南撤东退前,对流层顶的升降 $\pm\Delta H_{24}$ 也比中下层的 $\pm\Delta H_{24}$ 出现早。所以,对预测副高未来动态来说,注意上层形势的变化是十分重要的。

⑥当副高势力减弱南撤东退时,如配合有较强的西风槽或台风移到它的西南方向并继续北上,则将有较大降水,预兆伏秋干旱将解除。

具体预报时,必须注意与副高周围的影响系统密切结合,综合作出正确判断。

5.3.3 春播育秧期间有利和不利时段的单站气象要素演变预报

春播育秧期间的有利和不利天气时段,即"连续晴暖"和"连续低温阴雨"天气过程,是春播预报服务的主要课题。"一日春霜三日雨,三日不雨九日晴"等经验,反映了"春暖"与"春寒"的辩证关系。普查单站历史气象资料和分析历年春播育秧期间的天气演变过程发现,低温连阴雨和连晴回暖天气过程往往是互相交替的,反映在气温变化上则存在着一起一伏的特点,即一定的高温晴天后,常有连续的低温阴雨天气出现;而连续的低温阴雨天气后,又必然出现晴天回暖。这种暖—冷—暖的相互转化规律,是冷暖空气相互对立的结果。因此抓住冷暖空气活动,设法找出"春暖"与"春寒"相互转化的条件和依据,就为解决上述春播预报服务课题提供了途径。

(1)春播不利天气时段—连续低温阴雨天气过程的预报

①制作寻找"春暖"和连续低温阴雨天气过程关系的工具

(a)把历年春播育秧期间逐日平均气温点绘成曲线图,见图5.3。

(b)求出历年春育秧期间逐日平均最高气温点并绘到图中,作为指标界线使用。

(c)把逐日降水量、日照时数及重要天气现象都填上,作为分析春暖和低温阴雨天气过程的参考。

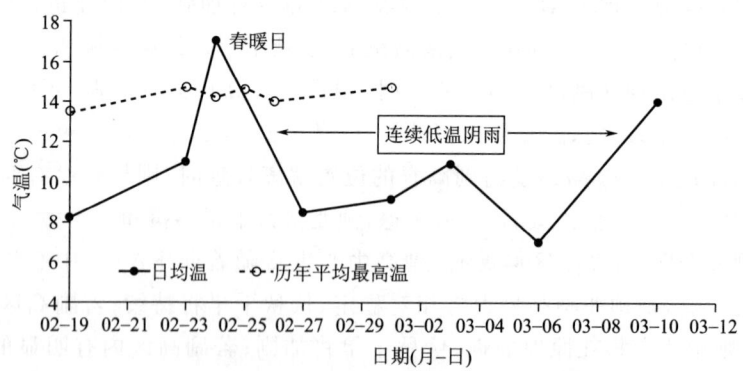

图5.3 "春暖"与未来连续低温阴雨天气过程

②分析寻找预报指标

事物的发展总是从量变到质变的。当事物的运动处在第一种状态的时候,它只有数量的变化,没有性质的变化;当事物的运动处在第二种状态的时候,它就已经由第一种状态的数量变化达到了某一个最高点,引起了统一物的分解,发生了性质的变化。因此,分析寻找预报指标时,必须设法找到由量变到质变的最高点。

从天气分析经验看,"春暖"常常是冷空气来临的前兆。所以,首先应找出什么样的"春暖",未来才有冷空气的影响?利用上述工具分析发现:当日平均气温曲线上升到超过平均最高气温曲线,且当天日照时数≥7 h,天气变化就由量变到质变,开始出现低温连阴雨天气过程。取最高值点为"春暖日",作为预报低温连阴雨天气过程指标。历史资料中共出现22次"春暖日"指标,未来3 d内都有降温≥5 ℃的冷空气影响。但是,并不是每次冷空气影响,都会出现≥5 d的连续低温阴雨天气过程而造成烂种烂秧的,所以还需要进一步分析什么样的"春暖",造成什么样的"春寒"这一问题。"春暖"强弱能反映未来"春寒"强弱。例如:

(a)当"春暖日"平均气温<20 ℃时,未来将有≥5 d的连续低温阴雨天气过程出现,概率达87%,这说明前期春暖较弱,后期春寒就强,称为"弱暖强冷"型。

(b)"春暖日"平均气温≥20 ℃时,未来没有或只有<3 d的低温阴雨天气出现,概率达100%,这说明前期春暖较强,后期春寒就弱,称为"强暖不冷"型。

(2)春播有利天气时段—连续晴暖天气过程的预报

春播预报服务关心的重点问题是:当连续低温阴雨(即"春寒")天气过程出现后,什么时候可以转晴回暖有利于春播?以及转晴回暖到有利于春播后又能够维持多久?

①制作寻找"春暖"与春播有利天气时段关系的工具

在上述"春暖"与连续低温阴雨天气过程关系图上找出一条10 ℃线,作为确定"春寒"的界线,把日平均气温降到0 ℃以下定为"春寒",把低于10 ℃的温度谷点定为"春寒日",见图5.4。

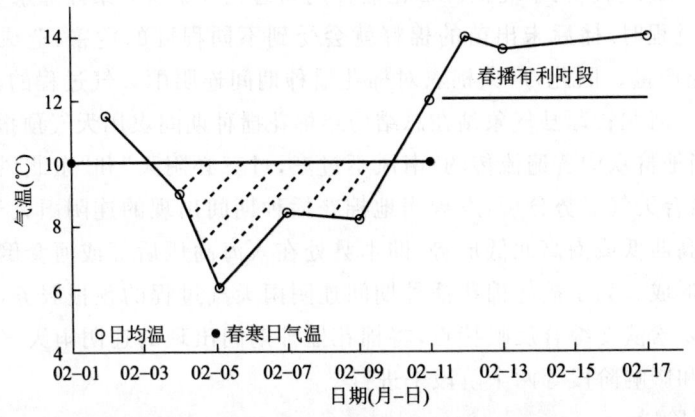

图5.4 "春寒"与春播有利天气时段的关系

②分析寻找预报指标

分析发现,春寒强度和春播有利天气过程(指日平均气温>10 ℃)的开始日期有密切关系,大体可分为3种类型。

(a)6~8 d型:即当"春寒日"平均气温<7.5 ℃时,春播有利时段开始于"春寒日"后的6~8 d,历史概率为93%。

(b)4~6 d型:即当"春寒日"平均气温在7.5~8.5 ℃时,春播有利天气时段开始于"春寒日"后的4~6 d,历史概率为100%。

(c)1~3 d型:即当"春寒日"平均气温在8.6~9.9 ℃时,春播有利天气时段开始于"春寒日"后的1~3 d,历史概率为95%。

当"春寒日"出现以后,就可以及时预报出未来几天以后将转晴回暖,出现春播有利天气时段,便于农业部门能够抓住"冷尾暖头"有利时机抢晴播种,避免烂种烂秧和催芽过头等现象发生。春播有利天气时段出现以后能够维持多久?分析发现:它与入侵冷空气的强度I(指冷空气入侵前后日平均气温曲线从峰点到谷点之间的降温值)有密切关系,大体也可分为3种类型,即:

(a)长期稳定型:当入侵冷空气强度I>9.0 ℃时,则转晴回暖后将长期稳定在12 ℃以上,未来不会再有连续低温阴雨天气过程出现,历史概率为100%。

(b)10 d以上稳定型:当入侵冷空气强度I=5.0~9.0 ℃时,则转晴回暖后能够稳定维持10 d以上,历史概率为100%。

(c)5~10 d稳定型:当入侵冷空气强度I<5.0 ℃时,则转晴回暖后将能稳定维持5~10 d,历史概率为100%。

5.3.4 华北棉区棉花播种期间连阴雨天气过程的单站模式指标预报

历年生产实践表明:华北棉区棉花播种期间遇到3 d以上累计降水量>5 mm的连阴雨天气过程时,播后未出苗的棉籽就会受到不同程度的危害,造成缺苗断垅现象,影响棉花产量。因此,广大棉农对棉花播种期间连阴雨天气过程的预报服务,要求十分迫切。河北省涿县气象站在总结历年棉花播种期间农用天气预报服务经验基础上,根据当地群众中普遍流传的"南风不过三,过三必阴天"和"东北风,雨祖宗"等天气谚语,结合天气形势分析,发现当地棉花播种期间出现的连阴雨天气过程,大都在较强的东高西低或南高北低形势,即本县处在入海高压后部或河套倒槽前部的回流影响下所形成。为了搞好棉花播种期间连阴雨天气过程的预报服务,运用本站和指标站气象要素演变综合反映特点,将棉花播种期间出现的连阴雨天气过程预报分为特征阶段和影响阶段等两个阶段来进行。

(1)特征阶段

特征阶段指连阴雨天气过程出现以前本站与指标站气象要素演变出现特殊征兆的阶段。主要确定未来有无连阴雨天气过程,连阴雨天气过程的强度及其开始日期。

①预报未来有无连阴雨天气过程的模式指标

(a)本站气象要素演变特征:根据历年资料,在连阴雨天气过程出现之前,本站

14时气压距平曲线图上有一个较强的气压峰,这个较强的气压峰与其前部气压谷的气压差>20.0 hPa;同时,两个相邻气压峰的间隔日数>4 d。但是,具备这两个条件并不一定都有连阴雨天气过程出现,其原因是与高压移动路径有关。经普查得知,凡高压自偏北路径移过本站,其后均有连阴雨天气过程出现;转高压自偏西路径扫过本站,则未来均无连阴雨天气过程出现。

(b)指标站气象要素演变特征:为了辨别本站出现的气压峰究竟是属于偏北路径还是属于偏西路径,因此选用14时锦州减银川气压差作为判据。银川在该县西部,系河套倒槽的发源地或必经之路,锦州在该县东北,系回流影响的前哨。这两个指标站的气压差能够说明本站所处气压场和出现的气压峰的属性。当锦州减银川的气压差>+1.0 hPa时,说明本站为偏北路径;反之,为偏西路径。

综合上述,可得出预报未来有无连阴雨天气过程的模式指标如下。

(a)本站14时气压距平曲线上,从低压谷到高压峰的气压差>20.0 hPa。

(b)相邻两高压峰的间隔日数>4 d。

(c)高压峰当天14时锦州减银川的气压差>+1.0 hPa,详见图5.5。

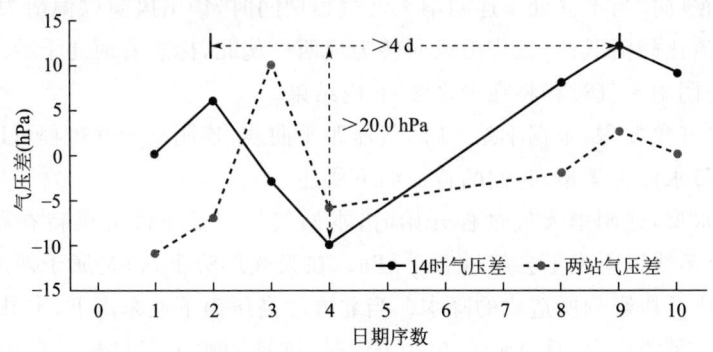

图5.5 棉花播种期间有无连阴雨天气过程的预报模式

②预报连阴雨天气过程强度的模式指标

在确定预报未来将有连阴雨天气过程出现的前提下,仔细分析历史个例发现,当14时锦州与银川的气压差值越大,相邻两个气压峰间隔日数越长时,则未来出现的连阴雨天气过程强度将越大,持续时间也越长。当14时锦州减银川的气压差值>5.0 hPa,相邻两个气压峰间隔日数>7 d时,则未来出现的连阴雨天气过程将持续5 d以上。

③预报连阴雨天气过程开始日期的模式指标

凡符合未来将有连阴雨天气过程出现指标条件的,则从气压峰点开始下降的第一天作为连阴雨天气过程的起报日,相邻两气压峰的间隔日数可以作为从起报日到连阴雨天气过程开始日间隔日数的近似值。例如4月12日为起报日,相邻两气压峰的间隔日数为4 d,预报未来连阴雨天气过程开始的近似日期为4月16日。考虑到连阴雨天气过程的开始日期尚与高压峰点的数值高低有关,故用相邻两气压峰间隔日数和高压峰点距平值作点聚图,以图中的数值作为连阴雨天气过程开始日期的订正值。将订正值对近似值日期进行订正后,即为正式预报的未来连阴雨天气过程开始日期。本例订正值为1,故预报未来连阴雨天气过程开始日期为4月17日,实况亦为4月17日。

(2)影响阶段

影响阶段指连阴雨天气过程开始—结束的阶段。主要预报未来24 h内的降水量和连阴雨天气过程的结束日期。

①预报未来24 h内降水量多少的模式指标

用本站14时气压距平值和14时锦州减银川的气压差作点聚图。当本站14时气压距平值在+5.0~10.0 hPa之间时,若14时锦州减银川的气压差>+10.0 hPa,则未来24 h内的降水量将>10.0 mm;若14时锦州减银川的气压差<-3.0 hPa,则未来24 h内一般无雨。

②预报连阴雨天气过程结束的模式指标

(a)华山风向:当本县处于连阴雨天气过程期间时,华山风向以偏南为主,标志着西南暖湿气流比较活跃;一旦华山风向转为偏西—偏北,标志着西北干冷气流开始活跃,则本县连阴雨天气过程将在未来24 h内结束。

(b)本站气象要素:根据本站14时气压距平曲线,连阴雨天气过程可以分为低压降水和高压降水两种类型,它们的特征如下所述。

低压降水型:连阴雨天气过程开始时,本站气压明显下降并维持在距平零线以下,偶尔升至零线以上也不会超过2.0 hPa。在天气形势上,这是属于西来高空槽配合地面倒槽或低压影响所造成的降水。当北方冷高压南下或东南下,本站14时气压距平线陡升至零线以上,且$\Delta p_{24} \geqslant 5.0$ hPa时,则连阴雨天气过程将在未来24 h内结束。

高压降水型:连阴雨天气过程开始时,本站气压迅速上升,并在距平线以上维持。天气形势以强回流锢囚为主,渤海以东为强入海高压,本县受其西伸的强高压脊控制,有时锢囚消失又有新的冷空气下来,造成较长时间的连阴雨天气过程。当海上高压迅速东撤,东高西低形势减弱或破坏,本站气压突然猛降,且$\Delta p_{24} \leqslant -5.0$ hPa时,则连阴雨天气过程将在未来24 h内结束。

5.3.5 秋收秋种季节连阴雨天气过程的单站分析预报

秋收秋种季节的连阴雨天气过程,即前面提到的秋风秋雨天气,既影响水稻、棉花等秋熟作物的丰产稳产,也延误三麦等秋播作物的适时播种。因此,做好秋收秋种季节连阴雨天气过程的预报服务,是保障秋收秋种顺利进行,夺取农业丰产丰收的重要课题。

(1) 预报思路

秋收秋种季节连阴雨天气过程的形成和出现,既有它的天气原因,也有它的气候背景。从天气气候分析入手,设法区分不同天气原因和气候背景所形成的连阴雨天气过程的特点,从中提取出规律性的东西,并归纳成定量的指标,以用于未来的预报。

(2) 天气气候分析

秋收秋种季节连阴雨天气过程的主要特征是阴雨连绵,降水持续。这说明处于过渡季节的秋天,在冷暖空气都很活跃的情况下,只有冷暖空气矛盾的双方势均力敌处于僵持阶段方能形成秋收秋种季节的连阴雨天气过程。仔细分析每次连阴雨天气演变的前后全过程,大致都可以分为预兆、酝酿、形成和结束等4个阶段。对于预报来说,主要是探求它的前期征兆,即应抓住预兆和酝酿阶段。

从本地普遍流行的"久晴必久雨"和"秋热是雨节"等天气谚语中可以得到以下启发:所谓"久晴""秋热"都是表示在单一气团持续控制下的天气,它预示着未来冷空气进退将达僵持状态,从而使本地产生连阴雨天气过程。

当本地处于变性冷高压较长时期控制下时,天气晴好无雨,气温较低,气压 p 多为正距平 $[\Delta p=(p_{日平均}-p_{历年同期旬平均})>0]$,气温 T 多为负距平 $[\Delta T=(T_{日平均}-T_{历年同期旬平均})<0]$,故 $\Delta p-\Delta T>0$。从天气形势看,原为北高南低,当北方冷高压东移入海加强副高的经向发展后,转为东高西低。这时本地位于高压后部或华西倒槽前部,在这种环流系统影响下,温度湿度逐渐升高,给连阴雨天气过程准备了丰沛的水汽条件。当北方冷空气再一次南下时,就与原来的南方暖空气交绥僵持,从而造成了连阴雨天气过程。这与谚语"久晴必久雨"的说法相一致。

当本地在较长一段时间里,由于冷空气势力较弱,暖空气势力较强,且较活跃,云系多变,气压较低,温度较高,湿度较大,气压多为负距平($\Delta p<0$),气温多为正距平($\Delta T>0$),故 $\Delta p-\Delta T<0$。天气呈现"秋热"的特征,水汽条件也充分具备。当冷空气再度开始活跃,不断入侵时,也会与原来的暖空气僵持而造成连阴雨天气过程。

以上分析表明:在"久晴"时段内本站气象要素的演变特征是持续出现 $\Delta p-\Delta T>0$;在"秋热"时段内本站气象要素的演变特征是持续出现 $\Delta p-\Delta T<0$。这就提醒我们可以从"久晴"($\Delta p-\Delta T>0$)和"秋热"($\Delta p-\Delta T<0$)两方面入手去寻找归纳预报未来连阴雨天气过程的指标。由"久晴"转连阴雨,称为久晴类,简称A类;由"秋热"转连阴雨,称为秋热类,简称B类。

(3) 预报指标

① 资料整理

将本站历年秋收秋种季节的逐日气象资料,计算出 Δp、ΔT,并令 $M=\Delta p-\Delta T$,我们称 M 为冷暖空气强度值,将逐日 M 值及雨量点绘在同一张图上,再根据上述连阴雨天气过程的前期特征进行分类找指标。

②连阴雨天气过程的预报指标

从统计中得到：$M=\Delta p-\Delta T$ 的持续正值或负值可以表达前期天气特征。

A 类（久晴类）："久晴"特征是 M 为持续正值。

(a)确定未来有连阴雨天气过程的条件

(i)$M>0.0$，且持续长度 $L\geq 4$ d。

(ii)在持续 L 天内无≥ 0.1 mm 的雨日。

(b)连阴雨天气过程开始的时间

以 M 持续>0 的终日作为起报日，起报日后相当于 L（即 $M>0$ 的持续天数）天前后开始出现连阴雨。

(c)连阴雨天气过程的长度与总雨量

用久晴长度 N 与 M 最大值制作点聚图，分别确定连阴雨天气过程的长度与总雨量，见图 5.6 和图 5.7。

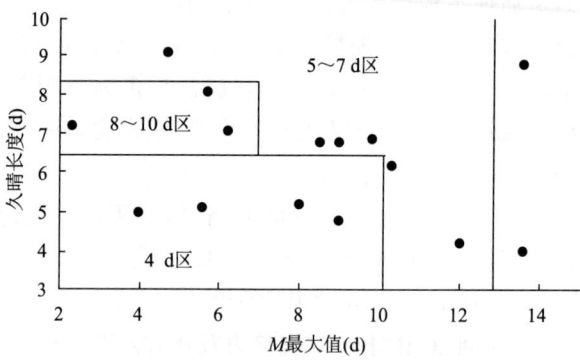

图 5.6　久晴类连阴雨天气过程的长度

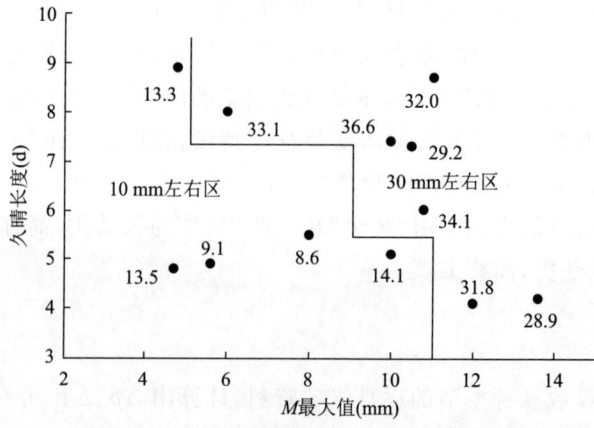

图 5.7　久晴类连阴雨天气过程的总雨量

B类(秋热类):"秋热"特征是 M 为持续负值。

(a)确定未来有连阴雨天气过程的条件

(i)$M<0.0$,且持续长度 $L \geqslant 6$ d(其中只允许 $1.0 \leqslant M \leqslant 10.0$)。

(ii)在持续 L 为 1~5 d 内,M 最小值$\leqslant -5.0$,ΔM 最小值$\leqslant -4.0$($\Delta M = M_{t+1} - M_t$)。

(b)连阴雨天气过程开始的时间

以 M 持续 <0 的第 6 d 作为起报日,起报日后 6 d 左右开始出现连阴雨。

(c)连阴雨天气过程的长度与总雨量

同样,用秋热 M 最小值与 ΔM 最小值制作点聚图,分别确定连阴雨天气过程的长度和总雨量。

5.4 设施农业与温室气象预报

5.4.1 开展预报基础

目前一些相关单位已经开展了设施农业与温室大棚气象预报工作,涉及设施农业气象预报、温室大棚灾害天气预警、温室内气象要素推算与预报等(陈怀亮 等,2014)。

设施农业气象要素监测是进行设施农业气象预报的基础。监测气象要素包括实时与非实时温度、湿度、太阳辐射、风向、风速及降水等。除了分析大棚内外气象要素的变化规律以及它们之间的相互关系,还要分析设施农业与当地气候资源的关系,研究设施作物的生长气象指标及灾害发生临界指标,获得设施农业生产管理气象信息等。利用气象台天气预报的结果,结合栽培作物实时生长发育所需气象条件及灾害发生指标,进行设施农业与温室大棚气象预报。

5.4.2 天气条件预报

5.4.2.1 统计回归预报模式

开展日光温室内最高和最低气温预报对温室生产管理、室内小气候调控有重要的指导意义,也是防御设施农业低温冷害和高温热害的重要措施之一。通过构建包含天气类型和季节因素信息的组合因子,可建立日光温室室内最高气温和最低气温的预报模型。

徐州市气象局对三面墙一面坡的日光温室进行了观测分析,得到次日日光温室室内最低气温预报模式(张仁祖 等,2019):

$$Y = 1.092 + 0.504x_1 + 0.434x_2$$

式中,Y 为次日日光温室室内最低气温,x_1 为当日 17:00 室内地温,x_2 为次日室外最低气温,用气象台预报值。模型的物理意义明确,次日早晨的室内最低气温主要受盖苫前后的日光温室热存量和外源降温影响。方程 R^2 为 0.959,通过 0.01 显著性检验。

日光温室内最高气温对温室内作物也有很大的影响。特别是春季和秋季的晴好天气,午前升温快,室内气温迅速攀升至 35 ℃以上,此时如果不能及时通风透气,可能对室内作物造成日灼伤害或高温热害,是日光温室管理中仅次于低温寡照的气象灾害。类似地,得到次日日光温室室内最高气温预报模式:

$$Y = 7.006 + 3.040 x_1 + 0.491 x_2$$

式中,Y 为次日日光温室室内最高气温,x_1 为当日 17:00 室内地温,x_2 为次日太阳辐射强弱因子,用气象台 08:00、11:00、14:00 室外总云量和低云量预报值求算。方程说明,次日室内最高气温主要受盖苫前后的日光温室热存量和次日的天气类型影响。

5.4.2.2 基于能量平衡方程的温室气象条件预报

在监测温室内外天气要素资料基础上,可以运用能量平衡或质量平衡方法对塑料温室或日光温室的光、热、水环境进行数值模拟,进行温室内小气候要素预测。下面以沈阳农业大学牟双(2018)利用室内外空气温度与能量(CMT)平衡模型,对室内气温变化趋势进行预测为例说明。

试验期间温室处于半封闭状态,室内种植番茄、无加热及强制降温。试验阶段只有中午高温时段温室顶窗开启与外界进行空气交换,因此忽略植物蒸腾作用、温室地面土壤蒸发及空气热对流对室内温度造成的影响。在此分析的基础上将温室内部的空气看作由太阳辐射能、温室覆盖面与外界空气进行对流产生的对流换热能以及温室内部空气与地面、保护层等进行辐射换热产生的热量及土壤传导热能综合作用而得到的。

在通风调控室内气温期间,将前面所分析的使室内气温升高的能量与室内气温之间的关系可用 $Q_{in} = CMT$ 来表示,同时将通过通风口进入到室内的室外冷空气看成一个整体,其具备的能量与室外温度之间的关系可用 $Q_{out} = CMT$ 来表示。根据以上分析,建立关于室内外冷热空气的 CMT 能量平衡模型来提前通风调控室内气温,避免高温危害。在一定温室体积下,该能量平衡方程可以表示为如下形式:

$$Q_{in} = Q_{out}$$

该式可进一步表达成如下形式:

$$C_{in} \rho_{in} V (T_{in} - T) = C_{out} \rho_{out} Svt (T - T_{out})$$

式中,C_{in} 为温室内部空气的比热容(J·kg^{-1}·℃$^{-1}$),ρ_{in} 为温室内部空气的密度(kg·m^{-3}),C_{out} 为温室外部空气的比热容(J·kg^{-1}·℃$^{-1}$),ρ_{out} 为温室外部空气的密度(kg·m^{-3}),V 为温室的体积(m^3),S 为温室通风口处的面积(m^2),T_{out} 为室外空气的实测温度(℃),T_{in} 为预测出的室内空气温度(℃),T 为理想状态下的室内空气温度(℃),v 为通过通风口处的室外风速(m·s^{-1}),t 为室内空气温度变化到理想温度时所需的时间(min)。

(1)依实测气温验证气温调控模型

以试验日期2018年1月5日、1月6日为例,依据温室内实测气温对室内太阳辐射与室外空气能量平衡模型调控结果进行验证。中午时段室内实测气温经CMT能量平衡模型调控至28 ℃左右后,将此时C_{in}、ρ_{in}、C_{out}、ρ_{out}、V、T_{out}、T_{in}、T、v测量值代入到室内净太阳辐射与室外空气能量平衡模型中,求出室内实测气温维持稳定在28 ℃左右时,温室通风口的面积S。比较不同外界环境条件下稳定气温在28 ℃时的通风口的面积S及持续时间t。

表5.11—表5.12列出了1月5日、1月6日每次不同环境条件下调控室内实测气温稳定在28 ℃左右时,通风口面积的变化情况。由表可以看出,该气温调控能量平衡模型维持气温稳定在28 ℃最长时间达17 min,最短时间仅3 min。通风口面积与通风口处风速、室内外温差、室内太阳辐射能存在一定相关性,在室内太阳辐射能、室内外温差为一定值的情况下,通风口处的室外风速越大,通风口的面积越小,当通风口处室外风速、室外温度为一定值的情况下,室内太阳辐射能越大,通风口的面积越大。所以,温室内气温的升降是由室内太阳辐射能、室外风速、室内外温度差等因素共同决定的,且室内太阳辐射能与室外风速、室内外温差建立起来的控温模型对气温调控起到一定作用,然而通风口处的室外风速处于不断变化,且其变化无规律,因此用于模型计算的初始风速值不能代表整个温度调控阶段的平均风速值,进而使温度调控模型每次对气温的调控只能稳定一段时间。

表5.11　1月5日通风口径面积变化表(牟双,2018)

风速(m·s^{-1})	通风口面积(m^2)	维持时间(min)	辐射能(W·m^{-2})	室外温度(℃)
0.55	1/6	3.0	109.00	−8
0.80	1/7	3.5	98.85	−8
0.65	1/7	4.0	94.75	−8

表5.12　1月6日通风口径面积变化表(牟双,2018)

风速(m·s^{-1})	通风口面积(m^2)	维持时间(min)	辐射能(W·m^{-2})	室外温度(℃)
0.45	1/6	5	96.50	−10
0.25	1/3	8	113.00	−9
0.45	1/4	5	168.50	−8
0.55	1/4	3	158.75	−8
0.65	1/6	17	123.62	−7
0.45	1/4		129.62	−8
0.55	1/6	15	101.87	−8

(2)依预测气温验证气温调控模型

以 2018 年 1 月 5 日、1 月 6 日、1 月 9 日及 1 月 12 日为试验日期,依据温室内预测气温对室内太阳辐射与室外空气能量平衡模型调控结果进行验证。中午时段室内预测气温经 CMT 能量平衡模型调控至 28 ℃ 左右后,将此时 C_{in}、ρ_{in}、C_{out}、ρ_{out}、V、T_{out}、T_{in}、T、v 测量值代入到室内太阳辐射与室外空气能量平衡模型中,求出室内预测气温维持稳定在 28 ℃ 左右时,温室通风口的面积 S。比较不同外界环境条件下稳定气温在 28 ℃ 时的通风口的面积 S 及持续时间 t。

试验期间每次通风调控气温后室内实测气温数据与预测气温数据见表 5.13。由表可以看出在 2018 年 1 月 5 日、1 月 6 日、1 月 9 日及 1 月 12 日试验日期内,每次通风气温调控后,当室内实测气温调控至理想温度 28 ℃ 左右时,预测气温仍高于 28 ℃,表中实测气温与预测气温的最大差值为 0.77 ℃,最小差值为 0.38 ℃,平均差值为 0.53 ℃。如果气温调控试验中将预测气温作为调控依据,在通风过程中预测气温达 28 ℃ 时,实测气温已经低于 28 ℃,进而能量平衡模型调控后的室内气温无法稳定在 28 ℃ 左右,试验误差较大,影响研究结果。

表 5.13　通风调控后室内实测气温与预测气温(℃)比较(牟双,2018)

日期	第一次通风		第二次通风		第三次通风	
	实测气温	预测气温	实测气温	预测气温	实测气温	预测气温
1 月 5 日	28.01	28.50	27.98	28.64		
1 月 6 日	28.11	28.49	28.05	28.41		
1 月 9 日	28.04	28.51	27.80	28.40	28.14	28.68
1 月 12 日	28.29	28.82	28.08	28.85		

5.4.2.3　设施农业气象灾害预测

气候环境对日光温室的作用,主要是外界大气候和日光温室内小气候对作物生长发育产生影响。温室内气候是可以通过调控手段进行调节,而室外大气候的影响只能通过气候区划来合理布局日光温室,以趋利避害。

一方面设施内作物生长发育和产品形成受到强降温、连阴天、低温寡照、久阴骤晴和高温、灾害发生强度、灾害持续时间等影响。例如,冬季海口单层塑料西瓜大棚内外气象资料、相关生长指标与后期产量资料收集,选取最低气温、最大降温幅度和持续天数为致灾因子,构建了海南棚栽西瓜低温寡照气象灾害等级指标体系(表 5.14),并结合减产率将低温寡照灾害等级划分为轻度、中度、重度 3 个级别。

表 5.14 海口冬季棚栽西瓜低温寡照灾害等级指标体系(侯伟 等,2015)

级别	综合指标	环境条件	减产率(%)
0级(无)	小于−2.6	A≥15	0
1级(轻)	−2.6~0.7	10<A<15;B≤3;5<C<9	20
2级(中)	0.7~2.2	8<A<13;B≤4;9<C<12	36
3级(重)	大于2.2	7<A<12;B≤5;C>12	44

注：A 为极端最低气温(℃),B 为最大降温幅度(℃),C 为持续天数(d)。

另一方面,温室设施本身受到的外界气象灾害,主要是造成农业设施机械损失和物理损伤的大风、暴雨(雪)和冰雹等。陈妮娜等(2013)对 2000—2011 年辽宁省气象观测资料以及设施农业受灾资料进行了分析,探讨了辽宁省设施农业大风、暴雪致灾指标(表 5.15)。

表 5.15 辽宁省设施农业大风、暴雪致灾指标(陈妮娜 等,2013)

受灾程度	平均风力	积雪深度(cm)
轻度	6~7 级	6~9
中度	8~9 级	10~20
重度	10 级以上	大于 21

其中日积雪增量与气象要素预报指标日最低气温、日最高气温、日降水量等有较密切关系。湖南省积雪深度关系式为(汪天颖 等,2019)：

$$\Delta SD = -2.428 - 0.224 T_{min} - 0.365 T_{max} + 0.685 R$$

式中,ΔSD 为日积雪增量(mm),T_{min} 为日最低气温 (℃),T_{max} 为日最高气温(℃),R 为日降水量(mm)。

日光温室（暖棚）与塑料大棚（冷棚）存在大风、积雪深度承受临界值。超过临界值,设施大棚倒塌、损坏的可能性明显增大。当平均风力达到 6~7 级或积雪深度达到 6~9 cm 时,设施农业轻度受灾,冷棚受灾可能性较大。此时应注意检查大棚的地锚、压膜线是否牢固,用土将棚膜底脚压实、压严,防止撕裂;注意合好风口,不留缝隙;注意清理积雪。

当平均风力达到 8~9 级或积雪深度达到 10~20 cm 时,设施农业中度受灾,冷棚受灾的可能性很大,暖棚受灾的可能性较大。此时应注意及时用土压实日光温室、大棚棚膜底脚,不留缝隙;防止撕裂;做好日光温室、大棚加固、压紧棚膜等防御工作,及时清理积雪;加强设施农作物管理,适时浇水施肥,促进植株生长。

当平均风力达到 10 级以上或积雪深度达到 21 cm 以上时,设施农业重度受灾,冷棚受灾的可能性极大,暖棚受灾的可能性很大。此时应注意加固日光温室、大棚的棚体、草帘、地锚等设施;立即清理积雪。

现有的设施作物气象灾害预警主要包括以下方式:①根据实时观测数据和灾害指标判别其是否达到灾害标准,从而发出警报。②在实时监测数据的支持下,结合气象台天气预报结果来进行低温灾害预警(陈思宁 等,2014)。③根据温室大棚气象隶属灾害统计标准,进行风险等级预估。例如,利用投影寻踪的方法,综合考虑了气温、光照、降水、风速等主要气象因素,根据设施农业低温、寡照等灾害方面的指标,建立了我国南方塑料大棚气象灾害的风险等级评价模型,计算出了各个月份及季节的南方塑料大棚的气象灾害风险等级分布(杨再强 等,2012),并按季节对其进行了风险等级评价。

南方塑料大棚各季节气象灾害风险等级的分布区域差异较大,其主要分布的情况如下。

春季:湖北、湖南、贵州、江西、广西、广东、福建各省的大部分地区的风险等级都为Ⅲ级;广东省的雷州半岛、海南省除了西南东方—三亚一带为Ⅲ级外,其余风险等级均为Ⅱ级;安徽大致淮河以北、长江以南为Ⅱ级分布,中间区域等级则为Ⅲ级,其中黄山附近的气象灾害风险为Ⅰ级;上海全部为Ⅲ级;江苏东部沿海地区、苏州—无锡一带以及徐州、赣榆地区为Ⅲ级,淮安、扬州、泰州及溧阳地区为Ⅰ级,其余均为Ⅱ级;浙江Ⅲ级灾害风险主要分布在东南沿海和西北地区,Ⅰ级主要分布在衢州—金华一带,其余地区气象灾害风险等级都是Ⅱ级;江西赣江流域周围的风险等级为Ⅱ级;四川中部大部分为Ⅰ级气象灾害风险分布地区;云南大部分均为Ⅱ级分布,西南高黎贡山以西为Ⅰ级;春季灾害风险等级最高即Ⅳ级区域主要是云南贡山、丽江附近,重庆市全部,贵州南部,广西红水河流域、右江流域,广东西北一带以及梅县、广宁、福建南平、湖北广水、老河口附近。由此可见,春季中南方塑料大棚的气象灾害风险等级相对较高,设施作物生产受气象条件的影响较大。

夏季:Ⅰ级风险等级主要分布在江苏淮河以南—长江以北地区、安徽北部及合肥—安庆—黄山一带、湖北武当山及巫山地区、重庆市长江流域地区、湖南洞庭湖一带和四川的中部和西北部等;云南和广东大部分地区、江西和福建的武夷山一带、湖南阳明山以南、江西南部和广西的东部地区均为Ⅲ级灾害风险等级的分布区域;南方各省除云南、海南、广州和福建外,其余各省其他地区的塑料大棚气象灾害的风险等级均为Ⅱ级;夏季受灾害最高风险等级的地区较少,主要包括海南省东南部、云南东南角以及广东梅县和福建建阳等地区,这些区域受灾风险较大主要是因为夏季高温、暴雨、台风等自然灾害频繁,对设施农业的设施结构有很大的影响。

秋季:该季节的高灾害风险等级分布区域是一年中最少的,以重庆奉节、云南腾冲、海南东方、福建东山、湖北房县、郧西和浙江衢州—金华一带的附近区域为主;Ⅲ级灾害风险等级的分布区域主要为云南保山以西、四川色达附近地区、湖北西北汉江一带、海南西南及北部沿海地区、广东南部沿海和雷州半岛、安徽桐城—安庆—黄山一带和江苏南部等地区；秋季设施农业气象灾害的低风险区的分布范围较广，主要为四川、重庆、云南、贵州大部分地区、广西东中部及广东北部大部分地区、湖北中部地区及湖南东南—西北方向一带、江西南部地区、福建除西南小部分地区外的其他区域，还有江苏西北部和东北沿海地区和其他小部分区域；南方各省的其他地区则均表现为Ⅱ级的风险等级。由此可以看出，秋季南方塑料大棚气象灾害的风险等级相对来说较小，对该时期的气象条件的适应性较高，有利于塑料大棚的作物生产。

冬季：海南、广东、广西全部地区、湖南洞庭湖以南地区、浙江中部及括苍山一带地区、云南东南部和重庆市大部分地区、江西东北部、湖北西北部和福建南部区域气象灾害风险等级均为Ⅰ级；江苏大部分地区、安徽北部地区和四川中部、西北部都是Ⅲ级灾害风险；冬季高灾害风险等级的分布面积相对较少，主要包括江苏射阳、高邮、常州附近地区、安徽淮河以北淮阴—蚌埠—带和四川岷江流域和北部小部分区域；其余地区塑料大棚灾害风险等级均为Ⅱ级。冬季北纬25°以南地区的风险等级最低，是因为这些地区冬季的热量条件比较充足，能够满足设施作物的生长需求；以北地区由于冬季低温低和光照条件得不到满足，因此塑料大棚的风险等级升高。

5.5 农用天气预报应注意的问题

5.5.1 农用天气预报中的主要适用范围和重点

用天气学方法编制农业气象预报，主要适用于编制与天气现象和天气过程关系密切的农用天气、农业气象灾害和农作物病虫害等方面的预报，因而多在春耕春播、夏收夏种、秋收秋种等农业生产或农作物生长发育、产量形成关键时期编发，重点预报那些对农业生产或农作物生长发育、产量形成有显著影响的天气现象和天气过程，例如南方稻区早稻播种育秧季节的低温连阴雨，晚稻抽穗开花期间的寒露风，北方麦区小麦灌浆成熟期间的干热风等。从我国当前农业生产技术水平对天气预报的利用情况看，灾害性天气和转折性天气对农业生产影响较大，应当注意紧紧抓住不放。此外，必须注意天气学方法只能预报由大、中尺度系统所形成的天气现象和过程对农业生产的影响。

5.5.2 天气现象和过程对农业生产的影响过程

正如天气形势预报和天气现象预报并不完全相同那样，用天气学方法编制的农用天气预报,即使天气现象和天气过程完全相同,其对农业生产的影响并不完全相同。例如同为寒潮天气过程,其对小麦、油菜越冬的影响,经过越冬锻炼和未经过越冬锻炼的反应就不一样。实际预报必须注意结合当地当前农业生产或农作物生长发育状况,进行具体分析和判断。

5.5.3 注意对天气模式指标反复验证与提高

天气学方法中常用的指标和模式法,虽然是预报未来天气现象和天气过程比较简便好用的方法,但在结合农业生产或农作物生长发育时,却带来了比较复杂的情况。因为农作物是活的有机体,它既受外界环境因子所影响,又有自我调节和适应外界环境的能力,所以真正比较好用的指标和模式往往不易获得,需要我们注意反复验证,逐步提高。

思考题

1. 农用天气有什么特点?
2. 我国有哪些农用天气类型?
3. 暖春、寒春、倒春寒分别指什么?
4. 初夏干热风与盛夏干热风有何不同?
5. 农事活动天气预报怎样分类?

参考文献

陈怀亮,王建国,2014. 现代农业气象业务预报实践[M]. 北京:气象出版社:78-79.
陈妮娜,蒋大凯,王瀛,等,2013. 辽宁省设施农业大风和暴雪致灾指标[J]. 江苏农业科学,41(11):386-389.
陈思宁,黎贞发,刘淑梅,等,2014. 设施农业气象灾害研究综述及研究方法展望[J]. 中国农学通报,30(20):302-307.
侯伟,杨福孙,李尚真,等,2015. 低温寡照对海南棚栽西瓜生长的影响及其灾害等级指标[J]. 江苏农业科学,43(8):161-166.
马树庆,2012. 现代农用天气预报业务及其有关问题的探讨[J]. 中国农业气象,33(2):278-282.
牟双,2018. 日光温室气温预测及顶部通风调控贝叶斯模型[D]. 沈阳:沈阳农业大学.
王萍,李帅,杨晓强,等,2013. 黑龙江省农用天气预报技术及应用研究进展[J]. 气象与环境学报,29(1):89-92.
汪天颖,廖玉芳,李晶,等,2019. 2018 年末湖南雨雪冰冻过程对农业的影响及大棚积雪致灾指标构建[J]. 气象与环境科学,42(4):1-9.
杨再强,朱凯,赵翔,等,2012. 中国南方塑料大棚气象灾害风险区划[J]. 自然灾害学报,21(5):213-221.
杨凯,陈彬彬,林晶,等,2014. 福建省农用天气预报技术与业务平台开发研究[J]. 福建热作科技,

1:47-53.

张仁祖,张利华,高苹,等,2019.日光温室内最高气温和最低气温预报模式的建立[J].湖北农业科学,58(11):40-43.

KASSIE B T,ITTERSUM M K V,HENGSDIJK H,et al,2014. Climate-induced yield variability and yield gaps of maize (Zea mays L.) in the Central Rift Valley of Ethiopia[J]. Field Crops Research,160: 41-53.

OLADELE O I,GITIKA M P,NGARI F,et al,2019. Adoption of agro-weather information sources for climate smart agriculture among farmers in Embu and Ada'a districts of Kenya and Ethiopia[J]. Information Development,35(4):639-654.

第6章　农业气象产量预报

农业气象产量预报是根据作物播种前及全生育期的气象条件来预测作物最终产量的一种专业气象预报。我国农业气象产量预报技术比较系统的研究始于20世纪70年代末期,80年代在农作物产量预报业务化试验基础上发展快速。20世纪90年代至今,气象业务部门已逐步建成了国家级、省级、市(地)级、县级的农作物产量气象预报业务系统,为各级政府部门开展不同范围的作物产量气象预报服务。因气候变化导致粮食产量大幅度波动,各国政府及农业生产部门更加重视粮食产量的预测预报工作,以便采取相应的应对措施。

6.1　农业气象产量预报意义与依据

6.1.1　农业气象产量预报意义

农业生物的生长发育和产量形成离不开与之相适应的各种环境气象条件。21世纪以来,虽然农业生产条件有了很大改善,农业产量水平得到明显提高,但人类控制和改变不利气象条件对农业生产不良影响的能力是有限的,气象条件仍然是造成农业产量年际间波动的重要因素。在设法排除其他因素影响之后,分析研究农业产量与气象条件之间的定量关系,就可以根据气象条件来预报农业产量或年景,这种预报就是农业气象产量预报,即根据气象条件对农业生物可能形成的最终产量编发的一种农业气象预报。

农业气象产量预报按预报时效分为年景预报、趋势预报、定量预报与动态预报四种(王建林,2010;Bernhard et al.,2020)。

(1)年景预报。根据未来天气气候的短期气候预测结果,结合作物的生长发育过程及其对气象条件的需求,评述气象条件对作物生长和产量形成的利弊影响而开展的农业气象产量预报。一般在作物播种前后发布,对指导年度种植计划有非常重要的意义。

(2)趋势预报。根据作物播种前后至收获前两个月的气象条件及其对作物生长发育的利弊影响和对未来天气气候的预测,影响评价,对作物产量丰收歉收趋势进行预测的一种农业气象产量预报。一般在收获前两个月发布,对农业宏观决策和农业生产管理有一定实际意义。

(3)定量预报。根据作物播种前后至收获前一个月的气象条件及其对作物生长发育的利弊影响和对未来天气气候的预测,影响评价,对作物产量进行预测的一种农业气象产量预报。一般在收获前一个月发布,对农业宏观决策及粮食产销、储运、流通和消费有一定参考价值。

(4)动态预报。依据天气条件对作物生长发育和产量形成的影响而适时开展的产量预报。在作物播种后,充分考虑未来天气的可能影响,以月(旬、候)为时间步长,跟踪预报作物产量的一种农业气象产量预报。由于它能够结合气象条件的变化及时开展产量预测,时效性有很大提高,可及时反映极端气候事件对作物产量波动的影响,指导农业生产者采取有效措施,趋利避害,确保农业稳产高产。

农业气象产量预报是气象为农业和国家经济建设服务的重要项目,这与农业气象产量预报具有时效长、客观准确和人力、物力投入较少等有关。农业气象业务部门及时、准确地发布农业气象产量预报,预先提供某地区乃至全国的农业产量预测信息,可为国家计划部门制定农产品进出口计划和价格政策,调整国民经济的发展计划,采取必要的经济措施和战略决策提供依据。随着农业现代化建设的发展,农业生产专业化、社会化程度不断提高。要合理地使用农产品,组织地区间的调拨、运输,以及农产品的贮藏、加工,满足国民经济建设和人民生活的需要,都要求有关部门积极开展农业气象产量预报服务工作。一些国家不仅编制本国的农业气象产量预报,而且还把预报范围扩大到其他产粮国和地区,编制世界范围的农业气象产量预报,这也说明农业气象产量预报具有重大的政治和经济意义。

此外,有了较准确的农业气象产量预报,可使生产单位预先了解气象条件对作物生育和产量影响的情况,为确定作物种植面积、品种合理布局,以及采取趋利避害的农业栽培措施提供依据。因为农业产量不仅仅与气象条件有关,而且还与农业生物的种类和品种、农业技术水平、土壤肥力、肥料施用的数量和质量,受病虫害危害的程度等许多社会因素和自然因素有关。以往人们一般是通过改良品种、防病除虫、增施肥料、改善农业生产条件等农业技术措施来解决农业增产问题,当今科学技术发展则要求人们密切监视天气气候条件变化及其对农业生产的影响,从气象条件的趋利避害方面来解决农业增产问题,以便充分发挥生产潜力,争取农业丰收。

开展农业气象产量预报还有重要的理论意义。揭示气象条件与农业产量之间的定量关系,分析土壤-作物-大气系统各种现象和过程间联系的规律,是编制农业气象产量预报的理论基础。随着农业气象产量预报理论与方法研究和预报服务工作广泛深入地开展,必将促进农业气象科学技术的迅速发展,使农业气象科学技术在国民经济建设中发挥更大的作用。

6.1.2　农业气象产量预报依据

农业产量形成过程中所遵循的生物学规律和气象条件形成与变化的气象学理论,是农业气象产量预报所必须依据的基本理论基础(申双和 等,2017)。农业气象预报所特有的预报原理,也是农业气象产量预报必须遵循的基本原理。它主要表现为农业气象条件对农业生产对象和过程影响的持续性;气象条件对农业生产对象和过程影响的非等同性;土壤-植物-大气系统中各种现象和过程在时间和空间上的相关性;农业气象条件和农业生产的地区相似性以及可根据历史资料和当前实况推断未来农业气象条件和农业生产对象某种状况出现的概率性等(Agnolucci et al.,2020;Libère et al.,2020)。通过近年来的研究和实践,可归纳为以下几点。

(1)作物产量的高低决定于作物的生物学特性、土壤条件、生物环境、外界气象条件和农业技术措施等方面的因素和条件。在编制农业气象产量预报时,除了把气象条件以外的一些因素和条件对产量的影响或是看作固定不变的,或是用简单的方法粗略地估算它们的综合作用,更主要的是细致分析研究作物产量受气象条件影响的规律,并将这些规律用各种定量的数学模式和方程来表达,根据气象条件和其他预报因子对作物产量进行预测。

(2)无论是前期的气象要素、下垫面特性,还是一些天文物理因子,往往都是通过大气环流影响天气气候,进而影响作物的生长发育和最终产量。还有其他许多因子,如作物当前的生长发育状况,由降水或灌溉形成的土壤水分等,它们对作物产量的影响具有一定的时间滞后性,也称之为"持续性"或"惰性"。以前期或当前的气象要素、下垫面特性及其他因子来预报作物产量是可行的。要编制不同时效的产量预报,可以选择对产量有不同滞后影响和相关联系的因子。在农业气象产量预报中使用这种"惰性"因子和相关因子,可使预报具有不同的预报时效,还会大大提高预报的准确率。

(3)各种农业气象条件、作物各生育阶段的气象条件及作物生长发育状况,对作物最终产量的影响是不等同的。因某一地区往往存在着影响产量的主要气候条件和气候关键时期,用作物生育前期及气候关键期的主要农业气象条件和作物状况,可以对作物产量作出近似的估计。

(4)用气候资料可以推算未来天气条件出现的概率,据此可确定作物未来的可能变化及其产量。这种不以天气预报为基础的产量气象预报,可以避免因天气预报失误带来的错报风险,还可避免天气预报和产量气象预报产生的双重误差,因而相应地提高农业气象产量预报的准确率。

(5)在一定的地域范围内作物的生长发育状况是比较相似的,其气象条件,尤其是温度、辐射等在相当大的地域范围内具有相同的特点和相似的变化趋势,这就为进行大区域的农业气象产量预报时选取少数几个代表站的资料估算该地区产量提供了依据。这样做可大大节省人力物力,较快地做出预报,而且预报也能达到要求的精度。

6.1.3 美国玉米和小麦产量动态预测例子

利用1999—2007年的SPOT VEGETATION遥感资料,建立美国玉米和冬小麦不同月份的遥感统计预报模型,实现作物产量的动态预报,为国家有关部门及时、动态了解世界主要粮食生产国的作物产量丰歉变化趋势,制定粮食贸易和宏观调控政策提供参考(侯英雨 等,2009)。

(1)主要作物空间分布及生长季节

为了掌握美国主要粮食作物的空间分布规律及其生长季节,有效地开展作物产量遥感估算及长势监测研究与业务服务,确定美国玉米和冬小麦的空间分布及生长季节如下表6.1。

表6.1 美国主要粮食作物空间分布及生长季节(侯英雨 等,2009)

作物类型	分布区域	播种日期	收获日期
玉米	104°W~80°W,46°N~36°N	5月上旬	9月下旬
冬小麦	北部:116°W~104°W,49°N~45°N	9月下旬	次年6月下旬—7月中下旬
	中部和南部:104°W~94.5°W,45°N~32°N	10月上旬—11月下旬	次年4月下旬—6月中旬

(2)NDVI数据处理

首先通过土地利用数据提取耕地信息,然后在NDVI影像上叠加研究区的行政边界信息,根据美国主要粮食作物空间分布及生长季节,分别提取了美国玉米、冬小麦1999—2007年各旬的NDVI数据,作为构建作物产量遥感估算模型的参考因子。

(3)作物产量和旬NDVI的相关性分析

将各作物区1999—2007年的旬NDVI与作物产量进行相关分析,根据相关系数的大小,确定构建作物产量估算模型的因子表6.2。可以看出,美国玉米产量与NDVI的相关系数通过显著性检验的有5月上旬,6月上、中、下旬,7月中旬、8月中、下旬,9月上旬;美国冬小麦产量与NDVI的相关系数从3月上旬—7月中旬均通过了显著性检验。

(4)作物产量遥感估算模型的建立

根据表6.2的结果,选择作物产量与NDVI相关系数大于0.63的旬NDVI作为作物产量估算模型的优先考虑因子。在作物播种1个月以后,逐月筛选因子,如果某

一个月可选择的因子超过2个,则按各因子的相关系数作为权重,将多因子集成1个因子,不同月份的作物产量预报模型如下:

$$Y = aX + b$$

式中,Y为预测产量,X为旬平均NDVI或多个旬NDVI的集成,a、b为模型回归系数。基于上述原理,分别建立了美国玉米6—7月和8月的产量遥感估算模型,美国小麦4—6月和7月的产量遥感模型(表6.3)。

表6.2 作物产量与旬NDVI的相关关系(侯英雨 等,2009)

月份		美国玉米	月份		美国小麦
5	上旬	0.78	1	上旬	−0.05
	中旬	0.06		中旬	−0.05
	下旬	0.61		下旬	−0.11
6	上旬	0.65	2	上旬	0.28
	中旬	0.88		中旬	0.15
	下旬	0.79		下旬	0.10
7	上旬	0.51	3	上旬	0.67
	中旬	0.91		中旬	0.84
	下旬	0.59		下旬	0.68
8	上旬	0.58	4	上旬	0.90
	中旬	0.64		中旬	0.80
	下旬	0.76		下旬	0.80
9	上旬	0.65	5	上旬	0.86
	中旬	0.53		中旬	0.81
	下旬	0.61		下旬	0.79
			6	上旬	0.82
				中旬	0.62
				下旬	0.68
			7	上旬	0.84
				中旬	0.79
				下旬	0.61

表 6.3 作物产量预测模型

作物名称	模型预报时间（月份）	模型因子（旬 NDVI）	模型表达式（Y:预测产量,X:NDVI）	相关系数 R^2
美国玉米	6	6月中旬	$Y=1.6265X-342.2$	0.77
	7	7月中旬	$Y=1.9696X-5269.3$	0.82
	8	5月上旬、6月中旬、6月下旬、7月中旬、8月下旬	$Y=2.2575X-4914.6$	0.88
美国小麦	4	4月上、中、下旬	$Y=0.8905X+854.9$	0.79
	5	5月上、中、下旬	$Y=1.3938X-1029.6$	0.86
	6	6月上旬	$Y=1.3607X-1223.0$	0.67
	7	7月上旬	$Y=0.6891X+262.6$	0.71

6.2 趋势产量与气象产量处理

农作物产量预报是农业气象为农业生产和国民经济计划服务的一种重要手段。在我国,农业气象产量预报是最为规范和业务化水平最高的一种农业气象预报。农业气象产量预报技术研究始于 20 世纪 70 年代末期,20 世纪 80 年代有了较大的发展,20 世纪 90 年代至今,在全国已逐步建成了国家级、省级和地(市)区级的农业气象产量预报业务系统,为各级政府部门开展不同范围的作物产量气象预报服务。目前,我国已经开展了冬小麦产量、早稻产量、晚稻产量、玉米产量、大豆产量、棉花产量、油菜产量、夏收粮食总产量、秋收粮食总产量、全年粮食总产量等全国范围内的业务预报服务。

6.2.1 影响农作物产量形成的因素和产量构成分析

农作物产量形成过程是在相当长的时段内完成的,它必然受到许多不同因素的影响。

人们经过长期实践和研究得出:农作物的最终收获量主要反映着农业生产技术水平等非自然因素与生长环境等自然因素的综合影响。从各地各种农作物产量曲线上可以看到:随着社会生产不断发展,农业技术不断进步,促使农作物产量不断提高。仅在当前的科技条件下,人们控制和改变大自然对农作物产量影响的能力还很有限,自然环境因素特别是天气、气候变化对农作物产量的波动往往起着主导作用。另外,社会不稳定以及一些其他随机因素对农作物产量形成也有一定影响。总之,影响农作物产量形成的因素主要可概括为自然和非自然两大类。

按照这两大类因素对农作物产量形成的影响,可将农作物产量分解为趋势产量、气象产量和随机产量 3 个部分。其中,趋势产量是指由于水肥、品种、栽培管理等农业生产技术改善而影响的那部分产量,通常表现为时间的正函数,即随着时间后延,产量顺序提高。气象产量是指由于天气气候变化而影响的那部分产量,可正可负,具有脉动特点。随机产量是指由病虫,社会不稳定等随机因素影响的那部分产量,它们在产量曲线中常表现为特低或特高的极值,与条件期望值相差很大,基本无规律可循。至于地理地形、土壤等自然因素,由于随时空变化相对缓慢,而且量值微不足道,故在实际产量资料处理中,这些因素对产量形成的影响往往可忽略不计。

综上所述,农作物产量构成可简单表述如下:

$$y = y_t + y_w + y_\varepsilon \tag{6.1}$$

式中,y 为实际产量,y_t 为趋势产量,y_w 为气象产量,y_ε 为随机产量。

6.2.2 趋势产量处理常用方法

在农业气象工作中,为了分析研究作物生长发育和产量形成与天气气候条件之间的定量关系,以使用天气气候条件的变化来预测农作物产量高低和年景丰歉,这就需要排除有确定性的非自然因素和不确定性的随机因素对产量的影响、对不确定性的随机因素所造成的产量偏高、偏低,通常只有通过对历史资料的分析,进行社会调查研究之后,或对产量数据进行订正,或舍弃不用,这里不作讨论。在此着重讨论如何排除具有确定性的非自然因素对产量的影响,即进行趋势产量 y_t 提取。

提取趋势产量 y_t,通常多以时间参数作为自变量,用种种因数关系来模拟逼近农业技术等非自然因素对农作物产量形成影响的时间变率。由于不同的产量序列,其农业技术等非自然因素和天气气候等自然因素对产量的影响是不相同的,因此在处理产量资料时,必须根据具体资料的不同情况分别采用适当的方法。下面介绍几种常用方法进行处理。

(1)滑动平均处理

滑动平均是一种简单易行、客观定量的常用资料处理方法。其计算公式一般为:

$$\bar{y}_t = \sum_{i=-k}^{k} w_i y_{t+i} \tag{6.2}$$

式中,$\bar{y}_t$ 为第 t 个实际产量值,y_t 为经过滑动平均处理后的第 t 个趋势产量值,w_i 为权重系数。如采用等权系数,则上式可改写为:

$$\bar{y}_t = \frac{1}{2k+1} \sum_{i=-k}^{k} y_{t+i} \tag{6.3}$$

具体使用时,可根据实际需要采用不同年数的滑动平均来滤除那些因天气、气候等自然因素变化而造成的短周期波动,能够保持较多的非自然因素和其他因素造成的趋势产量信息,这是滑动平均的优点。其缺点主要是,每经过滑动平均后总要损失 $2k$ 个样本。另外,滑动平均处理受极端值影响较大。在极端值附近,常夸大了非自然因素的影响,减少了自然因素所提供的信息。特别应该指出,滑动平均方法本身不能独立对未来趋势产量作出正确估计,必须与其他方法结合进行。因此,在进行较短的资料序列产量资料处理时,一般不宜采用滑动平均处理来提取趋势产量。

(2) 线性模拟

线性模拟是在假定产量序列的趋势演变为时间的线性函数前提下,以时间的线性函数值来拟合趋势产量的方法。总的来说,线性模拟所得因数关系明确,具体计算也不复杂。但由于线性模拟把天气气候等自然因素以外的各种非自然因素对产量的综合影响都简单地以线性关系表示,因而线性模拟的结果常常扩大了天气气候等自然因素对产量造成的影响。但当历史产量序列较短,特别是当序列恰好处于确实存在的非线性关系的某个不太大的区间内时,线性模拟也可取得较好的结果,分段直线模拟就是这样的情况。线性模拟的具体方法确定是根据严密的最小二乘法原理求出的。其常用计算公式为:

$$y_t = a + bt = \bar{y} + b(t - \bar{t}) \tag{6.4}$$

式中,b 为回归系数。

(3) 非线性(曲线)模拟

农业生产技术水平总是随着社会生产的发展而变化的。在不同的历史阶段,其生产技术水平变化引起产量增减的速率是不同的,有的阶段增长较快,有的阶段增长缓慢,有的阶段停滞不前甚至递减。再加上除生产技术水平以外的其他非自然因素影响,致使趋势产量多半表现为非线性的趋势。因而用非线性函数来模拟趋势产量,其效果一般优于线性模拟,特别是用高阶次的多项式模拟,可最大限度地逼近实际产量的趋势变化情况。因此,非线性模拟一般能更加合理地反映出非自然因素对产量的影响。常见的非线性模拟的趋势产量形式有指数曲线、对数曲线、双曲线、二次抛物线、幂曲线、S型曲线等类型,通常可采用准线性模拟方法;此外,还有一些比较复杂的混合曲线型,除采用分段模拟方法外,也可采用正交多项式模拟方法。

① 准线性模拟

它是将某些可化为线性形式的非线性函数作线性化处理后,再进行最小二乘法运算求取系数的一种方法。准线性模拟的优点是,能根据趋势产量变化情况灵活选用不同的曲线函数形式,从而能比较合理地模拟出趋势产量实际变化情况。但是某些准线性函数(如对数、指数、幂函数等)模型,有时对历史样本模拟较好,而对未来趋势产量估计往往会出现误差,并且误差随时间变量后延而急骤增大,最终使估计值完全失真。因此,在采用某些准线性模拟方法模拟历史趋势产量并对未来趋势产量作出估计时,最多只能估计未来 $1\sim2$ a 的趋势产量。准线性模拟步骤如下。

(a) 根据实际产量变化情况选取适当因子数。

(b) 进行线性化处理。例如指数曲线函数:

$$y = d e^{b/x} \tag{6.5}$$

式中，d、b 为参数，y 为因变量，x 为自变量，e 为自然对数的底数。令 $y'=\ln y$，$x'=1/x$，$a=\ln d$，则原式化为直线 $y'=a+bx'$。

(c) 根据 y'，x' 资料用线性回归求出 a、b。

(d) 求原曲线函数的参数。如 a 已求出，则有 $d=e^a$，所以求得指数曲线为：

$$y=e^a e^{b/x}=e^{a+b/x} \tag{6.6}$$

②正交多项式模拟

它是将产量曲线按预先设计好的时间函数典型场展开的一种求取趋势产量的方法。由于正交多项式模拟可通过增加项次高度直逼近实际产量变化曲线，因此可用它来模拟各种形式的趋势产量。在模拟计算过程中，由于利用了正交性，使得多项式项次无论增减多少项其正交回归系数均不改变，因而减少了许多计算量。正交多项式模拟的不足之处是它受实际产量变化状况影响较大，当样本数 N 较小，而取的项次相对较多时，会过分夸大非自然因素的影响。因此，在样本数不同的情况下应该取多少项，即 K/N 应等于多大才比较合适尚难以确定。常见的项数 K 与样本数 N 之比在 0.1～0.3 之间。

采用正交多项式模拟趋势产量一般分为两个步骤。

(a) 用历史样本资料进行模拟计算，并对其结果进行显著性检验，以确定应选的项次。求出历史趋势产量。

(b) 设预报年的趋势产量为未知数 y，则根据所求出的历史趋势产量重新计算出仅含有 y 的方程，解方程即得预报年趋势产量 y。

(4) 分段模拟

农业生产技术水平总是随着社会生产发展而变化的，其生产技术水平变化引起产量增减的速率是不同的，特别是在发生改制，选用良种等技术改革的情况下，常出现产运曲线的不连续现象。对于这种情况，一般最好采用分段模拟的方法：即把某些比较复杂的趋势产量分为几个简单的趋势产量并分别采用不同的方法来处理，从而使模拟的趋势产量比较符合实际。分段模拟的不足之处主要是：人为主观性大，在资料序列间断不明显的情况下，要分得十分合理是比较困难的，而分段合适与否对最终的产量预报精度影响较大。

以上 4 种趋势产量应用后认为，趋势产量模拟一般是多项式优于准线性，非线性优于线性。对于不连续曲线，采用分段处理明显优于不分段处理。当产量曲线非线性趋势明显时，如果采用不分段处理则非线性模拟优于线性模拟；如果采用分段处理，特别是分段较多时则各种模拟方法的差异不明显。

一般根据残差平方和 Q_i 来衡量趋势产量模拟效果好坏，Q_i 越小表示模拟精度越高。提取趋势产量主要目的是为了合理地确定非自然因素对产量的影响，而 Q_i 值有时并不能完全反映趋势产量估计值 y 与实际值 y_i 之间的差异大小。特别是正交多项式模拟,随着项数不断增加,Q_i 将越来越小。这会扩大非自然因素对产量的影响,把自然因素对产量的影响也模拟到趋势产量中去了。然而,在实际工作中人们往往把趋势产量作为实际产量的一级近似。只要趋势产量报准了,当年实际产量丰歉大致就确定了。因此人们总希望天气气候条件对产量的影响越小越好,把天气气候条件对产量影响具有规则性的部分也包含在趋势产量内。

统计角度在模拟趋势产量时,不仅需要考虑 Q_i 的大小,而且要考虑到自由度对模拟效果的影响,即考虑因子 K 及与样本数 N 的比例关系对模拟效果的影响。因为当样本数 N 相对于因子数 K 并不很大时,常使 Q_i 变得很小。因此在衡量哪种模拟处理方法效果最好时,应综合考虑 Q_i 的大小与自由度的影响,可使用方差比衡量几种常用方法的处理效果。

6.2.3 气象产量处理方法

气象因素对作物产量的影响在时间序列上是一个颇不稳定的随机过程,往往能使相邻两年间的产量发生较大幅度的增减。因此,通常是把产量序列经过趋势处理后的余项视为受气象因子影响的产量分量,统称为产量的气象分量或气象的产量贡献,简称气象产量。实际上,气象产量还包括那些偶然起作用,以及时间演变不很稳定且变幅较大的其他因素对产量的贡献。

用气象因子模拟气象产量时,必须要做到因时因地因作物制宜地选取关键气象因子。在作物整个生长期间这种密切关系并不是稳定不变的,它不仅随作物的生育过程而变,也因地区和作物品种的不同而不同。例如,影响华北冬小麦生产的主要气象条件是越冬期的低温和春旱缺雨,而影响长江中下游三麦生产的主要因素是春季低温阴雨和日照不足;此外,影响棉花产量形成与影响水稻或小麦产量形成的气象条件显然也是不相同的;即使同一地区同一作物,但在不同生长发育阶段,其对环境气象条件的要求也是不尽一致的。

气象产量有两类模拟途径:经验统计模拟与动力机制模拟。前者系借助于各种经验统计方法在分析产量与气象历史资料基础上,对产量—天气关系进行经验性定量模拟;后者系在各种理论假设前提下,利用作物基本资料及气象资料模拟作物光合、呼吸、输送和蒸腾等各生长生命过程及干物质形成累积和分配过程,是一种动力机制性模拟。理论上说,动力模拟应取得比经验统计模拟更好的效果,具有更大的普遍性,而实际上远非如此"理想"。随着模拟过程中变量的增多、函数关系的复杂,边界条件的局限效应明显增大,从而导致动力模拟效果的下降,甚至失去原本的普遍意义。下面就简单介绍几种常用的气象产量模拟统计方法,并略述其各自特点。

(1)气象产量的回归模拟

它包括从一元一阶的线性回归到一元高阶和多元高阶的非线性回归模拟。其一般公式为：

$$\hat{y}_w = f(x_1) + f(x_2) + \cdots \tag{6.7}$$

式中，

$$f(x_1) = a_1 + b_1 + c_1 x_1^2 + \cdots \tag{6.8}$$

$$f(x_2) = a_2 + b_2 + c_2 x_2^2 + \cdots \tag{6.9}$$

式中，$\hat{y}_w$ 为气象产量估计值。在具体分析中，实际气象产量由实际产量与趋势产量之差表示：$y_w = y - \hat{y}_t$。其中 y 为实际产量，$\hat{y}_t$ 为趋势产量。$f(x_1)$、$f(x_2)$ 为气象因子 x_1、x_2 的函数式。

统计规律外延的有效性和持续性是回归模拟的一个问题。随着时间的推延，不仅因子 x_i 要变，其系数 a_i、b_i 与 c_i 等也要变。模拟输入变量与气象产量间的相关回归关系在时间序列上是不稳定的，它是回归误差的一个重要来源。

(2) 气象产量的周期图模拟

这是一种将谐波分析原理应用于时间序列预报的方法。

根据谐波分析原理，一般可将任何一个序列分解为一系列的正弦波。即：

$$\hat{x}_t = A_0 + \sum_{i=1}^{k} A_i \left(\sin \frac{2\pi i t}{L} + \theta_i \right) \tag{6.10}$$

式中，A_i 为振幅，θ_i 为初位相，L 为基本波的周期，t 为时刻，K 为波数。

根据三角函数的和角公式，上式可化为：

$$\hat{x}_t = A_0 + \sum_{i=1}^{k} \left(a_i \cos \frac{2\pi i t}{L} + b_i \sin \frac{2\pi i t}{L} \right) \tag{6.11}$$

式中，$a_i = A_i \sin \theta_i$，$b_i = A_i \cos \theta_i$。

分析各波特征，并假设未来序列将按过去的波动规律演变，就可以用叠加几个主要波动的办法来模拟气象产量序列的未来时间演变，即作外延预报。这是一种将所有气象因子以及那些类同气象因子作用的其他因子对产量的影响，进行综合周期模拟的方法。

实际上，作物本身的变化也将对气象产量序列产生一定的影响，使得气象产量序列的周期波动变得复杂。因此，在作气象产量时间序列的周期叠加模拟时，除了用谐波分析原理分析各试验周期波动外，还应考虑序列可能有的长期趋势以及由作物本身的变化所引起的周期性和非周期性影响问题。而分析主要气象因子的周期演变，并作误差的统计分析和订正，可能会有助于周期图模拟方法的提高和应用。

另外，也可以应用方差分析方法来分析气象产量序列的周期演变特征。

(3) 气象产量的模糊聚类模拟

聚类分析是一种把事物按一定要求进行分类的数学方法。作物产量的丰、平、歉都是模糊的概念，所以对气象产量用模糊聚类进行分析模拟是比较合理和适宜的。

对样本资料进行模糊分类先要建立一个模糊等价关系,即要满足:

①反身性 $r_{ii}=1$。

②对称性 $r_{ij}=r_{ji}$。

③传递性 $R\times R\subseteq R$,其中 R 为模糊矩阵。

基于模糊等价关系,可以按需要在任意门槛水平 λ 值上进行模糊分类,获得聚类图。运用模糊聚类模拟作多因子综合分类比较简便,作资料序列短的单点气象产量丰、平、歉预测是可取的。

（4）动态学方法

近年来动态学方法进展较快,如气候适宜指数法、关键气象因子影响指数法、产量历史丰歉气象影响指数法等。因简洁、实用、准确率高,具有很好的业务应用价值。

（5）天气学方法基于对大尺度大气环流特征在很大程度上决定了大范围谷物生产地区的气候状况,直接建立环流特征与作物产量之间的统计回归模式,这样不仅可以避免先预报气象要素所带来的中间误差,还可将预报时效大大延长。它与航测摄影和卫星遥感监测一样都可用作大范围谷物生产的监测和展望。

6.3 数据融合的作物生长与产量预测

地面气象观测数据具有准确性与完整性,但在空间与时间上分布不均匀。农业气象模拟技术的改进,提高了作物生长与产量预测的准确性。卫星与雷达等遥感观测产品能弥补气象观测数据的空间性,但也存在自身的优缺点。因此融合多种来源的观测资料,能提高作物生长与产量预测的准确率。

6.3.1 水稻作物生长与产量预测

6.3.1.1 ORYZA2000 水稻模型在江淮区域的适应性分析

基于 2010—2011 年安徽宣城两个水稻品种 3 个播期生长发育观测资料、当地气象及土壤资料,采用 ORYZA2000 模型,对安徽地区水稻生育期、叶面积指数、生物量及产量等指标进行模拟试验。以研究不同品种、播期对水稻生长发育以及产量的影响,并检验模型在安徽地区的适应性,为提高安徽水稻培育和田间管理水平及实现模型区域化提供科学依据。

（1）试验设计

试验于 2010—2011 年在安徽省宣城市农业气象试验站($30°56'N,118°45'E$,海拔 31.2 m)进行。宣城市位于皖南山区与长江中下游平原的过渡地带,属亚热带季风气候,夏季高温多雨,冬季温和少雨,利于水稻生长。采用 3 个播期、两个品种裂区区组设计处理方案。主区为播种期:早播(5月5日)、中播(5月15日)、晚播(5月25日);副区为两个品种:南粳44(早熟晚粳优质稻)、两优6326(宣城农科所选育的高产、优质、抗倒两系杂交水稻)。表6.4为田间处理及代码。小区面积20 m², 重复之间留50~100 cm宽走道, 南北向种植, 密度等其他田间管理同当地常规高产大田水平, 株距为20 cm×20 cm。处理考虑模型潜在生产模式, 即排除水、肥胁迫, 精确管理, 及时控制病虫害等。

表6.4 田间处理及代码

品种	播期(月-日)	处理代码	
		2010年	2011年
南粳44	05-05	NJ1-10	NJ1-11
	05-15	NJ2-10	NJ2-11
	05-25	NJ3-10	NJ3-11
两优6326	05-05	LY1-10	LY1-11
	05-15	LY2-10	LY2-11
	05-25	LY3-10	LY3-11

处理中记录各发育期的日期, 同时每隔5~7 d进行一次观测, 观测项目包括植株高度、各器官生物量的鲜重与干重、叶面积指数以及密度等。密度观测在主要发育期进行, 查看基本苗、分蘖数和有效茎数。收获期在长势均匀处取植株5株进行考种, 主要加测株高、有效穗数、每穗总粒数及千粒重。

同期日最高气温(℃)、日最低气温(℃)、降水量(mm)、水汽压(kPa)、平均风速(m·s^{-1})和日照时数(h)资料由宣城气象站提供。

(2)ORYZA2000水稻模型

ORYZA2000水稻模型是ORYZA系列模型的最新版本。它是对早期ORYZA系列模型ORYZA1、ORYZA·W和ORYZA·N的集成和发展。作为一个生理生态模型, ORYZA2000模型分为3种模式:潜在模式、水分胁迫模式和氮胁迫模式。其中, 潜在模式不考虑水、肥对模型的影响, 即水、肥供应充足。在潜在模式下, ORYZA2000模型可以定量、动态地描述水稻产量形成和生育期发育速率。

任何模型在应用前都必须经过一系列的调参与检验, 首先是检验模型运行的输出结果在逻辑上是否正确, 其次是利用试验数据校正模型中的参数, 最后是验证模型。模型运行需要按照格式先建立天气数据文件、处理数据文件和作物文件, 并需要决定这些文件的参数。

根据不同品种和播期建立6个模型运行文件。以2010年数据为校准数据进行调参。需要调整的参数包括发育速率、比叶面积、干物质分配系数、叶片相对生长速率、叶片死亡率、茎同化转移系数以及最大粒重等。

利用观测的不同生育日期,通过模型中的 DRATE.EXE 计算发育速率。修改作物文件中的发育速率项,然后运行模型中的 PARAM.EXE 文件,在 PARAM.OUT 里查看干物质分配系数、叶片相对死亡率、比叶面积等参数,然后修改作物文件中的相关数据,最后运行模型。

(3) 模型检验指标

模型的检验评价包括两部分,模型校准和模型检验。本研究以 2010 年数据作为校准数据,以 2011 年数据作为检验数据,比较模拟结果与实测结果作为模型检验评价的基础。利用数据作图,将图形演示与数理统计结合评价模型的表现。

选择国际通用的指标体系,首先通过作图比较模拟与实测的一致程度,比较作物生物量、叶面积指数(LAI)及籽粒产量的变化,此为定性评价。然后对模拟数据和实测数据进行统计评价,包括模拟与实测数据的平均值;模拟与实测数据的线性回归系数(α)、截距(β)、决定系数(R^2);Student's-t 检验值($P(t^*)$);均方根误差(RMSE)和归一化均方根误差(NRMSE)等的计算。其中:

$$\text{RMSE} = \sqrt{\frac{1}{n}\sum_{i=1}^{n}(Y_i - X_i)^2} \tag{6.12}$$

$$\text{NRMSE} = \frac{100\sqrt{\frac{1}{n}\sum_{i=1}^{n}(Y_i - X_i)^2}}{\frac{1}{n}\sum X_i} \tag{6.13}$$

式中,n 表示样本数,Y_i 与 X_i 分别表示模拟值与实测值。均方根误差和归一化均方根误差反映了模拟误差的大小,模拟值均值与实测值均值的差异反映了总体模拟效果。当线性回归系数 $\alpha=1$、截距 $\beta=0$、决定系数 $R^2=1$ 时,模拟效果最好。Student's-t 检验值 $P(t^*)>0.05$ 时,模拟值与实测值之间的差异不显著。

(4) 生育期发育速率

利用 2010 年试验数据运行模型,得到不同处理的发育速率,其结果见表 6.5。由表可见,同一品种的营养生长期参数和生殖生长期参数随播期的推后呈增大趋势,而穗分化期参数随播期的推后呈减小趋势。不同品种之间比较,两优 6326 的大部分生育期发育速率要稍高于南粳 44。结果表明,第三播期两优 6326 的基本营养阶段发育速率(DVRJ)及生殖生长阶段发育速率(DVRR)最大,而第三播期南粳 44 的穗分化阶段发育速率(DVRP)最小。不同品种间营养生长期参数与生殖生长期参数变化较大。

表 6.5　不同生育期的发育速率(2010 年校准数据,单位:℃·d^{-1})

处理代码	DVRJ	DVRI	DVRP	DVRR
NJ1-10	0.000751	0.000758	0.000810	0.001911
NJ2-10	0.000767	0.000758	0.000646	0.002003
NJ3-10	0.000781	0.000758	0.000587	0.001952
LY1-10	0.000746	0.000758	0.000874	0.001608
LY2-10	0.000868	0.000758	0.000751	0.002011
LY3-10	0.000933	0.000758	0.000753	0.002052

注:DVRJ、DVRI、DVRP 和 DVRR 分别是基本营养阶段、光敏感阶段、穗分化阶段以及生殖生长阶段的发育速率。

(5)生育期的模拟验证

利用 2010 年试验数据对模型的发育参数调试以后,利用 2011 年试验数据进行模拟验证。同一品种播种越早出苗越早、发育越快、移栽后至各生育期的长度越短;但显然,由于播种越早出苗越慢,出苗至各个生育期的长度越长。两品种相比略有差异,南粳 44 的发育期均比两优 6326 长。模拟结果与实际结果对比显示,各处理的实测值均比模拟值小 2~7 d。

各处理模拟结果的具体统计评价见表 6.6。由表可见,各处理模拟生育期与实测生育期间的 RMSE 值均较小,波动范围也较小。t 检验结果表明两者之间差异均不显著。R^2 值反映了模拟生育期与实测生育期数据的拟合情况,其中最小值为 0.89,说明生育期模拟与实测结果拟合程度较好。NRMSE 在 3.4%~7.5%范围内波动,说明模拟结果与实测结果差异较小。其中误差最小的是模型对生理成熟期的模拟,移栽后与出苗后模拟的 NRMSE 分别为 4.3%和 3.4%。图 6.1 为模拟生育期与实测生育期天数对比图,从图上可以看出,幼穗分化、抽穗开花和生理成熟各组的散点大部分落在 1∶1 线周围而未超过正负标准差线,表明模拟效果较好,而幼穗分化期和抽穗开花期的模拟效果较差。

表 6.6　ORYZA2000 生育期模拟结果的统计评价(2011 年检验数据)

生育期变量	N	$X_{mea}(S)$(d)	$X_{sim}(SD)$(d)	$P(t^*)$	α	β	R^2	RMSE	NRMSE(%)
移栽—幼穗分化	6	43(3.7)	40(3.6)	0.084	0.96	−1.50	0.96	3.24	7.5
移栽—抽穗开花	6	70(6.8)	67(4.8)	0.213	0.70	18.50	0.95	3.54	5.1
移栽—生理成熟	6	111(6.1)	106(5.2)	0.102	0.82	15.41	0.95	4.74	4.3

续表

生育期变量	N	$X_{mea}(S)$(d)	$X_{sim}(SD)$(d)	$P(t^*)$	α	β	R^2	RMSE	NRMSE(%)
出苗—幼穗分化	6	72(3.5)	69(3.5)	0.076	0.98	−2.01	0.96	3.24	4.5
出苗—抽穗开花	6	98(5.4)	95(3.7)	0.159	0.64	32.37	0.89	3.54	3.6
出苗—生理成熟	6	139(5.6)	135(4.5)	0.078	0.79	24.71	0.94	4.74	3.4

注：N 为样本数，X_{mea} 为实测值的平均值(d)，X_{sim} 为模拟值的平均值(d)，SD 为标准差，$P(t^*)$ 为 t 检验，α 为模拟值和实测值的线性回归率，β 为截距，R^2 为决定系数，RMSE 为模拟值与实测值的均方根误差，NRMSE 为归一化均方根误差。

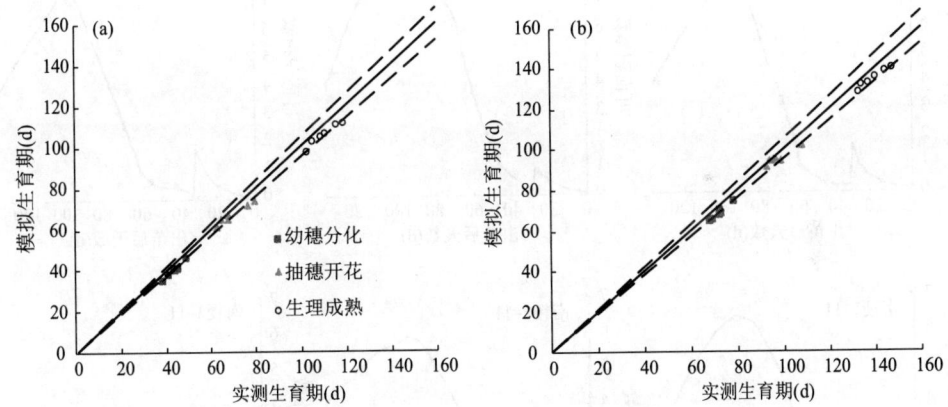

图 6.1 模拟生育期与实测生育期天数对比（2010 年数据）

(注：实线为 1∶1 线；虚线为正负标准差线)

(a)移栽之后；(b)出苗之后

(6)叶面积指数(LAI)的模拟验证

利用 2010、2011 年不同播期不同品种资料对叶面积指数模拟性能进行验证。图 6.2 为模拟叶面积指数与实测叶面积指数的比较，由图可见，早播的 LAI 模拟效果要好于中播、晚播的模拟效果，而中播、晚播的实测与模拟结果表现出模拟值相对偏大。这表明模拟的叶面积指数动态变化与实测值趋势一致，模型能较好地反映水稻叶面积指数变化动态。而由于模型是在潜在生产模式下运行，所以叶面积指数模拟值要大于实测值。2010 年和 2011 年叶面积指数模拟值与实测值均值相接近，t 检验结果表明，二者无显著性差异。模拟值与实测值回归决定系数 R^2 值分别为 0.93 和 0.97，回归效果极显著。2010 年和 2011 年叶面积指数均方根误差(RMSE)分别为 0.715 和 0.736，归一化均方根误差(NRMSE)为 24.0% 和 26.0%（表 6.7）。结果表明模型能较好地模拟 2010 年和 2011 年叶面积指数的变化，模拟结果较为合理。

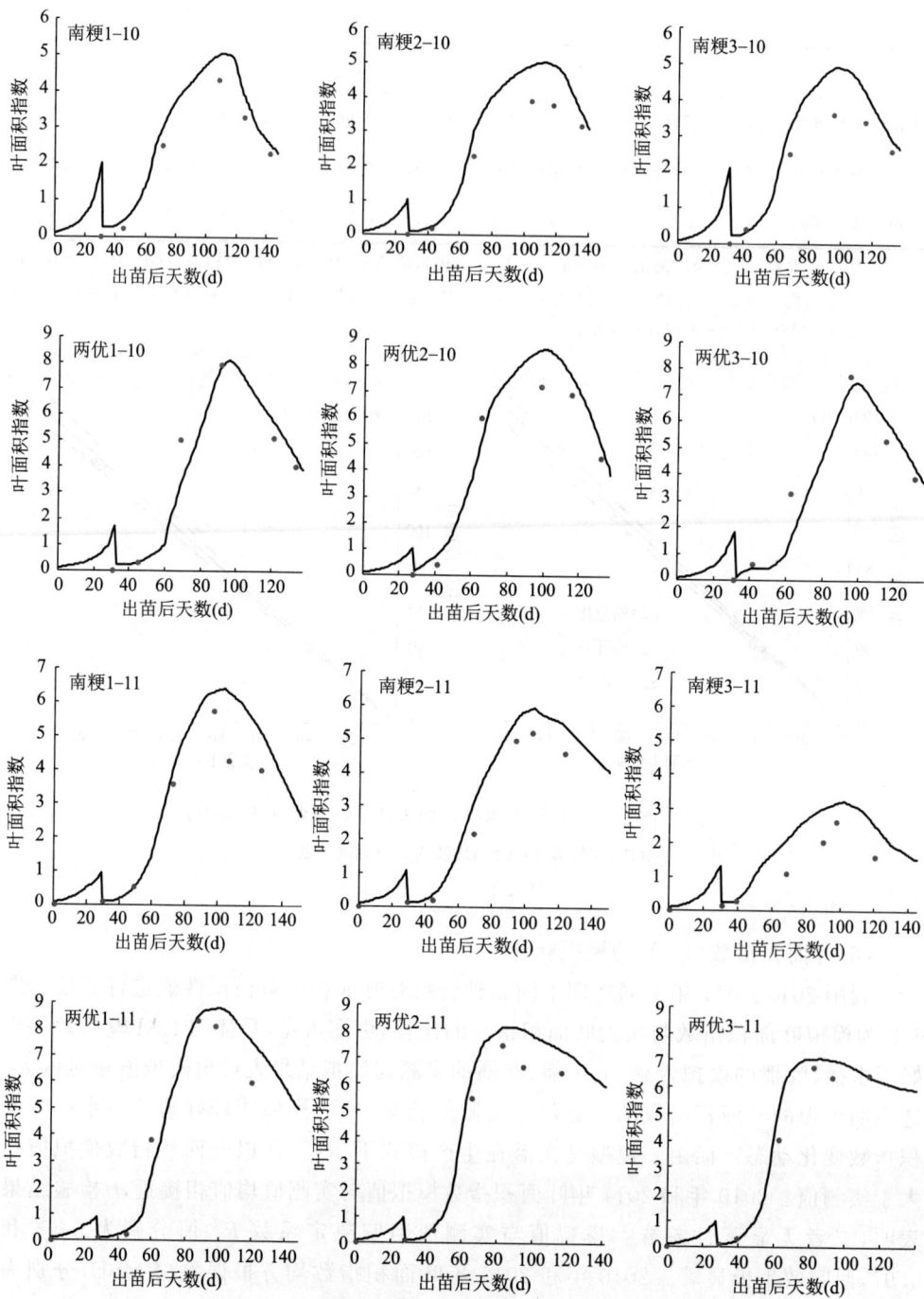

图 6.2 2010—2011 年数据模拟叶面积指数与实测叶面积指数结果对比

(注：•代表不同阶段的叶面积指数实测值)

表 6.7　校准数据与检验数据生物量($kg \cdot hm^{-2}$)、LAI 和产量实测值与模拟值($kg \cdot hm^{-2}$)的统计评价

数据	作物变量	N	$X_{mea}(SD)$	$X_{sim}(SD)$	$P(t^*)$	α	β	R^2	RMSE	NRMSE(%)
校准数据	地上总生物量	42	6165(6907)	6899(7287)	0.32	1.05	418	0.99	1010	16
	绿叶生物量	42	1198(1218)	1418(1295)	0.21	1.05	161	0.97	307	25
	茎生物量	42	2601(2766)	2949(2965)	0.29	1.07	179	0.99	456	17
	穗生物量	24	4140(4350)	4426(4339)	0.41	0.98	361	0.97	804	19
	叶面积指数	36	2.96(2.43)	3.23(2.58)	0.33	1.02	0.199	0.93	0.715	24
	最后总生物量	6	14633(4370)	15517(4483)	0.37	1.02	549	0.99	941	6
	产量	6	8658(3157)	8971(3414)	0.44	1.08	−374	0.99	432	5
检验数据	地上总生物量	48	7088(7374)	8229(8205)	0.24	1.11	377	0.99	1157	22
	绿叶生物量	48	1649(1495)	1897(1585)	0.22	1.05	163	0.98	326	20
	茎生物量	48	3170(3071)	3572(3319)	0.27	1.07	186	0.98	670	21
	穗生物量	24	4539(4640)	5519(4751)	0.24	1.02	908	0.98	1143	25
	叶面积指数	42	2.87(2.83)	3.32(3.13)	0.24	1.09	0.197	0.97	0.736	26
	最后总生物量	6	16938(4688)	19081(5146)	0.23	1.08	741	0.97	2306	13
	产量	6	9601(3059)	10821(3219)	0.26	1.03	897	0.96	1342	14

(7)生物量积累的模拟验证

利用 2010、2011 年的试验资料对水稻地上部分总生物量及各器官生物量的模拟性能进行验证。模拟的地上部分总生物量及各器官生物量动态变化与实测值趋势一致，模型能较好地反映水稻生物量变化动态。图 6.3 显示了 2010—2011 年模拟生物量与实测生物量结果对比情况。由图可以看出，模型对作物叶、茎、穗及地上总生物量的模拟值与实测值的动态变化相一致。模型对茎、穗及地上总生物量模拟结果比较好。由统计分析结果(表 6.7)可知，地上部总生物量及各器官生物量的模拟值与实测值较为接近，t 检验结果在 0.21～0.44 间变动，二者无显著差异。线性回归系数(α)变化范围为 0.982～1.108，均接近于 1；截距(β)大于 0，表明模拟值要大于实测值，其原因是模型在早中期生长阶段的过高估计。但 2010 年产量数据的 β 为 −374，表明模拟产量低于实际产量。决定系数 R^2 为 0.96～0.99，表明模型对样本数据的拟合程度很高。2010 年绿叶生物量的 NRMSE 较大，为 25%，而同年地上总生物量的 NRMSE 较小，为 16%。2010 年生育期末期的地上总生物量和产量的 NRMSE 分别为 6% 和 5%。2011 年绿叶生物量、地上总生物量、茎生物量的 NRMSE 分别为 20%、22% 和 21%；而穗生物量的 NRMSE 为 25%。2011 年生育期末期的地上总生物量和产量的 NRMSE 分别为 13% 和 14%。相对于 2010 年校准数据，2011 年检验数据各变量的 NRMSE(除了绿叶生物量)均偏大。利用独立的验证资料对模型定标参数进行检验，表明各生物量的模拟误差

均在合理范围内,生物量总体模拟性能良好。

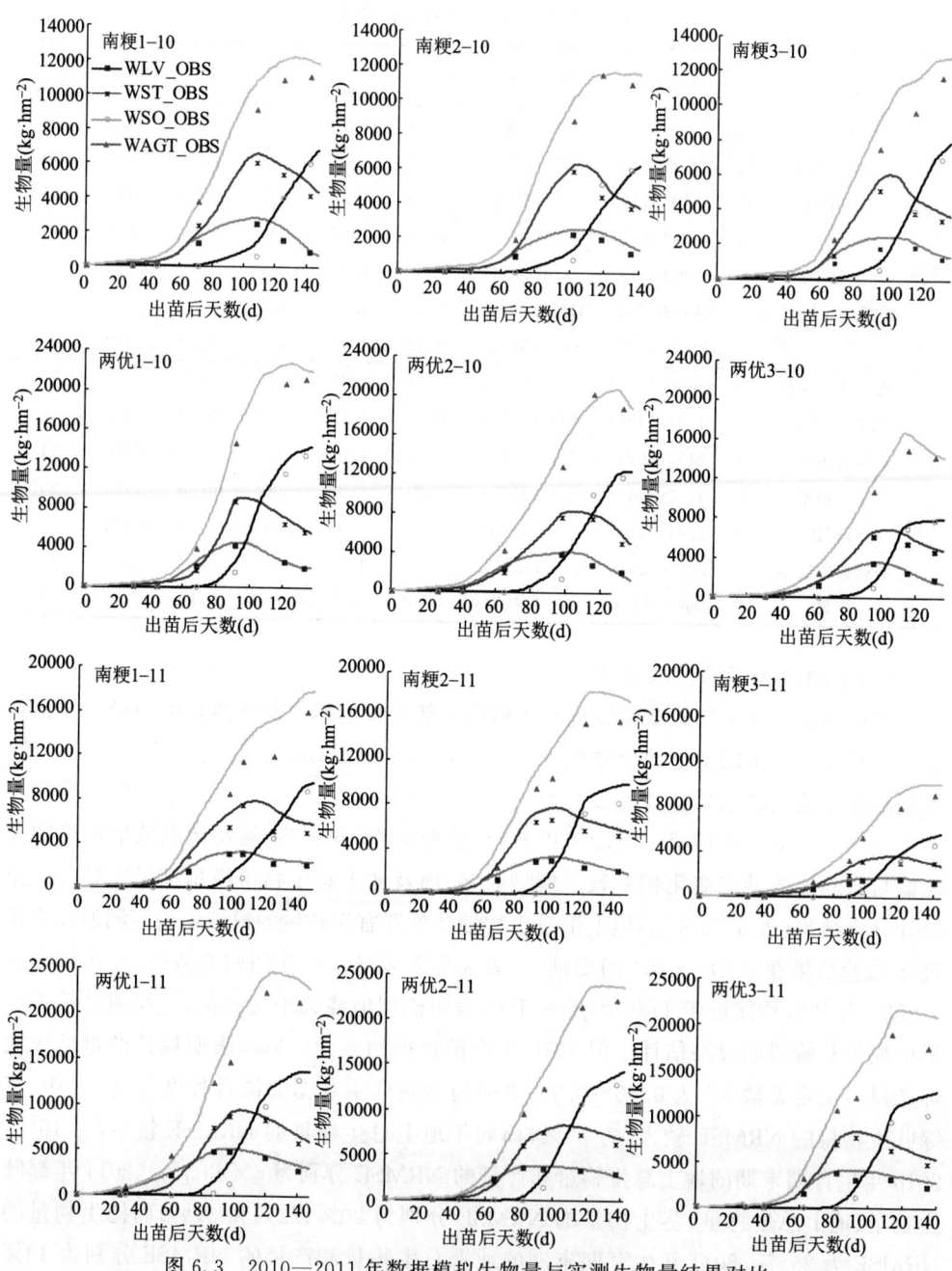

图6.3 2010—2011年数据模拟生物量与实测生物量结果对比
(WLV_OBS:实测叶生物量;WST_OBS:实测茎生物量;WSO_OBS:实测穗生物量;
WAGT_OBS:实测地上总生物量)

图 6.4 为生育期末期地上总生物量与产量实测值与模拟值的结果对比。由图可以看出,2010 年校准数据及 2011 年检验数据,其生育期末期的地上总生物量及产量点均分布于 1∶1 线周围,并且位于 1∶1 线之上,表明模拟值均大于实测值。

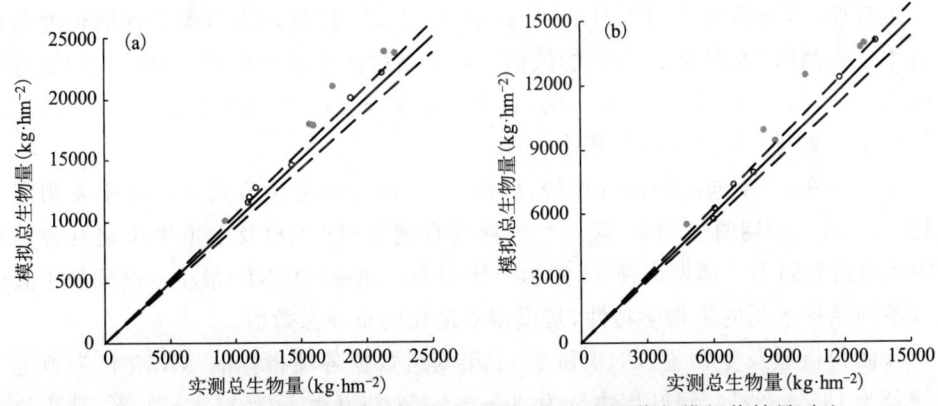

图 6.4　生育期末期地上总生物量(a)与产量(b)实测值与模拟值结果对比

(注:空心点为 2010 年校准数据结果,实心点位 2011 年检验数据结果)

图 6.5 为 2011 年检验数据各作物变量实测值与模拟值的对比,由图可以看出,模型对绿叶生物量、茎生物量及地上总生物量模拟较好,数据点分布在 1∶1 线与正负标准差线周围。而对穗生物量的模拟效果次之,模拟值大于实测值。对叶面积指数的模拟,在叶面积指数大于 2 后,模拟值要大于实测值。

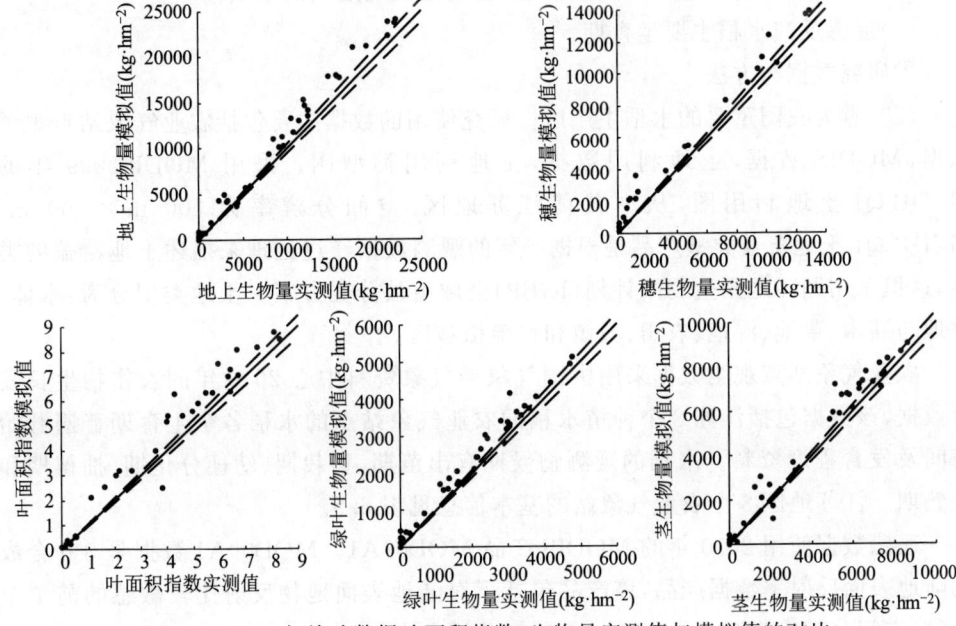

图 6.5　2011 年检验数据叶面积指数、生物量实测值与模拟值的对比

(8)ORYZA2000 水稻模型适应性小结

模型具有较好的模拟精度及较强的适应性,能够应用于安徽水稻生产,可为进一步应用模型开展模型区域化及结合遥感技术研究提供科学依据和理论基础。

生育期:不同播期(5月5日、5月15日、5月25日)处理下得到生育期长度的模拟值小于实测值,表现为 2~7 d 的低估。两个品种间也略有差异,南粳 44 的发育期比两优 6326 长。统计评价结果表明,各个生育期长度的 NRMSE 为 3.4%~7.5%,说明模拟结果与实测结果差异较小。

发育速率:对不同品种进行比较,两优 6326 的大部分生育期发育速率要稍高于南粳 44。第三播期两优 6326 营养生长期发育速率(DVRJ)及生殖生长期发育速率(DVRR)最大而第三播期南粳 44 的穗分化期发育速率(DVRP)最小。这反映了安徽地区不同品种水稻的生物学特性,是模型本地化的重要参数值。

叶面积指数及生物量:2010 和 2011 年两组数据各项指标的 NRMSE 为地上总生物量为 16%~22%,绿叶生物量为 20%~25%,茎生物量为 17%~21%,穗生物量为 19%~25%,叶面积指数为 24%~26%。最后总生物量及产量的 NRMSE 分别为 6%~13% 和 5%~14%。

6.3.1.2 遥感与模型结合预测水稻生长及产量

将基于单点研发的作物生长模型有效应用于区域尺度上监测作物长势及预测产量是作物模型真正实现区域估产的关键所在。本节以 ORYZA2000 模型为基础,通过区域尺度上的遥感观测数据驱动模型,实现区域尺度上的水稻估产。

(1)遥感反演水稻主要生育期

①研究数据与方法

江苏省为我国重要的水稻主产区。研究使用的数据主要包括农业气象站点观测数据,MODIS 数据,土地利用数据,土地利用类型图。采用 MODIS2009 年的 MCD12Q1 土地利用图,从中裁剪江苏地区,空间分辨率为 500 m×500 m。MCD12Q1 土地覆盖类型产品是根据一年的观测数据经过处理来描述土地覆盖的类型,这里采用国际地圈生物圈计划(IGBP)全球植被分类方案。土地类型分为:水体、林地与灌木、草地、湿地、农田、城镇和稀疏植被区。

农业气象站点观测数据采用中国气象局气象资料中心 2010 年的农作物生长发育数据,该数据包括江苏 8 个种植水稻的农业气象站点的水稻各个生育期普遍开始时间及发育程度资料。水稻的观测物候期有出苗期、移栽期、幼穗分化期、抽穗期和成熟期。江苏地区 8 个农业气象站的基本信息见表 6.8。

遥感数据使用 2010 年的 MODIS 产品 MOD09A1。MOD09A1 数据是 8 d 合成的陆地表面反射率数据产品,该产品包括了对陆地表面地物反射比较敏感的前 7 个波段,空间分辨率为 500 m×500 m,时间分辨率为 8 d。

表 6.8　江苏地区 8 个农业气象站的基本信息

站名	编号	经度(°E)	纬度(°N)
赣榆	58040	119.12	34.83
徐州	58027	117.15	34.28
淮安	58145	119.17	33.53
兴化	58243	119.83	32.93
高淳	58339	118.88	31.32
镇江	58248	119.47	32.25
无锡	58354	120.32	31.58
昆山	58356	120.95	31.42

②使用 Savizky-Golay 滤波法去除 EVI 曲线的噪音

为了突出 EVI 时间序列的变化趋势,研究利用 Savizky-Golay 滤波对 EVI 的时间序列进行滤波,用以去除 EVI 曲线的噪声。运用 ENVI 软件中的 Layer Stacking 功能分别将多时相 EVI 影像合成多波段影像文件,每个波段代表一个时相的 EVI,从而多波段遥感影像构成时间序列遥感影像,并使用 Savizky-Golay 滤波方法平滑时间序列遥感影像的噪声。Savizky-Golay 滤波器可以应用于任何具备相同间隔的连续且多少有些平滑的数据,EVI 时间序列影像满足此条件。本研究利用 TIMESAT (http://www.nateko.lu.se/TIMESAT/timesat.asp)软件包实现 Savizky-Golay 滤波。图 6.6 为兴化站点经过 S-G 滤波的 EVI 时间序列图。

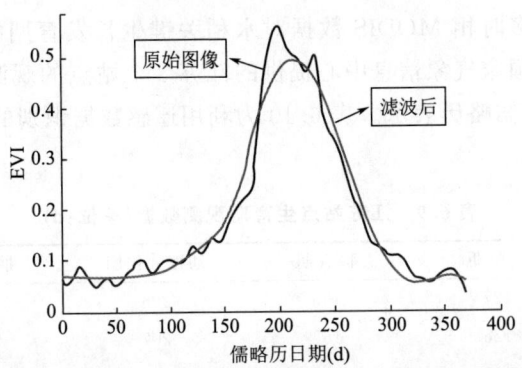

图 6.6　兴化站点经过 S-G 滤波的 EVI 时间序列图

③水稻主要生育期识别算法

根据水稻各生育期的生理特征推断出其在 EVI 时间序列上的表现特征,进而推出具体的识别算法提取江苏地区水稻的出苗期、移栽期、幼穗分化期、抽穗期和成熟期等物候信息。

根据地面多年观测数据显示,水稻抽穗期 LAI 达到最大,对应在 EVI 曲线上的最大值即为水稻抽穗期。通过 EVI 曲线上的最小点(即 EVI 的一阶导数为 0,且由负变正)确定移栽期。农业气象物候观测记录表明,进入成熟期 LAI 明显减小,EVI 指数下降速率最大,以此识别水稻成熟期。在 EVI 曲线上二阶导数为 0,从负变正,且这个点位于已经确定的抽穗期的后 40 d 左右。出苗期是水稻生长的开始时期,定义为水稻种子从芽鞘中生出第一片不完全叶。此时的 EVI 值接近于 0,一般通过移栽期向前推 25 d 左右得到。抽穗期之前为孕穗期,在抽穗期前 25~30 d,幼穗原始体开始分化,茎生长点由平圆形向上伸长,形成圆锥形,之后枝梗和颖花的分化形成幼穗。确定孕穗期一般通过抽穗期向前推 30 d 左右。5 个主要生育期在 EVI 时间序列图上的变化特征见图 6.7。

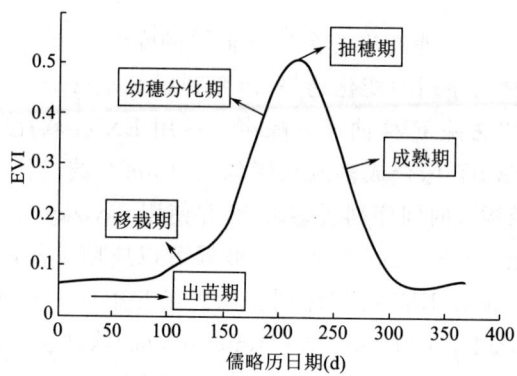

图 6.7 水稻主要生育期在经过 S-G 滤波平滑处理后在 EVI 时间序列上的特征示意图

为了验证利用多时相 MODIS 数据对水稻关键生长发育期的识别效果,将根据算法得出的结果与国家气象信息中心提供的江苏 8 个站点的观测数据(表 6.9)进行比较,其中发育期以儒略历表示。表 6.10 为利用遥感数据识别的江苏 8 个站点对应的生育期数据。

表 6.9 江苏站点生育期观测数据(单位:d)

站点	出苗期	移栽期	幼穗分化期	抽穗期	成熟期
徐州	127	163	206	237	275
淮安	128	167	207	238	281
赣榆	140	165	203	233	275
兴化	130	166	198	230	275
镇江	139	168	206	239	293
昆山	152	169	215	245	299
无锡	146	169	211	243	291
高淳	132	156	205	237	285

表 6.10 利用 MODIS 识别的江苏站点生育期数据(单位:d)

站点	出苗期	移栽期	幼穗分化期	抽穗期	成熟期
徐州	136	161	195	225	270
淮安	142	177	203	233	278
赣榆	136	161	195	225	270
兴化	144	169	203	233	278
镇江	136	161	211	241	286
昆山	136	161	211	241	286
无锡	136	161	211	241	286
高淳	136	161	195	225	270

利用 S-G 滤波提取的水稻生育期与站点观测统计资料的对比结果(图 6.8)显示,两种方法得出的出苗期、幼穗分化期和成熟期的差距绝大部分都在±16 d 以内,而移栽期和抽穗期绝大部分在±8 d 以内。比较表 6.9 与表 6.10 可以看出,徐州提取的幼穗分化期和抽穗期误差较大,淮安和昆山提取的出苗期误差较大,其他站点各个生育期的提取结果均较为合理。误差可能来源于:①MODIS 数据的时间分辨率较低,为 8 d;②本研究所用的遥感数据由于天气原因,未能完全去除云的影响;③由于空间分辨率的限制,混合像元造成的影响。上述原因在一定程度上引起水稻物候观测值和算法提取值的偏差,但整体上,此方法可用于提取水稻的主要生育期,并将误差控制在一个合理的范围内。

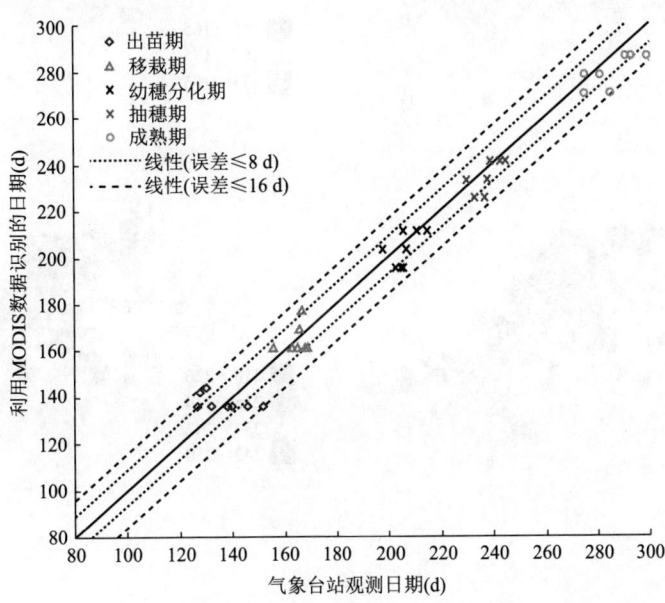

图 6.8 S-G 滤波提取水稻生育期与站点观测资料对比分布图

(2)水稻主要生育期分布及变化特征

利用遥感生育期识别算法得到 2010 年江苏地区的水稻生育期分布图(图 6.9)。图 6.9a 表示出苗期的空间分布,出苗时间基本呈现从西北向东南递减的趋势。其中,江苏东南部出苗期在 130～140 d(5 月中旬)之间;西北部出苗期在 150～160 d(6 月上旬)之间;东南部与西北部的过渡区域出苗期在 140～150 d(5 月下旬)之间。图 6.9b 表示移栽期的空间分布,其总体分布与出苗期类似,从南向北逐渐推迟。其中,江苏南部移栽期在 155～165 d(6 月中旬)之间,江苏北部移栽期在 175～185 d 之间(6 月下旬)。图 6.9c 表示幼穗分化期的分布,呈现出南早北晚的分布。江苏南部大致在 188～196 d 之间(7 月上旬),苏中地区大致在 196～204 d(7 月中旬),苏北地区较晚在 212～220 d 之间(8 月上旬)。图 6.9d 表示抽穗期的分布,江苏南部大致分布在 218～226 d 之间(8 月中上旬),而北部地区则大致分布在 226～234 d 之间(8 月中下旬)。图 6.9e 表示成熟期的分布,其分布与抽穗期类似,南部要早于北部。

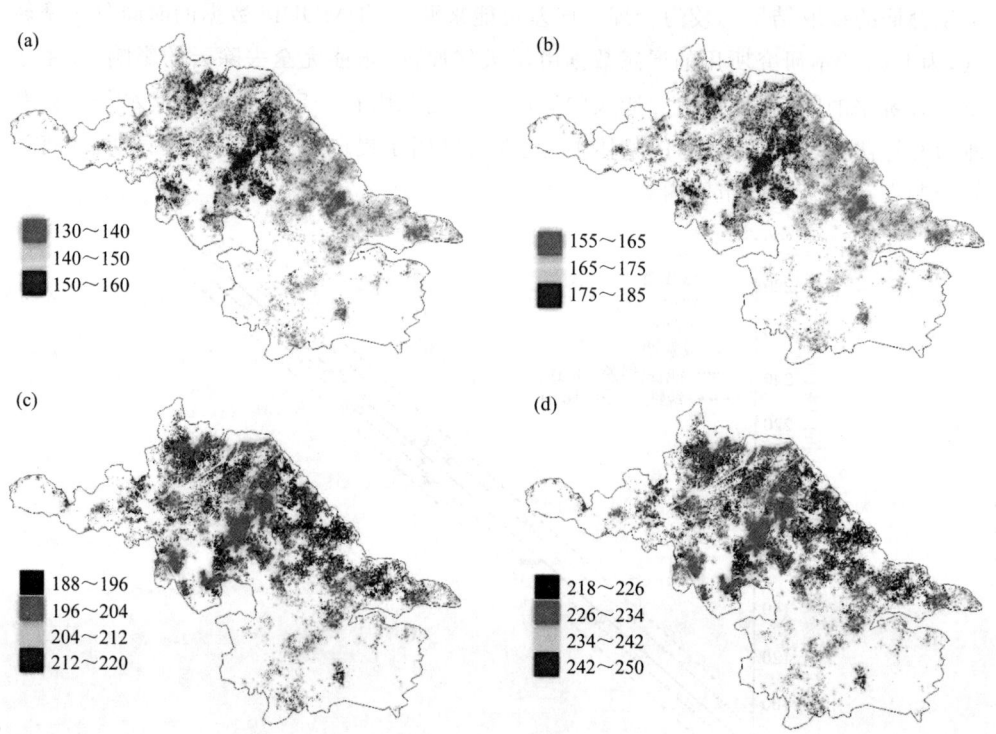

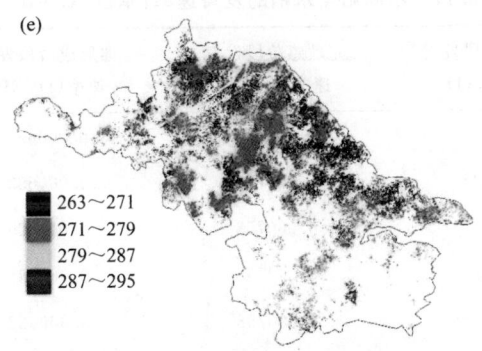

图 6.9 2010 年江苏地区生育期时空分布(单位:d)(附彩图)
(a)出苗期;(b)移栽期;(c)幼穗分化期;(d)抽穗期;(e)成熟期

(3)基于遥感数据的江苏地区水稻区域生长模拟个例

根据天气数据、LAI 数据和生育期数据驱动作物模型,实现对江苏地区水稻产量的预测。研究区内水稻的同化模拟产量从 7915.02 kg·hm^{-2} 变化到近 9669.24 kg·hm^{-2}(图 6.10)。产量高值区分布于江苏沿海地区及苏南地区,产量较低的地区位于江苏北部及中部。

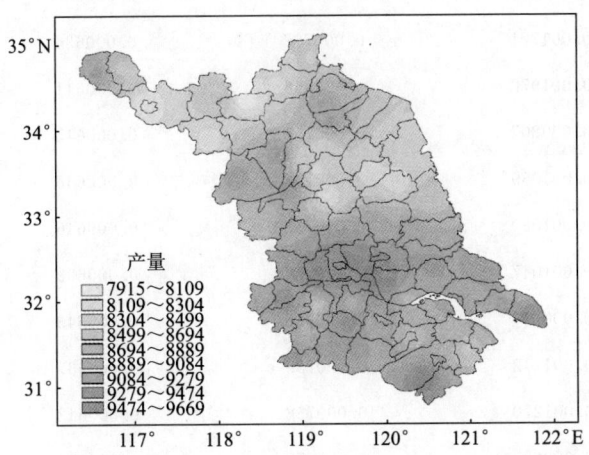

图 6.10 江苏省水稻产量模拟结果分布(单位:kg·hm^{-2})(附彩图)

在研究区内选取 50 个站点,以这些站点模拟结果与统计数据进行比较。50 个站点中有 26 个站点产量模拟误差小于 5%,占 52%。通过模型模拟可以得到产量及各个点的发育速率(表 6.11)。

表6.11 不同站点水稻的发育速率(单位:℃·d^{-1})

站点	基本营养阶段发育速率(DVRJ)	光敏感阶段发育速率(DVRI)	穗形成阶段发育速率(DVRP)	籽粒灌浆阶段发育速率(DVRR)
丰县	0.001129	0.000758	0.000633	0.001423
沛县	0.001135	0.000758	0.000632	0.001445
邳州	0.000652	0.000758	0.000629	0.001537
徐州	0.000837	0.000758	0.000632	0.001412
新沂	0.001572	0.000758	0.000632	0.001561
东海	0.000831	0.000758	0.000627	0.001575
赣榆	0.000998	0.000758	0.000621	0.001478
灌云	0.000823	0.000758	0.000629	0.001522
灌南	0.000821	0.000758	0.000634	0.001513
睢宁	0.000806	0.000758	0.000641	0.001551
泗阳	0.001064	0.000758	0.000642	0.001529
泗洪	0.000804	0.000758	0.000646	0.001556
盱眙	0.000513	0.000758	0.000668	0.001620
洪泽	0.001721	0.000758	0.000634	0.001402
涟水	0.001072	0.000758	0.000641	0.001504
淮阴	0.000807	0.000758	0.000645	0.001512
淮安	0.001059	0.000758	0.000646	0.001501
建湖	0.001080	0.000758	0.000646	0.001478
宝应	0.001047	0.000758	0.000652	0.001469
射阳	0.000750	0.000758	0.000643	0.001810
盐城	0.001212	0.000758	0.000637	0.001370
大丰	0.001270	0.000758	0.000642	0.001375
南京	0.000625	0.000758	0.000674	0.001455
仪征	0.000767	0.000758	0.000668	0.001443
兴化	0.000793	0.000758	0.000652	0.001455
江都	0.000774	0.000758	0.000664	0.001438
扬州	0.000630	0.000758	0.000666	0.001439
扬中	0.000785	0.000758	0.000663	0.001431

续表

站点	基本营养阶段发育速率(DVRJ)	光敏感阶段发育速率(DVRI)	穗形成阶段发育速率(DVRP)	籽粒灌浆阶段发育速率(DVRR)
镇江	0.000513	0.000758	0.000681	0.001528
泰兴	0.000644	0.000758	0.000661	0.001429
东台	0.000809	0.000758	0.000641	0.001458
如皋	0.000850	0.000758	0.000647	0.001455
靖江	0.000645	0.000758	0.000664	0.001422
南通	0.000817	0.000758	0.000655	0.001426
如东	0.000853	0.000758	0.000636	0.001413
吕泗	0.000691	0.000758	0.000629	0.001370
南通	0.000832	0.000758	0.000646	0.001408
启东	0.000904	0.000758	0.000625	0.001290
高淳	0.000807	0.000758	0.000647	0.001358
溧水	0.001602	0.000758	0.000671	0.001357
丹阳	0.000776	0.000758	0.000673	0.001424
金坛	0.000772	0.000758	0.000683	0.001419
常州	0.000503	0.000758	0.000655	0.001659
句容	0.000597	0.000758	0.000691	0.001529
溧阳	0.000778	0.000758	0.000695	0.001416
江阴	0.001099	0.000758	0.000659	0.001335
常熟	0.000754	0.000758	0.000678	0.001497
无锡	0.000509	0.000758	0.000694	0.001496
昆山	0.000515	0.000758	0.000687	0.001469
东山	0.000646	0.000758	0.000667	0.001390

使用江苏省50个站点2010年的水稻统计单产与同化模拟单产进行比较检验ORYZA2000模型的模拟产量误差(图6.11)。可以看出产量估测的误差总体上水稻模拟值都比实际值偏大,这是由于本研究设定ORYZA2000模型为潜在生长条件,没有考虑氮肥、水分、病虫害、倒伏等因素的影响。50个站点中最小误差为1.55%,最大误差为11.56%,平均误差为5.17%。其中南京和邳州的误差较大,均在10%以上;而无锡和昆山的误差较小。另外,江苏中北部地区模拟的相对误差整体要高于苏南地区。

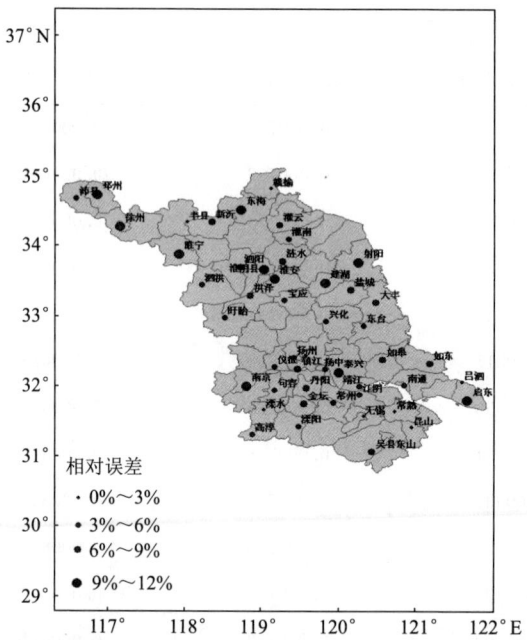

图 6.11 水稻实际产量与模拟产量相对误差分布(%)

6.3.2 基于模型 WheatSM 的小麦作物生长及产量预测

6.3.2.1 WheatSM 模型简介

小麦生长发育模拟模型 WheatSM(Wheat growth and development Simulation Model)是由中国农业大学开发,在大量的田间实验和大范围的有关研究资料收集的基础上,建立的我国适于大面积范围应用的自主版权的一个作物模型。

WheatSM 模型按照小麦发育的生理生态学及农业气象学原理构建了小麦发育期、叶龄动态、光合生产与产量形成以及同化物分配等模拟模块,并将各个子模块进行有机结合成小麦生长发育模拟模型。该模型具有精度高,机理性强,适应性好等特点,可适用于不同类型的小麦品种(冬性、半冬性和春性)。该模型既考虑光合作用、呼吸消耗和同化物分配等生理过程,又考虑冬小麦的春化作用和光周期作用,同时,充分考虑 CO_2、气温及水分对小麦光合生产的影响。WheatSM 具有较好的机理性,以日为步长,具有较高的时间分辨率,可以广泛应用于确定小麦适宜播期、预测生育期、防御冻害、预测产量等,对农业生产和管理具有指导意义。

WheatSM 模型在华北地区已获得了较好的应用。以 WheatSM 及 APSIM-Wheat 模型为基础,评估了华北平原冬小麦生产的气候风险;同时,还对小麦生长发育模拟模型(WheatSM)在华北冬麦区的适用性进行了验证,表明该模型对冬小麦生育期及产量的模拟有较高模拟精度,模拟值与实测值拟合良好,且适用性较好。

(1)WheatSM 的基本原理

WheatSM 模拟以土壤物理学性质、土壤养分和水分等为初始条件,以逐日的气温、太阳辐射、日长等气象要素为驱动变量,以小麦发育期为"时标"(time scale),控制系统的运行及控制子程序与有关参数的调用。该模型将小麦整个生长发育过程划分为 4 个生育阶段。

第一阶段:播种—出苗期。

第二阶段:出苗—拔节期(包括春化阶段和光照阶段)。

第三阶段:拔节—抽穗期。

第四阶段:抽穗—成熟期。

WheatSM 的运行需在 Microsoft Access 数据库下建立天气数据库、作物资料数据库和土壤资料数据库。其中,天气数据库是模型运行的主要输入部分,包括逐年逐日、常年逐日、逐年逐月、常年逐月各表。每个表中所需气象数据项目为:最高气温、最低气温、平均气温、降水量、日照时数等;土壤资料数据库包括土壤类型、质地、典型土壤的分层田间持水量、凋萎系数、容重、土壤水分动态、土壤养分状况(有机质含量、全氮、速效氮、速效磷、速效钾等);作物资料数据库包括品种名称、品种类型、播种期、生育进程、产量、栽培措施数据、试点经纬度、海拔高度等。

模型输出各生育期起止日期、生物产量、经济产量、公顷穗数、穗粒数、千粒重等,以及总生物量、根系重、茎鞘重、叶片重、穗部重等作物要素信息。

(2)WheatSM 模型的构建

①小麦发育期模拟模型(WDSM)

小麦生育期对决定小麦潜在产量很重要。在小麦育种,生产管理及生理生态研究中,都需要对小麦发育期进行预测。通过对影响小麦发育的环境因子分析,建立的小麦发育期模拟模型(WDSM),较之以往的模型,其生物学意义明确,模拟精度高,适应类型多及适应性强,同时便于实际使用和与计算机应用,为解决小麦发育进程的模拟和预测提供了一个较好的方法。

模型采用生育时期指数 DSI(Development Stage Index)将小麦生育期量化为播种期 0.0,出苗 1.0,三叶 1.1,分蘖期 1.2,越冬期 1.3,返青期 1.4,拔节期 2.0,孕穗期 2.1,抽穗期 3.0,开花期 3.1,乳熟期 4.0,蜡熟期 4.1 和完熟期 4.2。考虑遗传特性与环境因子(温度、日长)对小麦发育进程的影响,构建析因指数形式的小麦发育期动态模拟模型为:

$$\frac{\mathrm{d}M_i}{\mathrm{d}t} = \frac{1}{D_i} = e^{k_i}(TE_i)^{p_i}(PE_i)^{q_i} \times f(EC) \tag{6.14}$$

式中,D_i 为小麦生育阶段日数,M_i 为生育阶段内发育进程,生育完成时 $M_i=1$。$\mathrm{d}M_i/\mathrm{d}t$

为生育阶段内发育速度，$f(EC)$为肥料、播种深度等可控栽培措施因子影响函数，表达为各因子影响函数的乘积。k_i为基本发育系数，由品种自身遗传特性决定。TE_i为温度效应因子，反映温度对小麦发育的非线性影响。p_i为温度反应特性遗传系数（简称温度系数），反映该品种该生育阶段内对温度反应的敏感性；PE_i为光周期效应因子；q_i为光周期反应特性遗传系数（简称光周期系数），反映该品种该生育阶段内对光周期反应的敏感性。

温度效应因子TE确定式为：

$$TE = \frac{T_i - T_{bi}}{T_{oi} - T_{bi}} \tag{6.15}$$

光周期效应因子PE确定式为：

$$PE = \frac{PL_i - PL_{bi}}{PL_{oi} - PL_{bi}} \tag{6.16}$$

式中，T_i为第i生育阶段内平均气温（℃），T_{bi}为该生育阶段内生长下限温度（℃），T_{oi}为该生育阶段内小麦生长最适温度（℃），PL_i为生育阶段内平均光长（h），PL_{oi}为生育阶段内最适光长（h），PL_{bi}育阶段内临界光长（h）。

小麦播种—出苗期（阶段 I）基本模型可表述为：

$$\frac{dM_i}{dt} = \frac{1}{D_1} = e^{k_1}(TE_1)^{p_1} f(\text{DEP}) \tag{6.17}$$

式（6.17）中，$f(\text{DEP})$为播种深度影响函数；TE_1计算时取$T_{o1}=20\ ℃$，$T_{b1}=1\ ℃$；$f(\text{DEP})$由下式确定：

$$f(\text{DEP}) = 1.5299\ e^{-0.0978\,\text{DEP}} \quad (R=0.9922, n=17) \tag{6.18}$$

式中，DEP为播种深度（cm），为模型的1个输入值。

小麦出苗—拔节期（阶段 II）基本模型，小麦春化作用期间每日获得的春化程度用春化效应因子（VE，春化日（d））表示，其值为0~1。冬型、半冬型小麦春化效应因子（VE）表达式为：

$$VE = \begin{cases} (VT+4)/7 & (-4\ ℃ < VT \leqslant 3\ ℃) \\ 1.0 & (3\ ℃ < VT \leqslant 7\ ℃) \\ (18-VT)/11 & (7\ ℃ < VT < 18\ ℃) \\ 0 & (VT \leqslant -4\ ℃, VT \geqslant 18\ ℃) \end{cases} \tag{6.19}$$

式（6.19）表示，春化阶段温度在−4~3 ℃时，春化效应随温度的升高而增大；温度在3~7 ℃时，最适合春化作用进行，春化效应最大（$VE=1$）；温度在7~18 ℃时，春化效应随温度的升高而减小；温度低于−4 ℃或高于18 ℃时，不进行春化效应，春化效应为零。

春型小麦春化效应因子（VE）则为：

$$VE = \begin{cases} VT/5 & (0\ ℃ < VT \leqslant 5\ ℃) \\ 1.0 & (5\ ℃ < VT \leqslant 18\ ℃) \\ (30 - VT)/12 & (18\ ℃ < VT < 30\ ℃) \\ 0 & (VT \leqslant 0\ ℃, VT \geqslant 30\ ℃) \end{cases} \quad (6.20)$$

式(6.20)中,VT 为春化期间的日均温度。小麦春化效应因子(VE)累积值称最短累计春化日(Accumulated Vernal Days,AVD)或春化量,并认为当某品种小麦春化效应因子累计达最短累计春化日时,即完成小麦春化反应,该日期称为小麦理论春化反应结束日(简称春化日)。不同类型小麦品种其最短累计春化日不同,模型将出苗—理论春化反应结束日作为小麦春化阶段,其发育模型为:

$$\frac{dM_{21}}{dt} = \frac{1}{D_{21}} = e^{k_{21}} (VE)^{p_{21}} \quad (6.21)$$

上式中,k_{21},p_{21} 为模型参数,p_{21} 为春化反应特性遗传系数(简称春化系数),AVD 或系数 k_{21} 及 p_{21} 反映小麦品种对春化反应的敏感性。光照阶段温度效应因子(TE)由式(6.15)确定,取 $T_{o22} = 20\ ℃$,$T_{b22} = 3\ ℃$,光长(PL)包括曙暮光在内,取 $PL_b = 8\ h$,$PL_o = 18\ h$,该阶段发育模型为:

$$\frac{dM_{22}}{dt} = \frac{1}{D_{22}} = e^{k_{22}} (TE)^{p_{22}} (PE)^{q_2} \quad (6.22)$$

小麦拔节—抽穗期(阶段Ⅲ)基本模型为:

$$\frac{dM_3}{dt} = \frac{1}{D_3} = e^{k_3} \times (TE_3)^{p_3} \quad (6.23)$$

式中,TE_3 由式(6.23)确定,且取 $T_{o3} = 20\ ℃$,$T_{b3} = 3\ ℃$。

小麦抽穗—成熟期(阶段Ⅳ)基本模型为:

$$\frac{dM_4}{dt} = \frac{1}{D_4} = e^{k_4} (TE_4)^{p_4} \quad (6.24)$$

式中,TE_4 由式(6.24)确定,且取 $T_{o4} = 22\ ℃$,$T_{b4} = 9\ ℃$。

②小麦光合生产模拟模型(WPSM)

小麦群体光合生产动态模拟模型综合考虑了小麦群体叶面积动态、光能截获及光合作用、呼吸消耗、同化物向各器官分配等主要生理过程及 CO_2、温度、水分和 N 素等因子的影响。光合生产模型中单叶光合作用强度采用门司、佐伯法计算。群体光合作用日总量(PG_d,$CO_2(g \cdot m^{-2} \cdot d^{-1})$)公式为:

$$PG_d = \int_1^{DL} PG \cdot dDL = \frac{P_{max} \cdot DL}{k} \cdot \ln\left[\frac{P_{max} + a \cdot k \cdot (1-\alpha) \cdot S \cdot 0.47}{P_{max} + a \cdot k \cdot (1-\alpha) \cdot S \cdot 0.47 \cdot \exp(-k \cdot LAI)}\right]$$

$$(6.25)$$

式中,α 为麦田群体反射率(%),取 $\alpha = 8\%$;参数 a ($CO_2 g \cdot MJ^{-1}$)为光合作用曲线

初始斜率,其变化较小,取 $a=15$（CO_2g·MJ^{-1}）；参数 P_{max}（CO_2g·m^{-2}·h^{-1}）为光饱和点下最大光合作用强度,k 为消光系数,S 为每小时平均辐射量,为逐日太阳总辐射 Q 与日长 DL 之比,即 $S=Q/DL$。呼吸作用模型考虑了光呼吸、暗呼吸及温度对呼吸作用的影响。小麦群体叶面积通过分配给叶片干物质量和比叶重计算,模型中考虑了开花后叶片衰老状况。小麦作物日净光合产物量（CO_2g·m^{-2}·d^{-1}）为日总光合强度与呼吸消耗之差。由 CO_2 同化量转换为干物质量应乘以比例系数 λ（$\lambda=0.682$）和由葡萄糖合成各类植株干物质的转换系数 β。

③小麦产量形成模拟模型（WYSM）

小麦产量形成模拟模型分别考虑抽穗前后光合生产对产量的贡献,用抽穗前后期的干物质积累量 $YD(be)$、$YD(ae)$ 分别乘以不同转移率求出经济产量。其形式为：

$$YD = YD(be) + YD(ae) \tag{6.26}$$

$$YD = \left[\sum_{d=1}^{de} T_{r1} \times M(d) + \sum_{d=de+1}^{D} T_{r2} \times M(d) \right] \times \eta \quad (D > de) \tag{6.27}$$

式中,YD 为小麦经济产量,de 为至抽穗期天数,D 为全生育期天数,η 为单位换算系数,T_{r1} 为抽穗前茎鞘储存物向籽粒的转移率,T_{r2} 为抽穗后光合产物向籽粒的转移率,T_{r1}、T_{r2} 可由试验资料求得。

④土壤水分动态模型（WATMOD）

麦田土壤水分动态模型综合考虑了降水量、灌水量、麦田潜在和实际蒸散量、水分径流和作物对降水截留量等过程,可模拟麦田 0～100 cm 土层土壤水分变化动态。采用简化土壤水分平衡模式,某层第 ($t+1$) 天土壤含水量 [$W(t+1)$] 可表示为：

$$W(t+1) = W(t) + P(t) + I(t) - ETA(t) - RU(t) - C(t) \tag{6.28}$$

式中,$W(t)$ 为第 t 天土壤初始含水量（mm）,$P(t)$ 为第 t 天降水量（mm）,$I(t)$ 为第 t 天灌溉量（mm）,$ETA(t)$ 为第 t 天实际蒸散量（mm）,$RU(t)$ 为第 t 天径流量（mm）,$C(t)$ 为第 t 天作物对降水截流量（mm）。模型中潜在蒸散的计算采用 Priestley-Taylor 模型。

⑤气象数据处理

小麦模型模拟步长为 1 d,输入天气数据为日太阳辐射、日最高气温、日最低气温和日降水量。模型中还需进行必要的气象数据处理,如日平均气温取最高气温和最低气温平均值,无辐射观测站点太阳总辐射量以日照时数计算等。逐日日长计算式为：

$$DL = 2\arccos(-\tan\varphi \times \tan\delta)/15 \tag{6.29}$$

式中,DL 为日长（h）,φ 为所在地点纬度,δ 为太阳赤纬,由下式求得：

$$\delta = 23.5\sin\{360°[(t+284)/365]\} \tag{6.30}$$

式中,t 为日序,指由 1 月 1 日开始计全年天数所排次序。用埃斯特朗（Angström）公式由某地日照时数计算出该地太阳辐射总量,表达式为：

$$Q(t) = Q_0(t) \times [a + b \times S(t)/DL] \tag{6.31}$$

式中，$Q(t)$ 为模拟第 t 天太阳总辐射($MJ·m^{-2}·d^{-1}$)，$Q_0(t)$ 为该日天文辐射量($MJ·m^{-2}·d^{-1}$)，$S(t)$ 为该日日照时数(h)，DL 为该日日长(h)，a、b 为模型参数并根据气候区域取值，计算精度要求较低时一般取 $a=0.23$，$b=0.48$，精度要求较高时 a、b 值需根据文献或实际资料计算确定。

(3) 模型输出

模型输出可以是图形、数据表和区域 GIS 形式显示，结果可打印或保存为文件。输出内容包括模拟日期、生育天数、总生物量、地上部生物量、叶重、根重、穗重、叶面积系数和经济产量等，区域结果包括省市名称、分区名称、地名、成熟期、全生育期和产量等，并将运行结果保存文件中。

6.3.2.2 WheatSM 模型在华北区域的适应性分析

(1) 作物与管理数据

采用华北地区 3 个大田试验站点 2008—2010 年的作物观测数据，站点为北京上庄(116.47°E，39.80°N，海拔 44 m)、河北曲周(114.92°E，36.78°N，海拔 31.3 m)、河南周口(114.62°E，33.62°N，海拔 47.6 m)。当地气象条件适宜小麦生长，土地肥力中等。观测数据包括物候期（播种期、出苗期、分蘖期、返青期、起身期、拔节期、孕穗期、抽穗期、开花期、灌浆期、成熟期）、叶面积指数、器官生物量以及实测产量数据等。试验处理设播种期、品种和密度处理，采用裂区区组设计，4 次重复，播种期为主区，品种为副区，密度为副副区。播种期包括 3 个处理：早播(SE)、中播(SM)和晚播(SL)。其中，中播(SM)处理为当地适宜播种期，早播比中播提前 10 d，晚播比中播延后 10 d。品种包括农大211、邯郸 6172 和偃展 4110 共 3 个不同特性的品种，其中农大 211 适宜在北京种植，邯郸 6172 适宜在河北种植，偃展 4110 适宜在河南种植。密度处理包括 3 个水平：低密度(DL)、中密度(DM)和高密度(DH)，其中，低密度为基本苗 10 万株·亩$^{-1}$[①]，中密度为基本苗 20 万株·亩$^{-1}$，高密度为基本苗 30 万株·亩$^{-1}$。试验中小麦南北向种植，各小区面积 60 m^2，小区间 1 m 隔离。其他试验管理同当地常规高产大田水平。

(2) 气象数据

2008—2010 年各个观测站点逐日气象数据以及逐小时气象数据，包括太阳辐射量($MJ·m^{-2}$)或日照时数(h)、最高温度(℃)、最低温度(℃)、平均相对湿度(%)、平均风速($m·s^{-1}$)和降水量(mm)。

(3) 模型参数确定与检验方法

选用国际上通用的指标体系进行模型适应性检验和评价。首先，通过图形直观地判断模拟值与实测值之间的吻合程度，对模型进行定性的总体评价。其次，选择统计指标进行定量化评价，统计指标包括模拟结果与实测结果的平均值，两者之间的线

---

① 1 亩=1/15 hm^2，下同。

性回归系数(α)、截距(β),标准差(SD);Student's-t 检验值($P(t*)$);均方根误差(RMSE)、归一化均方根误差(NRMSE)。

①均方根误差和归一化均方根误差的计算公式如下:

$$\mathrm{RMSE} = \sqrt{\frac{\sum(X_i - Y_i)^2}{n}} \qquad (6.32)$$

$$\mathrm{NRMSE} = \frac{\mathrm{RMSE}}{\bar{Y}} \times 100\% \qquad (6.33)$$

式中,Y_i 和 X_i 分别为模拟值和实测值,$\bar{X}$ 为实测数据平均值,$\bar{Y}$ 为 Y_i 的平均值,n 为样本数。

②标准差 SD:是评价观测值离散情况的度量,计算方法如公式(6.34)。

$$SD = \sqrt{\frac{\sum(X_i - Y_i)^2}{n-1}} \qquad (6.34)$$

式中,n 为样本个数。

③斜率 α 和截距 β 等参数

当 $\alpha \to 1$ 和 $\beta \to 1$ 时,认为模型的模拟值与实测值一致性较好。

模拟误差的大小可有均方根误差与归一化均方根误差反映,总体模拟效果由模拟值均值与实测值均值的差异反映。当线性回归系数(α)越接近于 1,截距(β)越接近于 0,并且确定系数(R^2)越大时,吻合度就越高。Student's-t 检验值($P(t*)$)大于 0.05 时,模拟值与实测值之间的差异不显著。

④WheatSM 模型参数校准

利用 2008—2010 年华北地区 3 个代表点(河北曲周、北京上庄、河南周口)中国农业大学试验站小麦田间观测数据进行模型作物参数调试,获得不同品种各发育阶段的生育期参数(基本发育系数 k、温度系数 p、光周期系数 q)和产量参数(光合作用参数 PMAX、经济系数 HI、比叶面积 SLC)。表 6.12 分别列出各个品种生育期参数。可见,不同品种间的生育期参数差别较大。

表 6.12 不同品种的生育期参数

品种	k_1	p_1	k_{21}	p_{21}	k_{22}	p_{22}	q_2	k_3	p_3	k_4	p_4
邯郸 6172（曲周）	−2.00	1.00	−3.68	1.10	−2.75	0.95	0.01	−2.79	0.80	−3.40	2.24
农大 211（上庄）	−2.30	1.20	−3.25	1.21	−3.25	0.48	0.01	−2.80	1.55	−3.57	1.80
偃展 4110（周口）	−1.90	2.00	−2.30	1.02	−0.03	0.64	2.80	−2.91	0.78	−3.70	0.59

(4) WheatSM 模型模拟与验证

①生育期模拟与验证

利用河北曲周、北京上庄、河南周口 3 个试验站 2008—2009 年和 2009—2010 年田间试验数据对模型进行参数调试与验证。采用当地适宜的小麦品种邯郸 6172(曲周)、农大 211(上庄)和偃展 4110(周口),对不同处理下的小麦发育进程进行模拟。将 2008—2009 年中密度(当地适宜密度)处理下不同播期的观测结果进行参数调试,确定 3 个地点、3 个品种的参数,并将调试的品种参数模拟 2009—2010 年 3 个不同品种(邯郸 6172(曲周)、农大 211(上庄)、偃展 4110(周口))小麦发育进程,对该品种参数进行验证。

表 6.13—表 6.15 为 2008—2009 年和 2009—2010 年适宜密度(中密度)下不同播期处理的模拟值与实测值结果,数值代表各生育期相对于播种日期的日数。由这 3 个表可以看出,生育期的观测值与模拟值之间的平均误差为 2~3 d,模拟结果较好。其中,邯郸 6172(曲周)品种的出苗期、抽穗期、成熟期模拟效果较好,平均误差 2 d,而拔节期的平均误差为 3~4 d。其主要原因是越冬期至拔节期小麦存在光照阶段,光照长度对小麦生长的影响较大。农大 211(上庄)品种的出苗期、拔节期模拟效果较好,平均误差在 2 d 以内,而抽穗期与成熟期的模拟的误差较大。偃展 4110(周口)品种的出苗期、成熟期模拟较好(虽然偃展 2009—2010 年成熟期田间观测值缺值,但是从其他生育期模拟来看,模拟效果较好),拔节期与抽穗期均出现 5 d 以上的较大误差,拔节期误差主要是因为存在光照阶段,光照长度对小麦生长影响较大,造成偏差;抽穗期误差主要是因为温度影响,但不同处理下的抽穗期差别较大,所以模型算法还需要进一步调整。

表 6.13 邯郸 6172(曲周)品种 2008—2009 年和 2009—2010 年不同播期处理下生育期实测值与模拟结果

年份	处理	取值	出苗期(d)	拔节期(d)	抽穗期(d)	成熟期(d)
2008—2009 年	早播	实测	7	169	192	234
		模拟	6	175	195	233
	中播	实测	8	160	183	224
		模拟	8	165	185	224
	晚播	实测	12	155	174	215
		模拟	9	155	175	213
2009—2010 年	早播	实测	7	191	212	248
		模拟	7	190	211	247
	中播	实测	9	181	202	238
		模拟	7	180	202	236
	晚播	实测	11	171	194	229
		模拟	11	170	192	226

表 6.14　农大 211(上庄)品种 2008—2009 年和 2009—2010 年不同播期处理下生育期实测值与模拟结果

年份	处理	取值	出苗期(d)	拔节期(d)	抽穗期(d)	成熟期(d)
2008—2009 年	早播	实测	7	182	207	244
		模拟	9	179	202	240
	中播	实测	9	172	197	238
		模拟	11	171	194	232
	晚播	实测	17	162	187	229
		模拟	19	163	186	223
2009—2010 年	早播	实测	7	198	219	252
		模拟	9	201	222	259
	中播	实测	15	191	212	243
		模拟	11	191	212	249
	晚播	实测	18	182	203	234
		模拟	16	181	203	239

表 6.15　偃展 4110(周口)品种 2008—2009 年和 2009—2010 年不同播期处理下生育期实测值与模拟结果

年份	处理	取值	出苗期(d)	拔节期(d)	抽穗期(d)	成熟期(d)
2008—2009 年	早播	实测	6	144	180	229
		模拟	6	150	180	228
	中播	实测	7	138	174	220
		模拟	9	146	173	220
	晚播	实测	8	138	167	212
		模拟	9	137	164	212
2009—2010 年	早播	实测	8	159	190	—
		模拟	8	162	190	—
	中播	实测	8	156	186	—
		模拟	8	155	183	—
	晚播	实测	13	157	181	—
		模拟	13	147	174	—

注：偃展 4110(周口)大田试验成熟期缺值。

由图 6.12 可以看出，3 个品种在不同处理下的生育期观测值与模拟值之比接近 1∶1 线，线性回归决定系数 R^2 达到 0.997，归一化均方根误差(NRMSE)为 2.2%，表明 WheatSM 模型对华北地区小麦生育期的模拟精度较高。

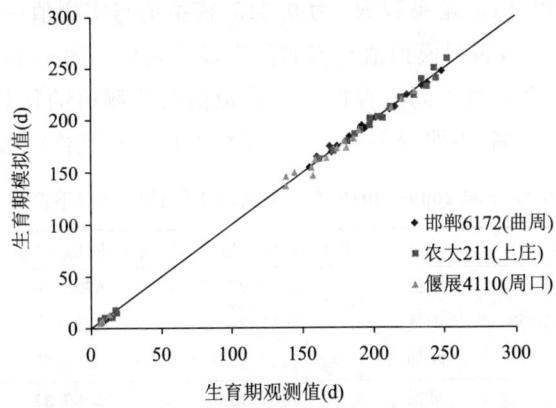

图 6.12 2008—2010 年 3 个地点 3 个品种不同播期下生育期实测值与模拟值的比较

②生物量模拟与验证

经过参数校准后模型能反映华北地区小麦各器官生物量积累变化动态,模拟值与实测值吻合。以 3 个品种的茎生物量模拟效果为例,其模拟值与实测值的比较结果见图 6.13。由统计结果可知,茎生物量的模拟值均值与实测值均值较为接近,T 检验值均大于 0.05,表明模拟值与实测值无显著性差异。模拟值与实测值回归系数变化范围为 0.605~1.225,均接近于 1,回归系数 R^2 为 0.747~0.908,茎生物量模拟效果较好。

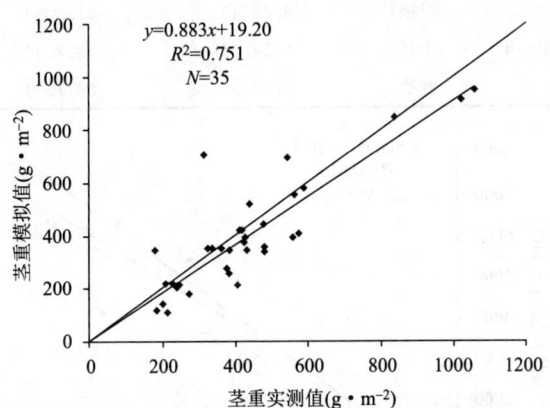

图 6.13 日尺度下 2008—2009 年和 2009—2010 年 3 个品种的茎重实测值(上方长线)与模拟值(下方短线)比较

③产量模拟与验证

表 6.16 为 2008—2009 年和 2009—2010 年 3 个小麦品种(邯郸 6172(曲周)、农大 211(上庄)、偃展 4110(周口))在不同播期处理下的产量模拟和实测结果,模拟产量结果的平均值为 4733.445 kg·hm^{-2},实测产量平均值为 5164.773 kg·hm^{-2},二

者差距较小。对模拟值与实测值进行统计检验,归一化均方根误差为17.20%,模拟值与实测值符合度较好;决定系数R^2为0.615,模拟值与实测值一致性较好,T检验结果为0.25034>0.05,表明模拟值与实测值无显著差异。图6.14为2008—2009年和2009—2010年3个品种不同生育期产量模拟值与实测值的比较,可以看出,散点均匀分布在1∶1线两侧,表明WheatSM小麦模型模拟产量性能较好。

表6.16　2008—2009年和2009—2010年3个品种不同播期处理下产量模拟值和实测值

品种	年份	处理	模拟值(kg·hm^{-2})	实测值(kg·hm^{-2})	差值(kg·hm^{-2})
邯郸6172（曲周）	2009—2010年	早播	7144.93	6790.00	354.93
		中播	5611.24	5695.00	-83.76
		晚播	3443.86	4383.75	-939.89
农大211（上庄）	2009—2010年	早播	4801.13	5086.37	-285.24
		中播	3664.92	4526.37	-861.45
		晚播	2654.41	3654.29	-999.88
	2008—2009年	早播	5465.09	4869.71	595.38
		中播	4933.17	4018.86	914.31
		晚播	3883.29	3840.00	43.29
偃展4110（周口）	2009—2010年	早播	6202.08	6808.17	-606.09
		中播	5517.44	6356.11	-838.67
		晚播	4120.54	6479.23	-2358.69
	2008—2009年	早播	6309.45	6183.50	125.95
		中播	6254.06	7328.00	-1073.94
		晚播	5729.51	6617.00	-887.49

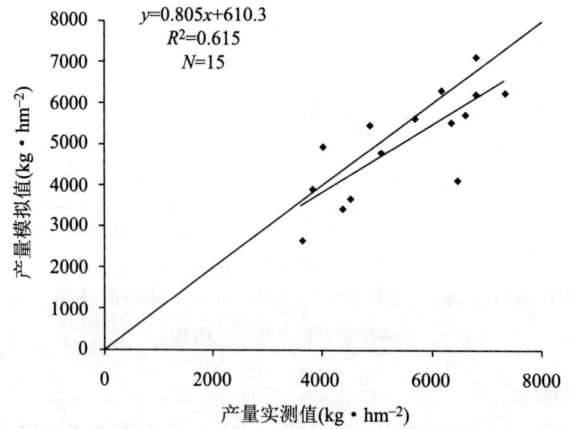

图6.14　2008—2009年和2009—2010年3个品种不同播期处理下产量实测值(上方长线)与模拟值(下方短线)比较

通过华北地区3个农业气象观测站2008—2010年小麦田间观测资料及当地的逐日气象数据、逐时气象数据，基于日尺度和小时尺度对小麦生长模拟模型WheatSM进行调参并确定了华北地区小麦品种的参数，进行了生育期、地上生物量及产量等的详细模拟验证与适应性评价。3个品种的生育期、生物量以及最终产量的模拟值与实测值一致性较好，模型能较为准确地模拟华北地区小麦的生长发育以及产量的形成过程。总体上，WheatSM模型具有较好的模拟精度及较强的适应性，能够用于华北小麦生产，可为进一步应用模型展开资源利用分析、生产管理支持及气候变化影响研究提供依据。

6.4 经济作物产量预报

6.4.1 橡胶产量预报

南方橡胶树对气象条件要求严格，生长和产胶对气象条件的变化敏感。云南、广东等地为非传统橡胶区，橡胶生产对气候因素敏感程度高，极端天气事件对橡胶产量影响大。因此，有必要定量评价气象条件对橡胶生产的影响，了解与预报气象条件与橡胶产量的关系（张利才 等，2016）。

6.4.1.1 气象产量逐步回归预报

（1）气象产量和气象因子的相关性分析

以西双版纳为例，3月的光、温、水条件与橡胶气象产量的相关关系显著，当年3月降水量与橡胶气象产量达到极显著水平（表6.17）。3月中旬是西双版纳橡胶生产的开割期，可以看出，3月的气候条件对橡胶树的气象产量影响重大。当年3月降水量、平均相对湿度、≥0.1 mm、≥5.0 mm 降雨日数与气象产量呈极显著和显著负相关，说明3月并不需要太多的水分，水分过多还对气象产量有明显限制；3月日较差、平均最高气温与气象产量呈显著的正相关，说明3月较高的温度条件预示橡胶树当年有较高的气象产量。同时，3月也是橡胶树白粉病是否大规模流行的关键时期，平均最高气温高能够抑制白粉病的流行，而低温阴雨条件有利于病害流行，降低当年气象产量。

进入割胶期后，5月≥10.0 mm 降雨日数、6月≥0.1 mm 降雨日数、6月≥5.0 mm 降雨日数、8月≥0.1 mm 降雨日数与气象产量呈负相关；9月≥50.0 mm 降雨日数也与气象产量呈负相关关系，说明雨日、暴雨日过多，降低了橡胶产量，主要原因是小—中雨天数、暴雨日数过多不利于割胶生产活动，如减少了割胶刀次，频发雨冲胶等。从筛选出的上一年关键气象因子中相关性较好的主要是水分条件，间接反映了上一年适当的水分条件对下一年橡胶树产量的贡献。

表 6.17　气象产量与气象条件的相关系数

项目	项目数	二项式剔除后气象产量	项目	实际产量	二项式剔除后气象产量
当年 3 月降水量	1	−0.812**	当年 5 月≥10.0 mm 降雨日数	16	−0.668*
当年 6 月日照时数	2	0.655*	当年 6 月≥0.1 mm 降雨日数	17	−0.755*
当年 3 月平均相对湿度	3	−0.752*	当年 6 月≥5.0 mm 降雨日数	18	−0.636*
当年 6 月平均相对湿度	4	−0.705*	当年 8 月≥0.1 mm 降雨日数	19	−0.643*
当年 7 月平均相对湿度	5	−0.664*	当年 9 月≥50.0 mm 降雨日数	20	−0.669*
当年 8 月平均相对湿度	6	−0.714*	上一年 4 月降水量	11	−0.690*
当年 3 月日较差	7	0.744*	上一年 3 月水汽压	12	0.689*
当年 4 月水汽压	8	−0.665*	上一年 3 月平均最低温度	13	0.635*
当年 3 月平均最高气温	9	0.698*	上一年 4 月≥5.0 mm 降雨日数	21	−0.700
当年 8 月平均最高气温	10	0.644*	上一年 4 月≥10.0 mm 降雨日数	22	−0.736*
当年 3 月≥0.1 mm 降雨日数	14	−0.649*	上一年 7 月≥25.0 mm 降雨日数	23	0.726*
当年 3 月≥5.0 mm 降雨日数	15	−0.768*			

注：* 表示显著性达到 0.05 显著水平，** 表示显著性达到 0.01 显著水平。

（2）逐步回归预报橡胶产量

用 SPSS 建立以下橡胶产量预报逐步回归方程：

$$Y=-0.002X_1-0.002X_2+2.371 \tag{6.35}$$

式中，X_1 为当年 3 月降水量，X_2 为上一年 4 月降水量。预报量与实际产量的拟合较好（图 6.15），预报准确率较高，均在 96.0% 以上，说明应用橡胶产量预报逐步回归方程能够较好地预测橡胶产量。

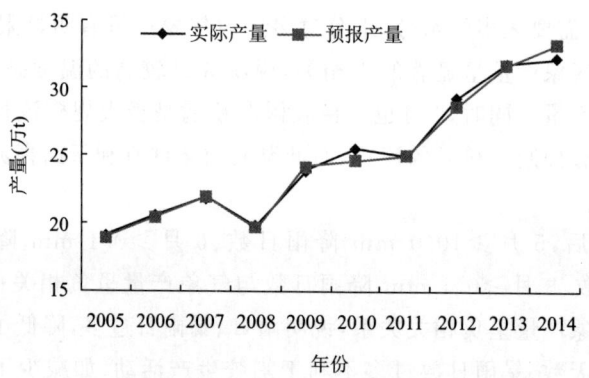

图 6.15　橡胶预报产量与实际产量拟合（张利才 等，2016）

6.4.1.2 橡胶产量动态预报

通过对关键气象因子的相关性分析,以关键气象因子所在月份的下一个月的第一天作为预报时间,先后是 4 月 1 日、7 月 1 日、8 月 1 日、9 月 1 日。将预报时间的关键气象因子作为自变量,气象产量作为因变量,采用多元线性回归的方法,建立气象产量动态预报模型(表 6.18)。

表 6.18 橡胶动态预报模型建立(张利才 等,2016)

预报时间	预报模型	显著性水平
4 月 1 日	$\Delta Y=-0.004X_1-0.011X_2+1.379$	0.040
7 月 1 日	$\Delta Y=-0.006X_1+0.000X_2-0.014X_3+1.952$	0.029
8 月 1 日	$\Delta Y=-0.005X_1-0.001X_2-0.004X_3-0.018X_4+2.731$	0.005
9 月 1 日	$\Delta Y=-0.007X_1+0.00004X_2-0.008X_3-0.037X_4+0.012X_5+0.014X_6+3.439$	0.015

注:ΔY 为第 i 年橡胶产量丰歉值,X_1 为 3 月平均最低气温,X_2 为 3 月平均相对湿度,X_3 为 6 月平均相对湿度,X_4 为 7 月平均相对湿度,X_5 为 8 月平均相对湿度,X_6 为 8 月$\geqslant$0.1 mm 降雨日数。

从对 2006—2014 年 4 月 1 日、7 月 1 日、8 月 1 日、9 月 1 日橡胶产量趋势的预报准确性、准确率、误差 5%以内的样本百分率、误差 7%以内的样本百分率等方面对动态预报方法进行检验。越往后预报准确率越高,预报准确率分别为 93.8%、94.0%、94.3%和 95.6%,基本满足产量模拟预报的要求。

6.4.2 蔬菜作物产量年景预测

某些农作物和蔬菜,在农副产品的周年供应中居重要地位。生产上主要存在某些病虫害及降水是否充沛的问题,从而导致产量的不稳定,丰、歉年难以预测,给指导生产、稳定市场带来了一定的困难。在某些情况下,仅需预测出未来一年农作物平均单产适当的变化区间(丰歉年景)即可,而不需预测出未来一年的具体单产。一般利用资料序列的均方差,建立农作物丰歉年景的分级标准,然后针对农作物平均年单产量为相依随机变量的特点,采取以规范化的各阶自相关系数为权重,可以用加权的马尔可夫链模型来预测和分析未来的丰歉年景。

作为选例,依据西安市蔬菜局提供的 1980—2002 年共 23 a 间西安郊区大白菜平均年单产量资料,以大白菜年单产量序列规范化的各阶自相关系数为权重,说明加权的马尔可夫链模型来预测蔬菜作物丰歉年景(夏乐天 等,2005)。

(1)马尔可夫链与加权马尔可夫链预测

马尔可夫链又叫概率转移法,是一种超长期预测决策的方法。马尔可夫链预测的研究对象是某种事物状态的转移概率。随着时间的变换,事物的状态在不断地改变,而每次的转移都有一定的概率。马尔可夫链过程研究的时间是无限的,因而状态转移也按不同概率连续不断地进行,像一根链条。

由于农作物年单产量是一列相依的随机变量,各阶自相关系数刻画了各种滞时的农作物年均单产量间的相关关系的强弱。因此,可考虑先分别依其前面若干年的年均单产量对该年年景进行预测,再按前面各年与该年相依关系的强弱加权求和,即达到了充分、合理地利用信息进行预测的目的。这就是加权马尔可夫链预测。

(2)马尔可夫链蔬菜作物年景预测

①西安郊区 1980—2002 年大白菜平均年单产量资料见表 6.19。先以 1980—2000 年的资料预测 2001 年的大白菜年景及平均单产量。

表 6.19　西安大白菜年平均单产量序列及其状态表

1	年份	1980	1981	1982	1983	1984	1985	1986	1987	1988	1989	1990	1991
2	平均年单产($t \cdot hm^{-2}$)	22.8	38.9	48.0	48.0	58.3	49.6	3.4	8.0	69.6	47.1	50.3	24.0
3	年景状态	6	4	3	3	2	3	6	6	1	3	3	6
1	年份	1992	1993	1994	1995	1996	1997	1998	1999	2000	2001	2002	
2	平均年单产($t \cdot hm^{-2}$)	50.3	48.2	65.1	30.9	68.6	56.4	58.3	51.6	40.0	58.3	13.7	
3	年景状态	3	3	1	5	1	2	2	3	4	2	6	

②由平均产量及均方差,将该序列划分为 6 个级别(对应马尔可夫链的 6 个状态,见表 6.20)。

表 6.20　大白菜年平均单产量分级表

年景状态	级别	分级标准	年平均单产($t \cdot hm^{-2}$)区间
1	大丰年	$x \geq \bar{x}+1.0s$	$x \geq 62.2$
2	丰年	$\bar{x}+0.5s \leq x < \bar{x}+1.0s$	$53.2 \leq x < 62.5$
3	平年	$\bar{x} \leq x < \bar{x}+0.5s$	$43.9 \leq x < 53.2$
4	歉年	$\bar{x}-0.5s \leq x < \bar{x}$	$34.6 \leq x < 43.9$
5	灾年	$\bar{x}-1.0s \leq x < \bar{x}-0.5s$	$25.3 \leq x < 34.6$
6	重灾年	$x < \bar{x}-1.0s$	$x < 25.3$

③计算得各阶自相关系数和各种步长的马尔可夫链的权重(表 6.21)。

表 6.21　马尔可夫链权重表

| 相关系数 | k | | | | | |
	1	2	3	4	5	6
r_k	-0.001	-0.111	-0.223	0.110	0.084	0.031
w_k	0.002	0.198	0.398	0.196	0.150	0.055

④计算步长为 $1,2,\cdots,6$ 的马尔可夫链的一步转移概率矩阵。

$$\boldsymbol{P}^{(1)} = \begin{bmatrix} 0 & 1/3 & 1/3 & 0 & 1/3 & 0 \\ 0 & 1/4 & 2/4 & 0 & 0 & 1/4 \\ 1/8 & 1/8 & 3/8 & 1/8 & 0 & 2/8 \\ 0 & 1/2 & 1/2 & 0 & 0 & 0 \\ 1 & 0 & 0 & 0 & 0 & 0 \\ 1/4 & 0 & 1/4 & 1/4 & 0 & 1/4 \end{bmatrix} \quad \boldsymbol{P}^{(2)} = \begin{bmatrix} 1/3 & 1/3 & 1/3 & 0 & 0 & 0 \\ 0 & 0 & 1/3 & 1/3 & 0 & 1/3 \\ 1/8 & 2/8 & 2/8 & 0 & 1/8 & 2/8 \\ 0 & 0 & 1/2 & 0 & 0 & 1/2 \\ 0 & 1 & 0 & 0 & 0 & 0 \\ 1/4 & 0 & 0 & 3/4 & 0 & 0 \end{bmatrix}$$

$$\boldsymbol{P}^{(3)} = \begin{bmatrix} 0 & 1/3 & 1/3 & 0 & 0 & 1/3 \\ 0 & 1/3 & 0 & 1/3 & 1/3 & 0 \\ 2/8 & 1/8 & 3/8 & 0 & 0 & 2/8 \\ 0 & 1 & 0 & 0 & 0 & 0 \\ 0 & 1 & 0 & 0 & 0 & 0 \\ 1/4 & 0 & 3/4 & 0 & 0 & 0 \end{bmatrix} \quad \boldsymbol{P}^{(4)} = \begin{bmatrix} 0 & 1/3 & 1/3 & 1/3 & 0 & 0 \\ 1/3 & 1/3 & 0 & 0 & 1/3 & 0 \\ 2/7 & 1/7 & 2/7 & 0 & 0 & 2/7 \\ 0 & 0 & 1 & 0 & 0 & 0 \\ 0 & 0 & 1 & 0 & 0 & 0 \\ 1/4 & 0 & 2/4 & 0 & 0 & 1/4 \end{bmatrix}$$

$$\boldsymbol{P}^{(5)} = \begin{bmatrix} 0 & 1/3 & 2/3 & 0 & 0 & 0 \\ 0 & 0 & 1/2 & 0 & 0 & 1/2 \\ 2/7 & 2/7 & 1/7 & 0 & 1/7 & 1/7 \\ 0 & 0 & 0 & 0 & 0 & 1 \\ 0 & 0 & 0 & 1 & 0 & 0 \\ 1/4 & 0 & 2/4 & 0 & 0 & 1/4 \end{bmatrix} \quad \boldsymbol{P}^{(6)} = \begin{bmatrix} 1/3 & 0 & 0 & 1/3 & 0 & 1/3 \\ 0 & 0 & 0 & 0 & 0 & 0 \\ 2/7 & 1/7 & 2/7 & 0 & 1/7 & 1/7 \\ 0 & 0 & 0 & 0 & 0 & 0 \\ 0 & 1 & 0 & 0 & 0 & 0 \\ 1/4 & 2/4 & 0 & 0 & 0 & 0 \end{bmatrix}$$

⑤依 1996—2000 年的大白菜年均单产及其相应的状态转移概率矩阵对 2001 年的大白菜年景状态进行预测,结果如下表 6.22。

表 6.22 2001 年大白菜年景预测表

初始年份	状态	滞时(a)	状态	权重 1	2	3	4	5	6	概率来源
2000	4	1	0.002	0	1/2	1/2	0	0	0	$\boldsymbol{P}^{(1)}$
1999	3	2	0.198	1/8	2/8	2/8	0	1/8	2/8	$\boldsymbol{P}^{(2)}$
1998	2	3	0.398	0	1/3	0	1/3	0	1/3	$\boldsymbol{P}^{(3)}$
1997	2	4	0.196	1/3	1/3	0	0	0	1/3	$\boldsymbol{P}^{(4)}$
1996	1	5	0.150	0	1/3	2/3	0	0	0	$\boldsymbol{P}^{(5)}$
1995	5	6	0.055	0	1	0	0	0	0	$\boldsymbol{P}^{(6)}$
$\boldsymbol{P}_1$(加权和)				0.0901	0.3535	0.1505	0.1327	0.0248	0.2475	

此时最大概率为 $0.3535, i=2$,即 2001 年大白菜的年景为状态 2(丰年)。

⑥同理,以 1980—2001 年的资料可预测 2002 年的大白菜年景及平均单产量(表 6.23)。

表 6.23　2002 年大白菜年景预测表

初始年份	状态	滞时(a)	状态	权重						概率来源
				1	2	3	4	5	6	
2001	2	1	0.002	0	1/4	2/4	0	0	1/4	$P^{(1)}$
2000	4	2	0.198	0	0	1/2	0	0	1/2	$P^{(2)}$
1999	3	3	0.398	2/8	1/8	3/8	0	0	2/8	$P^{(3)}$
1998	2	4	0.196	1/3	1/3	0	0	0	1/3	$P^{(4)}$
1997	2	5	0.150	0	0	1/2	0	0	1/2	$P^{(5)}$
1996	1	6	0.055	1/3	0	0	1/3	0	1/3	$P^{(6)}$
P_i(加权和)				0.1832	0.1156	0.3243	0.0183	0	0.3577	

此时最大概率为 0.3577，$i=6$，即 2002 年大白菜的年景为状态 6（重灾年）。

6.5　未来气候变化对作物生长和产量评价

中国气候存在着变暖变干的总趋势，特别是北方，除了长江中下游和东北等部分地区外，东部农业区的降水持续减少。如果今后气候继续按上述趋势发展，将对中国农业产生不利影响。

国际科学界在气候变化对农业的影响方面，特别是二氧化碳质量浓度（以下简称浓度）增加和气候变化对植被生产力、种类构成、植物分界和碳贮存影响开展了许多研究。我国科学家开展的"全球气候变化和我国未来的生存环境""全球气候预测、影响和对策研究""我国干旱半干旱区 15 万年以来环境演变动态过程与发展趋势"等研究项目中，都包括有气候变化对农业可能影响的研究，主要是气候变化对农作物生长发育、产量、品质可能影响的研究，以及气候变化对农业地理分布（种植界限、农牧交错带北界等）影响的研究等。受篇章所限，在这里重点讲述气候变化对作物生长和产量的影响。

6.5.1　气候变化对作物生长的影响

6.5.1.1　大气中化学组成的变化对作物生长的影响

大气中二氧化碳浓度的增加可以提高光合作用速率和水分利用效率，有助于作物生长，小麦、水稻、大麦、豆类等 C3 作物产量将显著增加，玉米、高粱、小米和甘蔗等 C4 作物助长效果不明显。现有研究指出，在二氧化碳浓度倍增，可使 C3 作物生长和产量增加 10%～50%，C4 作物生长和产量的增加在 10% 以下。二氧化碳浓度增加对植物生长的助长作用（也称"施肥效应"），受植物呼吸作用、土壤养分和水分供应、固氮作用、植物生长阶段、作物质量等因素变化的制约。这些因素的变化很可能抵消二氧化碳增加的助长作用。

6.5.1.2 温室效应增强对作物生长环境的影响

全球变暖可使温度带向极地方向推移。目前农作物生产潜力受热量限制的地区,作物生长季会有所延长,因而全球变暖可使世界主要粮食作物带向高纬度地区扩展。年平均温度每增加1℃,北半球中纬度的作物带将北移150~200 km,垂直上移100~200 m。然而,作物布局不仅取决于温度条件,也受土壤、水分和社会经济等条件的影响。在低纬度地带,增温改变农时的影响不可忽视,尤其是一年多熟的地区已适应当前气候条件的农田中的作物,将需要做重大的调整。

6.5.2 气候变化对作物产量的影响

6.5.2.1 温度对作物产量的影响

低纬度湿润地区的水稻产量受温度变化的影响显著。在北纬6°~31°内的农田实验表明,结实期温度上升1~2℃,会使产量下降10%~20%;这种影响随纬度增大而加重。热带半干旱地区,降雨量不足,增温伴随的加速蒸发会使土壤水分状况恶化,而导致作物产量下降。例如印度北部,在雨量不增加的情况下,平均温度只增加1℃就会使小麦产量减少10%。

6.5.2.2 降水量减少对作物产量的影响

对世界粮食供给的最严重的威胁是中纬度"谷物带"的变暖及伴随的作物水分亏缺。这些将降低粮食生产潜力。例如,美国所有主要的非灌溉作物将减产,高粱、玉米和水稻减产最严重;加拿大草原地带的平均产量将减少10%~30%;在澳大利亚,若增温3℃,且夏雨增加、冬雨减少,则小麦产量可望增加。北美大草原北部、斯堪的纳维亚半岛、俄罗斯的西北部、新西兰南部、阿根廷和智利南部这样的高纬度地区增暖幅度大,目前农业受到的热量限制会减缓,但这些地区面积有限,所增加产量不足以补偿中纬度地区的减产。

6.5.3 未来气候变化对作物生长和产量的评价

6.5.3.1 对未来气候影响的客观评价

气候变化对我国作物生长和产量的影响,在有些地区是正效应,在另一些地区是负效应。对产量的影响可能主要来自于极端气候事件频率的变化而不是平均气候状况的变化。其次,温度直接影响光合作用速率和呼吸速率这两个决定生长的主要过程,作物生产率取决于这两个过程的结合。较高的温度如果出现在发育阶段,会加快作物的发育速度,而使作物产量大受影响。

总之,大气中二氧化碳浓度倍增时,温度升高、作物发育速度加快和生育期缩短是作物产量下降的主要原因。气候变暖对不同地区和不同种类作物的产量影响不同,我国水稻、小麦以及玉米品种多,品种间差异也很大,因此要有意识地调整农业种植制度、选育抗逆性强的品种和选择适当的生产措施等,使之适应气候变化。

在较暖的气候条件下,土壤有机质的微生物分解将加快,长此下去将造成地力下降。在高二氧化碳浓度下,虽然光合作用的增强能够促进根生物量的增加,在一定程度上可以补偿土壤有机质的减少,但土壤一旦受旱后,根生物量的积累和分解都将受到限制。这意味着需要施用更多的肥料以满足作物的需要。干旱加剧后,植被减少,表土易沙化,使得耕地易受风蚀。遇到大风袭击时,将产生"沙尘暴"现象,而一旦受到暴雨冲刷,又会造成严重的水蚀。

6.5.3.2 气候变化对作物影响研究的不确定性分析

气候变化对作物影响的研究目前尚存在诸多不确定性。一是因为研究气候变化对未来生态系统影响时所用的气候情景,没有考虑区域差异和时间变化,过于简化和主观;二是所用气候情景是全球平衡模式输出的结果,模式分辨率较粗,本身具有许多不确定性,不同模式之间也存在差异;三是所用农业专业模型多属静态或经验统计模型,缺少动态或过程模型,而且多数研究只是局地的甚至是个别地点的。

评价未来气候变化对农作物影响的研究,目前主要从两方面分别进行。一是研究气候变化影响作物的关键过程,进行作物生长模拟试验,建立作物区域生长动力模式来评价未来气候变化对农作物的影响;二是对区域气候变化情景下农作物生产的响应进行研究,分析气候变化影响的可能趋势和地区差异。如果将上述两方面的研究有机地结合起来,建立复杂的相互作用模型,无疑会大大降低气候变化影响研究的不确定性。

思考题

1. 编制农业气象产量预报有何意义?
2. 按预报时效,农业气象产量预报如何分类?
3. 怎样理解农业气象产量预报基本原理?
4. 实际产量两个主要分量中,趋势产量与气象产量区别是什么?
5. 作物生长与产量模型需要考虑哪些气象因素?

参考文献

侯英雨,王建林,毛留喜,等,2009. 美国玉米和小麦产量动态预测遥感模型[J]. 生态学杂志,28(10):2142-2146.

申双和,景元书,2017. 农业气象学原理[M]. 北京:气象出版社:4-5.

王建林,2010,现代农业气象业务[M]. 北京:气象出版社:102-103.

夏乐天,彭志行,沈永梅,等,2005. 加权马尔可夫链在农作物年景预测中的应用[J]. 数学的实践与认识,35(12):30-35.

张利才,洪群艳,李志,等,2016. 西双版纳基于气象因子的橡胶产量预报模型[J]. 热带农业科技,39(3):9-13.

AGNOLUCCI P,LIPSIS V D,2020. Long-run trend in agricultural yield and climatic factors in Europe[J]. Climatic Change,159:385-405.

BERNHARD B J,BELOW F E,2020. Plant population and row spacing effects on corn: plant growth,phenology,and grain yield[J]. Agronomy Journal,112:1589-1600.

LIBÈRE N,WATSON C A,ÖBORN I,et al,2020. Socio-ecological factors determine crop performance in agricultural systems[J]. Scientific Reports,10(1):1-13.

第7章 农业气候评价预测方法

从气候学角度出发,运用气候学原理和分析手段,结合农业生产需要,编制农业气象预报的方法,称为农业气象预报方法中的气候学方法。运用气候学方法编制农业气象预报,特别是编制预报时效较长的长期和超长期农业气象预报,在整个农业气象预报方法中占有重要的地位。众所周知,气候规律和气候背景是各种天气形成、演变的主要基础,也是编制各种气象预报的共同依据。一个有经验的农业气象预报人员,除了熟悉了解当地农业生产过程对天气气候条件的需要以外,还必须熟悉了解当地常年的天气气候演变规律和气候背景,以便综合分析判断,做出正确的预报结论。

本章主要介绍气候演变的一般规律、特点,农业气象预报中常用的几种主要气候学方法和预报实例,以及运用气候学方法编制农业气象预报时应注意的几个问题。

7.1 气候演变的特点及其研究途径

7.1.1 气候演变的一般规律

宇宙间所有事物都在按照自己固有的规律不停地运动变化,气候也在按照自己固有的规律时刻不停地运动变化。气候的运动变化即演变的规律很多,但最基本的规律主要是:

(1)相对稳定性

气候演变的相对稳定性是指大气环流的多年平均情况相对比较稳定,具体表现在日照、温度、湿度、降水等各种气象要素的数值,在某一较长时期内,大体是一致的,不同年际之间虽然有所变化,但都围绕平均值或某一定范围内上下摆动,它的极大、极小值也是按照气候概率出现的。气候演变的相对稳定性规律,在各地实际的气候演变中,表现得非常明显。例如我国绝大部分地区的气候,一般都是冬干夏雨,冬冷夏热,雨热同季;东南沿海降水较多,比较潮湿;西北内陆降水稀少,比较干燥等。

气候演变相对稳定性规律的形成,乃系太阳辐射、海陆分布、下垫面性质以及地球自转偏向力等作用因子相对稳定的结果。正是由于这些作用因子本身相对比较稳定,共同以定常状态作用于大气环流,促使大气环流沿着定常状态运动,从而导致气候演变形成了相对稳定性的规律。

气候演变的相对稳定性规律,对于分析、研究气候的形成、变化以及作为天气和农业气象预报的背景依据,都是非常有用的。我们之所以特别强调编制农业气象预报必须注意考虑气候规律和气候背景,道理也在于此。

(2)绝对变异性

气候演变的绝对变异性是指由于太阳黑子、光斑等太阳活动,冷暖洋流以及人类活动等非稳定性因素的影响,促使大气环流状况在各年之间出现显著的差异,导致有的年代雨水偏多,有的年代雨水偏少,有的年代冬冷夏热,有的年代冬暖夏凉的现象。

气候演变的绝对变异性规律,常常跟环流异常紧密联系在一起。所谓环流异常是指某年在某一较长时期内的大气环流状况对于该时期的多年平均状况出现显著的偏差,从而造成气压场、温度场、湿度场、雨量场等与多年平均状态发生明显不同(Venisse et al. ,2020),因此,环流异常的年份,往往出现天气气候反常是完全可以想见的。

当气候演变的绝对变异性规律处于主导地位时,从天气学观点来看,则常引起干旱、洪涝或持续高温、低温等反常天气现象出现。研究表明:凡持续的干旱、洪涝均系由于高空环流出现了其特有形势,并且持续稳定作用的结果。例如江南地区的伏秋干旱就是由于副高异常强盛并持续稳定控制所造成的。

气候演变的相对稳定性规律和绝对变异性规律是相互作用、相互制约的。当相对稳定性规律占主导地位时,天气气候变化表现正常;当绝对变异性规律占主导地位时,天气气候变化表现异常。编制农业气象预报,特别是编制年度或季度的农业气象预报时,必须仔细分析当时的气候演变究竟以哪一种规律为主导,以免把总的天气气候趋势报错。

7.1.2 气候演变的基本特点

(1)众所周知,气候是由太阳辐射、大气环流和海陆、冰雪、生物等下垫面性质共同作用组成的综合体。因此,分析研究气候的演变,必须运用综合的观点,进行综合分析,才能得出正确的结论。

(2)气候演变常以各种重要物理量的收支平衡关系为其共同特征。例如辐射平衡、热量平衡、水分平衡、角动量平衡和污染物质平衡等。大气中发生的不同物理过程对某物理量的作用有时是同向的,有时是反向的。例如,降水使大气中含有的水分减少,蒸发则使大气中含有的水分增加;平流则需视上游水分与本地水分比较而判断其在收支中的作用等。如果这些项目作用结果正好相互抵消,则大气中的水分含量就达到了平衡状态;如果这些项目作用结果相互抵消后还有一些差额,则大气中的水分含量就会发生增减。应当指出:大气中所发生的各种物理过程在时间上是连续的,任何一个物理量的变化,经过长时间的积累,其数量都是很可观的。

(3)气候演变存在着一个从一年到几十亿年的连续时间尺度谱,各种不同时间尺度的变化过程,既相对独立,又相互联系。正是由于相对独立,各种不同时间尺度的气候变化才具有稳定性、规律性;正是由于相互联系,才可从各种不同时间尺度之间的相互制约出发,进一步找出其演变的规律性。例如持续性、周期性、转折性、极大极小可能性等,以作为天气和农业气象预报的依据。一般说来,尺度较大的变化过程是尺度较小的变化过程的背景。由于这个背景的制约,同一大尺度过程背景下的一系列小尺度过程的性质都是相近的。倘若这个背景发生了变化,较小尺度过程的演变规律也会发生变化。

(4)气候演变存在着各种周期性,其中最明显的是一年周期。周期性是研究气候变化、变迁以及超长期预报中常用的方法之一。当然,这里所说的周期,不是严格的数学意义上的周期,而是准周期,或者叫作"韵律"。

7.1.3 研究气候演变的主要途径

从当前国内外实践情况看,研究气候演变的途径主要有以下几个方面。

(1)从环流变化研究气候演变

大气环流对于天气气候形成和演变的影响是显而易见的。太阳辐射供给地球和大气运动的能量,大气环流使太阳辐射所引起的气候带随着年代发生南北移动,这就产生了气候演变。因此,国内外许多学者都从大气环流的长期变化研究开始,逐步深入分析引起大气环流发生变化的原因,从而推断未来气候的演变趋势。

(2)从能量平衡的角度研究气候演变

地球上引起气候演变的原因,归根结底不外乎天文学、地理学和物理学三个方面。但是最根本最主要的还是由于地球上能量收支的变化才会导致气候的演变,故可从能量平衡角度去研究气候演变。

(3)从海气关系探讨气候演变

众所周知,大气本身的热容量很小,能够储存的热量有限,但地球表面将近四分之三的面积是海洋,且海水的热容量大,能够储存的热量多,特别是海水作为一种流动介质,与大气之间存在着复杂的相互作用,以长波辐射、感热、潜热、湍流和对流等方式与大气进行能量交换,是大气运动所需能量的储存器和调节器,因此,可以从海气关系角度去探讨、研究气候演变。

此外,近年来随着现代科技的进展和实验手段的改善,也有用数学方法模拟大气运动过程(简称数值模拟),以及作为实验装置,研究大、中地形对气候演变的影响等。

7.2 农业气象预报中的气候学方法

7.2.1 周期分析法

周期分析法就是根据气候学原理,采用方差、谐波、波谱等统计分析和图表对比等方法,分析天气气候变化特征型重复出现的周期现象,以便根据分析所得到的周期外延预测未来。例如沈阳1906—1937年7月降水量的历史变化曲线,从分析曲线演变中可以发现:在1909—1919年期间,3 a的变化周期非常完整,即每3 a都表现为升一年、降两年的变化形势,并出现一个低点,降水量皆在100 mm以下,如此连续了4次。这样,如果分析预测年出现了上述周期变化趋势,则可按照该周期变化情况预测未来。

7.2.2 相似分析法

相似分析法就是根据气候学原理,抓住不同时期天气气候演变的主要特征,统计分析,对比其相似程度,当确认未来所预测的时期与历史上某个时期相似时,即可按照历史相似时期的天气气候特点,预测未来时期的天气气候条件。

7.2.3 最大最小可能分析法

天气气候要素的数值变化,在一定时期内都在一定的范围内变动,一般超出这个范围的现象是个别的,也可以说这种可能性是很小的,而且当天气气候记录愈长时,这种可能性愈小;其最大可能是在一定的、特别是在平均值附近的范围内变化。最大最小可能分析法就是根据天气气候要素数值变化的这种特点,通过统计分析和参数检验,确定天气气候数值的变化范围及其出现的最大最小可能性以预测未来。例如沈阳历年7月降水量的变化范围在30~300 mm之间。可以推测,未来该月降水量超出300 mm或者少于30 mm的可能性均较小,而最大可能性是在50~250 mm之间。

7.2.4 转折点分析法

转折点是区分两个时期天气气候演变不同特征的时间分界点。转折点分析法就是抓住这种天气气候演变的明显转折,借助统计分析和图表对比等工具,确定区分天气气候演变不同特征的时间分界点,按照时间分界点前后不同天气气候特征,进行未来时期的预测。例如上海1875—1948年冬季气温变化曲线,从总的来看,其两年的周期是很明显的,但在1885—1893年以及1917—1935年这两个时期,其两年周期并不占优势,所以对此气温变化的两年周期来说,1885、1893、1917、1935年就是明显的转折点。显然,转折点分析对于预测反常的天气气候条件是非常重要的,而要真正掌握转折点则比较困难。一般都要在 10 a 或 20 a 以上才出现一个周期。

7.3 农业气候中的作物品质评价

7.3.1 农产品气候品质概念

农产品认证是当前国际通行的农产品和食品质量安全管理手段,由相应资质的第三方机构,对农产品和食品的生产、加工、储运、销售过程是否符合标准或技术规范的要求提供符合性证明的合格评定活动。国内绿色食品和有机食品认证已经得到广泛的认可和应用,但对影响农产品质量的气候条件认证近几年才刚刚起步(姚俊英等,2019)。农产品气候品质认证,指通过相关数据的采集收集、实地调查、分析研究等方法,根据认证气候条件指标,综合评价确定天气气候条件对农产品气候品质的影响。

近年来,各地气象部门根据各地的气候特点和作物品种相继开展了小麦、大豆、茶叶、脐橙、枸杞、红枣、苹果等气候品质认证的相关技术研究。农产品气候品质可定义为:一个区域内长期栽培形成的特色初级农产品品质由于天气气候条件不同所引起的年际间的优劣差异,可由气候品质综合指数表征(李德 等,2018)。其中,气候品质综合指数由易受天气气候条件影响的外观气候品质评价指数和内在气候品质评价指数加权和构成;内、外气候品质评价指数采取关键气象条件与关键品质因素之间的函数来量化。

该定义限定了气候品质评价的对象即农产品的"区域性"和"时间性",表明只有在一定区域内经过一定时期栽培方能形成一地特色农产品的固有品质。"区域性"和"时间性"是为从农产品综合品质中剔除土壤类型、遗传特性以及管理措施不同对品质的影响。也可以认为,气候品质评价的对象具有固定的生产区域,在该区域附近已有或可新建能够代表该区域气象条件、符合国家气象观测规范及监测质量标准要求的自动气象站或农田小气候站。

7.3.2 冬小麦籽粒淀粉含量卫星遥感预测

目前冬小麦淀粉含量检测主要是基于传统品质检测方法进行,该方法耗时耗力,样本代表性差,滞后性明显。面粉加工企业与政府迫切需要在收购小麦前能实现对小麦品质大面积、快速、低成本的检测技术(Taniwaki et al.,2010)。遥感技术快速、无破坏、覆盖范围广、可行性强等特点,能满足大面积的宏观监测和预测预报,对确保粮食生产的优质优价具有重要意义。本例以大田试验为基础,分析小麦籽粒淀粉含量与其他农学参数间的定量关系,筛选遥感预报冬小麦籽粒淀粉含量的敏感遥感变量,构建小麦淀粉含量的预测模型,以期为遥感技术在小麦籽粒品质诊断中的实际应用提供理论依据(王君婵 等,2011)。

(1)数据获取与处理

2010 年在江苏省泰兴、姜堰、仪征、兴化和大丰 5 县(市)进行小麦数据采样,每县(市)设置采样点 15~20 个,共计 89 个采样点。记录取样点地理位置信息,调查内容主要包括冬小麦品种类型、生育时期及灾害状况等。卫星数据为环境减灾(HJ)卫星 5 月 12 日(开花期)过境影像。以试验数据为基础,分析遥感变量与小麦开花期长势参数以及长势参数与小麦籽粒淀粉含量间的相关性,通过线性回归分析建立遥感预测模型。

(2)卫星遥感变量与开花期冬小麦主要长势参数的相关性

通过提取 HJ 影像数据,对试验实测获取的开花期部分长势参数与表 7.1 所述遥感变量进行相关性分析,结果表明,在小麦开花期,叶片 SPAD 值与 B2、B3、B4、NDVI、SAVI、OSAVI、GNDVI、SIPI、PSRI 及 RVI 呈极显著相关($P<0.01$),LAI 与 NDVI、OSAVI 及 DVI 呈显著或极显著相关,叶片含氮量与 SIPI 及 PSRI 呈显著或极显著相关。

表 7.1 小麦开花期主要长势参数与遥感变量相关性

遥感变量	SPAD	LAI	干物质积累量	叶片含氮量
B1	0.209	−0.241	−0.091	0.120
B2	−0.433**	0.034	0.160	−0.030
B3	−0.450**	−0.017	0.153	−0.133
B4	−0.401**	0.148	0.152	−0.134
NDVI	0.485**	0.289	−0.102	0.150
SAVI	0.457**	0.132	−0.143	0.202
OSAVI	0.481**	0.279*	−0.105	0.140
NRI	−0.255*	0.085	0.147	−0.132
GNDVI	0.464**	0.173	−0.148	0.163
SIPI	−0.431**	0.241	0.015	−0.320*
PSRI	−0.438**	0.178	0.017	−0.408**
DVI	0.190	0.445**	0.041	−0.151
RVI	0.479**	0.062	−0.101	0.143

注:*表示显著性达到 0.05 显著水平,**表示显著性达到 0.01 显著水平。

依据 r 最大来确定能够用来预测 SPAD 值、LAI 量、干物质积累及叶片含氮量的敏感遥感变量,结果表明:利用归一化植被指数 NDVI 监测开花期叶片 SPAD 最为理想。NDVI 是 B3(红波段)、B4(近红外波段)差和比值,SPAD 值反映叶片叶绿素含量,植物叶绿素发生光合作用吸收红光、反射近红外光,所以 SPAD 值与 NDVI 呈现出极显著相关性。依据上述分析,基于线性回归模型,选用敏感遥感变量,建立以卫星遥感变量为基础的冬小麦开花期 SPAD 预测模型,方程如下:

$$Y=71.271x+36.63, r=0.235 \tag{7.1}$$

式中,x 为 NDVI,Y 为 SPAD。

(3)籽粒淀粉含量与开花期小麦植株性状参数分析

通过对 2010 年独立试验实测获取的 89 个开花期样本长势数据与成熟期籽粒淀粉含量数据进行相关性分析,发现在开花期,小麦籽粒淀粉含量与 SPAD 呈现相关性。可在开花期利用遥感技术监测此时期的 SPAD 值,结合籽粒淀粉含量与开花期 SPAD 构建关系预测模型(图 7.1),方程为:

$$Y=-0.1029x+74.25, r=0.397 \tag{7.2}$$

式中,x 为 SPAD 值,Y 为籽粒淀粉含量(%)。由实测数据评价表明,由模型推算得到的预测值与实测值之间呈现显著相关。利用以归一化遥感植被指数 NDVI 为基础的模型预测籽粒淀粉含量是可行的,且精度较高,将为区域化和标准化小麦生产的管理决策提供理论基础与技术途径。

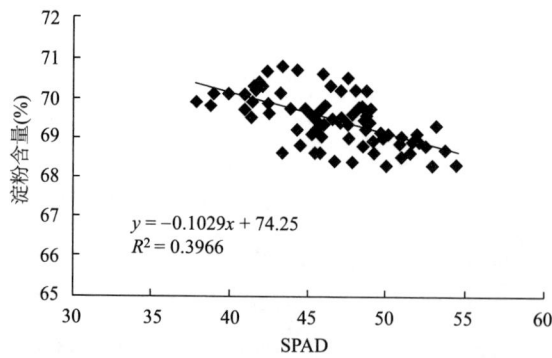

图 7.1 籽粒淀粉含量与开花期 SPAD 值的定量关系

7.3.3 大豆气候品质等级评价

开展大豆气候品质评价技术方法研究既是开展农产品气候品质认证服务工作的必然要求,也是各地区农业种植结构调整的现实需求。本例采用黑龙江省呼玛县 1981—2018 年大豆生育期、产量、气象灾情以及气温、降水、日照等气象资料,研究确定大豆气候品质评价技术指标,并建立评价模型,确定大豆气候品质评价 6 个关键影响因子(年≥10 ℃积温、开花期低温、开花期日照、开花期降水、结荚鼓粒期降水、初霜冻)和分级指标,最终采用相关系数法确定权重系数建立大豆气候品质评价方法(姚俊英 等,2019)。

7.3.3.1 研究方法

通过专家论证、对比分析的方式,对相关文献、调查资料进行分析研究,明确各阶段主要气象条件对大豆产量和品质的影响,最后确定气候品质评价技术指标。采用无量纲化方法,对气象指标进行预处理。参照常规农业气象条件定量化等级评价标准,将气象指标统一划分为4个等级,分别赋予3~0的数值,分别对应气候品质特优、优、良、差的等级。等级(M)划分标准如下:

$$M_i = \begin{cases} 3 & P_{i01} \leqslant X_i \leqslant P_{i02} \\ 2 & P_{i11} \leqslant X_i < P_{i01} \text{ 或 } P_{i02} < X_i \leqslant P_{i12} \\ 1 & P_{i21} \leqslant X_i < P_{i11} \text{ 或 } P_{i12} < X_i \leqslant P_{i22} \\ 0 & X_i < P_{i21} \text{ 或 } X_i > P_{i22} \end{cases} \quad (7.3)$$

式中,X_i 为气象指标的实际值,P_{i01}、P_{i02} 分别表示大豆气候品质特优的气象指标的下限和上限值,P_{i11} 和 P_{i12} 表示农产品气候品质优的气象指标的下限和上限值,P_{i21} 和 P_{i22} 表示农产品气候品质良的气象指标的下限和上限值。如果气象指标低于 P_{i21} 或者高于 P_{i22},则大豆气候品质为差。

采用加权指数求和法,建立气候品质评价指数模型:

$$I_{ACQ} = \sum_{1}^{n}(a_i M_i) \quad (7.4)$$

式中,I_{ACQ} 为气候品质评价指数,M_i 为影响大豆品质的关键气象因子的评价等级,a_i 为气象因子的权重系数。

7.3.3.2 大豆气候品质评价关键影响因子及分级指标

在开花期,当日平均气温低于13.0 ℃,日照时数小于9 h·d^{-1}时,对大豆生长发育极为不利。开花结荚期为大豆需水关键期,若此时遇到干旱,会增加瘪粒个数,百粒重下降,若出现多雨寡照一样不利。夏季低温冷害会延迟生育和生长不良,遭受早霜而减产,在热量条件较差的呼玛,一旦初霜冻在大豆成熟前出现,会造成籽粒不饱满,大幅减产。大豆是一种喜温作物,呼玛地区地理纬度较高,选择的大豆品种都是抗低温的,例如呼玛2017年种植的"加农1号",要求≥10 ℃积温1950 ℃·d。

根据已有的研究成果,结合呼玛的气候背景、当地大豆品种、各生育期气象条件和气象产量与气象条件相关性分析,筛选出大豆气候品质评价6个关键影响因子:年≥10 ℃积温、开花期低温、开花期日照、开花期降水、结荚鼓粒期降水、初霜冻,同时经过专家论证并依据以上公式确定了大豆气候品质评价关键影响因子分级指标,见表7.2。

表 7.2 大豆气候品质评价关键影响因子及分级指标

影响因子	3 级	2 级	1 级	0 级
年≥10 ℃积温(℃·d)	＞2100	2050~2100	2000~2050	＜2000
开花期低温(日最低气温)天数(d)	无	1	2	≥3
开花期日照(日平均气温)(℃)	＞9.0	8.0~9.0	7.5~8.0	＜7.0
开花期降水(累计降水)(mm)	80~100	70~80 或 100~110	50~70 或 110~120	＜50 或＞130
结荚鼓粒期降水(mm)	100~150	90~100 或 150~170	80~100 或 170~190	＜80 或＞190
初霜冻(日最低气温)(℃)	无	−0.5~0.0	−1.0~−0.5	≤−1.0

7.3.3.3 气候品质评价模型建立

首先对 34 a(1983—2016 年)呼玛大豆气候产量资料由高到低进行排序,得到各年气候产量序列,即 $S_1, S_2, \cdots, S_{34}$,其中,S 代表气象产量,下标的数字 $1, 2, \cdots, 34$ 代表由低到高的排序位置,分别将年气候产量序列中的 S_7(第 7 位,前 20%)、S_{17}(第 17 位,中值)、S_{28}(第 28 位,后 20%)作为 3(特优)级、2(优)级、1(良)级、0(差)级的指标。气候产量等级序列与气候品质评价因子等级序列对应计算通径系数和相关系数,得出相应的权重系数,见表 7.3。

表 7.3 大豆气候品质评价因子的权重系数及拟合比率

评价因子	专家打分法	通经系数法	相关系数法
年≥10 ℃积温	0.20	0.22	0.08
开花期低温(日最低气温)	0.15	0.24	0.27
开花期日照(日平均气温)	0.15	0.06	0.08
开花期降水(累计降水)	0.20	0.14	0.16
结荚鼓粒期降水	0.15	0.15	0.18
初霜冻(日最低气温)	0.20	0.19	0.23
相关系数	0.5922	0.4965	0.5991
拟合准确率(%)	85	82	88

把专家打分法、通径系数法和相关系数法确定的权重系数,分别采用加权指数求和法,按照以上公式计算气候品质评价指数,与气候产量计算得到的相关系数均通过了 0.01 的信度检验,但相关系数法最大,通径系数法最小。把气候品质评价指数按照气候产量的分级方法进行分级计算历史拟合率:相关系数法拟合正确率最高,达到了 88%,其次是专家打分法,为 85%,通径系数法最小,为 82%。因此,在确定大豆气候品质评价模型权重系数时采用相关系数法。年≥10 ℃积温、开花期低温、开花期日照、开花期降水、结荚鼓粒期降水、初霜冻的权重系数分别是 0.08、0.27、0.08、

0.16、0.18、0.23，气候品质评价指数的分级标准：$I_{ACQ} \geqslant 1.5$ 为特优等级，$0.9 \leqslant I_{ACQ} < 1.5$ 为优等级，$0.5 \leqslant I_{ACQ} < 0.9$ 为良等级，$I_{ACQ} < 0.5$ 为差等级。

因此，大豆气候品质评价模型具有一定的评估预测作用，而且可以借助相关软件实现，操作性强，具有较高的实用性，能为优质大豆气候品质认证服务提供技术支撑。

7.3.4 茶叶气候品质等级评价

茶叶品质形成与气象条件密切相关，开展茶叶气候品质研究具有重要意义。本例基于浙江省 2013 年基本气象站和区域自动站的逐日气象资料，结合田间试验获取的茶叶品质数据和茶叶生产实际，提出了影响茶叶品质的 3 个气象指标。应用加权指数求和法，建立了茶叶气候品质评价模型（金志凤 等，2015）。

7.3.4.1 数据处理方法

基于茶树的生物学特性，筛选出影响茶叶品质的气象指标为鲜叶采收前 15 d 的平均气温、平均相对湿度和日照时数。影响茶叶品质的气象指标分别代表热量条件、水分条件和光照条件，3 个气象要素的量级不同。为此，采用无量纲化方法，对气象数据进行预处理。参照常规农业气象条件定量化等级评价标准，将 3 个气象指标统一划分为 4 个等级，分别赋予 4~1 的值。等级（M_i）划分标准如下：

$$M_i = \begin{cases} 4 & T_{i01} \leqslant X_i \leqslant T_{i02} \\ 3 & T_{i11} \leqslant X_i < T_{i01} \text{ 或 } T_{i02} < X_i \leqslant T_{i12} \\ 2 & T_{i21} \leqslant X_i < T_{i11} \text{ 或 } T_{i12} < X_i \leqslant T_{i22} \\ 1 & X_i < T_{i21} \text{ 或 } X_i > T_{i22} \end{cases} \tag{7.5}$$

式中，X_i 为气象指标的实际值，T_{i01} 和 T_{i02} 分别为茶叶品质最优时气象指标的下限值和上限值，T_{i11} 和 T_{i12} 为茶叶品质优时气象指标的下限值和上限值，T_{i21} 和 T_{i22} 分别为茶叶品质良时气象指标的下限值和上限值。如果气象指标低于 T_{i21} 或者高于 T_{i22}，则茶叶品质一般。这里 $i = 3$，表示 3 个气象指标。

7.3.4.2 茶叶气候品质等级评价模型建立

考虑到茶叶品质优劣是受多个气象要素的综合影响，因此，应用加权指数求和法构建茶叶气候品质等级评价模型。计算公式如下：

$$I_{ACQ} = \sum_{1}^{n} a_i M_i \tag{7.6}$$

式中，I_{ACQ} 为气候品质评价指数，M_i 为影响茶叶品质的气象指标的评价等级，a_i 为气象指标的权重系数。其中，权重系数由最小二乘法迭代运算得到。根据气候品质评价指数计算结果，结合浙江省茶叶生产实际，将茶叶气候品质评价标准统一划分为 4 个等级，分别为特优、优、良和一般（表 7.4）。

表 7.4 茶叶气候品质评价指数等级划分

气候品质评价指数	气候品质	等级
≥2.0	1级	特优
1.2~2.0	2级	优
0.5~1.2	3级	良
<0.5	4级	一般

7.3.4.3 茶叶生长季气候品质等级变化

以茶叶主产区杭州、绍兴、松阳为例,分析春茶气候品质指标。2013年浙江省茶叶生长季(3—10月)气候品质呈现为单峰型变化特征(图7.2)。春茶采收期间(3—4月),杭州、绍兴和松阳的茶叶气候品质评价指数介于2.2~2.8,全省68个基本气象站平均值为2.4~2.8,品质指数均高于2.0,且变化平缓,气候品质等级1级,表明春季适宜的光温水条件非常利于茶叶品质的形成。尤其是3月中旬—4月上旬,3个试验点和全省平均值的茶叶气候品质评价指数均处于一年中最高值,此时气象条件最适宜于优质茶叶的生产,这与3月下旬—4月上旬是浙江省名优茶的集中生产期相吻合。

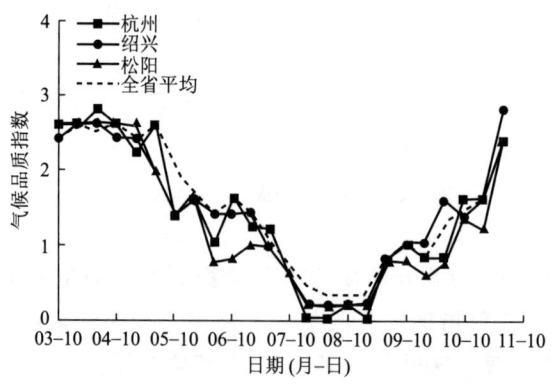

图7.2 浙江省茶叶生长期气候品质评价指数变化

进入5月,气温逐渐升高,如绍兴5月10日、20日和31日前半月的平均气温分别为20.5、23.1和25.1 ℃,同期全省平均值分别为19.3、21.9和24.2 ℃,茶叶气候品质评价指数几乎呈直线下降,此期茶叶内氨基酸含量逐渐降,而茶多酚逐渐增加,造成春茶后期茶叶品质开始下降。6月,各地茶叶气候品质评价指数处于一个相对平缓期,主要是6月正值浙江梅雨期,虽然茶叶采收前期平均气温较高,达23~28 ℃,但由于是多雨寡照期,相对湿度较高(70%~85%),日照时数为3~5 h。7月初梅汛期结束后全省即进入持续的晴热高温少雨期,7月中旬—8月中旬大部地区平均气温持续30 ℃以上。期间绍兴连续4个旬的旬平均气温分别为32.1、33.0、34.0和33.6 ℃,平均相对湿度45%～65%,日照时数7～11 h,高温强光低湿明显抑制茶叶生长和品质的形成,茶叶气候品质评价指数达全年最低值(0～0.4),气候品质最差,等级4级。

8月下旬开始,受台风外围影响,各地出现降水,高温缓解,气温下降,湿度增加,太阳辐射减弱,茶叶气候品质评价指数逐渐升高,茶多酚含量逐渐下降,氨基酸含量增加,利于茶叶品质的形成。9—10月,秋茶气候品质评价指数0.8～1.6,气候品质等级2～3级。

7.3.4.4 茶叶生长季气候品质空间分布

依据浙江省茶叶生产现状,将茶叶生长期划分为春茶(3—5月)、夏茶(6—8月)和秋茶(9—10月)。

(1)春茶生长季气候品质空间分布

浙江省春茶生长期气候品质空间分布图7.3。其中图7.3a为3月20日,代表早春茶叶生长期;图7.3b为4月20日,代表春茶生长期;图7.3c为5月10日,代表晚春茶叶生长期。由图可知,2013年浙江省春茶生长期大部地区气候品质等级处于1级,即气象条件非常利于茶叶的生长和品质的形成。尤其是早春茶叶和春茶生长期的3月—4月中旬,只有零星的几个小点气候品质等级属于2级。即少部分海拔在1000 m以上的山区,如临安的大明山、德清的天目山、金华的北山、台州的括苍山、遂昌的白马山、龙泉的凤阳山和缙云的大洋山等地,平均气温低于11 ℃,这些地方的茶叶气候品质评价指数低于2.0,等级评价为2级,其余大部地区气候品质评价指数均≥2.0,其中68个基本气象站的气候品质评价指数均介于2.2～2.8,气候品质等级属于1级。5月,进入春茶采收末期,数据统计5月10日前半月各地的平均气温为18～21 ℃,平均相对湿度60%～80%,日照时数3～7 h。由图7.3c可知,嘉兴北部、宁波西北部、杭州周边、绍兴北部、金华中部、衢州中部、丽水和台州的局部等地气候品质评价指数为1.4～1.8,等级评价2级;其余大部地区气候品质评价指数为2.0～3.0,等级评价1级。

(2)夏茶生长季气候品质空间分布

浙江省夏茶生长期为6—8月,此时常常是茶叶生长气象条件最差的季节。2013年盛夏,由于副热带高压持续稳定在北纬28°～31°,浙江省出现了严重的晴热高温少雨天气,高温强度、持续时间、发生范围和少雨等多项气象要素破纪录。2013年7月1日—8月18日,全省平均气温30.6 ℃,比常年同期偏高2.3 ℃;各地分布在26.5～33.0 ℃,2/3的观测站破历史同期最高纪录;≥35 ℃的高温日数全省平均34 d,偏多18 d,全省有一半以上的地区高温日数破历史同期最多纪录;日最高气温全省平均40.6 ℃,比常年同期偏高3 ℃;极端最高气温44.1 ℃,为全省历年最高值;日最高温度≥40 ℃高温日数全省平均 6 d,比常年同期偏多 6 d。同期降水量全省平均 58.3 mm,比常年同期偏少 8 成,一半以上的观测站破历史同期最少记录;蒸发量全省平均 277.1 mm,比常年同期偏多 88.8 mm;同期日照时数,全省平均 472.1 h,比常年同期偏多 116.3 h。

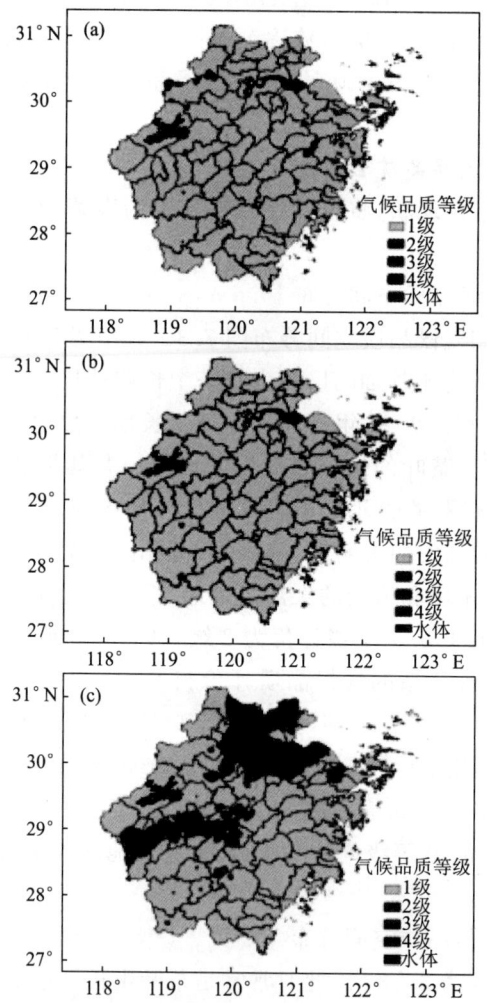

图 7.3　春茶生长季气候品质等级空间分布示意图(金志凤 等,2015)
(a)早春茶;(b)春茶;(c)晚春茶

图 7.4a 为 7 月底浙江各地茶叶气候品质等级分布,台州大部、丽水南部和温州地区气候品质评价指数为 0.6~0.8,等级评价为 3 级,其余大部地区气候品质评价指数为 0~0.4,等级评价为 4 级,分析原因是持续高温少雨,大部地区平均气温为 30.0~34.0 ℃,

平均相对湿度为45%～60%,日照时数为9～11 h。高温强光低湿,不仅抑制了茶叶的生长和品质的形成,而且造成全省约75%的茶园受灾,直接经济损失17亿元。

(3)秋茶生长季气候品质空间分布

浙江省秋茶生长期为9—10月。进入秋季,受副高南缘偏东气流影响,热带系统活动频繁,导致浙江省秋季降水增多,气温逐渐下降。统计数据表明,2013年秋茶集中生长期的9月各地平均气温为24.5～27.5 ℃,相对湿度60%～80%,日照时数6～8 h,气候品质评价指数为0.6～1.8。由图7.4b可知,秋茶生长期气候品质等级为2～3级,其中湖州大部、杭州西部、绍兴东南部、金华东部、衢州西北部、台州西南部、丽水西南部和温州西南部等地的气候品质等级为2级,气象条件还是比较适宜茶叶的生长和品质的形成;其余大部地区气象条件相对差些,对茶叶品质的形成有不利影响。

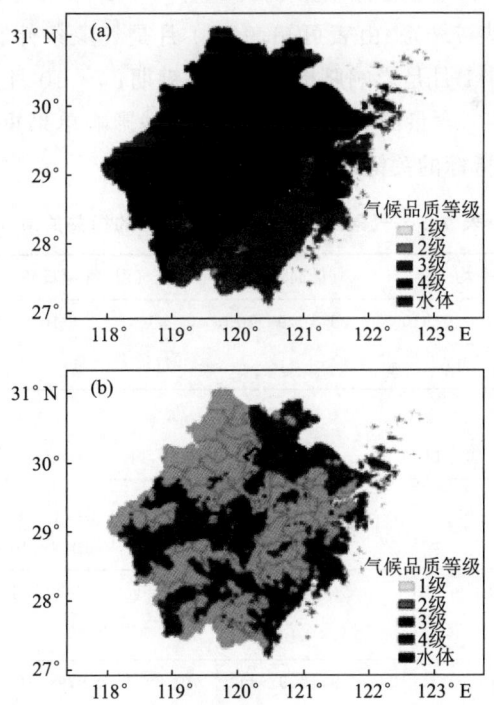

图7.4 夏秋生长季茶叶气候品质等级空间分布(金志凤 等,2015)
(a)夏茶;(b)秋茶

7.3.5 脐橙气候品质等级评价

气候条件对脐橙品质形成有较大影响。建立脐橙气候品质指标评价模型,可为客观评价脐橙品质、提高市场竞争力提供科学依据。根据赣南脐橙主产县连续4 a

脐橙品质数据和相应的气象数据，对脐橙主要品质评价指标与气象因子进行相关性普查，采用主成分回归方法研究建立脐橙气候品质指标评价模型，以提高赣南脐橙气候品质指标评价的定量化水平（谢远玉 等，2019）。

7.3.5.1 研究方法

选取平均气温、最高气温、最低气温、气温日较差（昼夜温差）、降水量和日照时数6个气象要素作为脐橙气候品质指标评价的气象因子。采用逐步回归方法筛选影响脐橙气候品质指标的关键气象因子；利用主成分回归方法建立赣南脐橙气候品质指标评价模型。

7.3.5.2 气象条件影响脐橙品质的关键期

脐橙是赣南脐橙主栽品种，种植面积占赣南脐橙总面积的90%以上。根据赣南脐橙生产的实际情况，利用脐橙品质形成关键月6—11月的气象条件与脐橙品质指标进行相关性普查（表7.5）。由表可知，9—11月是气象条件影响可溶性固形物和固酸比的关键期；7—11月是影响脐橙总酸的关键期；7—10月是影响可食率的关键期；9—10月是影响VC含量的关键期；6—11月是影响单果重的关键期，即气象条件影响不同脐橙品质指标的关键期不同。

表7.5 气象因子与脐橙品质指标的相关关系

气象因子	相关性	平均气温	最高气温	最低气温	气温日较差	降水量	日照时数
可溶性固形物	正	9,10,9—10	9,10,9—10	9	10		10
	负	11	11	11		9,10,9—10	
总酸	正						
	负	10—11	10—11	10,11		7—10	
可食率	正						9,10,8—10
	负		7—10,8—10		10,9—10		9—10
VC含量	正	10,9—10			10,9—11		10,7—10
	负		10,8—10,9—10			9	
固酸比	正	10,9—10,10—11	9,10,9—11	10,7—10	9,9—10	7	9,10,9—10
	负				11		10—11
单果重	正	6—11	11,6—7,10—11	11,6—11			8
	负					10	

注：表中数字表示月份（MM），所列因子均通过了0.05显著性水平检验。如：VC含量分别与10月平均气温、9—10月平均气温、10月气温日较差、9—11月气温日较差、10月日照时数和7—10月日照时数呈显著正相关，与10月、8—10月、9—10月最高气温和9月降水量呈显著负相关。

7.3.5.3 脐橙气候品质指标评价模型

采用主成分回归方法建立基于气象因子的赣南脐橙气候品质指标评价模型,见表 7.6。

表 7.6 赣南脐橙气候品质指标评价模型(谢远玉 等,2019)

品质因子	气候品质评价模型	R	P
可溶性固形物(%)	$TSS=10.67+0.145Td_{10}+0.006S_{10}-0.008R_{10}$	0.796	<0.0001
总酸(%)	$TA=1.97-0.042T_{10-11}-0.022TL_{10}-0.0002R_{7-10}$	0.701	<0.001
固酸比	$RTT=TSS/TA$	—	—
VC(mg·(100 mL^{-1})	$VC=41.04+0.019S_{10}+0.414\,TH_{10}-0.017R_9$	0.594	<0.01
可食率(%)	$ER=80.22-0.331Td_{10}-0.01S_{8-10}$	0.505	<0.01
单果重(g)	$SW=-346.94+10.995T_{6-11}+9.775\,TH_{6-7}+0.185R_{10}$	0.607	<0.01

注:表中所列因子均通过了 0.05 显著性水平检验。式中,T、TL、TH 和 Td 分别表示月平均气温、最低气温、最高气温和气温日较差(℃),S 为月日照时数(h),R 为月降水量(mm),下标表示月份。

可溶性固形物(TSS)主要由糖、酸、维生素和矿物质等组成。10 月是纽荷尔脐橙果实总糖的快速积累期(周亮 等,2015)。模型(表 7.6)表明,气温日较差大,白天光合作用强,糖分积累多;夜间温度低,呼吸作用弱,糖分消耗少,因而,果实含糖量高,着色好;光照是决定果树生产力的重要因素,日照愈多,可溶性固形物形成愈多;水分主要影响果实大小、汁液和风味,降水多可降低果实的糖、酸和 VC 含量,果实着色指数下降,风味变淡,表明模型所选因子具有较好的生物学意义。

总酸(TA)是衡量脐橙风味品质(口感)的主要指标之一。温度不仅影响果树的正常生长和产量,还影响果实品质和生长速度,温度愈高,含酸量愈低;降水对总酸有稀释作用,降水量愈多含酸量愈低。这说明模型构建因子具有生物学意义。

固酸比(RTT)是衡量脐橙风味的主要指标之一。脐橙从 7 月开始固酸比呈持续上升趋势,至 11 月底达到最高(周亮 等,2015),由于日照、气温日较差和温度对可溶性固形物和总酸含量有直接影响,进而影响固酸比。

维生素 C(VC)是一种多羟基化合物,具有较好的抗氧化作用。10 月是 VC 缓慢积累期,光照是影响 VC 含量的重要因子,光照愈充足,VC 的含量愈高;温度增高,也有利于 VC 的合成。

脐橙果实形成期在 6—11 月。其中 6—9 月是脐橙快速增长期(周亮 等,2015),此期的温度愈高,树体长势愈旺盛,愈有利于果皮和砂囊细胞的反复分裂和组织分化,单果愈重;8—10 月是脐橙果实快速增大和初熟的关键期,此期高温、强光照将导致果皮变厚、日灼果增多,造成可食率降低。而 10 月降水愈多,果实含水量愈多,单果愈重。利用 2017 年兴国、赣县、信丰县气象站气象资料,代入脐橙 6 个品质因子的气候评价模型,经计算得到可溶性固形、总酸、固酸比、VC 含量、可食率和单果重的模拟值,认为建立的脐橙气候品质指标评价模型效果较理想,所有脐橙品质指标的模拟准确率均在84%以上。

7.3.6 烤烟气候品质综合评价

研究烤烟大田生育期间主要气象因子与化学品质指标的关系,并构建烤烟品质综合指标进而分析烤烟综合品质与降水量、日照时数、气温等气象要素关系,为充分利用云南特色气候条件,提高烟叶品质提供理论依据(王连喜 等,2012;文建川 等,2019)。

7.3.6.1 气象因子对烤烟总糖含量的影响

从气象资料与烤烟烟叶总糖含量的相关关系(表7.7)可看出,烤烟总糖与4、5月以及4—5月的降水量呈负相关,即烤烟在大田初期(伸根还苗期),降水增多时,烟叶总糖含量会降低,而且通过 $a=0.05$ 的显著性检验,说明4、5月降水量对总糖含量的影响较大。烤烟总糖与生长过程中伸根还苗期的日照时数正相关,而且通过 $a=0.05$ 的显著性检验。与大田期的其他时段的日照时数呈负相关,但相关性并不显著。这说明伸根还苗期的日照时数增加时,烟叶总糖含量最终会有所提高。

表7.7 不同时间段气象因子与各项烤烟品质的相关关系(王连喜 等,2012)

品质指标	气象因子	4月	5月	4—5月	6月	7月	8月	7—8月	9月	4—9月
总糖	降水量(mm)	−0.426**	−0.294**	−0.377**	−0.156	−0.169	−0.168	−0.195	−0.116	−0.286**
	日照时数(h)	0.282**	0.269*	0.292**	−0.069	−0.109	−0.0133	−0.254	−0.137	−0.030
	平均温度(℃)	−0.184	−0.069	−0.131	−0.109	−0.146	−0.148	−0.147	−0.187	−0.143
总氮	降水量(mm)	0.419**	0.299**	0.377**	0.137	0.189	0.195	0.223	0.178	0.309**
	日照时数(h)	−0.301**	−0.242*	−0.287**	0.059	0.004	0.125	0.221	0.074	−0.006
	平均温度(℃)	0.132	0.064	0.101	0.106	0.096	0.109	0.103	0.147	0.111
K^-	降水量(mm)	0.246*	0.251*	0.273**	0.211	0.132	0.220*	0.211	0.233*	0.297**
	日照时数(h)	−0.033	−0.021	−0.006	0.012	−0.194	−0.125	−0.197	−0.180	−0.124
	平均温度(℃)	0.211	0.215		0.267*	0.214	0.213	0.214	0.252*	0.233*

注:*表示显著性达到0.05显著水平,**表示显著性达到0.01显著水平。

烤烟总糖含量与全生育期各时段的平均气温均呈负相关,但达不到显著水平。这种情况的原因可能是由于云南全年平均温度均较高,平均气温所反映的烤烟大田生长期热量条件基本能满足烤烟生长的要求,热量条件不是限制烤烟生长的关键因子,从而导致平均温度对烟叶总糖含量的影响不显著。对烟叶总糖含量与各要素进行逐步回归,得到以下最优回归方程:

$$ST=-0.34R_4+0.41S_{4-5}-0.1S_{4-9}+28.832 \tag{7.7}$$

式中，R 为降水量，S 为日照时数，R_4、S_{4-5}、S_{4-9} 因子的标准回归系数分别为 -0.403、0.544、-0.386。从入选因子的时间分布上来看，主要集中在伸根还苗期（4、5月）和大田生长全期（4—9月）。影响烤烟总糖含量的主要气象因子有：R_4（4月平均降水量）、S_{4-5}（4、5月日照时数）和 S_{4-9}（全生长期日照时数），其中 4—5月（伸根还苗期）的日照时数对烟叶总糖含量的影响最大，两者间存在正相关关系。

7.3.6.2 气象因子对烤烟总氮含量的影响

烤烟总氮含量与生长过程中的 4、5月和 4—9月的降水量均呈正相关，而与 4、5月的日照时数呈负相关，并且达到极显著水平，但与平均温度的关系不明显。这说明在烤烟生育过程中，云南当地的温度条件较好，能满足烤烟生长的需要，而伸根还苗期降水量较小的地区，由于阴雨天气较少，日照时间相应变多，这种多光少雨、气温适中的天气不利于烤烟总氮的积累。对气象各要素进行逐步回归，建立烟叶总氮含量与气象因子的逐步回归方程，如下式：

$$NT = 0.02R_4 - 0.03S_4 + 0.02S_{7-8} + 2.021 \tag{7.8}$$

式中，R_4、S_4 和 S_{7-8} 因子的标准回归系数分别为 0.377、-0.361 和 0.286。逐步回归方程的结果说明，影响烟叶总氮含量的主要气象因子有：R_4（4月平均降水量）、S_4（4月日照时数总量）和 S_{7-8}（旺长期日照时数），其中 4月的降水量对烟叶总氮含量的影响最大，两者间存在正相关关系。

7.3.6.3 烤烟品质综合评价

利用层次分析法求烤烟综合品质权重并进行一致性检验。在选出的各烤烟品质指标中，对烤烟品质影响最大的是糖碱比，其权重为 0.48，其次是氮碱比，权重为 0.27，再次是烟碱含量，权重为 0.16，最后是氯钾比，权重值为 0.09。每个样点烤烟的综合品质得分根据选出的影响因子相对于烤烟综合品质的权重值乘以相应品质数据的归一化数值结果算出。烤烟综合品质评价模型如下式：

$$QT = 0.48P_1 + 0.27P_2 + 0.16P_3 + 0.09P_4 \tag{7.9}$$

式中，P_1 为糖碱比，P_2 为氮碱比，P_3 为总氮，P_4 为氯钾比。利用 ArcGIS 中反距离权重差值法对全部站点进行插值，可得到云南烟叶品质的空间分布。品质得分较高的烟叶产区主要分布在云南省中部和中东部地区，包括丽江、楚雄、昆明、玉溪、红河、曲靖和普洱东部地区。

7.4 农业气候旱涝与冷暖趋势预测

旱涝与冷暖是农业生产实际中的主要农业气象灾害。发生旱涝与异常冷暖时，农业气候年景较差，会对农业生产与人民生命财产造成较大影响。因此，认真做好农作物生长季节的旱涝与冷暖趋势分析和预报，具有十分重要的经济和政治意义。

7.4.1 农作物生长季节旱涝成因分析及表示旱涝的指标

7.4.1.1 农作物生长季节旱涝成因分析

截至目前，对于形成旱涝的原因和天气气候规律，研究得还很少，认识得也很不够，所以还没有一套比较成熟、有把握的分析和预报方法，现在的分析和预报旱涝的方法，大都是探索性的，带有一定的偶然性。综合国内外已有的研究，形成旱涝主要受以下几个方面的原因所影响。

(1) 大气环流异常是形成旱涝的直接原因

大气环流状况多用北半球环流型、欧洲环流型等，海平面气压区上的大气活动中心（如西伯利亚高压、阿留申低压、太平洋高压、亚速尔高压等）位置以及西风指数来描述。大气环流中的 E 型和 C 型表示经向环流型，在经向环流发展的形势下，南北气流交换加强，易于形成剧烈的天气变化而出现旱涝，大气活动中心位置及西风指数的变化，直接影响各地降水天气的出现，从而也影响各地旱涝的形成。据研究：它们的变化遵循一定的规律，大致存在着 35 a 左右的周期，其中特别是太平洋高压的强弱与进退，对我国南方和北方的雨季降水具有特别大的影响。

大气环流的变化是需要能量的，大气运动的主要能源来自太阳。因此，太阳辐射的异常，或者接受太阳辐射的地球表面的物理属性在时间和空间上发生变化，也将影响大气环流的异常，例如地温的异常、海温的异常等都能使大气运动的能源发生变化。

(2) 海面温度异常对形成旱涝的影响

因为海水的比热比空气大得多，能够储存大量的外来辐射能量；同时海洋面积约相当于陆地面积的 2.5 倍左右；海水作为一种流体和大气之间存在着复杂的相互作用，能以多种形式与大气发生能量交换。所以，早在 20 世纪 50 年代就有人指出：太平洋的海面温度异常对我国旱涝的形成有重要的影响。初步研究表明：太平洋上强大的黑潮暖流所在地区冬季海面温度与长江中下游和华北地区雨季降水存在着明显的正相关；黑潮暖流地区的水温高低对副高的进退、东亚大槽的强弱都有影响。

(3) 太阳黑子活动对形成旱涝的影响

一些研究认为：旱涝的时间分布直接与太阳黑子数的低值年（m）、高值年（M）以及 11 a 周期的各个位相有关。例如北京地区自 1841 年以来，连旱 3 a 以上的时段均发生在太阳黑子数的低值附近。有的研究发现：大气环流与太阳活动也有关系。例如 1935 年前后是太阳活动世纪周期的低点，在此之前，太阳活动一直是减弱的，对应 W 型环流反常发展，E 型和 C 型环流反常衰退。1935 年以后，太阳活动逐渐增强，至 1957—1958 年达到世纪周期的顶点，相应地在这一时期，E 型和 C 型环流特别强盛。此外，太阳活动也影响大气活动中心的位置。

(4) 行星引力对形成旱涝的影响

据北京天文台介绍:行星的合成引力对太阳活动有一定影响。有人计算了水星、金星、土星和木星对太阳引起的潮汐高度差,并绘制了曲线,发现它与太阳黑子曲线大致是平行的,行星引力不仅影响太阳活动,而且影响着地球上的旱涝。湖北省石首市老农陈敬承观测记载了土、金、火、木、水等几个行星的方位与当地旱涝的关系达 40 a,发现如果几个行星在夏至附近集中出现,则当年汛期可能发大水。

(5) 地极移动对形成旱涝的影响

地极移动对天气变化影响的机制,目前一般认为是由于地极变化时,引起了地球离心力的变化,造成大气环流和空气质量输送的变化,于是天气产生相应的变化。有的认为地极变动引起地球变形力,从而影响大气运动,使天气发生变化。总之,可以把地极移动看作是一个引起大气环流变化的外在动力因子。

初步的结论是:地极移动振幅的主要周期为 7 a,次要周期为 6 a,而华北地区各主要站点的降水也有 5 a 和 7 a 的周期存在,两者基本一致,说明地极移动对形成旱涝也有一定的影响。

7.4.1.2 表示旱涝的有关指标

目前,国内外常用的表示旱涝的有关指标主要有:

(1) 旱涝指数 Q

$$Q=\frac{G-L+C/D+K}{A+B/D} \quad (7.10)$$

式中,Q 为某作物生长期内的总降水量(mm),L 为无效降水(mm),G 为作物根系层内的土壤湿度(%),D 为在作物根系层土壤容重情况下,1 mm 降水所增加的土壤湿度(%),K 为地下水补给量(mm),A 为作物耗水量(mm),B 为适宜作物生长土壤湿度(%)。

当 $Q>1$ 时,表示作物因雨水过多而受涝;当 $Q<1$ 时,表示作物因雨水不足而受旱。结合各种作物具体受旱或受涝的程度,进一步得出以 Q 值表示的旱涝等级。

从实践上看,使用这个表达式还比较困难。不仅要准确地预报出未来降水量,而且还必须知道未来土壤湿度的变化,地下水动态以及作物耗水量等一系列变量,而这些变量采用目前的观测技术和观测资料是不能满足的。

(2) 湿润指数 K

$$K=R/E \quad (7.11)$$

式中,R 为某时期内的降水量(mm),E 为某时期内的可能蒸发量(mm)。当 $K>1$ 时,表示湿润、偏涝;当 $K<1$ 时,表示干燥、偏旱。

(3) 降水百分率 ($R/\bar{R}$)

指某一时期内实际降水量 R 占历年同期平均降水量 $\bar{R}$ 的百分率数。例如:

$\bar{R}<60\%$ 为大旱;

$60\% \leqslant \bar{R} < 80\%$ 为小旱；

$80\% \leqslant \bar{R} < 120\%$ 为正常；

$120\% \leqslant \bar{R} < 140\%$ 为小涝；

$\bar{R} \geqslant 140\%$ 为大涝。

(4) 降水距平和 ($\sum \Delta R$)

指某地区范围内各站点在某一时段降水距平的总和。具体旱涝标准可由各地区根据自己的实践决定。例如河北省气象局规定 6—8 月汛期雨季期间全省 10 个地区降水距平和指标如下：

$\sum \Delta R > 1500$ mm 为特涝；

1000 mm $< \sum \Delta R \leqslant 1500$ mm 为涝；

-1000 mm $< \sum \Delta R \leqslant 1000$ mm 为正常；

-1500 mm $< \sum \Delta R \leqslant -1000$ mm 为旱；

$\sum \Delta R \leqslant -1500$ mm 为特旱。

此外，也有用某时段的降水百分率(%)和实际降水量(mm)相结合来表示旱涝程度的，例如北京农业大学农业气象系通过调查研究配合历史资料分析，确定北京地区夏季旱涝指标如表 7.8 所示。

表 7.8 北京地区夏季旱涝指标

旱涝型		指标		
		月份	占该时段常年降水量的百分率(%)	降水量(mm)
伏旱		7—8 月	<60	<250
夏涝	轻		>150	>600
	重		>180	>730

7.4.1.3 旱涝趋势的预报

(1) 用太阳黑子活动周期预报旱涝趋势

大气运动所需要和消耗的能量，主要来自太阳辐射，而太阳辐射强弱又与太阳黑子数多少相一致。太阳黑子数多，表征太阳活动强；太阳黑子数少，表征太阳活动弱。观测和研究均一致证明：地球上大范围地区旱洪灾害的发生，通常都与太阳黑子数的高值或低值年份联系在一起。因此，可以从分析太阳黑子活动入手，寻找太阳黑子活动周期与旱涝发生的关系，用来预报未来的旱涝趋势。

从逐年平均相对黑子数变化曲线可以看出：太阳黑子活动有明显的 11 a 左右的

周期。自 1610—1976 年的 33 个周期中,周期长度在 10~12 a 的共出现 22 次,约占 61%。每个周期中年平均相对黑子数最少的一年(称为低值年),记为 m;周期中年平均相对黑子数最多的一年(称为高值年),记为 M。规定 M 用 3 a 加权滑动平均:

$$R_0 = \frac{R_{-1} + 2R_0 + R_{+1}}{4} \tag{7.12}$$

R_0 取最大值来确定。在 m 与 M 之间,$m_{+1}, m_{+2}, \cdots, M_{-2}, M_{-1}$ 年为升段,太阳黑子数逐年增加;在 M 与 m 之间,$M_{+1}, M_{+2}, \cdots, m_{-2}, m_{-1}$ 年为降段,太阳黑子数逐年减少。也有的把从 $m—M_{-1}$ 年称为太阳黑子活动增强期,把从 $M—m_{-1}$ 年称为太阳黑子活动减弱期。

在旱涝趋势预报中,一般都是寻求年降水量多少与太阳黑子活动周期的相互关系。由于太阳黑子活动周期长度并不总是 11 a,变化的幅度还是比较大的,所以通常也不直接采用太阳黑子活动周期来预报,而是采用排表的方法,建立旱涝年份与太阳黑子活动每个周期各个位相之间的相关关系。例如从北京地区 500 多年的历史旱涝资料中相应有太阳黑子系统观测记录的 1610 年开始,取最近 300 多年的实际旱涝资料,仅以 1(涝)、2(偏涝)、3(正常)、4(偏旱)、5(旱)等 5 个留级的数字来表示,列于表 7.9。并将最近 300 多年的太阳黑子活动,以太阳黑子数为准排定各年所处的相应位相,列于表 7.10。

综合表 7.9—表 7.10,整理得太阳黑子活动周期各位相内旱涝出现的情况,见表 7.11。用资料统计各级旱涝出现的气候概率 A 和在太阳黑子活动周期各位相的概率 p,然后计算各位相中的 $p-A$ 值,如各位相选出 $p-A$ 的最大值,其对应的旱涝等级,即为该位相年最大可能出现的旱涝等级,如表 7.12 所示。具体预报时可以根据太阳黑子数的预报,看预报年应排入哪个位相,再对照表 7.12,即可大体确定该年可能出现的旱涝等级,作为初步预报结论。例如 1975 年根据太阳黑子数的预报应排入 m_{-1} 位相,出现 2 级的可能性最大,故初步预报 1975 年农作物生长季节将偏涝。当然,这只是从太阳黑子活动一个侧面得出的预报结论,具有一定的局限性,还需要参考其他有关因素的影响,采用不同方法进行预报,最后综合得出正式的预报结论。

表 7.9 北京地区历年旱涝情况

年份	0	1	2	3	4	5	6	7	8	9
1610	3	2	4	1	2	3	3	5	4	2
1620	2	4	3	3	4	3	1	3	4	5
1630	3	3	1	4	3	4	3	5	4	4
1640	5	5	4	4	3	2	3	3	2	2
1650	3	3	1	1	2	2	1	3	5	3
1660	4	3	3	2	4	3	3	3	1	4

续表

年份	0	1	2	3	4	5	6	7	8	9
1670	5	4	3	3	3	4	3	4	5	4
1680	4	3	4	4	3	2	3	4	3	4
1690	3	4	4	2	2	2	3	3	3	2
1700	2	3	3	2	3	3	3	2	4	2
1710	3	4	3	3	3	2	4	3	4	3
1720	3	4	2	3	3	1	3	1	4	3
1730	3	5	4	3	3	4	5	3	4	4
1740	3	4	3	5	4	5	4	4	5	4
1750	3	3	4	5	3	5	4	4	5	4
1760	4	2	2	5	2	4	4	3	3	4
1770	2	2	3	3	4	2	2	3	2	2
1780	1	1	3	3	2	1	2	4	2	1
1790	2	3	3	2	1	3	2	2	2	3
1800	2	1	4	3	3	3	2	2	1	2
1810	3	4	4	4	3	3	2	5	3	2
1820	3	4	2	2	3	2	4	4	3	4
1830	4	3	4	4	1	4	4	3	5	4
1840	1	3	3	3	3	2	4	4	2	3
1850	4	3	3	1	5	3	2	4	4	4
1860	5	4	3	3	4	4	5	3	2	5
1870	3	1	3	1	3	4	3	4	2	2
1880	4	3	3	1	3	2	1	3	3	2
1890	1	3	2	1	1	5	3	3	3	5
1900	5	3	5	4	3	4	3	4	3	4
1910	3	3	2	4	3	2	4	2	4	3
1920	5	5	1	4	1	1	5	3	4	3
1930	5	4	2	2	3	4	4	3	3	4
1940	4	4	4	4	4	4	3	3	4	1
1950	2	5	3	3	1	2	1	4	3	1
1960	4	3	4	2	3	5	3	3	4	2
1970	3	4	4	2	3	5				

表 7.10 各年所处太阳黑子活动的位相

m	+1	+2	−2	−1	M
1610	1611	1612	1613	1614	1615
1619	1620	1621/1622	1623/1624	1625	1626
1634	1635	1636	1637	1638	1639
1645	1646	1647		1648	1649
1655	1656	1657	1658	1659	1660
1666	1667/1668	1666/1670	1671/1672	1673/1674	1675
1679	1680	1681/1682	1683	1684	1685
1689	1690	1691		1692	1693
1698	1699/1700	1701/1702	1703	1704	1705
1711	1712/1713	1714/1715		1716	1717
1723	1724		1725	1726	1727
1733	1734	1735	1736	1737	1738
1744	1745	1746/1747		1748	1749
1755	1756	1757	1758/1759	1760	1761
1766	1767		1768	1769	1770
1775	1776			1777	1778
1784	1785		1786	1787	1788
1798	1799	1800	1801	1802	1803
1810	1811/1812	1813/1814		1815	1816
1823	1824	1825	1826/1827	1828	1829
1833	1834	1835		1836	1837
1843	1844	1845	1846	1847	1848
1856	1857		1858	1859	1860
1867	1868			1869	1870
1878	1879		1880/1881	1882	1883
1889	1890	1891		1892	1893
1901	1902	1903	1904	1905	1906
1913	1914		1915	1916	1917
1923	1924		1925/1928	1929	1930
1933	1934	1935	1936	1937	1938
1944	1945		1946	1946	1947
1954	1955	1956		1956	1957
1964	1965	1966	1967	1968	1969

续表

+1	+2	+3	−3	−2	−1	−m
1616				1617	1618	1619
1627	1628	1629	1630/1631	1632	1633	1634
1640	1641		1642	1643	1644	1645
1650	1651		1652	1653	1654	1655
1661	1662		1663	1664	1665	1666
1676				1677	1678	1679
1686				1687	1688	1689
1694	1695			1696	1697	1698
1706	1707		1708	1709	1710	1711
1718	1719		1720	1721	1722	1723
1728	1729		1730	1731	1732	1733
1739	1740		1741	1742	1743	1744
1750	1751	1752		1753	1754	1755
1762	1763			1764	1765	1766
1771	1772			1773	1774	1775
1779	1780	1781		1782	1783	1784
1789	1790	1791/1792	1793/1794	1795/1796	1797	1798
1804	1805	1806	1807	1808	1809	1810
1817	1818	1819	1820	1821	1822	1823
1830	1831			1832	1833	1834
1838	1839	1840		1841	1842	1843
1849	1850	1851/1852	1853	1854	1855	1856
1861	1862		1863/1864	1865	1866	1867
1871	1872	1873	1874/1875	1876	1877	1878
1884	1885		1886	1887	1888	1889
1894	1895	1896	1897/1898	1899	1900	1901
1907	1908	1909	1910	1911	1912	1913
1918	1919		1920	1921	1922	1923
1929			1930	1930	1931	1932
1939	1940		1941	1942	1943	1944
1949	1950	1951		1952	1953	1954
1959	1960			1961	1962	1963
1970	1971	1972		1973	1974	1975

表 7.11 太阳黑子活动周期各位相内旱涝出现情况

m	+1	+2	−2	−1	M
3	2	4	1	2	5
2	5	4/3	3/4	3	1
3	4	3	5	4	4
2	3	3		2	2
2	1	3	5	3	4
3	3/1	4/5	4/3	3/3	4
4	4	3/4	4	3	2
4	3	4		4	2
3	2/2	3/3	2	3	3
4	3/3	3/2		4	3
3	3		1	3	1
3	3	4	5	3	4
4	5	4/4		5	4
5	4	4	5/4	4	2
4	3		3	4	2
2	2			3	2
2	1		2	4	2
2	3	2	1	4	3
3	4/4	4/3		3	3
2	3	2	4/4	3	4
4	1	4		4	3
3	3	2	4	4	2
2	4		4	4	5
3	2			5	3
2	2		4/3	3	1
2	1	3		2	1
3	5	4	3	4	3
4	3		2	4	2
4	1		1/5	3	4
2	3	4	4	3	3
4	4		3	3	4
1	2	1		4	3
1	5	3	5	4	2

表 7.12 北京地区各级旱涝与太阳黑子活动周期各位相关系

太阳黑子活动位相	旱涝级别 1			旱涝级别 2			旱涝级别 3			旱涝级别 4			旱涝级别 5			各位相总年数	最大可能级别
	年数	p	$p-A$	年数	p	$p-A$	年数	p	$p-A$	年数	p	$p-A$	年数	p	$p-A$		
m	1	3.03		11	33.33	15.57	11	33.33		9	27.27		1	3.03		33	2
$+1$	6	16.22	7.20	7	18.91	1.57	13	35.14		7	18.91		4	10.81	0.97	37	1
$+2$	1	3.33		4	13.33		11	36.66	0.87	13	43.33	16.73	1	3.33		30	4
-2	4	13.80	4.78	3	10.34		7	24.14		10	34.48	6.88	5	17.21	7.40	29	5
-1	0	0.00		3	8.82		15	44.11	8.32	14	41.18	13.58	2	5.89		34	4
M	4	12.12	3.10	11	33.33	15.57	8	24.24		8	24.24		2	6.06		33	2
$+1$	5	15.15	6.13	4	12.12		13	39.39	3.60	8	24.24		3	9.21		33	1
$+2$	1	3.44		5	17.24		14	48.27	12.48	6	20.69		3	10.34	0.50	29	3
$+3$	3	20.00	10.98	2	13.33		5	33.33		3	20.00		2	13.33	3.49	15	1
-3	4	14.81	6.79	4	14.81		11	40.74	4.95	6	22.22		2	7.40		27	1
-2	3	9.09	0.07	3	9.21		12	36.36	0.57	9	27.27		6	18.18	8.34	33	5
-1	1	3.03		8	24.24	6.48	11	33.33		8	24.24		5	15.15	5.31	33	2
总和	33			65			131			101			36			366	
A	9.02			17.76			35.79			27.6			9.84				

(2) 用海水温度预报旱涝趋势

由于地球表面有四分之三为海洋,海水具有较大的热容量。一方面,它和大气直接相互作用;另一方面,海温变化又和大气变化之间存在着某种时差。因此,依据这种滞后现象关系,就可以作为长期农业气象预报的依据。

根据对海水温度与华北平原地区雨季降水关系的研究表明:华北平原地区雨季降水距平与头年12月—当年2月期间北太平洋黑潮—亲潮海水温差距平基本同步。即当头年12月—当年2月期间北太平洋黑潮—亲潮海水温差呈正距平时,华北平原地区雨季降水亦为正距平,显得偏涝;当头年12月—当年2月期间北太平洋黑潮—亲潮海水温差呈负距平时,华北平原地区雨季降水亦为负距平,显得偏旱。根据这种同步关系,可以用来实际预报华北平原地区雨季或农作物生长季节的旱涝趋势。

(3) 用历史气候资料分析验证相结合预报旱涝趋势

由于生产实践的需要,广大农民群众对当地的天气气候特点,特别是对那些危害农业生产较大的旱涝等农业气象灾害记忆体会尤深,比较注意观察其发生、发展等演变规律及其前期征兆,并归纳总结成农谚形式来指导未来的生产安排。因此,根据群众归纳总结的农谚经验,结合历史气候资料分析验证,可以用来预报未来的旱涝趋势。例如陈菊英(1995)根据华北平原地区普遍流行的"冬暖来年涝,冬寒来年旱"以及"春寒夏涝"等农谚,结合历史气候资料分析验证,预报华北平原地区农作物生长季节(夏季)旱涝趋势,取得了较好的效果。

① 确定夏季旱涝与冬春冷暖的标准

取北京、天津、保定、石家庄、邢台、沧县和德州等7个台站6—8月的平均雨量,代表华北平原地区夏季的雨量。以各年夏季总雨量及最大旬雨量相对常年的距平"百分率和"作为表征夏季旱涝的指数,即:

$$Y = \frac{\Delta R}{\bar{R}} - \frac{\Delta R'}{\bar{R}'} \tag{7.13}$$

式中,ΔR 和 $\Delta R'$ 分别为夏季总雨量和最大旬雨量的距平值,$\bar{R}$ 和 $\bar{R}'$ 分别为夏季总雨量和最大旬雨量多年平均值。这一指数既考虑到总雨量的多少,又考虑了最大旬雨量(即暴雨集中)的大小,基本上能反映出华北平原地区夏季旱涝的情况。

通过对华北平原地区历年夏季降水情况的分析得出:

$Y \geqslant 1.00$ 为夏涝年;

$Y \leqslant -0.70$ 为夏旱年;

$-0.69 \leqslant Y \leqslant 0.99$ 为正常年。

按照上述标准,统计分析华北平原地区1951—1972年共22 a的夏季降水情况,夏涝年1954、1956和1963年3 a,这3 a的夏季总降水量都在640~750 mm之间,最大旬雨量为160～410 mm；夏旱年1951、1956、1957和1972年4 a，这4 a的夏季总降水量在160～325 mm之间，最大旬雨量只有40～90 mm；其余15 a均为正常年。由此可知：华北平原地区夏季出现严重旱涝的气候概率为8/22＝36.4%，其中出现夏涝年的气候概率为3/22＝13.6%，即平均每7～8 a出现一次，出现夏旱年的气候概率为5/22＝22.7%，即平均每4～5 a出现一次。

又以北京、天津、保定、石家庄和德州5个台站的平均旬平均气温距平，代表华北平原地区的旬平均气温距平，仍以1951—1972年共22 a计算多年平均值。根据对冬春冷暖与夏季旱涝关系的分析，分别以头年12月—当年1月的6个旬和4月中旬—5月下旬的5个旬旬平均气温距平大小表示冬季和春季的冷暖情况。经分析发现：夏季旱涝不但与冬春旬平均气温累积距平趋势有关，而且还与旬平均气温距平最大值有关。

通过对冬季冷暖指数与夏季旱涝关系的分析，可取：

$C_m \geqslant 10.0$ ℃为冬暖年；

7.0 ℃$\leqslant C_m < 10.0$ ℃为冬偏暖年；

0.0 ℃$\leqslant C_m < 7.0$ ℃为冬正常年；

-3.5 ℃$\leqslant C_m < 0.0$ ℃为冬偏寒年；

$C_m < -3.5$ ℃为冬寒年。

按上述标准，在1951—1972年的22 a中，计有冬暖年1952、1954、1956、1959和1963年5 a；冬寒年1951、1953、1955、1957、1968、1970和1972年7 a。

同样，通过对春季冷暖指数与夏季旱涝关系的分析，可取：

$C_s \geqslant 7.0$ ℃为春暖年；

2.0 ℃$\leqslant C_s < 7.0$ ℃为春偏暖年；

0.5 ℃$\leqslant C_s < 2.0$ ℃为春正常年；

-0.2 ℃$\leqslant C_s < 0.5$ ℃为春偏寒年；

$C_s < -0.2$ ℃为春寒年。

按上述标准，在1951—1972年的22 a中，计有春暖年1961和1967年2 a；春寒年1954、1956、1963和1964年4 a。

②"冬暖来年涝，冬寒来年旱"及"春寒夏涝"的验证

表7.13是华北平原地区1951—1972年冬春冷暖特征与夏季旱涝的关系。根据表中资料，先验证"冬暖来年涝，冬寒来年旱"及"春寒夏涝"的单一准确率。

(a)在1952、1954、1956、1959和1963年5个冬暖年中，发生整个平原地区夏涝的有1954、1956和1963年3 a，北部地区偏涝的有1959年1 a。这样，冬暖来年涝或偏涝的准确率为4/5＝80%，比涝或偏涝的气候概率18.2%高61.8%。

(b)在1951、1953、1955、1957、1968、1970和1972年7个冬寒年中，发生整个平

原地区夏旱的有 1951、1957、1968 和 1972 年 4 a;偏旱的有 1970 年 1 a;8 月上旬以前偏旱(即前期偏旱)的有 1955 年 1 a。这样,冬寒来年旱或偏旱的准确率为 6/7 = 85.7%,比旱或偏旱的气候概率 31.8% 高 53.9%。

(c)在 1954、1956、1963 和 1964 4 个春寒年中,发生夏涝的有 1954、1956 和 1963 年 3 a,这样,春寒夏涝的准确率为 3/4 = 75%,比夏涝的气候概率 13.6% 高 61.4%。

由上述验证可见:这 3 条农谚的历史准确率均达 75% 以上,比旱(偏旱)、涝(偏涝)的气候概率高 50% 以上,因此,可以单独作为预报华北平原地区夏季旱涝的一项指标。如果将冬暖与春寒、冬寒与春偏暖结合起来作为预报指标,则从表 7.13 中可以看出:在 1951—1972 年的 22 a 中,共出现 3 次"冬暖春寒",后期均为夏涝;4 次冬寒春偏暖,后期均为夏旱,只有 1965 年的夏旱为例外。

表 7.13 华北平原地区冬春冷暖特征与夏季旱涝的关系

年份	C_m(℃)	冬季冷暖特征	C_s(℃)	春季冷暖特征	Y	夏季旱涝特征
1963	11.6	冬暖	−7.0	春寒	2.76	夏涝
1956	10.3	冬暖	−3.1	春寒	1.28	夏涝
1954	13.4	冬暖	−3.9	春寒	1.06	夏涝
1953	−7.4	冬寒	0.1	春偏寒	0.30	正常
1964	2.4	正常	−2.2	春寒	0.29	正常(北部偏涝)
1959	14.0	冬暖	1.9	正常	0.28	正常
1961	1.2	正常	9.0	春暖	0.27	正常(前期偏旱)
1955	−8.7	冬寒	0.3	春偏寒	0.12	正常
1969	4.5	正常	−0.8	春偏寒	0.08	正常
1971	7.1	冬偏暖	4.1	春偏暖	−0.03	正常
1958	1.5	正常	1.0	正常	−0.04	正常
1962	3.6	正常	4.8	春偏暖	−0.09	正常
1966	3.4	正常	0.7	正常	−0.21	正常
1960	3.1	正常	0.2	春偏寒	−0.22	正常
1952	21.8	冬暖	1.8	正常	−0.24	正常
1967	−1.5	冬偏寒	11.8	春暖	−0.28	正常
1970	−3.8	冬寒	1.5	正常	−0.60	正常(偏旱)
1951	−7.1	冬寒	2.6	春偏暖	−0.78	夏旱
1957	−12.2	冬寒	3.5	春偏暖	−0.80	夏旱

续表

年份	C_m(℃)	冬季冷暖特征	C_s(℃)	春季冷暖特征	Y	夏季旱涝特征
1972	-5.1	冬寒	4.9	春偏暖	-0.82	夏旱
1965	9.5	冬偏暖	1.4	正常	-1.14	夏旱
1968	-8.0	冬寒	4.3	春偏暖	-1.25	夏旱

可见,用冬春冷暖特征结合起来预报夏季旱涝趋势,效果将会更好一些。

③预报应用实例

在分析验证上述农谚基础上,用所得到的预报指标,对华北平原地区 1973—1975 年的夏季旱涝趋势,连续作了 3 a 预报。这 3 a 的冬春冷暖特征,预报结论和实况列于表 7.14,效果比较理想。

表 7.14 华北平原地区 1973—1975 年冬春冷暖特征、预报结论和实况比较

年份	C_m(℃)	冬季冷暖特征	C_s(℃)	春季冷暖特征	预报结论	实况	比较
1973	7.7	冬偏暖	6.7	春偏暖	正常	正常	√
1974	7.5	冬偏暖	2.8	春偏暖	正常	正常	√
1975	6.5	冬正常	3.1	春偏暖	正常	正常	√

另外,华北平原地区 7 个台站 7—8 月平均月雨量分别与冬春冷暖指数 C_m 和 C_s 也存在较好的相关关系。

(a)当 $C_m>0$ 时,7 月雨量将>180 mm,反之,<180 mm,正相关概率为 19/22=86.4%;或者当 $C_m \geq -1.5$ 时,7 月雨量将>160 mm,反之,<160 mm,正相关概率为 20/22=90.9%。

(b)当 $C_s>1.0$ 时,8 月雨量将≤200 mm,反之,>200 mm,反相关概率为 20/22=90.9%;或者当 $C_s>-2.0$ 时,8 月雨量将≤250 mm,反之>250 mm,反相关概率为 22/22=100%。

用上述指标,对华北平原地区 1973—1975 年 7—8 月平均月雨量趋势作了试报,结果也都基本正确。

(4)用丰歉年景、旱涝状况对比分析方法预报农作物生长季节的旱涝趋势

认真收集、分析、总结当地较长年代的丰歉年景、旱涝状况等历史资料,从中亦可提取或归纳出一些比较实用的规律性指标,利用这些指标预报当地农作物生长季节的旱涝趋势,也能收到较好的效果。例如吉林省伊通县气象站认真收集、分析总结了当地的群众经验,对照有关历史资料,整理出了 1919—1974 年共 56 a 的丰歉年景与旱涝状况时间序列,见表 7.15。表中旱涝状况用长春历年降水资料分析验证,相关系数 $r=0.727$;用伊通历年降水资料分析验证,相关系数 $r=0.786$,均达到 0.001 的

显著水平,说明是可信的。

表 7.15 吉林省伊通县 1919—1974 年丰歉年景与旱涝状况时间序列

年份	1919	1920	1921	1922	1923	1924	1925	1926	1927	1928
丰歉年景	歉	平	平	丰	歉	歉	丰	歉	丰	平丰
旱涝状况	旱	正常	旱	正常	大涝	大旱	正常	大旱	正常	正常
年份	1929	1930	1931	1932	1933	1934	1935	1936	1937	1938
丰歉年景	平丰	平歉	平丰	平	丰	歉	歉	歉	平	平
旱涝状况	正常	大涝	正常	正常	正常	大涝	大旱	大涝	正常	正常
年份	1939	1940	1941	1942	1943	1944	1945	1946	1947	1948
丰歉年景	平	歉	平丰	平丰	平丰	平丰	平歉	歉	平丰	平丰
旱涝状况	正常	旱	正常	旱	旱	旱	涝	大旱	正常	正常
年份	1949	1950	1951	1952	1953	1954	1955	1956	1957	1958
丰歉年景	平	平丰	平歉	平歉	平	歉	平丰	歉	歉	歉
旱涝状况	正常	正常	大涝	大旱	涝	大涝	正常	大涝	大涝	大旱
年份	1959	1960	1961	1962	1963	1964	1965	1966	1967	1968
丰歉年景	平	平	平	平丰	平歉	歉	平	平	平丰	平丰
旱涝状况	正常	正常	正常	正常	正常	涝	正常	正常	旱	正常
年份	1969	1970	1971	1972	1973	1974				
丰歉年景	歉	平	歉	歉	平丰	平丰				
旱涝状况	正常	旱	大涝	正常	涝	正常				

仔细分析表中序列资料,初步得出伊通地区丰歉年景和旱涝状况演变的规律性指标如下:

①丰年和平丰、平年年景,最多只能持续 4 a,第 5 a 必变;歉年和平歉年年景,最多只能持续 3 a,第 4 a 必变。前者概率为 4/4,后者概率为 2/2。

②丰歉年景与春季阴雨日数(当地称为"春脖")长短有较好的相关关系;当春季阴雨日数＞历年平均时,当年多为丰年年景;当春季阴雨日数＜历年平均时,当年多为歉年年景;两者概率为 $46/56, x^2 = 9.75 > x^2_{a=0.01} = 6.64$,达到 0.99 的置信水平。

③丰歉年景具有明显的 6~7 a 周期存在,即丰年(包括平丰和平年)年景持续 3~4 a。接着是大涝歉年,然后是大旱或大旱歉年,最后多为雨歉年,从而组成一个完整的周期。

④丰歉年和旱涝都具有明显的年代关系,即双数年份多为丰年年景;偏旱或旱;单数年份多为歉年年景,偏涝或涝。其中丰歉年景的 $x^2 = 4.36$,旱涝年份的 $x^2 = 8.47$,均 $> x^2_{0.05} = 3.84$,达到 0.95 的置信水平。

⑤统计分析长春1909—1974年逐年降水量演变,每10 a划为一个年代,发现：(a)各年代降水差异较大；(b)各年代间的差异在逐渐缩小,并向平均值靠近。

⑥逐年降水量的阶段性变化,大体可分为大幅度升降变化,稳定变化—次大幅度升降变化—大幅度升降变化。每阶段平均持续时间5～6 a。

根据这些规律性指标,亦可以对每年的丰歉和旱涝趋势,做出大致的预测预报。

7.4.2 农作物生长季节的冷暖趋势分析和预报

农作物生长季节的冷暖趋势,即温度高低,对于农业收成丰歉影响也很大,亦常为人们所关心。开展农作物生长季节的冷暖趋势分析和预报,可以为农业部门制订种植计划,选择搭配合适的作物品种,采取有效农技措施提供气象依据。例如农作物生长季节内,如果温度偏高、热量充沛,即俗称的高温年份就可多种一些喜热作物,或多选择搭配一些生长期长的晚熟品种,争取更大丰产；如果温度偏低、热量不足,即低温年份,就可多种一些耐凉作物,或多选择搭配一些生长期短的早熟品种,或采取一些有效的农技措施弥补热量不足,争取稳产或少减产。

农作物生长季节的冷暖趋势通常用生长季节内总积温、生长季节各月平均温度和或热量指数等表示。具体分析、预报的方法主要有：

(1) 分析天气气候演变规律,预报农作物生长季节内的冷暖趋势

对于某年农作物生长季节内的天气气候条件,必须深入调查了解当地常年的天气气候实况,分析其演变规律,用它来预测未来,效果往往会更好一些。

例如,以日平均气温稳定通过10 ℃的初终日间持续天数作为整个水稻的生长季节,用南京1905—1970年共66 a气象资料统计分析,结果得出,春季日平均气温稳定通过10 ℃的初日早晚与生长季节内≥10 ℃的活动积温之间,具有较好的线性关系。当春季日平均气温稳定通过10 ℃的初日开始愈晚时,该年水稻生长季节内≥10 ℃的活动积温就愈少。换句话说,春季日平均气温稳定通过10 ℃的初日早晚,可以看作是当年水稻生长季节内≥10 ℃的活动积温多少的标志,并可用来预测当年水稻生长季节内的冷暖趋势。

在此基础上,考虑到前、后季稻品种搭配以及冬作物茬口安排的需要,根据早稻早、中晚熟品种全生育期需100～120 d和前季稻平均7月底成熟收割,后季稻平均8月初移栽等生产实际情况,又进一步以7月下旬—8月上旬为分界线,把整个水稻生长季节分为前后两段。前段大体与前季稻全生长期相当,后段约与后季稻本田生长期对应,并分别分析统计这两个时段内的活动积温,发现其间也存在着较好的线性关系：当春季日平均气温稳定通过10 ℃的初日较常年显著偏早时,则当年5—6月特有明显的倒春寒天气出现,平均气温较常年显著偏低,不利于前季稻分蘖生长；而7—8月将有明显的高温天气出现,平均气温较常年显著偏高,不利于前季稻灌浆成熟和后

季稻移栽成活。当春季日平均气温稳定通过10 ℃的初日较常年显著偏晚时,则当年5—6月气温将较常年明显偏高,有利于前季稻分蘖生长;而7—8月气温大体正常或稍偏低,有利于前季稻灌浆成熟和后季稻移栽成活,但后季稻本田生长期内≥10 ℃的活动积温将明显不足,需注意提醒农业部门采取有效措施,促进后季稻生长发育,以免引起翘穗现象。

用此方法对南京地区1971—1974年连续4 a整个水稻生长季节和前季稻全生长期、后季稻本田生长期内≥10 ℃的活动积温趋势,进行了试报检验,见表7.16,预报值和实况值误差都在允许范围内,效果较好。

表7.16 南京地区1971—1974年整个水稻生长季节和前后季稻生长期内≥10 ℃活动积温试报

年份	春季 $\overline{T}_日$ ≥10 ℃初日 (月-日)	整个水稻生长季节内 ≥10 ℃的活动积温(℃·d)			前季稻全生长期内 ≥10 ℃的活动积温(℃·d)			后季稻本田生长期内 ≥10 ℃的活动积温(℃·d)		
		预报值	实况值	误差	预报值	实况值	误差	预报值	实况值	误差
1971	03-24	5034	4993.1	40.9	2525	2587.5	−62.5	2509	2405.6	103.4
1972	04-10	4815	4724.8	90.2	2800	2767.5	32.5	2015	1957.5	57.5
1973	03-18	5113	5062.5	50.5	2420	2443.6	−23.6	2693	2618.9	74.1
1974	03-28	4980	4922.4	57.6	2590	2644.6	−54.6	2390	2277.8	112.2

(2)用热量指数预测水稻生育期热量条件

国内外许多专家学者对于热量资源、低温及其对作物影响等方面开展了大量的研究工作,其中关于热量的监测、预测方法很多,如积温距平、5—9月平均气温的距平、持续低温、热量指数等是常用的方法之一。热量指数由不同时段玉米生长发育所需下限、上限和适宜温度组成,既可表征作物周围环境热量状况,也可作为低温冷害预测的基础指标。下面以黑龙江东、西、南3个区域为例,介绍水稻热量指数短期预测模型,以期为构建当地水稻立体动态的气象灾害监测体系,有效防御水稻低温冷害,促进农业防灾减灾提供科学依据(王秋京 等,2018)。

①水稻各生育期与历年热量指数计算

采用以下公式计算逐旬水稻生长季内的热量指数:

$$F(T) = 100 \times \frac{(T-T_1)(T_2-T)^B}{(T_0-T_1)(T_2-T_0)^B} \quad (7.14)$$

$$B = \frac{(T_2-T_0)}{(T_0-T_1)} \quad (7.15)$$

式中,T为水稻主要生长季5—9月逐日平均气温,T_1、T_2和T_0分别代表该时段内水稻发育期所需的最低温度、最高温度和适宜温度，B 为与三基点温度有关的常数，见表7.17。

表7.17 水稻不同发育期的下限(T_1)、适宜(T_0)及上限(T_2)日平均温度(℃)

温度基点	苗期	营养生长期	孕穗期	生殖期	灌浆—成熟期
T_1	9.0	12.5	15.0	15.0	10.5
T_0	21.0	25.0	27.8	26.3	19.3
T_2	28.0	32.0	33.0	33.0	30.0

利用黑龙江省11个农气观测站1971—2010年水稻生长季逐日平均气温资料，分别计算各站点历年水稻生育期内逐旬平均气温 T，代入公式，得到相应各站历年逐旬的水稻热量指数，利用5—9月每个月的逐旬热量指数平均值计算得到月热量指数。与其他月份不同的是，5月苗期开始时间为准，东部和南部由5月下旬的热量指数代表5月的热量指数，西部由5月中旬和下旬的平均值来代表。计算各站5—9月热量指数之和(F_5)、6—9月热量指数之和(F_6)、7—9月热量指数之和(F_7)及8—9月热量指数之和(F_8)。各区域热量指数由各区域站点逐月热量指数平均值求得。由此获得东部、西部、南部1971—2010年5—9月逐年逐月水稻热量指数。

②灰色预测模型

灰色系统是根据序列曲线之间几何形状的相似度来鉴别系统各因素之间联系是否紧密，曲线越接近关联度越大，反之越小。根据建模原理，利用1971—2010年各代表站点逐月热量指数分别建立东、南、西三区域的 $GM(1,1)$ 预测模型：

$$\hat{x}^{(0)}(k+1) = \hat{x}^{(1)}(k+1) - \hat{x}^{(1)}(k) = (1-e^a)\left[x^{(0)}(1) - \frac{b}{a}\right]e^{-ak} \quad (7.16)$$

③生育期热量指数预测

在各月实际热量指数的基础上，结合各月热量指数预测结果，可滚动预测5—9月的总热量指数。

5月预报各站5—9月热量指数之和($F5$)：

$$F5 = F5_{测} \quad (7.17)$$

6月预报各站5—9月热量指数之和($F6$)：

$$F6 = F6_{测} + F5_{实} \quad (7.18)$$

7月预报5—9月热量指数之和($F7$)：

$$F7 = F7_{测} + F5_{实} + F6_{实} \quad (7.19)$$

8月预报5—9月热量指数之和($F8$)：

$$F8 = F8_{测} + F5_{实} + F6_{实} + F7_{实} \quad (7.20)$$

式中，下角标"测"表示该站当月—9月总热量指数的$GM(1,1)$预测值，下角标"实"表示该站当月热量指数的实际计算值。

④水稻生育期逐月热量指数预测模型与检验

利用1971—2010年代表站点逐月热量指数平均计算得到各区域逐月热量指数序列，分别建立东、西、南区域5、6、7、8月的$GM(1,1)$预测模型，模型中参数a、b及相应的关联度计算结果见表7.18。由表中可见，参数a的取值范围在$-0.0058\sim -0.0020$，参数b的取值范围在$116.5124\sim 343.8992$，不同月份、不同区域间有一定的差别，所以，分区域建立预测模型很有必要。各区域逐月模型模拟结果与原序列间的关联度均在0.88以上，大于0.6，通过关联度检验，表明原始数列与预测值序列具有较高的相似度。

表7.18 逐月水稻热量指数预测模型的参数及关联度

月份	区域	预测模型参数		关联度
		a	b	
5	东部	−0.0032	333.7360	0.9223
	西部	−0.0036	343.8992	0.9334
	南部	−0.0040	320.3719	0.9204
6	东部	−0.0026	275.2515	0.9176
	西部	−0.0034	257.9954	0.9303
	南部	−0.0042	257.9145	0.9185
7	东部	−0.0020	206.2624	0.9264
	西部	−0.0032	205.6065	0.9381
	南部	−0.0036	195.3663	0.9371
8	东部	−0.0037	122.6997	0.8882
	西部	−0.0052	121.5239	0.8987
	南部	−0.0058	116.5124	0.8998

利用1971—2010年资料进行各月的回代拟合检验，结果见表7.19。由表7.19可见，各月$GM(1,1)$预测模型回代拟合准确率较高，各月多年平均准确率在94.6%～97.5%，准确率最大值均为100%，最小值均在85%以上。各区域7、8月的预报准确率普遍高于5、6月。准确率基本呈逐月增高趋势。可见，预报月之前热量

指数的实际值,加上预报月当月之后水稻生长阶段热量指数的预测值,这种逐月滚动预测,可以准确预测黑龙江省水稻全生育期的总热量指数。

表 7.19　利用 1971—2010 年资料回代拟合检验准确率(%)

	东部				西部				南部			
	5月	6月	7月	8月	5月	6月	7月	8月	5月	6月	7月	8月
最大值	100.0	100.0	100.0	100.0	100.0	100.0	100.0	100.0	100.0	100.0	100.0	100.0
最小值	86.0	87.0	91.0	91.0	86.0	88.0	92.0	92.0	85.0	89.0	85.0	8.0
平均值	94.6	95.5	96.6	96.7	95.9	96.5	97.5	97.4	94.8	95.2	96.4	96.3

(3)用冻融指数分析冷暖季节气候变化趋势

随着气候变暖,季节冻土和多年冻土正在速退化。冻土退化会改变地区生态、景观格局、水文和冻土工程。冻融指数作为冻土研究的重要参数,对于冻土研究具有重要意义,同时也是研究气候变化的重要指标。冻融指数 0 ℃时土壤开始解冻或冻结,可表示农事活动开始或终止,草本植物的萌发与休眠,0 ℃以上持续日数为作物农耕期和草本植物生长期等。

下面以大兴安岭生态功能区为例(代海燕 等,2016),结合 0 ℃作为主要界限温度来界定生长季初日、终日和长度,并定义大于 0 ℃天数为暖季,小于 0 ℃为冷季,分析在全球气候变暖背景下,我国北方增温最为显著的内蒙古东北部冷暖季节变化特征和生长季日期变化趋势。

①冻融指数

冻融指数是空气冻融指数,是指距地表 1.5 m 高度日平均温度的累计值。冻结指数和融化指数分别是指在指定时期小于 0 ℃和大于 0 ℃温度的累计值。为了保证在计算冻结指数时使用同一个冻结期温度数据,指定冻结指数计算时间为每年 7 月 1 日—翌年的 6 月 30 日,融化指数计算时间为每年 1 月 1 日—12 月 31 日。使用经典冻结(融化)指数计算年冻结(融化)指数,即计算日平均温度小于(大于)0 ℃的温度累计值,冻结指数和融化指数的数学表达式为:

$$FI = \int_{t_0}^{t_1} |T| \mathrm{d}t \quad (T < 0 \ ℃) \tag{7.21}$$

$$TI = \int_{t_2}^{t_3} T \mathrm{d}t \quad (T > 0 \ ℃) \tag{7.22}$$

式中,FI 是冻结指数,计算从冻结日期的起始时间 t_0 到冻结结束时间 t_1。计算冻结指数时 t_0 是指每年的 7 月 1 日,t_1 为第二年的 6 月 30 日。在实际应用中,冻结指数的计算为冻结期日平均温度低于 0 ℃日期温度的绝对值。TI 是融化指数,计算从冻

结期的起始时间 t_2 到融化期的结束时间 t_3。计算融化指数时，t_2 为每年的 1 月 1 日，t_3 为当年的 12 月 31 日。

②冻融指数特征及变化趋势

冻结指数和融化指数分析结果表明，功能区融化指数年平均值为 2606.17 ℃·d，冻结指数为 2579.44 ℃·d。年融化指数处于明显上升过程，拟合方程达到显著水平与全球变暖趋势一致，也是该地区变暖的有利证据之一。冻结指数变化趋势与融化指数差异明显，上升和下降趋势站点各占一半，变化都不显著（表 7.20）。年融化指数变异系数与纬度显著负相关，跟海拔显著正相关；冻结指数变异系数主要跟海拔显著正相关。海拔高低是年变化差异较大的共同因子，同时纬度越高年融化指数变动越小。

表 7.20　内蒙古大兴安岭生态功能区融化与冻结指数拟合方程检验

站点	样本数	融化指数			冻结指数		
		拟合方程	相关系数	变异系数	拟合方程	相关系数	变异系数
阿尔山	30	$y=11.605x+1914.7$	0.772**	0.095	$y=2.6523x+2868.7$	0.086	0.0651
阿荣旗	30	$y=12.097x+2915.2$	0.759**	0.126	$y=-3.1596x+1923.1$	0.122	0.0466
额尔古纳	30	$y=11.951x+2304.8$	0.704**	0.092	$y=7.6275x+3042.5$	0.238	0.0619
鄂伦春	30	$y=9.83x+2301.6$	0.711**	0.097	$y=-2.5878x+2580.8$	0.096	0.0511
根河	30	$y=8.4486x+1975.6$	0.604**	0.079	$y=-1.7892x+3338.1$	0.062	0.0602
莫力达瓦	30	$y=9.8315x+2922.5$	0.675**	0.113	$y=-0.5589x+2125.5$	0.022	0.0430
牙克石	30	$y=12.087x+2222.5$	0.744**	0.093	$y=4.0449x+2958.1$	0.130	0.0611
扎兰屯	30	$y=8.8343x+2937.5$	0.626**	0.134	$y=2.2206x+1676.9$	0.088	0.0417

注：**表示显著性达到 0.01 显著水平。

③冻融天数变化特征及变化趋势

融化天数和冻结天数变化趋势表明，功能区融化天数年平均值为 198.6，冻结指数为 198.4，融化天数处于上升趋势。这表明该地区气温＞0 ℃天数处于上升趋势，相对应的冻结天数呈明显下降趋势，其中阿尔山和牙克石呈显著下降趋势（表 7.21）；说明大兴安岭生态功能区暖季明显延长，冷季缩短。这对于当地的农业生产、树木生长、动植物物候都会产生深刻影响，大兴安岭主要森林植被兴安落叶松生长期会明显变长。冻结天数变异系数主要跟海拔显著负相关，海拔越高其冻结天数年变化差异越小；融化天数变异系数与经纬度、海拔无显著关系。

表 7.21　内蒙古大兴安岭生态功能区融化与冻结天数拟合方程检验

站点	样本数	融化指数			冻结指数		
		拟合方程	相关系数	变异系数	拟合方程	相关系数	变异系数
阿尔山	30	$y=0.3048x+179.54$	0.337	0.0446	$y=-0.323x+185.78$	0.441*	0.0369
阿荣旗	30	$y=0.3141x+209.52$	0.312	0.0426	$y=-0.319x+155.49$	0.329	0.0586
额尔古纳	30	$y=0.2395x+188.39$	0.245	0.0462	$y=-0.2476x+176.7$	0.285	0.0457
鄂伦春	30	$y=0.2415x+192.14$	0.247	0.0453	$y=-0.2601x+173.16$	0.312	0.0449
根河	30	$y=0.2177x+178.39$	0.237	0.0459	$y=-0.2548x+186.72$	0.313	0.0405
莫力达瓦	30	$y=0.2161x+208.38$	0.234	0.0396	$y=-0.2484x+156.85$	0.261	0.0567
牙克石	30	$y=0.3278x+186.92$	0.334	0.0465	$y=-0.3468x+178.52$	0.403*	0.0453
扎兰屯	30	$y=0.1601x+212.89$	0.149	0.0452	$y=-0.1411x+151.94$	0.134	0.0641

注：* 表示显著性达到 0.05 显著水平。

④日平均冻融值的变化

日平均融化指数和日平均冻结指数变化表明：功能区日平均融化指数平均值为 13.06，冻结指数为 15.33。日平均融化指数处于明显上升过程，拟合方程都达显著性水平，说明该地区大于 0 ℃的日平均值处于上升趋势，暖季变暖趋势明显。日平均冻结指数呈上升趋势，其中额尔古纳和牙克石地区达到显著水平（表 7.22）。研究结果表明大兴安岭生态功能区冷季越冷的趋势明显。其中 25% 的地区达到显著水平，充分说明该区域在气候变暖同时冷季更冷，气候发生异常。大于 0 ℃和小于 0 ℃的积温在向两个极端方向发展，即暖季越暖、冷季更冷。结果也验证了全球变暖的同时气候异常向两极发展的结论。两者的变异系数与冻结和融化指数一致，日平均融化指数变异系数与纬度显著负相关，跟海拔显著正相关；日冻结指数变异系数主要跟海拔显著正相关。

表 7.22　内蒙古大兴安岭生态功能区日平均融化与冻结指数拟合方程检验

站点	融化指数			冻结指数		
	拟合方程	相关系数	变异系数	拟合方程	相关系数	变异系数
阿尔山	$y=0.0458x+10.67$	0.513**	0.0712	$y=0.0304x+15.548$	0.218	0.0791
阿荣旗	$y=0.0356x+13.93$	0.535**	0.0417	$y=0.0043x+12.364$	0.033	0.0955
额尔古纳	$y=0.0465x+12.258$	0.485**	0.0670	$y=0.0699x+17.197$	0.452**	0.0767
鄂伦春	$y=0.0348x+12.001$	0.483**	0.0522	$y=0.0082x+14.884$	0.065	0.0768
根河	$y=0.0334x+11.085$	0.416*	0.0628	$y=0.0166x+17.86$	0.116	0.0717
莫力达瓦	$y=0.0317x+14.041$	0.507**	0.0390	$y=0.0187x+13.54$	0.134	0.0916
牙克石	$y=0.0421x+11.911$	0.492**	0.0619	$y=0.0584x+16.535$	0.395*	0.0770
扎兰屯	$y=0.0311x+13.806$	0.469**	0.0422	$y=0.0245x+11.031$	0.190	0.1028

注：** 表示显著性达到 0.01 显著水平，* 表示显著性达到 0.05 显著水平。

因此，冻结指数可以用来预测气候变化、多年冻土的分布，还可以用来对积雪进行分类，同时还是重要的评估土壤最大冻结深度的参数。大兴安岭冻融指数值域分布较广,空气冻结指数、空气融化指数依次为:1291.30~3827.60 ℃·d、1426.10~3758.80 ℃·d,融化指数受海拔和纬度的双重影响,而冻结指数的分布主要受海拔影响,纬度差异表现不明显。整体上,年平均气温与年冻融指数、年冻融天数、日平均冻融指数有非常强的线性关系,相关系数是递减的,也就是说年平均相关最大的是冻融指数,其次是冻融天数,最后是日平均冻融指数。

7.5 气候学方法注意的几个问题

7.5.1 农业意义的问题

任何气象、气候和农业气象资料,如果不注意和具体的服务对象相结合,则不论这种资料精度多高,代表性多大,序列多长,都不会有什么用处。运用气候学方法编制农业气象预报,目的是为农业夺取丰产稳产服务,因此,必须注意结合农业生产实际需要,使之具有农业意义,切忌就气候论气候的纯气候分析和预报。

7.5.2 与气候预测产品结合的问题

每月气候预测是国家气候中心短期气候预测业务的主要任务,也是短期气候预测的难点,主要工作流程是:在全国气温、降水测站资料及月平均模式客观分析格点资料收集后,将资料分别处理成物理统计方法和月动力延伸预报模式所需的资料格式,再根据物理量相似法、多因子相关法、环境场相关法、最优气候值法、韵律场相似法以及动力延伸预报模式的概率预报和确定性预报结果,采用各种方法集成气候预测产品。所以,运用气候学方法编制农业气象预报时,必须注意与气候预测产品相结合,彼此相互补充,相互促进。只有将两者紧密结合起来,才能取得较好的服务效果。

7.5.3 尺度对应的问题

分析研究气候演变规律时,强调注意时空尺度对应。同样,运用气候演变规律预报未来,选择相关的预报因子时,也必须注意与所预报的对象在时空尺度上要对应。一般说来,短期的预报因子,不能预报长期的对象;点上的资料,也不能用作面上的预报。正确的做法应该是预报因子和预报对象在时间与空间尺度上力求一致,最好是同一量级。

7.5.4 资料收集和序列订正问题

在运用气候学方法编制农业气象预报的过程中,根据国内外经验,样本资料时段至少要比预报时段大一个量级。例如要预报未来一年的农业气象条件,至少要有过去 10 a 的历史农业气象样本资料,倘若历史农业气象样本资料不足,那是无法预报的,即使勉强预报,其预报效果也很不稳定。因此,就提出了一个资料收集和序列订正问题,努力做到使样本资料符合预报的要求。

思考题

1. 气候演变最基本特点是什么?
2. 研究气候演变从哪些方面进行?
3. 用于农业气象预报的气候学方法有哪些?
4. 农产品气候品质认证是什么含义?
5. 表示旱涝常见指标有哪些?

参考文献

陈菊英,1995. 中国汛期区域旱涝与 ENSO 事件的遥相关研究[J]. 中央民族大学学报(自然科学版),4(1):41-50.

代海燕,陈素华,武艳娟,等,2016. 内蒙古大兴安岭生态功能区冷暖季节气候变化趋势分析[J]. 冰川冻土,38(3):645-652.

金志凤,王治海,姚益平,等,2015. 浙江省茶叶气候品质等级评价[J]. 生态学杂志,34(5):1456-1463.

李德,高超,孙义,等,2018. 基于关键品质因素的砀山酥梨气候品质评价[J]. 中国生态农业学报,26(12):1836-1845.

王君婵,谭昌伟,朱新开,等,2011. 基于线性回归的冬小麦籽粒淀粉含量卫星遥感预测模型[J]. 江苏农业科学,39(6):625-627.

王连喜,尹远渊,朱勇,等,2012. 云南省烤烟品质与气象条件的关系及综合评价研究[J]. 中国农学通报,28(10):103-108.

王秋京,马国忠,王晾晾,等,2018. 基于灰色模型的黑龙江省水稻生育期热量指数分析及预测[J]. 中国农业气象,39(3):177-184.

文建川,景元书,2019. 烟草化学成分与气象因子关系研究进展[J]. 河南农业科学,48(4):1-8.

谢远玉,王培娟,朱凌金,等,2019. 基于气象因子的赣南脐橙气候品质指标评价模型[J]. 生态学杂志,38(7):2265-2274.

姚俊英,于宏敏,阙粼婧,等,2019. 大豆气候品质评价技术模型[J]. 中国农学通报,35(31):134-138.

周亮,杨文侠,曾芳,等,2015. 纽荷尔脐橙果实发育过程中糖、酸和维生素 C 含量的变化[J]. 中国南方果树,44(2):45-47,51.

TANIWAKI M,SAKURAI N,2010. Evaluation of the internal quality of agricultural products using acoustic vibration techniques[J]. Journal of the Japanese Society for Horticultural Science,79(2):113-128.

VENISSE S,FRANCISCO E A,PEDRO A R,et al,2020. Antarctic atmospheric circulation anomalies and explosive cyclogenesis in the spring of 2016[J]. Theoretical and Applied Climatology,41:537-549.

第8章 农业气象灾害与病虫害预报

农田在农业生产过程中,凡出现抑制生产正常进行,并导致减产的气象灾害,统称为农业气象灾害。例如持续晴天引起的旱害、持续阴雨引起的涝害、持续低温引起的冷害、持续高温引起的热害(俗称"高温逼熟")等。我国由于所处地理位置的关系,各种农业气象灾害发生比较频繁,特别是旱、涝、低温灾害,几乎每年都有发生,只是发生的范围和强度不同,严重影响农业丰产稳产。

为了防灾抗灾,保证农业丰产稳产,农业部门对农业气象灾害预报的要求愈来愈迫切。气象台站开展农业气象灾害预报服务,可以为农业部门制定种植计划,选择作物种类和品种搭配,安排茬口,采取相应的栽培技术措施,避免或减轻灾害损失提供依据。例如,气象台站在头年底或当年初准确地预报出当年是低温年,那么农业部门就可以在制定种植计划时考虑增加耐凉作物的面积,适当扩大生育期短的早熟品种比重,并采取一系列增温促进成熟的措施,使种植的作物能够正常成熟,以保证在低温之年获得较好的收成。

国内目前开展的农业气象灾害预报主要包括霜冻预报、冻害预报、冷害预报、干热风预报、农业干旱预报、连阴雨预报、渍涝预报和高温预报等。病虫害发生发展的气象条件预报涉及稻、麦、棉、油、玉米等作物的主要病虫,如稻飞虱、稻瘟病、小麦白粉病、赤霉病、玉米螟、红蜘蛛及蚜虫等病虫害发生发展气象等级预报。

8.1 农业气象灾害类型与分布

8.1.1 农业气象灾害类型

农业气象灾害可以依据形成的气象因素分为以下4类。

(1)由于温度要素造成的农业气象灾害,包括低温造成的霜冻害、冬作物越冬冻害、冷害、热带和亚热带作物寒害以及高温造成的热害。

(2)由于水分异常造成的农业气象灾害,主要有旱灾、涝害、湿害、雪灾和冰雹等。

(3)由于风力异常造成的农业气象灾害,如风害、台风害和风蚀等。

(4)由综合气象要素构成的农业气象灾害,如干热风、风雨害和冻涝害等。

同一种气候变量引起的农业气象灾害因出现时间、地区以及不同作物发育期不同,可以有不同的灾害名称。如低温冷害,在东北地区一般发生在 6—8 月,称东北冷害或"哑巴灾";在长江流域则发生在 9—10 月,称秋季低温或寒露风,发生在春季则称春寒或倒春寒。

一种农业气象灾害常常又分为若干类型。如低温冷害出现在同一作物的不同发育时期,可分为延迟型冷害、障碍型冷害和混合型冷害;按低温冷害出现时经常伴随其他天气现象,可分为 4 种类型:低温多雨型(湿冷型)、低温干旱型(干冷型)、低温早霜型(霜冷型)和低温寡照型(阴冷型);按降温物理成因一般可分为辐射冷害、平流冷害和蒸发冷害 3 种。各种不同类型的农业气象灾害,还可以根据危害的轻重程度划分成不同等级。

广义的农业气象灾害,还包括畜牧气象灾害(如白灾、黑灾),林业气象灾害(如森林火灾)和渔业气象灾害(如风暴、浓雾、冰冻等)。

上述各种不利的气象条件所造成的灾害,不仅直接危害农业生产,有的还会引发病虫害,形成间接的农业气象灾害。例如,旱灾可能引起蝗虫的大发生;雨水过多会导致小麦锈病的蔓延和流行,在中国北方苹果腐烂病大爆发的年份,通常与当年冬季强烈的冻害有关系。

农业气象灾害虽然主要由于气象条件异常所造成,但人为因素的影响不能忽视。在自然界中,动植物彼此相互关联、相互制约,保持一定的生态平衡,但因种种的人为原因,使农田生物群落间的生态平衡规律遭到破坏,从而引发某些自然灾害的发生、发展。例如,黄河中、下游的水灾,其重要原因之一是与上游黄土高原地区未能有效地进行水土保持有关。1976—1977 年度我国北方冬小麦发生严重地越冬冻害,与这一年度北方各地主栽小麦品种的抗寒性下降有关。

8.1.2 农业气象灾害分布

不同气候带里主要的气象灾害是不同的,在半干旱地带(年降水量一般 300~500 mm)旱灾是主要农业气象灾害。中纬度地区的国家,旱涝、低温、冻害都比较严重,俄罗斯主要是干旱、干热风和越冬作物冻害,加拿大主要是霜冻害和旱灾,美国主要是干旱、高温害和霜冻,印度旱、涝灾害都比较频繁,日本北部主要是冷害,南部是台风害、水害,欧洲(尤其是北欧)主要是霜冻害和冻害,澳大利亚经常受干旱的危害,非洲的干旱、南美的霜冻和低温都经常威胁着农业生产。

我国是一个季风气候显著的国家,每年季风来去的迟早、进退的远近和势力的强弱等都有差异,因此造成降水量地区分布不均匀,且年际变化也比较大,在季节分配上也不均衡显著,所以,我国的农业气象灾害多种多样,分布面广。旱灾从东南沿海向西北内陆逐渐加重,华北春旱几乎年年发生,两湖盆地和四川省东部伏旱发生也十分频繁;东部和南方各省涝害、湿害出现次数较多。低温冷害在全国各地都有发生,以东北地区最为严重；冬小麦越冬冻害发生在北方冬麦区，以长城沿线和新疆北部为主；干热风对小麦危害东起山东、江苏北部，西到河西走廊、新疆均有发生，其中冀、鲁、豫、甘诸省较为严重；雹灾大多数发生在山区或山前平原地带；风灾主要有沿海地区的台风、华北、西北各省的大风危害。

我国主要农业气象灾害的地区分布、受害对象及其危害形式见表 8.1。

表 8.1 我国主要农业气象灾害的地区分布及危害

名称	主要发生地和受害对象	危害的主要形式
热害	长河中下游地区及华南地区早稻、中稻	高温影响开花、授粉、受精，降低结实率；灌浆期遇高温加速根叶衰老，降低千粒重
热害	长江中下游地区、华北平原棉花、马铃薯	温度过高引起棉花花铃大量脱落、马铃薯因高温退化
日灼	河南、河北、山东、陕西及江苏、浙江等省主要是苹果、梨、葡萄、柑橘等果树	强烈太阳辐射造成树皮受到伤害
冻害	西北、华东、华中、中南地区冬小麦、油菜、蔬菜及葡萄、柑橘、油茶、茶树等经济果木	冬季强寒强袭击下，温度急剧降到 0℃以下，引起植株体冰冻或丧失一切生理活动，造成植株地上部分局部或全部死亡
霜冻	西北、华北、东北、中南、华南等地区冬小麦、棉花、玉米、水稻、甘薯、高粱及蔬菜水果	在温暖时期内，土壤、植株表面及近地层短时间降到 0℃以下的低温，引起植株体内的水分形成冰晶，导致细胞脱水和原生质胶体物质凝固，引起作物死亡
热作寒害	广东、福建、广西、云南等橡胶、椰子、香蕉、油棕、可可、胡椒、咖啡、腰果等	在冬季温度降低到热作生存的最低温度以下时，热作的顶芽、叶片、嫩梢焦枯，树枝和树叶燥裂，树干干枯、根部死亡等
低温冷害	东北、华北、长江流域、华南地区水稻、小麦、玉米、棉花、大豆、高粱、谷子等	春季温度下降比常年明显偏低，引起烂种、烂芽作物生育期推迟，影响扬花、授粉、受精过程，影响结实率和千粒重
洪涝灾害	长江中下游及华南、华北、东北等地区的水稻、小麦、油菜、玉米、高粱、大豆、果树等	大量降水引起河水泛滥，淹没农田作物，冲毁设施房屋。积水过多，作物受害

8.2 农业气象灾害指标与预报

8.2.1 农业干旱指标与预报

农业干旱是指长时间降水偏少，造成空气干燥，土壤缺水，使农作物体内水分发生亏缺，影响正常生长发育而减产的一种农业气象灾害。农业干旱是农业生产上最为严重的一种农业气象灾害,也是中国小麦生产的主要限制因素之一。干旱对作物形态影响如表 8.2 所示。

表 8.2 农田及农业干旱指数等级划分

等级	类型	播种期		旱地作物出苗期	水稻移栽期	生长发育阶段
		白地	水田			
0	无旱	无干土层	水田可适时整地,稻田有适当水层	可按季节适时播种,出苗率≥80%	秧苗栽插顺利,秧苗成活率>90%	叶片自然伸展,生长正常
1	轻旱	出现干土层,且干土层厚度小于3 cm	因旱不能适时整地,水稻田不能及时按需供水	因旱出苗率60%~80%	栽插用水不足,秧苗成活率为80%~90%	因旱叶片上部卷起
2	中旱	干土层厚度3~6 cm	因旱水稻田断水,开始出现干裂	因旱播种困难,出苗率为40%~60%	因旱不能插秧,秧苗成活率为60%~80%	因旱叶片白天凋萎
3	重旱	干土层厚度7~12 cm	因旱水稻田干裂	因旱无法播种或出苗率为30%~40%	因旱不能插秧,秧苗成活率为50%~60%	因旱有死苗,叶片枯萎、果实脱落现象
4	特旱	干土层厚度>12 cm	因旱水稻田开裂严重	因旱无法播种或出苗率<30%	因旱不能插秧,秧苗成活率<50%	因旱植株干枯死亡

由于农业干旱与作物有关,其成因及影响有一定复杂性,因此判别农业干旱的指标也较气候干旱指标复杂。常用的农业干旱指标通常考虑降水量、土壤水分、作物需水量等;另外,由于遥感在干旱监测中的广泛使用,还出现了一些包含遥感信息的干旱指标。以水分平衡指标为例。

在农作物生长期间,综合考虑降水、农作物的需水和土壤含水量,才能比较全面地反映农业干旱的实际情况。根据农田水量平衡原理,可建立的作物供需水比例指标(K_d):

$$K_d = \frac{P_0 + G + (W_1 - W_0) + I}{(W_2 - W_0) + E_T} \tag{8.1}$$

式中,P_0、G 和 I 分别为时段内有效降雨量、地下水补给量和灌溉量,W_1 和 W_2 分别为时段初和时段末作物根系活动层内土壤含水量,W_0 为作物根系活动层内土壤凋萎含水量,E_T 为时段内充分供水条件下作物潜在需水量。K_d 值的大小,反映了土壤-植物-大气连续体中的水分状况。当 $K_d \geqslant 1.0$ 时,表示农田水分满足作物水分需求外尚有盈余;$K_d < 1.0$ 时,表示农田水分对作物供应出现亏缺,作物可能受旱,K_d 越小受旱程度越重。通过对冬小麦等作物的试验可初步确定 K_d 值划分干旱程度的标准为:$K_d > 1.3$ 时,作物水分过多;$0.8 < K_d \leqslant 1.3$ 时,作物水分正常;$0.6 < K_d \leqslant 0.8$

时,作物开始受旱;$0.4 < K_d \leq 0.6$ 时,作物中等干旱;$0 < K_d \leq 0.4$ 时,作物严重干旱。

水分平衡指标物理概念明确,综合考虑了水量平衡的各个因素,比较全面,并与农作物需水量相联系,能较好地反映农业干旱的时空变化规律,在我国旱作农业区应用较广。它的缺点同样是考虑的参数较繁杂,实际操作中某些参数难以确定。

8.2.1.1 温度指标

农田实际蒸散量与最大蒸散量之比能反映作物需水与土壤供水的关系,作物层温度与气温差则反映了植物蒸腾强度的变化。当土壤干旱时,叶片蒸散失去的水分得不到及时的补给,气孔阻力加大,蒸腾减弱,叶温就会升高,且高于气温,土壤水分越少,叶温与气温差值越大。一般地,13—15 时,植物叶片蒸腾最强,此时若水分得到满足,一天其他时刻都能满足;若缺水,则这段时期内缺水情况也最为严重。同时用 13—15 时作物层温度与气温差表示的干旱指标(S)为:

$$S = \sum_{n=1}^{N}(T_c - T_a) \quad (T_c > T_a) \tag{8.2}$$

式中,n 是作物层温度高于气温时的起始日期,N 是 S 值达到预定缺水指标时的天数,T_c 为作物层温度(冠温),T_a 是作物冠层顶以上 2.0 m 处的空气温度。当土壤水分减少到某一值以下时,作物层温度开始高于气温,连续 N 天正值温差累加值大于 S 时,表示农田水分缺失。S 值等于或大于 50 ℃时,表示 0~50 cm 土壤含水量下降到 15% 以下,小麦开始缺水。

该指标的优点在于可以与遥感技术相结合,通过遥感技术迅速而准确地测得大面积作物的冠层温度,对农业旱情进行分析评价,进而迅速地作出相应对策。但是气温指标也同降水指标一样,不能较准确地对农作物遭受的干旱程度作出评价。

8.2.1.2 Palmer(帕尔默)干旱指数

Palmer(1965)提出了目前国际上应用最为广泛的帕尔默干旱指数(Palmer Drought Severity Index,PDSI),用于测量水分供给的累计偏差,这是一种理想的监测不同地区和不同时间水分情况的指数。该指数的计算过程大致可分为两步,第一步是计算水分平衡各量的实际值、可能值及平均值,求出有关气候常数、蒸散系数、土壤补水系数、径流系数和土壤失水系数,进而得到气候上适宜的降水量:

$$P = E_T + R + R_0 - L \tag{8.3}$$

式中,E_T、R_0、L_0 和 L 分别为本月气候适宜蒸散量、土壤补水量、径流量和失水量。

第二步是先求出各月实际降水量(P)与气候适宜降水量的距平(d):$d = P - R$;再通过计算权重 K,得到表示水分盈亏程度的水分距平指数:$Z = Kd$;在此基础上,考虑干旱等级与水分距平累积量和持续时间的关系,得出帕尔默指数(x):

$$x_i = Z_i/3 + 0.897 x_{i-1} \tag{8.4}$$

式中，i 为时间（月）。通过与 PDSI 干旱等级的对照，便可得到有关地区的干旱情况。表 8.3 为美国使用的干湿等级。

安顺清等（1985）为了得出在时间和空间上相对独立的干旱指标，利用我国济南、郑州的气象站资料对帕尔默旱度模式进行了修正，分析建立了适合我国气候特征的改进 Palmer 干旱模型，并应用这个模型对我国一些地区的干旱情况进行了研究探讨。修正后帕尔默指数为：

$$x_i = Z_i/57.136 + 0.805 x_{i-1} \tag{8.5}$$

利用此模式计算的我国北方地区站点的帕尔默指数值与一些文献记载的实际旱涝灾情况进行验证表明，进一步修正的帕尔默旱度模式能较为准确地评估旱涝情况，特别是对一些严重的干旱时段能较客观地反映实际旱涝程度，而且在一些研究工作中该模式的应用已经取得一定进展。

表 8.3　帕尔默指数干湿等级

帕尔默指数值（x）	等级
≥4.00	极端湿润
3.00~3.99	严重湿润
2.00~2.99	中等湿润
1.00~1.99	轻微湿润
−0.99~0.99	正常
−1.99~−1.00	轻微干旱
−2.99~−2.00	中等干旱
−3.99~−3.00	严重干旱
≤−4.00	极端干旱

另外，综合干旱指标帕尔默干旱情景，在美国已经成为半官方的干旱指标，其研究历史已有几十年。该指标加入了降水、蒸散和土壤含水量等多种因子的影响，在干旱量化准确度上要比其他指标高。同时考虑了某一时段的水分短缺量、持续时间及程度的变化，在描述农业干旱的起止时间、持续时期及干旱程度时，都具有较高的可信度。但是具体计算需要结合当地的实际情况开展一定研究工作，确定好相应的参数后方可使用。

8.2.1.3　基于遥感数据的干旱指标

为了尽量减小干旱对农业的影响，有必要进行大范围旱情的监测，为抗旱提供重要的技术支撑。遥感由于具有大范围可重复观测的特点，相对于传统干旱监测方法有着明显的优势，因此近年来被广泛用于旱情监测，且取得了大量成果。

(1) 植被指数指标

作物的长势可以直接反映出干旱的情况。当作物受旱缺水时,作物的生长将受到限制和影响,反映绿色植物生长和分布的特征函数——植被指数(NDVI)将会降低,所以监测各种植被指数的变化,也是干旱遥感监测的基本方法之一。

① 距平植被指数(AVI)

陈维英等(1994)对 1992 年特大干旱进行监测研究时,使用了距平植被指数(AVI),其表达式为:

$$AVI = NDVI_i - \overline{NDVI} \tag{8.6}$$

式中,$NDVI_i$ 为特定年第 i 时段某像元的值 NDVI,$\overline{NDVI}$ 为多年该时段 NDVI 的平均值。如果 $AVI>0$,表明植被生长状况较一般年份好;如果 $AVI<0$,表明植被生长状况较一般年份差。一般而言,AVI 为 $-0.2\sim-0.1$ 时,表示旱情出现;为 $-0.6\sim-0.3$ 时,表示旱情严重。使用距平植被指数反映干旱情况比较简单直观。

② 植被状态指数(VCI)

NDVI 是对地表植被覆盖以及生长状况的度量,某地区多年的最大和最小值能够反映该地区某年最佳和最差气候条件。根据这些特点,Kogan(1995)将多年进行归一化,作为量化气候影响的指标,提出了条件植被状态指数(VCI):

$$VCI = \frac{NDVI_i - NDVI_{\min}}{NDVI_{\max} - NDVI_{\min}} \tag{8.7}$$

式中,$NDVI_i$ 为特定年第 i 时段某一像元的值 NDVI,$NDVI_{\max}$,$NDVI_{\min}$ 分别为研究年限内年第 i 时段同一像元 NDVI 的最大和最小值。VCI 值越小,表明植被生长状况越差,存在水分胁迫的干旱情况。

植被状态指数能够较好地反映水分胁迫状况,不但能监测和跟踪区域干旱,还能描述植被时空变化,是应用最为广泛的一种卫星遥感干旱指数。但是使用植被状态指数法监测干旱时要求监测区域具有较长时间的 NDVI 资料,且其监测结果会受遥感数据的数量和质量影响。

③ 植被温度指数(TCI)

由于温度与植物生长关系密切,与植被状态指数定义类似,Kogan(1995)还提出植被温度指数:

$$TCI = \frac{T_{\max} - T_i}{T_{\max} - T_{\min}} \tag{8.8}$$

式中,T_i 为特定年第 i 时段某一像元的地表温度,$T_{\max}$ 和 $T_{\min}$ 分别表示在所研究年限内第 i 时段同一像元地表温度的最大和最小值。同样,TCI 的值越小,表示该时段植被生长状况越差,水分胁迫越严重。

植被温度指数法基于植被冠层或土壤表面温度随着水分胁迫的增加而增加这一

原理,与植被状态指数具有同等指示作用。VCI、TCI 值的变化范围都为 0~1,0 值为水分胁迫最厉害的情况,1 值为水分状况最好的情况。

④植被温度状态指数(VTCI)

由于干旱发生的时间和地点存在着时空变异,所以在像元水平上,AVI、VCI、TCI 3 种干旱指标可能不同,进而造成某一特定时期内不同像元之间的监测结果可比性较差。王鹏新等(2019)提出了条件植被温度指数(VTCI):

$$\text{VTCI} = \frac{T_{\text{NDVI}_{\max}} - T_{\text{NDVI}_i}}{T_{\text{NDVI}_{\max}} - T_{\text{NDVI}_{\min}}} \tag{8.9}$$

$$T_{\text{NDVI}_{\max}} = a + b \cdot \text{NDVI} \tag{8.10}$$

$$T_{\text{NDVI}_{\min}} = a' + b' \cdot \text{NDVI} \tag{8.11}$$

式中,$T_{\text{NDVI}_{\max}}$ 与 $T_{\text{NDVI}_{\min}}$ 分别表示在研究区域内,当 NDVI_i 值等于某一特定值时的所有像元的地表温度的最大和最小值;T_{NDVI_i} 表示某一像元的 NDVI 值为 NDVI_i 时的地表温度。a、b、a'、b' 为待定系数,可由地表温度(LST)和植被指数散点图估算出来。VTCI 的取值范围也是 0~1,值越小,VTCI 代表干旱程度越严重。

使用植被温度状态指数法监测干旱发生发展时,要求研究区足够大且土壤表层含水量变化范围为凋萎含水量到田间持水量之间。植被温度状态指数既考虑了归一化植被指数变化,又考虑了相同条件下地表温度的变化,适用于分析某一特定年内某一时期某个区域的干旱程度及其变化规律。

⑤植被供水指数(VSWI)

刘丽等(1998)在贵州的干旱遥感监测中,使用了植被供水指数法,综合考虑了植被指数和植被冠层温度两个因子,取得了较好效果,其表达式为:

$$\text{VSWI} = \frac{\text{NDVI}}{T_s} \tag{8.12}$$

式中,T_s 为植被冠层温度,是第 4 通道亮温,VSWI 代表作物受旱程度的相对大小,值越小,表明植被冠层温度越高,植被指数越低,作物受旱越重。一般而言,当作物供水正常时,在一定生长期内卫星遥感的植被指数和植被冠层温度将保持在一定范围内,如遇到干旱,作物供水不足,生长受到影响,卫星遥感的植被指数将降低,而冠层温度将升高。此方法物理意义明确,较适用于蒸腾较强的植被情况及常年植被覆盖较高的地区,一般使用单时相遥感资料即可对旱情进行监测。但在植被分布状况差异较大的区域条件下,监测结果会受到一定影响。

(2)热惯量指数(ATI)

热惯量是土壤阻止温度变化的一个度量,反映了土壤的热学特性。Price 等(2016)在平衡方程的基础上,简化潜热蒸发形式,引入地表综合参数概念,提出了表观热惯量(ATI)的概念,其表达式为:

$$\mathrm{ATI} = \frac{2Q(1-a)}{\Delta T} \tag{8.13}$$

式中，Q 为太阳总辐射通量，a 为地面反照率，ΔT 为地表日最高、最低温度差。土壤表观热惯量是土壤热稳定性的量度指标，与土壤密度、比热和热传导率存在一定相关，进而也就与决定上述因素的土壤含水量存在一定相关性。一般可通过遥感获取地表的有关信息，求算出热惯量及热惯量与土壤含水量之间的关系，从而达到监测土壤水分状况和干旱发生趋势的目的。

表观热惯量法用于监测土壤温度比较稳定，在遥感监测干旱研究中得到广泛应用。该指数要求昼夜两次的晴空卫星资料，适合于在裸露植被或植被覆盖度较低的情况下使用，对于作物覆盖度较高的地区，会影响其监测效果。

(3) 作物缺水指数(CWSI)

可能蒸散指全覆盖条件下水分供应充足时的蒸散。实际蒸散是在实际土壤水分和大气条件下受作物特性和状态所制约的蒸散量。Jackson(1998)考虑了土壤水分和农田蒸散两方面因素进行干旱监测，提出了作物缺水指数(CWSI)，其表达式为：

$$\mathrm{CWSI} = \frac{ET - ET_a}{ET} = 1 - \frac{ET_a}{ET} \tag{8.14}$$

式中，ET_a 为作物实际蒸发蒸腾量即实际耗水量，ET 为作物潜在蒸发蒸腾量即潜在最大需水量。CWSI 变化范围为 0～1，其值越大，表明作物越缺水，干旱越严重。当 CWSI=0 时，作物水分亏缺发生；当 CWSI=1 时，表明作物严重缺水，气孔因缺水而关闭。作物缺水指数法利用热红外遥感温度和常规气象资料来间接监测植被条件下的土壤水分，是遥感监测土壤水分的一种很重要的方法。在有植被覆盖的条件下，作物缺水指数法监测土壤水分的精度高于热惯量法。但其涉及的气象、土壤等资料较多，计算量大，实现相对复杂。

8.2.1.4 农业干旱预测

常用的农业干旱预报方法为基于降水量的预报方法、基于土壤湿度的预报方法及基于综合干旱指标的预报方法(王建林，2010)。降水量是影响各地区干旱的主要因素之一，能大致反映出干旱的发生程度、范围与趋势，被广泛地应用于干旱预报。土壤湿度是农业干旱监测预报中较成熟的指标。根据农田水分平衡原理，利用数值天气预报结果计算预报时段的土壤湿度，以此预报作物不同生长状态下农业的干旱程度。综合干旱指标可以对作物需水动态变化进行描述，把降水量、土壤湿度与作物的水分供需有机联系起来，描述作物需水与干旱动态变化。

国家、省级气象中心有逐旬业务和不定期服务的农业干旱监测产品。农业干旱监测预警系统主要将常规气象观测资料、土壤湿度监测资料、卫星遥感资料，通过格式转化、空间分析、栅格计算等过程，同化到地理信息系统中。同时，利用数值预报的气象要素场资料,根据不同作物类型、作物发育期,进行土壤湿度、降水量距平、作物水分亏缺指数等动态监测预报,集成农业干旱监测预报系统(图 8.1)。

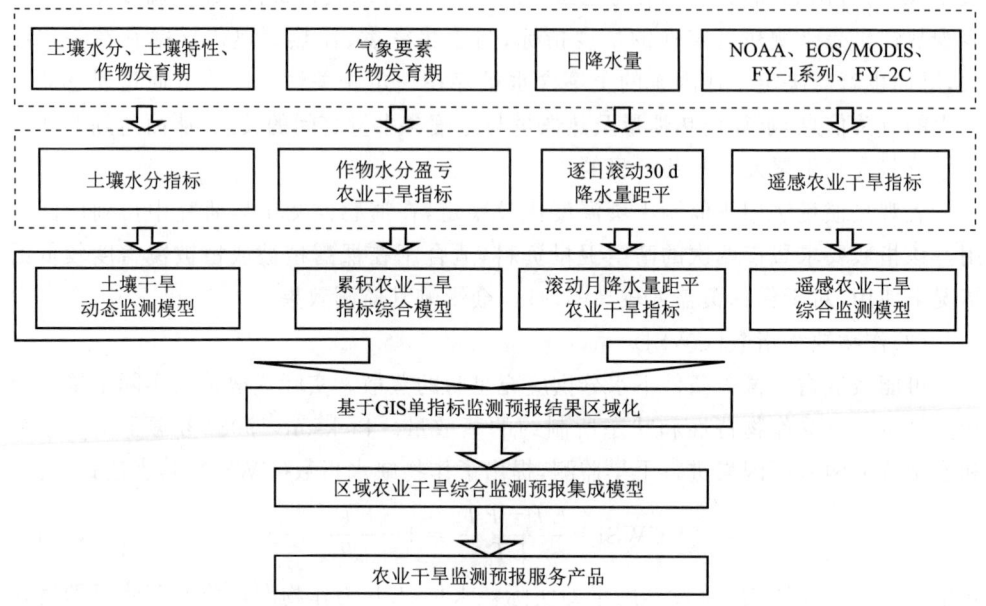

图 8.1 国家级农业干旱监测预报业务流程(王建林,2010)

8.2.2 湿害与涝害指标与预报

涝灾是指长期连阴雨造成的大量积水,淹没低洼的土地所造成的灾害。对于农作物来讲,涝灾常称为涝害,是指强降水后农田产生积水,无法及时排出,造成作物受淹,当持续时间超过作物的耐淹能力后形成的危害。所谓湿害(渍害、沥涝):连阴雨时间过长,或雨水过多,或洪涝灾害之后农田排水不良,使土壤水分长期处于过饱和状态,土壤透气不良,温度过低,作物根系缺氧受到伤害,造成作物生长发育受阻或死亡的现象。

8.2.2.1 湿害与涝害指标

(1)湿害与涝害的气候指标

当某一时期的降水量大大超过当地同时期的平均状况时,就易形成湿害与涝灾。因此,湿害与洪涝的气候指标常用年或某时段的降水异常来定量描述。在《中国近五百年旱涝分布图集》(中央气象局气象科学研究院,1981)中,当年 5—9 月降水量比历年同期降水量偏多或偏少的程度及降水距平的分布特征被用作旱涝分级的依据,对于涝灾,分级标准如下:

$$1 级(涝) \quad R_i > \overline{R} + 1.17\sigma \quad (8.15)$$

$$2 级（偏涝） \quad \overline{R}+0.33\sigma < R_i \leqslant \overline{R}+1.17\sigma \tag{8.16}$$

$$3 级（正常） \quad \overline{R}-0.33\sigma < R_i \leqslant \overline{R}+0.33\sigma \tag{8.17}$$

式中，R_i 和 $\overline{R}$ 分别为逐年和历年平均 5—9 月的降水量，σ 为降水标准差（距平），其计算公式为：

$$\sigma = \sqrt{\frac{\sum_{i=1}^{n}(R_i-\overline{R})^2}{n-1}} \tag{8.18}$$

上述洪涝与湿害的气候指标是从自然降水方面来分析的，它反映了不同洪涝程度的天气、气候背景，即天气类型、气候年型。由于洪涝与农业生产活动有关，因此，这类指标只适用于鉴定大范围的、一般的洪涝程度。对洪水和涝灾鉴别还较为适宜，但它不能指示作物受害的程度，对湿害的判别也不适合。

(2) 湿害与涝害的农业气象指标

影响湿害与涝害的因素除天气气候外，土壤、地形、作物、水利设施等因素对其危害程度起重要的作用。因此，农业气象指标一般根据地区、作物及生育阶段来制定，对农业生产具有较好的实际意义。

近年来，中国的农业气象、水文等方面的工作者根据影响湿害与涝害的天气气候、土壤及作物等条件，提出了判别和诊断涝灾和湿害的旱涝指标，即当供水量大大超过作物需水量时即发生涝（湿）害，称水分平衡旱涝指标，其表达式如下：

$$D = \frac{P-R_c+\overline{\rho_0}/\rho_p+r_g}{W_0+\rho_m/\rho_p} \tag{8.19}$$

式中，D 为旱涝指标，P 为某时段降水量（mm），R_c 为地表径流和地下渗漏量（mm），ρ_0 为初始土壤含水量（%），ρ_p 为根系分布层内 1 mm 水所增加的土壤含水量（%/mm），r_g 为地下水补充量（mm），W_0 为作物需水量（mm），ρ_m 为作物适宜土壤含水量（%），$\overline{\rho_0}/\rho_p$ 为初始阶段土壤有效水量（mm），ρ_m/ρ_p 为适宜条件下土壤有效水量（mm）。当 $D \geqslant 1.0$ 时发生湿害，$D \geqslant 1.33$ 时发生涝害。

(3) 湿害指标

湿害危害作物以降水量和降水日数、耕层滞水深度为条件，以此确定指标分出轻、中、重 3 种类型湿害，用以评价和鉴定各地的湿害（表 8.4）。根据小麦播种—出苗期、拔节—成熟期的降水量和降水日数等，对中国南方麦区的湿害轻、中、重 3 种类型进行区域划分。重湿害区为长江中下游和华南北部等地区，中等湿害区为华南中部、贵州中部、四川东部、湖北中部、安徽中部、江苏南部、浙江沿海等地区，轻湿害区为淮河流域、四川盆地、贵州中部偏西、华南南部等地区。其他地区如东北平原、华北平原、云南等地区极少发生湿害。

表8.4 小麦湿害指标

类型	耕层滞水深度(cm)	播种—出苗期		拔节—成熟期		产量减少(%)
		降水量(mm)	降水日数(d)	降水量(mm)	降水日数(d)	
轻	≥50	50~70	3~6	270~320	25~30	10
中	30~50	70~100	6~10	320~400	30~50	10~20
重	≤30	>100	>10	>400	>50	>20

(4)作物耐涝与耐渍指标

水利部门对作物的耐涝、耐渍性进行了试验研究,得出反映作物不同发育期耐涝、耐渍能力的淹水、渍水和历时指标(表8.5,表8.6)。

表8.5 农作物耐淹水深和耐淹历时

作物种类	生育期	耐淹水深(cm)	耐淹历时(d)
棉花	开花结铃期	5~10	1~2
玉米	出苗—拔节期	2~5	1~1.5
	抽穗期	8~12	1~1.5
	孕穗灌浆期	8~12	1.5~2
	成熟期	10~15	2~3
甘薯	全生育期	7~10	2~3
谷子	出苗—拔节期	3~5	1~2
	孕穗期	5~10	1~2
	成熟期	10~15	2~3
高粱	幼苗期	3~5	2~3
	孕穗期	10~15	5~7
	灌浆期	15~20	6~10
	成熟期	15~20	10~20
大豆	幼苗期	3~5	2~3
	开花期	7~10	2~3
小麦	拔节—成熟期	5~10	1~2
水稻	返青期	3~5	1~2
	分蘖期	6~10	2~3
	拔节期	15~25	4~6
	孕穗期	20~25	4~6
	成熟期	30~35	4~6

表 8.6 几种主要农作物不同生育期的耐渍深度

作物	生育期	耐渍深度(m)
小麦	播种—出苗期	0.5
	返青—分蘖期	0.5~0.8
	拔节—成熟期	1.0~1.2
棉花	幼苗期	0.6~0.8
	现蕾期	1.2~1.5
	花铃—叶絮期	1.5
玉米	幼苗期	0.5~0.6
	拔节—成熟期	1.0~1.3
水稻	晒田期	0.4~0.6

(5) 作物渍涝指标

霍治国等(2009)选取降水量、降水日数、日照时数作为冬小麦和油菜涝渍的致灾因子，构建了冬小麦、油菜涝渍指数(Q_w)：

$$Q_w = a_1 \frac{R}{R_{\max}} + a_2 \frac{R_d}{D} - a_3 \frac{S}{S_{\max}} \tag{8.20}$$

式中，Q_w 为渍涝指数，R 为旬降水量(mm)，$R_{\max}$ 为多年旬最大降水量(mm)，R_d 为旬降水日数(d)，D 为旬天数(d)，S 为旬日照时数(h)，$S_{\max}$ 为旬可能日照时数(h)，a_1、a_2 和 a_3 分别为降水量、降水日数和日照时数对涝渍灾害形成的影响系数。

8.2.2.2 湿害与涝害预报

湿害涝害预报建立在降水与土壤水分监测基础上。以降水预报作为分级的依据，以降水量区域分析为核心，应用降水分级或湿害、涝害的农业气象指标实现预报。利用 GIS 与遥感技术对作物叶面积指数、土壤参数等反演，根据中短期天气预报及暴雨预报，结合湿害、涝害雨量指标，进行预警预报。

金之庆等(2006)在小麦栽培模拟优化决策系统基础上，增加了渍害对小麦光合作用、干物质分配和叶片衰老等生理生态过程的影响模块，结合土壤水分的计算，进行不利水分条件下小麦生长与产量的模拟。在此基础上建立湿害与涝害等级预警指标，生成支持小麦生长模型运行的未来天气条件，并与区域性气候模式结合，实现湿害与涝害预报：①当渍害减产率大于 15% 时，为严重渍害发生年；②当渍害减产率大于 10% 且小于 15% 时，为一般渍害发生年；③当渍害减产率小于 10% 时，为轻微渍害或无渍害发生年。

8.2.3 连阴雨指标与预报

8.2.3.1 连阴雨定义与危害

连阴雨是指在作物生长季中出现的连续阴雨天气过程,是由降水、日照、气温等多种气象要素异常引起的,其显著特点是多雨、寡照,并常与低温相伴。连阴雨期间可能有短暂的晴天,降水强度是小雨、中雨、大雨、暴雨不等。

连阴雨是我国主要农业气象灾害之一,四季都可能出现,不同季节的连阴雨对农业造成的影响不同,其中以春、秋两季的连阴雨对农业生产影响最大。连阴雨灾害发生程度的年际间差异较大,常导致洪涝、寡照、低温及湿、渍等灾害,同时,连阴雨易诱发喜温、喜湿作物的病虫害发生发展。

春季受北方南下冷空气和热带海洋带来的暖湿气流交汇的影响,长江中下游及西南地区东部经常出现"倒春寒"和低温连阴雨天气,往往会影响棉花适时播种,造成三麦赤霉病、油菜菌核病的流行。作物开花期是产量形成的关键阶段,对外界的气象条件十分敏感,需要适宜的温、湿度和充足的光照。此时,如遇低温连阴雨天气会使开花授粉受阻,造成大面积作物"花而不实",结实率降低,对产量造成较大影响。作物开花期连阴雨主要出现的时期是两个阶段,一是春季,主要出现在长江中下游收粮油作物的开花结实期;二是夏末秋初,主要出现在秋收作物开花期。

我国常见的连阴雨有:南方稻区春季连阴雨,长江流域初夏梅雨季节的连阴雨,北方地区盛夏连阴雨,西北地区东部、长江中下游、西南地区秋季连阴雨,中东部地区冬季连阴雨(雪)等。①春季连阴雨:华南2—3月或长江中下游3—4月正值早稻播种,此时遇低温连阴雨则造成烂秧。低温连阴雨是指日平均气温在12 ℃以下,最低日气温在6 ℃以下,并伴有一周的降雨的天气现象。②秋季连阴雨:长江下游入秋后常阴雨连绵,这与西风带和副热带环流系统演变及所处位置密切相关。一般发生在9—10月,使晚稻籽粒发芽变霉,棉花烂铃落铃。③华西秋雨:发生于陇南、关中、陕南、鄂西、湘西和川黔大部,与副热带高压移动及秋季寒潮入侵形成静止锋有关,出现在8月下旬—11月中旬,以9—10月为集中,易造成作物倒伏、霉烂发芽。

8.2.3.2 连阴雨指标

(1)春播期连阴雨指标

春播期连阴雨主要出现在我国东部地区,江南、华南地区主要出现在早稻育秧阶段,往往与低温相伴;长江中下游地区主要出现在棉花播种期。春季连阴雨的显著特点是:降水持续时间长,雨区范围广,雨量强度小,光照差。根据阴雨和气温的状况,可划分为:低温型阴雨、温暖型阴雨、前冷后暖型阴雨、前暖后冷型阴雨、冷暖交替型阴雨。按照温度又可分低温连阴雨和高温连阴雨两种,前者日平均气温低于12 ℃,后者高于12 ℃。

连阴雨天气对农作物的播种、出苗影响很大,如果低温连阴雨出现在春播前,会使春播期推迟;如果出现在播种后,则会导致烂种烂芽,出苗缓慢,苗势参差不齐;出苗后遇上连阴雨,会引起和加重作物苗期病害的发生,使幼苗生长缓慢,有时还会导致捣毁苗床重播。当日平均气温在 12 ℃ 或其以下时,连阴雨 3～5 d;或在短时间内气温急剧下降,且日最低气温降到 5 ℃ 以下,均可造成棉花等作物的烂种、死苗。特别是日平均气温低于 10 ℃ 的低温连阴雨,持续 7 d 或其以上对农业生产的影响尤为显著,导致地温低,土壤湿度大,日照不足,使播在地里的作物种子呼吸作用减弱,生理活动受阻,根芽停止生长,出现大面积的烂种、死苗现象。

(2)夏收烂场雨指标

黄淮地区小麦烂场雨多发生在 5 月下旬—6 月上旬,过程降水量在 50 mm 以上,0.1 mm 以上的雨日出现 3～5 d。长江流域夏收期一般年份处于梅雨期到来之前的相对少雨期,小麦收获基本能正常进行;但遇到副热带高压偏强、梅汛期偏早年份,收获期与早梅雨相遇,导致烂场雨的发生。

江淮地区夏收连阴雨的过程指标(吴洪颜 等,2003):连续 7 d 以上日雨量 $\geqslant 0.1$ mm 的连续降水时段;日雨量 $\geqslant 0.1$ mm 的天数与时段总天数之比 $\geqslant 70\%$,无雨日的日照时数小于 5 h,总雨量 $\geqslant 10$ mm;连续 3 d 无雨作为连阴雨结束。

轻度连阴雨害,影响晾晒,田间有积水,少量烂秧;中度连阴雨害,收割、播种困难,大量烂秧;重度连阴雨,种子发芽、果实腐烂,不能播种出苗,烂秧严重。

8.2.3.3 连阴雨预报

连阴雨评估预测是基于降雨日、降雨量、日照、温度等指标及农事、作物发育阶段进行综合分析判断实现。例如,天水春夏季连阴雨天气对蜜桃生产影响的评估时,考虑到不同时段不同灾害强度和对作物产量影响程度的不同,可将不同强度连阴雨天气灾害发生频率作为相应灾害危险性指数(V),λ 为不同时段连阴雨天气灾害对果树生长影响的贡献率。根据公式得到相应年份连阴雨灾害的灾情指数(P_i),并以此作为连阴雨天气灾害风险评估指标:

$$P_i = \sum_{i,j,k=1}^{30,2,5} (H_{ijk} V_{ijk} \lambda_j) \tag{8.21}$$

式中,P_i 为第 i 年连阴雨灾情指数;H_{ijk} 为第 i 年 j 时段连阴雨灾害 k 强度灾害等级分值;V_{ijk} 为第 i 年 j 时段连阴雨灾害 k 强度灾害发生频率;λ_j 为不同时段连阴雨灾害对作物产量影响的贡献率;i 为 1982—2011 年各年份,$i=1,2,3,\cdots,30$;j 为气象灾害风险因子,$j=1$(春末 5 月上旬蜜桃花后坐果期连阴雨)、2(7 月下旬—8 月上旬蜜桃果实第 2 次速生膨大至成熟期连阴雨);k 表示各灾害发生强度,$k=1、2、3、4、5$ 分别表示无、轻、中、大和重灾。灾情指数 P_i 越大,表明连阴雨天气灾害灾情越重,对鲜桃产量的影响越大。

连阴雨是一种大尺度天气现象,受大型天气过程与环流形势支配。通过对连阴雨前期海温环流因子进行全面普查,找出反映连阴雨过程前兆因子的强信号区,采用统计方法建立连阴雨预报模型,可以进行连阴雨灾害长期预报。另一方面,利用大气数值预报结果,开展连阴雨天气的中短期预报,结合农事与作物发育阶段进行连阴雨天气预警服务。连阴雨监测预警业务流程如图8.2所示。

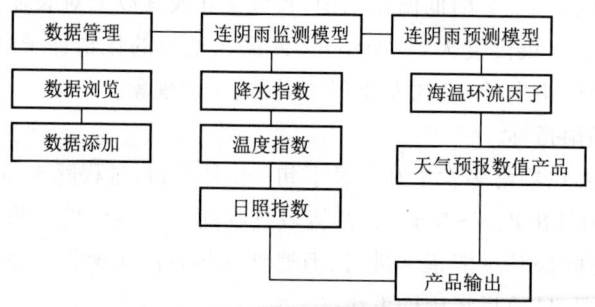

图8.2　连阴雨监测预警业务流程(王建林,2010)

8.2.4　冷害指标与预报

低温冷害是指农作物在正常生育期内、在主要发育阶段由于异常低温现象,导致农作物生育期延迟或使生殖器官的生理机能受到损害,造成农作物减产的一种农业气象灾害。冷害发生时的温度在0 ℃以上,甚至在20 ℃以上也能引发灾害。不同作物其生物学零摄氏度温度(适宜温度下限)不同,而即使对同一作物,不同生育期对温度的要求也是不同的。

低温冷害是我国主要的农业气象灾害之一,南北方都会发生,尤其是中国东北地区。我国对低温冷害的研究主要集中在东北的玉米、水稻,其次是新疆的棉花和南方的双季稻。自20世纪80年代气候变暖以来,虽然低温减少了,但气温波动较大,我国北方喜温作物种植面积扩大,作物种植北界向北的推移也增大了出现冷害的风险,尤其是障碍型冷害。目前对低温冷害的研究主要以气候上的低温冷害指标为主,部分研究考虑了作物因素。

8.2.4.1　5—9月平均气温之和距平指标

王书裕(1995)在研究吉林省全省及7个地区产量波动与气温关系时,发现全省粮豆产量与5—9月气温呈线性关系,产量随着气温升高而增加,即高温年要比低温年产量高,二者之间关系式为:

$$\Delta y = 6.33 + 3.29 \sum_{5}^{9} \Delta T \tag{8.22}$$

式中，Δy 为粮豆总产量的趋势离差（亿斤[①]），$\sum_{5}^{9} \Delta T$ 为 5—9 月平均气温距平和。当某一年距平和高 1 ℃（相当于 5—9 月积温大约高 30 ℃·d），全省粮豆总产量将相应地增加 1.5 亿 kg 以上。根据冷害的发生与生育期总温度条件的关系，进一步分析低温年减产程度与生长季月平均温度总和距平值（ΔT_{5-9}）之间的关系发现，整个东北地区粮豆产量与 5—9 月平均温度总和（T_{5-9}）也呈高度正相关。因此，可用 T_{5-9} 表示作物生育期的温度条件，而用 T_{5-9} 的负距平（ΔT_{5-9}）判断生育期是否发生冷害及冷害程度，但不能用统一的 ΔT_{5-9} 值作为全区的冷害指标，而应随着水平的不同而改变（表 8.7）。另外，东北地区作物冷害的研究中，通过最优分割法确定了冷害指标，用 5—9 月的月平均温度和的负距平值 ΔT_{5-9} 表示：$\Delta T_{5-9} = -1.3$ ℃，为一般低温冷害年；$\Delta T_{5-9} = -3.3$ ℃，为严重低温冷害年。

表 8.7　不同热量条件下作物冷害指标

冷害指标	80.0	85.0	90.0	95.0	100.0	105.0	减产率(%)
一般冷害	−1.1	−1.4	−1.7	−2.0	−2.2	−2.3	5~15
严重冷害	−1.7	−2.4	−3.1	−3.7	−4.1	−4.4	>15

收集东北地区 50 个台站的多年气温、纬度和海拔高度资料，统计出各站历年和多年平均 5—9 月的月平均温度总和。由于东北地域辽阔，海拔高度差异显著，且各地的低温冷害临界指标值与当地的纬度和海拔高度存在很好的线性关系，由此建立了低温冷害指标与海拔、纬度的关系式：

$$Y = -8.6116 + 0.148(X + 0.0109H) \tag{8.23}$$

$$W = -18.3029 + 0.327(X + 0.0109H) \tag{8.24}$$

式中，Y 为一般低温冷害指标，W 为严重低温冷害指标，X 为纬度，H 为海拔高度。当某地某一年的 $\Delta T_{5-9} \leqslant Y \leqslant W$ 时，出现一般低温冷害；当 $\Delta T_{5-9} \leqslant W$ 时，出现严重低温冷害。根据 T_{5-9} 与低温冷害临界指标值的定量关系及与订正到海平面的 T_{5-9} 的统计关系，这样确立的指标计算式只与纬度和海拔高度有关，便于网格化的计算。

在进行东北区低温冷害风险评估和综合风险区划时，采用的东北区作物发生低温冷害的指标或界限为：

一般低温冷害：

$$\overline{\Delta T_{5-9}} = -94.80 + 3.238\overline{T_{5-9}} - 3.672 \times 10^{-2}\overline{T_{5-9}}^2 + 1.358 \times 10^{-4}\overline{T_{5-9}}^3 \tag{8.25}$$

严重低温冷害：

$$\overline{\Delta T_{5-9}} = -80.47 + 2.963\overline{T_{5-9}} - 3.567 \times 10^{-2}\overline{T_{5-9}}^2 + 1.367 \times 10^{-4}\overline{T_{5-9}}^3 \tag{8.26}$$

---

① 1 斤＝0.5 kg，下同。

式中，ΔT_{5-9} 为5—9月平均气温总和的距平，T_{5-9} 为5—9月平均气温总和的多年平均值。如果某一站点5—9月平均气温和距平值低于式(8.25)中的值且大于式(8.26)中的值，则视为发生了一般低温冷害；如果5—9月平均气温和的距平值低于式(8.26)中的 ΔT_{5-9}，则视为发生了严重低温冷害。也就是说，5—9月平均气温和距平值的高低，决定了东北区作物是否发生低温冷害。

从现有研究成果看出，东北地区受低温冷害的程度与5—9月气温高低有关，这类低温冷害指标认可度比较高，也较为常用，适合比较不同地区冷害发生频率的差异。但是该指标不能与农作物的生长发育状况对热量条件的需求直接结合，缺乏农业意义和生物学意义。在考虑到产量时，只是以单一温度作为冷害是否发生的标准，没有很有效地和作物遭受冷害的过程联系起来，缺乏对产量影响的评价意义。

8.2.4.2 生育期积温指标

很多学者用生育期的总积温作为低温冷害年的指标。齐伟恒等(2017)在研究东北低温冷害与粮食产量之间的关系时指出，粮食产量与积温密切相关，且生育前期是关键期，此期间的温度不足是造成作物冷害的主要原因。一般把作物生育期的总积温比历年平均值低 100 ℃·d 定义为一般低温冷害；比历年平均值低 200 ℃·d 定义为严重低温冷害，这个指标定义的积温差值是比较大的。把≥10 ℃的活动积温较常年低 50 ℃·d 作为一般低温冷害年，较常年低 100 ℃·d 以上作为严重低温冷害年。马树庆等(2006)根据多年气候变化情况，综合上述积温指标，认为活动积温较常年低 70~120 ℃·d 会发生一般低温冷害，较常年低 120 ℃·d 以上会导致严重低温冷害。许多学者根据不同地区不同时段的气候情况，研究制定了不同的积温指标进行低温冷害的预报监测和影响评价。

积温冷害指标计算简便易行，对于分析和判断不同地区或年份是否发生冷害或冷害程度很适用。它可以很好地反映延迟性冷害的性质，以及温度变化与作物产量的关系。但在相同积温情况下，不同时期发生冷害对作物的影响显然不同，若要具体分析某地区某时段是否发生低温冷害，就需要和作物生育期各阶段相联系。

8.2.4.3 热量指数

在温度基本满足的条件下，一般生育期越长，产量越高。因此，在计算作物光温产量进行温度订正时，其最适温度应为生长发育速率适当、产量最高的温度。考虑到东北地区的热量条件，以各种主要作物的生长发育和实现高产的三基点温度指标为基准，对计算玉米生产潜力公式中的热量订正系数公式进行改进，获得如下计算玉米热量指数的公式：

$$F(T) = 100 \times \frac{(T-T_1)(T_2-T)^B}{(T_0-T_1)(T_2-T_0)^B} \tag{8.27}$$

式中，$B=(T_2-T)/(T_0-T_1)$，$F(T)$ 是作物光合作用的温度订正函数，T 为某一时段的平均气温,T_1、T_2 和 T_0 分别为该时段内玉米生长发育所需的下限温度、上限温度和适宜温度。该公式可反映不同时期的热量条件对玉米生长发育的影响程度。当 $T \leqslant T_1$ 时,$F(T)=0$,$F(T)$ 的量值在 $0 \sim 100$ 之间,$F(T)$ 值越大,则表明玉米生长季的热量条件越好,反之则热量条件越差。当 $F(T)$ 小于某一临界值时,玉米就有可能受到低温冷害的影响。在其他作物的低温冷害研究中,也经常使用这种热量指数来判别冷害情况。

热量指数指标的生物学意义十分清晰,充分考虑了玉米生长季不同发育时段的三基点温度及不同时期热量条件对玉米生长的影响。但由于不同热量年型的热量指标差异不明显,且不同发育时段作物对低温的敏感性不同,在计算整个生长季的热量指数时,也存在一定误差,要准确判断不同年型及低温冷害的发生还应结合其他指标。

8.2.4.4 综合指标

作物在不同的生长发育阶段对温度的要求不同,且存在一个对温度极其敏感的关键时期,所以不能笼统地使用一个指标进行冷害的诊断预测。王春乙(2008)以长春站为代表,提出了一个诊断玉米低温冷害的综合指标。这个冷害综合指标由主导指标、辅助指标和参考指标 3 部分组成。其核心为主导指标,即前、中、后 3 个发育时段 $\geqslant 10\ ℃$ 活动积温负距平;辅助指标由前、中、后 3 期逐日负积温累积指数(SPT)和各个发育时段的延迟日数构成,其定义如下:

$$\text{SPT} = \sum (T_i - T_{0i}) \tag{8.28}$$

式中,T_i 为此发育时段的逐日平均温度,T_{0i} 为此发育时段的逐日适宜温度。一般来说,适宜温度是一个温度范围,但在分发育阶段计算 SPT 时,只能使用一个确定的适宜温度值参与计算,因此可根据作物各发育时段的适宜温度范围,采用一次线性插值方法获得逐日适宜温度。逐日负积温累积指数 SPT 是按照发育阶段逐日累计的,其值与同一发育时段玉米生长发育所需的天数呈反相关关系,其值愈小表征低温累积程度愈大,低温胁迫愈严重,达到一定值就会发生冷害。辅助指标能够反映玉米整个生育期内低温的分布情况,增强了生物学意义;同时,将对产量有很大影响的初霜日的早晚引入综合指标,作为低温冷害的一个判别因素;最后,以产量损失情况作为参考指标,划分低温冷害的等级(表 8.8)。

表 8.8 作物不同生育时期低温冷害综合指标

综合指标	时期	一般低温冷害	严重低温冷害
	前期	积温负距平大于 $-50\ ℃ \cdot d$ 且小于 $-20\ ℃ \cdot d$	积温负距平小于 $-45\ ℃ \cdot d$
主导指标	中期	积温负距平大于 $-50\ ℃ \cdot d$ 且小于 $-20\ ℃ \cdot d$	积温负距平小于 $-50\ ℃ \cdot d$
	后期	积温负距平大于 $-60\ ℃ \cdot d$ 且小于 $-20\ ℃ \cdot d$	积温负距平小于 $-60\ ℃ \cdot d$

续表

综合指标	时期	一般低温冷害	严重低温冷害
辅助指标	前期	发育延迟天数 3~5 d	发育延迟天数 5 d 以上
	中期	发育延迟天数 3~5 d	发育延迟天数 5 d 以上
	后期	发育延迟天数 4~6 d	发育延迟天数 6 d 以上
早霜年份	后期	早霜提前 7~11 d	早霜提前 12 d 以上
参考指标	后期	产量减少大于 5%且小于 15%	产量减少大于 15%以上

低温冷害综合指标计算比较简便,准确率较高,有利于等级的客观划分。该指标与作物生育状况相结合,能综合反映作物生长过程中的低温积累效应和高温补偿效应。在判别作物冷害时,考虑的因素也较其他指标全面,主要是分时段讨论低温冷害,一定程度上可以反映出不同发育时段作物的不同温度要求,从而得出既具有生物学意义又符合实际情况的低温冷害指标。

8.2.4.5 冷害预报

一般以生长季或某生长时段的平均气温(或热量指数)与前期预报因子建立回归模型,实现对低温冷害的预测预报。此外,也可以通过分析历史上低温冷害年的大气环流形势,找到低温冷害年的前期相关指标,与低温冷害年指标进行对比,判别低温年出现的可能性(王建林,2010)。

采用冷害指标或冷害表征量进行时间序列分析预测。通常有经验正交函数(EOF)分析方法、自然正交分解(EOR)与旋转自然正交分解(REOF)方法、灰色系统理论中的拓扑预测方法、门限回归模型(TR)等。

基于作物生长模型进行低温冷害预测。王石立等(2008)根据玉米生育过程的前后连续性和气象条件影响的复杂多样性,建立了考虑抽雄期延迟、抽雄以后热量条件和储存器官干重变化的动态、综合冷害指标,结合实际气象资料对东北地区玉米延迟性冷害的历史拟合准确率达到 95.6%,较原有单一指标对冷害的历史拟合率和预报检验效果有明显的改善,可应用于东北区域玉米冷害的预测和评估。

目前代表性的东北玉米低温冷害监测预警服务系统(MaizeCold),是基于机理模型的玉米冷害预测应用软件。系统包括数据管理、监测预测、产品分析与系统帮助 4 个主功能模块(图 8.3),其中数据管理模块能实现地面气象数据、大气环流数据、区域气候数据等应用数据管理,监测预测模块能实现基于概率统计、热量指数、热量年型、机理模型等多种预测功能,产品分析模块能实现结合 GIS 技术的低温冷害预测、监测服务产品制作与表达功能。监测服务产品包含东北全区玉米抽雄期延迟天数、后期热量距平、贮存器官干重距平和延迟性冷害等级格点产品,以及加工制作生成的专题图像产品。

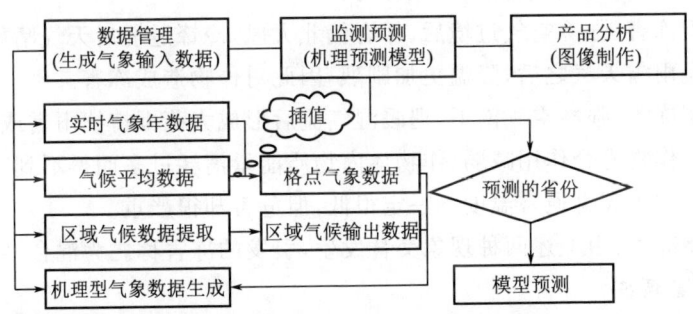

图 8.3 基于作物生长模型的东北冷害预测业务流程(王建林,2010)

8.2.5 冻害类型与预报

8.2.5.1 冻害定义

冻害是指越冬作物、经济林果木以及人畜在越冬期间遇到较长时间的低于 0 ℃ 的低温或剧烈降温(最低气温在 0 ℃以下,有时可达 -20 ℃以下)引起体内结冰或躯干冻伤,丧失生理活力,继而造成整体死亡或部分伤亡的现象。

8.2.5.2 时空分布规律

我国受冻害影响最大的是北方冬小麦区。长江流域和华南地区冻害发生的次数虽少,但丘陵山地对南下冷空气的阻滞作用,常使冷空气堆积,导致较长时间气温偏低,并伴有降雪、冻雨天气,使麦类、油菜、蚕豆、豌豆和柑橘等遭受严重冻害。

冻害的最大威胁是那些有大面积越冬作物的地区,通常因冬季积雪少、土壤干燥、冷空气活动频繁,造成温度较低,甚至达到 -15 ℃以下低温,会对越冬小麦造成严重冻害。冻害的受害作物主要还有:长江流域及其以南地区的越冬作物和经济林果木,华北南部和黄淮平原的油菜,东北和华北的大白菜,江南丘陵的柑橘,长城沿线的苹果等北方果树。

8.2.5.3 冻害类型

(1)按低温出现的时段,通常把冻害划分为 3 种类型。

①初冬温度骤降型:在初冬季节由于强冷空气入侵,造成温度骤降,达到或超过作物受害温度,由此造成的一种低温灾害。

②冬季长寒型:指冬季长期低温,超出越冬作物的耐低温极限,从而对越冬作物产生危害。

③融冻型冻害:在冬季向春季转换之交,由于天气渐暖,植物提前开始萌动,耐低温能力减弱,而后天气又突然变冷,这样冻融交替,忽暖忽冷对作物造成的危害。

(2)按形成冻害的天气特点,可划分为:

①晴冷型冻害:强冷空气过境后,伴有偏北大风,冷锋过境后天气晴好,温度日较差大。特别是雨雪天气之后,降温更加剧烈,因此对作物造成冻害。

②阴冷型冻害:强冷空气南下,遇暖湿气流后形成大范围持续雨雪或阴雨(雪)天气,日照减少,作物光合作用减弱,作物体内物质能量消耗过多而得不到充分补充,从而引发冻害。这类灾害通常温度不一定很低,但危害却很严重。

③混合型冻害:由上述两种现象交替发生,引发的冻害称之为混合型冻害。

8.2.5.4 冻害预报

低温冻害预报需要考虑作物自身抗寒能力、环境因素等。一般通过分析温度平流、天气系统、天气状况与天气现象对最低气温的影响,选取预报因子;利用逐步回归分析方法建立最低气温的短期预报方程,再利用最新观测资料预报降温幅度,进一步对最低气温进行短时临近预报;在短时临近预报与寒潮天气预警基础上,结合各地农作物与果树的抗低温指标,构建越冬作物与果树冻害低温预报预警模式,发布低温冻害预警。

8.2.6 寒害指标及预报

寒害主要指热带、亚热带作物在冬季生育期间温度不低于 0 ℃时,因气温降低引起作物生理机能障碍,导致减产甚至死亡的一种农业气象灾害。热带地区冬季降温不明显,但在寒冷季节温度仍会有一定程度的下降,当有冷空气南下,而且温度降低到作物受害温度时,就发生所谓的"寒害"。对于一些热带作物,寒害最低温度指标如表 8.9 所示。

表 8.9 主要热带作物寒害的最低气温指标(℃)

作物	橡胶	椰子	腰果	胡椒	咖啡	油棕	可可	剑麻
轻微寒害	10	8	15	10	2	10	10	10
严重寒害	0	2	4	3	−1	2	5	0

综合寒害指数的计算公式:

$$HI = -0.5388X_1 + 0.5412X_2 + 0.5215X_3 + 0.3805X_4 \qquad (8.29)$$

式中,HI 为逐年综合寒害指数,无量纲值。X_1 为逐年冬季极端最低气温(℃),X_2 为逐年冬季日最低气温≤5.0 ℃持续日数(d),X_3 为逐年冬季日最低气温≤5.0 ℃有害温度的累积(℃·d),X_4 为逐年冬季所有寒害过程最大降温幅度(℃)。

寒害多发生在我国华南地区,该地区冬季常遭受冷空气影响,造成强烈降温,对香蕉、荔枝、龙眼、甘蔗、橡胶等华南主要热带、亚热带经济作物危害严重。由于不同品种作物对于寒害的敏感度差异较大,所以目前的寒害指标研究多针对不同作物给出具体判别标准。

8.2.6.1 冬季寒害综合指标

冯颖竹等(2005)以广东省历年冬季寒害资料为依据,用寒害过程的日最低气温、寒害的持续天数及寒害的负积温这3个致灾因子来描述寒害的强度,从3个特征向量场中找出物理意义清晰、方差贡献率大的主要分量,将其定义为寒害综合指标,临界温度定为5.0 ℃。具体定义广东寒害过程为:当最低气温≤5.0 ℃时,为寒害过程开始;当最低气温回升至>5.0 ℃时,为寒害过程结束;期间连续出现最低气温≤5.0 ℃的天数,称为该次寒害过程的天数。分析表明:寒害综合指标物理意义清晰,能较好地反映作物受灾情况。杜尧东等(2006)在广东地区香蕉、荔枝寒害研究中,使用了寒害综合指标,将香蕉、荔枝受害临界温度定为5.0 ℃。寒害综合指标与香蕉、荔枝单产具有显著的负相关关系,可以用来分析香蕉、荔枝的寒害严重程度。

8.2.6.2 热带果树的寒害指标

香蕉与荔枝一样是喜温作物,易受低温危害。植石群等(2003)从寒害对香蕉、荔枝产量的影响出发,考虑到华南地区寒害的发生特点,以过程降温幅度和同时出现的最低气温两个因素作为寒害指标,将寒害分为5个等级(表8.10)。应用该分类标准可对香蕉、荔枝的灾损率、易灾性和防寒抗灾能力进行分析以及对广东寒害风险进行空间区划。

表 8.10 香蕉、荔枝寒害指标

寒害等级	1	2	3	4	5
过程降温幅度(℃)	≥10	≥5	≥15	≥10	≥5
同时出现最低气温(℃)	≤5	≤0	≤5	≤0	≤-2

香蕉是大型多年生草本植物,属南亚热带水果,对温度极为敏感,耐低温能力差。危害我国香蕉的寒害可分为辐射型寒害和平流型寒害。在辐射寒害为主的情况下,极端最低温度是最主要的影响因子;而在平流寒害为主的情况下,低温的程度和持续时间则为最主要的影响因子。此外,过程降温幅度也可影响香蕉的适应能力,从而影响其抗寒力。

据南宁市1987—1990年香蕉寒害的观测资料,并结合多年香蕉寒害调查所收集的有关数据进行综合分析,黄朝荣(1993)认为在出现霜冻的条件下,极端最低气温降至2.6~4.0 ℃,香蕉轻度受害;0.6~2.5 ℃为中等受害;≤0.5 ℃为严重受害;在寒流入侵影响下,香蕉在8 ℃以下容易出现寒害,并结合低温持续时间与有效积寒作为香蕉的寒害指标。当日平均气温低于8 ℃连续3~5 d,有效积寒4.0~5.9 ℃·d,香蕉出现轻度寒害;连续6~9 d,有效积寒6.0~8.9 ℃·d,出现中等寒害;连续10 d

以上,有效积寒≥9.0 ℃·d,出现严重寒害。

庞庭颐等(1991)对桂南等地香蕉越冬低温指标进行研究发现,最低气温1.1～4.0 ℃香蕉轻度受害;最低气温0.1～1.0 ℃为中度受害;最低气温-1.0～0.0 ℃为重度受害。当冬季寒潮入侵时,出现日均温≤8.0 ℃,最低气温≤5.5 ℃的低温阴雨天气,持续时间达2～3 d时,香蕉就会出现寒害症状。用有害积寒量表示其寒害指标为:积寒量≥-5.0 ℃·d香蕉轻度受害;积寒量为-10.0～-4.9 ℃·d香蕉中度受害;积寒量为<-9.9 ℃·d香蕉重度受害。张建平等(1991)通过对南宁、玉林两地香蕉越冬资料的分析,认为香蕉植株受冻害的临界温度条件是:①日平均气温≤10.0 ℃连续3 d,48 h日平均气温的变温≥12 ℃;②日平均气温≤8.0 ℃连续3 d;③日极端最低气温≤5.0 ℃或有连续3 d以上的霜出现。当气温达以上条件之一时,香蕉开始出现受害症状,致害温度的时间越长,气温越低,受害就越重。

8.2.6.3 寒害预报

常用寒害预报有数值天气预报法与寒害统计预报法。

数值天气预报法根据数值天气预报产品,预报未来3 d的平均气温与极端气温。利用GIS技术对温度预报值进行地理订正,获得反映地形、地貌影响的格点温度预报值。通过遥感地物分类提取易受害影响的经济作物分布信息,结合寒害指标,实现对寒害预警预报(王建林,2010)。

寒害统计预报法利用寒害资料对大气环流特征量和海温场资料进行因子普查,建立寒害统计预报模型。林日暖等(2003)利用广州荔枝、香蕉寒害灾情资料,探讨了对应于翌年寒害及其强度的前期气温异常的强信号信息,并利用强信号因子模拟出有较强预报能力的寒害方程:

$$Y = 0.41X_1 + 0.54X_2 + 0.32X_3 - 0.60 \tag{8.30}$$

式中,Y为寒害等级,X_1、X_2、X_3分别为前期秋末、冬季、春季强信号编码因子,方程复相关系数$R=0.85$。

8.2.7 霜冻等级及预报

8.2.7.1 定义

在植物生长季内,由于土壤表面、植物表面及近地气层的温度降到0 ℃以下,引起植物体冻伤害的现象称为霜冻。霜冻是一种较为常见的气象灾害,发生在冬春季,多为寒潮南下,短时间内气温急剧下降至零摄氏度以下引起;或者受寒潮影响后,天气由阴转晴的当天夜晚,因地面强烈辐射降温所致。霜冻对植物的危害,主要是使植物组织细胞中的水分结冰,导致生理干旱,而使其受到损伤或死亡,给农业生产造成巨大损失。

8.2.7.2 时空分布规律

我国初霜冻出现日期(1961—2005 年平均)在东北东部和北部、内蒙古东部、青藏高原及新疆东北部初霜冻出现日期在 9 月 20 日以前;东北中部和南部及河北北部、山西大部、宁夏、甘肃、内蒙古西部、新疆大部出现时间在 9 月下旬—10 月上旬;华南、云南、四川盆地出现最晚,为 12 月上旬之后;中国其余地区出现日期在 10 月中旬—12 月上旬。

我国 1961—2005 年平均霜冻日数分布的基本特征是由北往南逐渐减少。青藏高原、东北及新疆东北部、内蒙古出现霜冻日数最多,全年 180 d 以上,其中青海南部、西藏部分地区多达 250～300 d;华北中南部、黄淮、西北东部及新疆中西部为 90～180 d,长江中下游地区为 30～90 d,华南及云南、四川盆地等地一般不足 30 d;华南沿海及海南和台湾几乎无霜冻出现。

我国有两个霜冻害多发地带:一个位于东北中部—华北北部—西北中部,包括黑龙江中部、吉林和辽宁两省西部、河北和山西两省北部、内蒙古东南部、甘肃的河西走廊和陇东地区、宁夏大部分及陕西中北部,这些地区一般 2～3 a 发生一次程度不同的冻害;另一个位于长江中下游和南岭地区,包括湖北南部、广西北部和安徽、江苏、湖南、江西、福建等省的大部分地区,一般 3 a 左右发生一次冻害。从发生季节上看,3 月霜冻多发生在江淮一带,4 月多发生在冬小麦主要产区的苏皖北部、山东南部、河南中部、山西南部、陕西关中及陇东一带,5 月多发生在华北北部、东北、西北地区。9 月的初霜主要危害北方的偏北地区,10 月位于河南到淮河流域,11 月扩展到长江以南,冬季主要影响江南、华南、西南一带地区。

春季终霜偏迟的高频区在内蒙古东部及华北西部,长江上、中游地区也有高频区。东北平原中部、华北平原及四川盆地为低频区。秋季初霜偏早的高频区在华北西部高地及华南丘陵地区,华北及华中平原地区频率较低。特早初霜的高频区也在内蒙古东部及华北西部,长江流域有次高频区,江南除华南区外早霜频率都较低。

8.2.7.3 霜冻程度等级指标

根据我国主要作物对霜冻的抵抗能力,将霜冻程度划分为 4 个等级(表 8.11)。

表 8.11 霜冻程度等级

霜冻等级	最低温度(℃)
一般霜冻	−2.0～0.0
严重霜冻	−5.0～−2.1
极严重霜冻	−10.0～−5.1
毁灭性霜冻	−10.0 以下

8.2.7.4 霜冻的类型

根据霜冻发生的时期,可分为早霜冻和晚霜冻两种。早霜冻(秋霜冻、初冬霜冻、初霜冻):是由温暖季节向寒冷季节过渡时期发生的霜冻。在我国大多数地区,在秋季向冬季过渡时,随天气变冷,气温下降,出现 0 ℃ 以下气温的可能性越来越大,直至出现霜冻。此时如果某种作物未收获,或未成熟就会遭受严重的霜冻,由此可见霜冻出现越早,危害越大。晚霜冻(春霜冻、晚冬霜冻、终霜冻):是由寒冷季节向温暖季节过渡时发生的霜冻。在中纬度地区,在冬季向春季转换时期发生的霜冻。一般情况下,春天最后一次霜冻出现越延后,造成的损失更严重,因为越冬返青作物随着时间延后,抗冻能力越来越差,而且受灾后的补救也越来越困难。

根据霜冻发生的天气条件分为 3 种类型。由北方强冷空气入侵酿成的霜冻,常见于长江以北的早春和晚秋,以及华南和西南的冬季,北方群众称之为"风霜",气象学上叫作"平流霜冻"。在晴朗无风的夜晚,地面因强烈辐射散热而出现低温,称之为"晴霜"或"静霜",气象学上叫作"辐射霜冻"。因北方强冷空气入侵,气温急降,风停后夜间晴朗,辐射散热性强烈,气温再度下降,造成霜冻,这种霜冻称为"混合霜冻"或"平流辐射霜冻",也是最为常见的一种霜冻。这种霜冻出现频率高,影响范围广,中纬度晚秋和早春出现的霜冻多属于这一类,对农业危害较严重。

当有霜出现时,绝大多数植物会受到不同程度的冻害,当出现霜冻时可能见到白色的凝结物,俗称"白霜";但有时近地面层的气温虽然降到 0 ℃ 以下,但因湿度很小空气干燥,并没有凝结物出现,但其低温的程度足以对植物产生伤害,这种现象俗称为"黑霜"。通常"黑霜"对作物的危害往往更严重,其原因是黑霜不易被直观觉察,有可能采取补救措施不当或错过补救时机等;另外白霜出现时因有水汽凝结而释放出部分凝华潜热,可缓解作物周围温度的进一步降低,而黑霜则不然。

通常根据霜冻发生季节和早晚,将其分为早霜冻和晚霜冻。

8.2.7.5 霜冻预报

霜冻等级预报可以根据霜冻天气与环流形势的关系,对霜冻天气的历史资料进行环流分型,建立统计模型;也可以结合预报指标、相关因子普查,采用多源回归、逐步回归等方法,建立测站日最低气温和日最低地温的统计预报方程。喻彦等(2005)根据灰色灾变预测理论,结合勐海县历史气温资料,建立了冬季强低温霜冻灾变预测模型,用以预报勐海县冬季极端最低气温低于 -1.4 ℃ 霜冻出现的年份,经检验模型预测与实况相符。申建华等(2006)运用转移概率预报方法,分析了吕梁市 1957—2000 年霜冻初、终日期各随机时间序列状态之间的转换规律,结合各序列的初始分布,建立了效果较好的预报模型。

周彬等(2015)利用 20 a 气象资料,分析了无锡地区霜冻特征以及最低地面温度与最低气温、云量、风速、气压等要素的关系,认为霜冻主要出现在地面气压高于

1025 hPa 时,当地面气压高于 1030 hPa 时,严重霜冻出现概率较大。根据最低气温及风速、云量预报,采用查表法预报霜冻。当 $T_{\min}-(T_Y+T_F)\leqslant 0$,预报霜冻出现。其中 $T_{\min}$ 为最低气温,T_F、T_Y 为风速与云量影响因子(表 8.12),所在权重各为 50%。

表 8.12 风速与云量影响因子数值

因子		11 月	12 月	1 月	2 月	3 月
风速(m·s^{-1})	<1	2.77	2.49	1.43	1.53	2.36
	1~3	2.48	2.22	1.34	1.43	2.20
	>3	1.59	1.54	0.90	0.99	1.18
云量(成)	0~3	3.19	3.08	2.01	2.25	3.27
	4~7	2.77	3.07	1.14	1.22	2.63
	8~10	1.50	1.69	1.06	0.85	1.14

8.2.8 高温热害指标与预报

高温对植物的新陈代谢、生长发育和产量形成所造成的危害,统称热害,包括高温逼熟和日灼。高温逼熟是指高温促使作物籽粒在尚未达到饱满时就很快成熟,造成秕粒的一种热害。日灼是因强烈太阳辐射所引起的果树枝干、果实伤害,亦称日烧或灼伤。

不同作物、品种以及同一作物不同生育期的耐热能力是不同的。水稻受害指标是日最高气温连续 3 d 以上≥35 ℃,敏感期在乳熟期前后,即抽穗后 6~15 d;棉花受害指标为日最高气温 34~35 ℃;番茄在开花初期遇到 40 ℃以上的高温会引起落花,持续时间越长,坐果率越低;菜豆在 30 ℃以上受粉率大大降低;黄瓜在 32 ℃以上净同化率下降,35 ℃以上呼吸消耗大于光合积累,如连续 3 h 在 45 ℃条件下,则叶色变淡,雄花不开,花粉发芽不良,出现畸形果,根系在 25 ℃以上易于衰老;番茄向阳面在烈日曝晒下易发生日灼,如烈日与暴雨交替,易发生裂果;茄子在 25~30 ℃下短花花柱较多,结实率低;马铃薯生长适温为 15.6~18.3 ℃,高于 21.1 ℃则生长率下降,温度在 26.7~29.4 ℃以上,马铃薯块茎停止膨大。大白菜贮藏期间也怕高温,温度持续高于 3 ℃,易热伤脱帮。

在农业气象工作中,通常以日平均气温≥30 ℃或日最高气温≥35 ℃作为判别水稻开花结实期的临界温度指标。一般,日平均气温≥30 ℃或日最高气温≥35 ℃持续日数大于 3 d 为水稻轻度高温热害;日平均气温≥30 ℃或日最高气温≥35 ℃持续日数大于 5 d 为水稻轻度高温热害;日平均气温≥30 ℃或日最高气温≥35 ℃持续日数大于 8 d 为水稻轻度高温热害。目前,主要以温度和高温持续日数来判别高温热害,主要的判别指标有以下几种。

(1) 平均气温

在夏季高温对早稻影响的研究中,对不同品种、不同开花日期的空壳率与日平均气温、最高气温和日较差等因子进行相关分析表明,开花前后 5 d 的最高气温与空壳率的相关系数达 0.90 以上。确定开花前后 5 d 平均最高气温 33~34 ℃ 为轻度受害指标,受害温度每递增 1 ℃,空壳率可递增达 10%。

常规早稻在灌浆期间,日平均气温 24 ℃ 时,千粒重最高,随气温上升,千粒重下降。当日平均气温≥28 ℃ 时,千粒重下降 1.5 g,当日平均气温≥30 ℃ 时,千粒重下降 3.0 g;杂交早稻当日平均气温≥28 ℃ 时,千粒重下降 2.5 g,当日平均气温≥30 ℃ 时,千粒重下降 4.0 g。在对籼稻进行高温试验时,通过连续不同的高温处理,认为籼稻开花期长期高温伤害的临界温度为 30 ℃,短期高温伤害的临界温度为 35 ℃。

(2) 最高气温

在杂交籼稻的研究中发现,日平均气温≥30 ℃,日最高温度≥35 ℃,可作为高温的致害指标。在农业气象工作中,通常以日最高气温≥35 ℃ 作为早稻开花结实期受害的临界温度指标,并引用>35 ℃ 有效危害温度的"时积温"值表示影响灌浆的农业气象指标。

通常来说,孕穗—抽穗扬花期前后的最适宜温度为 25~30 ℃,当温度高于 30 ℃ 时,对开花结实就会有明显伤害。一般以日最高温度大于 35 ℃,作为水稻抽穗开花期的热害指标,大于该温度将导致花器发育不全,花粉不良,活力下降。在恒温 38 ℃ 下,水稻将全部不结实。在同样高温条件下抽穗扬花,杂交稻空壳率明显高于常规稻。杂交中稻开花受粉期,以日平均温度 25~28 ℃ 为宜,如连日出现 35 ℃ 以上高温,就会产生热害。

(3) 高温持续天数

一般情况下,早稻个体增长和粒重增加最快的时期是在开花后 5~10 d 的乳熟前期,此时期是决定灌浆增重的关键时期。该期间若受到持续高温的影响,则灌浆速度加快,灌浆时间缩短,影响产量和品质;高温增加了每株花序数,却降低了每穗粒数,结实率和千粒重;乳熟期的高温危害,可使黄熟期的籽粒增重大幅度下降。当日最高气温≥35 ℃ 时,粒重增长速度受到明显抑制;连续 3 d 最高气温≥35 ℃,千粒重开始下降;连续 7 d 最高气温≥35 ℃,受害明显加剧;连续 10 d 以上最高气温≥35 ℃ 千粒重降到最低值。有学者认为水稻开花遇连续 7 d 大于 35 ℃ 高温,空壳率提高 10 倍;中稻抽穗开花期日最高气温≥37 ℃、持续 5 d 以上可作为造成大田空壳率发生的热害指标。根据江淮 20 世纪 80 年代推广杂交稻以来气象资料和空壳发生情况,杨太明等(2007)认为从安徽省生产实际出发,可把中稻抽穗开花期日最高气温≥35 ℃、持续时间 5 d 以上作为造成水稻大田空壳率发生的热害指标。

相比低温干旱和冷害等,高温热害的研究相对较少。目前,一致认为一定强度的高温会影响水稻的开花结实,降低产量,但各类研究中所提出的致害温度指标却不尽相同。在高温对早稻结实伤害的试验中,由于研究条件和方法的不同以及试验水稻的播期、种植区域和品种的不同,目前还没有比较客观统一的高温热害指标。

(4)高温热害预报

根据天气学原理对高温热害的气象要素与大气环流、海温因子进行分析,筛选出与高温热害有关的因子。对各因子进行标准化处理,建立有显著相关的环流因子高温热害长期预报模型,结合作物对高温敏感的发育阶段出现日期,进行高温热害预警(王建林,2010)。利用数值天气预报产品,进行高温热害气象因子的中短期预报,针对作物敏感期和热害指标,开展作物高温热害预报。同时,利用 MODIS 数据反演 LAI,用 LAI、NDVI 与地表温度进行相关分析,由高温监测预测模型进行区域性高温热害辅助诊断、预报。

8.2.9 干热风指标与预报

8.2.9.1 干热风定义与指标

干热风是指高温、低湿并伴有一定风力的大气干旱现象,也称或又称"旱风""干旱风""热风""火南风"或"火风"等。干热风发生时蒸发和蒸腾都很大,强烈地破坏植物体内的水分平衡和光合作用,在短时间内给作物的发育和产量带来巨大的影响。干热风天气指标,通常采用"三三三"标准,即日最高气温≥30 ℃,日最小相对湿度≤30%,风速≥3 m·s^{-1}(或 3 级以上)。各地可根据具体情况而定,我国北方麦区干热风指标如表 8.13 所示。

表 8.13 我国北方麦区干热风指标

轻干热风			重干热风		
最高气温(℃)	14 时湿度(%)	风速(m·s^{-1})	最高气温(℃)	14 时湿度(%)	风速(m·s^{-1})
≥32	≤30	≥2	≥34	≤25	≥3

8.2.9.2 干热风症状及生理影响

伴随干热风的高温、低湿和一定的风速可使植物蒸腾作用加强,在根系吸水力不能适应时导致植株水分收支失调。高温低湿环境还影响叶片的光合作用,甚至造成光合作用的中断;破坏植物细胞的透性,影响植株体内营养物质的输送,使籽粒灌浆速率减慢。高温还可引起体内蛋白质分解及有毒的中间代谢物质积累过多,使植株死亡。干热风主要的危害对象是小麦,对水稻、豌豆也时有影响,在抽穗到乳熟末期较易受害。棉花也会受到干热风危害。

干热风和干旱是不同的。干旱发生时,由于长期无雨,土壤缺水,致使植物体内水分平衡和叶绿素逐渐破坏,植株枯黄而死,而干热风发生时,由于气象要素(温度、湿度、风)的急剧变化,使植物蒸腾和土壤蒸发量很大,即使在土壤水分充足情况下,也会发生植物水分平衡失调,正常生理活动遭到抑制或破坏,叶绿素来不及分解,植株表现青枯、灰绿等现象。所以,在土壤干旱时出现干热风,会加重对植物的危害。另外干旱时,气象要素具有正常的日变化,而干热风发生时,高温、干燥和风在整个昼夜都发生,植物的水分支出在夜间几乎没有减弱。

小麦受害外观表现为叶片和茎黄白或青枯,颖壳变白,芒尖干枯或炸芒,籽粒干瘪,腹沟深,千粒重下降。水稻受害后穗呈灰白色,秕粒增加,甚至全穗枯死,不结实。豌豆受害后花、荚干枯,脱落。对于棉花,如果遇到"干热风",灌溉亦不及时,常使棉叶凋萎,因水分、养分失调而造成棉花出现花粉干缩,授粉不良及蕾铃大量脱落影响产量,这种高温对棉叶螨创造了良好的生活环境。

在我国北方麦区,如果在小麦开花时期遇干热风,可使花药破裂,进而不能正常进行授粉,导致结实穗数减少;如灌浆期遇干热风,则使灌浆的速度减慢,严重时停止灌浆,影响淀粉粒形成,造成籽粒瘦秕,最终降低小麦的产量;若成熟期遇干热风,可使小麦籽粒出现早熟现象。而不同等级干热风对冬小麦灌浆速度和千粒重的影响如表 8.14 所示。

表 8.14 干热风对冬小麦灌浆速度和千粒重的影响(张志红 等,2015)

干热风指标	干热风日		干热风过程		干热风年型	
	轻	重	轻	重	轻	重
千粒重下降(g)	0.5~1	>1	1~2	>2	2~4	>4
灌浆速度下降(g·千粒$^{-1}$·d^{-1})	≥0.55	≥1.10				

8.2.9.3 干热风的类型

干热风按形成原因可分为冷空气南下型和暖空气入侵型。

(1)冷空气南下型是春夏之交,北方冷空气南下变性增温造成的。黄淮平原形成的干热风多属此类型。

(2)暖空气入侵型是热带大陆暖空气入侵造成的。河西地区的干热风多属此类型。

我国北方麦区干热风按其天气现象不同可以划分为 3 种类型。

(1)高温低湿型:特点是大气高温、干旱,地面吹偏南风或西南风,这种高温干旱天气使小麦干尖、炸芒、植株枯黄,造成小麦枯熟、瘪粒,它是北方麦区干热风的主要类型。中国气象局颁发的小麦干热风灾害等级标准为:最高温度≥30 ℃,14 时相对湿度≤30%,14 时地面以上 2 m 高度风速≥3.0 m·s^{-1}。

(2)雨后枯熟型:特点是雨后高温或雨后猛晴,造成小麦青枯或枯熟。这种类型多发生在华北和西北等地。中国气象局颁发的小麦干热风灾害等级标准为:在一次小于 5 mm 的降水过程之后,3 d 内 14 时温度≥30 ℃,且风速≥3.0 m·s^{-1}。

(3)旱风型:特点是空气湿度低、风速大,但气温不一定高于 30 ℃。干燥的大风加强了大气干旱,促进农田蒸散,使小麦卷叶,经常发生在黄土高原多风地区和黄淮平原的苏北、皖北等地。

8.2.9.4 干热风的时空分布规律

在我国,干热风危害区域以淮河、秦岭、祁连山、阿尔金山为南沿,长城、阴山、贺兰山、龙首山、阿尔泰山为北沿,包括华北和西北地区的大部及部分华东地区。危害季节集中于 5—7 月,平均 10 a 内有 1~2 a 的重害年。受害面积可达 2 亿亩以上。受害的小麦千粒重轻则下降 1~3 g,重则下降 5~6 g,减产幅度达 3%~20%。

干热风天气主要发生在我国北方的华北平原、河西走廊、新疆 3 个区域,以河北、山东、河南、甘肃、江苏最为严重。在华北平原,一般称为"火风、旱风或热南风",主要危害小麦。在长江中下游地区,有人称"南洋风",主要危害水稻。干热风出现的时间,一般从 4 月开始,到 8 月为止,东南(黄淮平原,关中)出现最早,向北逐渐推迟,华北地区出现在 5 月下旬—6 月上旬。我国各地干热风形成及发生时期见表 8.15。

表 8.15 各地干热风成因及发生时期

地区	形成原因	发生时期
黄淮平原	区域的大气干旱	春末夏初,北方雨季来临前天气晴朗、少雨的时期
江淮流域	太平洋副热带高压西部的西南气流影响下产生	初夏
长江中下游平原	天气晴朗干燥	梅雨结束后
华北地区	天气干燥、炎热	5、6 月小麦乳熟期

我国北方以高温低湿型为主的小麦干热风气候区划,将干热风危害区划划分为重区(Ⅰ)、次重区(Ⅱ)和轻区(Ⅲ)。重区包括冀中、南,豫北、东、中,鲁西、西北,以及晋南、中盆地;甘肃河西走廊的安敦盆地;新疆的吐鲁番、鄯善盆地,塔里木盆地东部铁干里克、若羌一带。次重区包括冀北南部,鲁北、中、西南,豫东南、西,关中平原东部,晋中、西、东南,徐州、宿县西北部等地;甘肃河西走廊中、东部;新疆的哈密、库尔勒、和田、石河子、乌苏等地。轻区包括冀北、天津、晋西、晋东太行山地,江苏徐淮地区,安徽淮北地区,山东南部、东部地区,陕西渭北塬区和关中西部;内蒙古的河套、土默川及宁夏平原;新疆的喀什、阿克苏、塔城等地。

淮北地区小麦干热风多以轻干热风年型为主。高温低湿型干热风发生时段主要集中在 5 月第六候及 6 月第一候,雨后枯熟型干热风主要集中在 5 月下旬。

8.2.9.5 干热风预报

干热风预报以预报小麦关键物候期为基础,预报出现干热风的天气形势与环流系统,明确干热风出现时间、强度及持续时间(王建林,2010)。预报方法有两类。

(1)天气学方法,用于不同时效的干热风预报,需要先确立环流形势与干热风关系,然后根据环流形势预报进行干热风预报。例如,河南省正阳县气象局发现 10 a 干热风中 9 a 存在 150 d 的韵律关系,其中 150 d 的日平均气压、平均气温与 150 d 后干热风的发生、发展有较好的对应关系,可作为干热风预报的参考依据。

(2)统计学方法,运用概率和回归分析方法,寻求干热风与主要气象因子或环流型特征量、环流型指数间关系,建立相应的预报方程预报干热风是否出现、出现日期、类型及持续日数。张翠英等(2016)对鲁西南干热风发生次数与气象因子的相关特征进行分析,筛选影响干热风最优势前期湿度、风速、日照、气温等相关气象因子,利用逐步回归建立 5 月中旬、下旬及 6 月上旬干热风发生日数的预测模型,3 a 试报效果较好。

8.3 农业气象灾害风险预测

以辽宁省朝阳市玉米不同生育阶段干旱灾害风险预测为例,采用多尺度 SPI 指数、判别式分析法、滑动直线平均法建立玉米干旱灾害风险预测模型,以探寻一种预测玉米不同生育阶段干旱灾害风险的新方法,服务农业气象预测业务(张琪 等,2011)。

8.3.1 研究区概况

选择辽宁省朝阳市为研究区。朝阳市位于辽宁省西部($118°50'\sim121°17'$E,$40°25'\sim42°22'$N),属低山丘陵地区,平地面积少。本区受西部内蒙古高原干燥空气影响降水较辽宁中东部地区少,春秋多风易旱,年降水量 450~580 mm、平均气温 5.4~8.7 ℃、无霜期 120~155 d,旱田作物玉米是当地最主要的粮食作物。干旱是朝阳市最为频发的农业气象灾害,新中国成立以来发生过干旱 40 多次,尤其是 20 世纪 80 年代以来干旱的强度与频率都有明显提升,给当地的农业生产带来严重影响。

数据为朝阳市 1970—2006 年逐旬降水量数据和玉米产量数据,玉米产量数据来自辽宁省社会经济统计年鉴。

8.3.2 研究方法

(1)计算多尺度 SPI 指数

朝阳地区春玉米生长期为 4 月下旬—9 月中旬,参考农学、作物生理学的相关研究确定关键生育期:第 1 阶段为种植前期(4 月下旬)、第 2 阶段为拔节期(6 月下旬)、第 3 阶段为抽雄期(7 月中旬)、第 4 阶段为乳熟期(8 月下旬)。分别计算各年春玉米关键生育阶段的多尺度 SPI 值,因为多尺度 SPI 比单一时间尺度能更好地表现地区的干湿组合状况、干旱持续时间等对作物的影响。在这里计算的 SPI 时间尺度有 1、2、3、4、5、6、7、8、9、10、11 旬,分别表示为 SPI1、SPI2、…、SPI11。例如 Stage1 的 SPI1 计算的是历年 4 月下旬的降水量,SPI2 计算的是 4 月下旬和中旬两旬的降水量,依此类推。再将每一阶段单独的 11 个 SPI 值按时间尺度长短分为短(SPI1—SPI3)、中(SPI4—SPI7)、长(SPI8—SPI11)3 类,求出每类的平均值,分别记作 $AVER_1$、$AVER_2$ 和 $AVER_3$,作为这 11 个不同时间尺度 SPI 值的代表。这样即可削弱个别极端事件对结果的影响,又可以表现出干旱的累积效应。

(2)确定玉米干旱灾害风险等级

通过对当地历史资料的查询,当地发生的农业气象灾害有干旱、冷害、冰雹,冷害一般未造成影响或影响较轻,影响玉米生产的主要农业气象灾害为干旱。

干旱对农作物的影响可用产量波动来表示,产量波动一般用实际产量偏离趋势产量的多少来表示,计算公式如下:

$$P=(Y-y)/y \tag{8.31}$$

式中,P 为产量波动指数,Y 为实际产量,y 为趋势产量,单位均为 $kg \cdot hm^{-2}$。趋势产量的算法很多,本研究应用滑动直线平均法计算研究区玉米趋势产量。产量波动为负值的年份即可定义为玉米生产风险年。各年的玉米干旱灾害风险等级根据产量波动大小确定,结合当地实际情况将产量波动 $P \geqslant 0.05$ 定义为无风险年,$-0.1 \leqslant P < 0.05$ 时为低风险年,$P < -0.1$ 时为高风险年。

8.3.3 干旱风险风险预测模型构建

将 1970—2006 年的多尺度 SPI 值作为判别式分析的训练样本特征变量,由产量波动计算出的历年风险等级序列作为判别结果,建立判别式模型即风险预测模型。由于干旱具有累积效应,前期是否干旱会对本阶段产生影响,因此,在进行判别式分析时要考虑前面阶段的 SPI 值。

各阶段的多尺度 SPI 值与风险等级之间创建的判别式模型基本形式如下:

$$D=\beta_1(AVER_{1-1})+\beta_2(AVER_{1-2})+\beta_3(AVER_{1-3})+\beta_4(AVER_{2-1})+\cdots+C \tag{8.32}$$

式中,D 为判别结果,β 为判别式系数,$AVER_{i-j}$ 为特征变量,其中 i 为生育阶段,j 为时间尺度,C 为截距,通过 SPSS 软件实现预测。不同的训练样本会得到不同的判别式系数。

8.3.4 干旱风险风险预测模型结果与检验

8.3.4.1 模型结果分析

根据表 8.16 预测准确率平均由第 1 阶段的 54.1% 逐渐提高到第 4 阶段的 83.8%，这是符合实际情况的，因为在进行前面阶段的预测时后期的天气情况未知，因此预测的准确率低，随着生育阶段的推进降水量数据不断得到补充，预测的准确率也会不断提高。

另外，每一阶段干旱灾害高风险组预测的准确率最高，无风险组预测准确率最低。也就是说，干旱发生年份模型预测的准确率较高，非干旱发生年份准确率较低。这是由于在非干旱年份还可能有其他因素影响产量，如雹灾、冻害等。而模型建立时风险等级的划分是根据玉米产量波动，不能剔除干旱以外其他灾害对产量波动的影响，这是造成无风险组准确率较低的原因。但是对于受干旱影响严重的朝阳地区来说，干旱是影响产量的最重要因素，本方法就具有很好的适用性，准确率较高。前 3 个阶段准确率都有提升但是幅度不大，到了第 4 阶段即乳熟期其准确率明显大幅提高，由 67.6% 提升到 83.8%，说明补充了这一阶段的降水量数据对准确率的提高贡献很大，这一阶段是否干旱对最终产量的影响比其他阶段大。

表 8.16 不同生育阶段 3 个风险等级预测的准确率

生育阶段	高风险(%)	低风险(%)	无风险(%)	平均(%)
第 1 阶段	72.7	57.1	42.1	54.1
第 2 阶段	72.7	57.1	57.9	62.2
第 3 阶段	81.8	71.4	57.9	67.6
第 4 阶段	90.9	85.7	78.9	83.8

8.3.4.2 模型结果检验

随机选取连续的 4 a 如 1998—2001 年，分别剔除这几年的数据后建立模型，再输入这几年的 SPI 数据进行预测，各阶段预测结果见表 8.17。分析 1998—2001 年的逐旬降水量数据和图 8.17 中不同阶段的多尺度 SPI 值可以发现，1998 年整个生育期降水量都较充足，SPI 值均为正值即没有干旱发生，通过当年的实际产量确定的灾害等级为无风险年，预测结果准确；1999、2000 年整个生育期降水量较少，干旱灾害等级为高风险年，模型预测结果与实际相符合；2001 年 6 月中旬—7 月上旬降水较多，尤其是 7 月上旬多达 102.1 mm，其他各旬降水较少，6 月中旬—7 月上旬的降水一定程度上缓解了后期的干旱，最终由产量确定的实际风险为低风险年，预测结果与实际存在一定偏差，认为是降水过于集中，水分蒸发流失之后较长时间降水不足仍会造成作物缺水影响产量形成干旱灾害。

表 8.17 预测结果与实际风险对照表

年份	第1阶段	第2阶段	第3阶段	第4阶段	实际风险
1998	低风险	无风险	无风险	无风险	无风险
1999	高风险	高风险	高风险	高风险	高风险
2000	高风险	高风险	高风险	高风险	高风险
2001	高风险	高风险	无风险	无风险	低风险

8.4 病虫害发生发展预报

8.4.1 病虫害发生发展的气象条件

作物病虫害是农业生产中的重大自然灾害之一。根据联合国粮农组织的统计，全世界每年因病虫害使农业遭受的损失，占全年农业总产值的 20%~30%。农作物遭受病虫危害后，不仅使产品产量显著降低，而且使品质也明显变差。

农业病虫害的发生、发展和流行必须同时具备以下 3 个条件：①有可供病虫滋生和食用的寄主植物；②病虫本身处在对农作物有危害能力的发育阶段；③使病虫进一步发展蔓延的适宜环境。其中气象因子常常是病虫害暴发的直接驱动因子，几乎所有大范围流行性、暴发性、毁灭性的农作物重大病虫害的发生、发展、流行都与气象条件密切相关，或与气象灾害相伴发生。

温度、降水、湿度、风和光照等气象条件与各类农业病害的发生流行以及害虫的生长发育、繁殖和活动有着密切的关系，同时也是病虫害发生的自然控制因子，特别是其综合影响对于病虫害发生发展有重要作用。这些气象要素还通过对寄主作物和天敌生长发育与繁殖的影响，间接地影响病虫害的发生与危害。

外界温度的高低直接决定了农业病虫机体的温度，其生长发育和变态行为等都与温度有密切关系。在适温范围内，其发育速度随着温度的升高而加快，发育时间随温度升高而缩短。当环境温度达到其发育的起点温度时开始生长发育，而完成某一生长发育阶段则需要一定的总热量——有效累积温度；如果温度条件得不到满足，许多昆虫的虫态发育和繁殖活动等都会受到抑制。

水分与许多昆虫的行为、生长发育、繁殖、寿命密切相关。好湿性害虫要求湿度偏高（相对湿度≥70%），好干性害虫要求湿度偏低（相对湿度<50%）。例如对于喜干的蝗虫，在 70% 的相对湿度时，由于其性成熟早，完成生活史最快，因此寿命最短。另外，降水和雨量是影响害虫数量变动的主要因素。降雨有利于大多数病菌的繁殖和扩散，绝大多数真菌孢子在植株叶面有液态水存在时，其产生量和萌发率显著提

高。如小麦条锈菌夏孢子的萌发和入侵需饱和湿度或叶面具有水滴;早春病叶内潜育菌丝开始复苏并产生孢子,如有春雨和结露则有利于病菌的侵染、发展和蔓延。

温度和水分的综合作用:病害则多为细菌、真菌和病毒引起的,细菌的繁殖、真菌的分生孢子和菌丝生长必须有适宜的温湿度条件。例如稻瘟病是一种真菌性水稻病害,当气温为20~30℃、空气相对湿度在90%以上、稻株体表水膜保持6~10 h,稻瘟病容易发生。

光对害虫的影响主要表现为光波、光强、光周期三个方面。光波与害虫的趋光性关系密切,昆虫一般看不见红色光波部分,却能看见紫外线部分,因此可以采用黑光灯诱杀农业害虫。光强主要影响害虫的取食、栖息、交尾、产卵等昼夜节律行为,且与害虫体色及趋光程度有一定关系。光周期是引起害虫滞育和休眠的重要因子。自然界的短光照会刺激害虫休眠。

风或气流:风与害虫取食、迁飞等活动的关系十分密切。一般弱风能刺激起飞,强风抑制起飞;迁飞速度、方向基本与风速、风向一致。稻飞虱一般在4—6月春季由中南半岛等地随盛行气流迁飞进入我国境内,迁飞方向随当时的高空风而定,降落地区基本上与我国的雨区从南向北推移相吻合。另外,病菌孢子很轻,只要遇到最轻微的气流就会从孢子堆中向外飞散;同时强风还能制造伤口,为病菌侵染创造条件,风雨交加有利于病菌传播与侵染。

气候变化造成温度与降水异常,暖冬可造成主要农作物病虫越冬基数增加、越冬死亡率降低、次年病虫发生加重、病虫发生期提前、危害加重,使农作物害虫迁入期提前、危害期延长。低温、阴雨、干旱和大风等不利气象条件或气象灾害将明显影响寄主作物的抗病虫能力,从而间接促使病虫害的发生发展。

8.4.2 病虫害发生发展的预报预估方法

在影响病虫害发生发展的诸多因素中,环境气象条件常常起着关键性的作用。作物病虫害气象预报预估就是在调研分析病虫害与气象条件关系基础上,根据当前病虫生物源数、寄主作物及其他相关生物的生长发育状况和未来天气预报估测未来作物病虫害的可能发生期、发生量以及危害区域和程度的农业气象预报。

农业病虫害发生发展气象等级的确定,参照中国气象局《气象灾害预警信号发布与传播办法》的有关规定,即根据气象灾害可能造成的危害程度、紧急程度和发展态势分为3级:1级,气象条件适宜病虫害的发生发展;2级,气象条件基本适宜病虫害的发生发展;3级,气象条件不适宜病虫害的发生发展。

8.4.2.1 作物病害预报

作物病害的发生发展主要与病原生物、寄主作物以及环境条件有关,其中关键因素是气象条件。当气象条件有利于病原生物的繁殖、侵染和传播,而不利于农作物的生长发育和抗病时,农作物便容易被病原生物侵染而发病,甚至造成发展蔓延。当气象条件有利于农作物的生长发育和抗病,而不利于病原生物的繁殖、侵染和传播时,农作物病害便不容易发生,更不会传播蔓延。影响病害发生发展的气象因素主要包括温度、湿度和风等。低温、阴雨、干旱和大风等不利条件将明显降低寄主作物的抗病能力。

常见的病害预报有趋势预报、发生期和发病程度预报以及流行期和流行程度预报。通常是以上述病害气象指标为基础,建立预报对象和预报因子间的回归相关模式,再根据当年病原生物和寄主作物的生长发育状况和未来的天气预报,估测相应病害的发生趋势、发生期和流行危害程度。预报时要根据病害种类选择不同的预报因子,预报模式和预报时效(Ma et al.,2019)。

8.4.2.2 作物虫害预报

与作物病害有所不同,气象条件不仅直接影响害虫的生存、生长发育和繁殖,而且还会通过对寄主作物或天敌等其他生物的作用来影响虫害的发生,从而决定了害虫的不同发生期、发生量和危害程度。当气象条件有利于虫原生物的生长、繁殖和迁移活动,而不利于寄主作物和天敌生物的生长繁育时,便容易发生作物虫害,包括远距离迁飞和大面积危害;反之亦然。影响害虫生长、繁育和迁移活动的主要气象要素有温度、湿度、光照和风等,特别是这些要素的综合影响对于虫害的发生发展有重要作用。

常见的虫害预报有发生期与发生量预报、迁移与扩散区预报以及危害程度预测等多种。具体做法是以上述虫害气象指标为基础,建立预报对象和预报要素间的经验统计模式,再根据当年的虫源动态和食源作物的生长发育状况以及未来的天气预报,即可对相应的虫害发生期、发生量、迁移扩散区和危害程度进行估测预报。不同虫害,不同预报对象,预报方法不尽相同。常用的有回归统计、最优分割、聚类分析以及生物气候图等。

例如,在小麦赤霉病感病期间,促病气象条件对赤霉病的影响程度与其出现的时间及持续的天数密切相关。抽穗开花盛期的一个致病日对赤霉病的诱发作用明显高于抽穗开花初期和末期一个致病日的作用;同时,促病气象条件对赤霉病的诱发作用还与其持续的天数密切相关,高温、高湿持续的时间越长,对赤霉病的诱发作用越大。因此,简单地将易感病期间的赤霉病致病日数相加,确定气象条件对赤霉病发生的适宜程度会有一定的误差,考虑到致病日出现时间和致病日持续长度对赤霉病发生程度的影响,每年赤霉病感病期的赤霉病促病指数 Z 为:

$$Z = \sum_{i=1}^{N} P_i A_i D_i \qquad (8.33)$$

式中,P_i 为赤霉病感病期间致病日出现时间对促病指数影响的修正系数,A_i 为致病日持续时间对促病指数的修正系数,D_i 代表计算当日是否为赤霉病致病日。若是,取 $D=1$;否则,$D=0$。假定大面积上抽穗扬花日期的出现呈现正态分布,赤霉病感病期间致病 Et 出现时间对促病指数影响的修正系数计算为:

$$P_i = \frac{1}{\sqrt{2\pi}\sigma}\exp[-(i-\mu)^2/(2\sigma^2)]/\{\sum_{i=1}^{N}\frac{1}{\sqrt{2\pi}\sigma}\exp[-(i-\mu)^2/(2\sigma^2)]\} \quad (8.34)$$

式中,i 为赤霉病感病期间内的日期序号,N 为赤霉病感病期的总天数,μ 和 σ 分别为均值和方差。根据求算出 Z 值的大小,进一步确定赤霉病发生的气象等级。

8.4.2.3　植物病害预报

橡胶树南美叶疫病作为我国橡胶树重要的检疫对象之一,预测其发生风险有重要价值。预测未来气候变化下橡胶树南美叶疫病的潜在适生区分布情况,评估其对我国的风险,严格对病害进行检疫,能保障我国橡胶树安全生产(白蕤 等,2020;Roy et al.,2016)。

根据全球橡胶树南美叶疫病地理分布信息和相关环境数据,基于 MaxEnt 模型确定影响该病分布的主导环境因子,结合耦合模式比较计划第五阶段(CMIP5)提供的 5 个常用大气环流模式(GCMs)在 RCP2.6、RCP4.5 和 RCP8.5 排放情景的未来气候预估数据,模拟预测该病在基准时段和未来的适生区分布,分析气候变化对该病入侵我国的影响,以期为我国橡胶树南美叶疫病的检疫提供决策依据。

(1)数据收集

影响橡胶树南美叶疫病发生环境因子包括生物气候因子和地形因子。其中,生物气候因子选用 19 个生物气候变量,包括 Bio1(年平均温度)、Bio2(年平均日较差)、Bio3(等温性)、Bio4(温度季节变化)、Bio5(最暖月最高温度)、Bio6(最冷月最低温度)、Bio7(平均气温年较差)、Bio8(最湿季平均温度)、Bio9(最干季平均温度)、Bio10(最暖季平均温度)、Bio11(最冷季平均温度)、Bio12(年降水量)、Bio13(最湿月降水量)、Bio14(最干月降水量)、Bio15(降水量季节变化)、Bio16(最湿季降水量)、Bio17(最干季降水量)、Bio18(最暖季降水量)、Bio19(最冷季降水量)。

基准时段生物气候变量数据采用 1970—2000 年间的观察记载。未来生物气候变量在 RCP2.6、RCP4.5、RCP8.5 情景下 21 世纪 40—50 年代(2041—2060 年)和 21 世纪 60—70 年代(2061—2080 年)数据采用等权重集合平均方法结合由 CMIP5 提供的常用且气候情景齐全的 5 个 GCMs 模式(BCC-CSM1-1、CCSM4、HadGEM2-ES、MRI-CGCM3、NorESM1-M)获取,数据空间分辨率为 $2.5'$。地形因子选用 Bio20(海拔)、Bio21(坡度)、Bio22(坡向),数据从美国国家航空航天局发布的全球数字高程模型提取,空间分辨率为 $2.5'$。

(2)MaxEnt 模型模拟建立

将橡胶树南美叶疫病地理分布数据和各环境因子数据导入 MaxEnt 模型。随机选取 75% 的橡胶树南美叶疫病分布点用于建立模型,剩余 25% 的分布点用于模型验证。为了减少由环境因子之间相关性引起的过拟合,对 MaxEnt 模型进行两次模拟。第一次模拟采用刀切法检验环境因子与橡胶树南美叶疫病分布的相关性,剔除贡献率和排列重要性为 0 的环境因子,确定对橡胶树南美叶疫病分布有重要影响的环境因子;第二次采用剩余的环境因子进行模拟,得到橡胶树南美叶疫病适生区,即该病风险概率分布。

在 ArcGIS 10.1 软件中加载 MaxEnt 模型模拟结果,将 ASCII 格式转换成栅格格式,利用空间分析重分类工具,将橡胶树南美叶疫病风险分布概率按照从低到高的顺序划分为 4 个等级:(0,0.1]为非适生区;(0.1,0.3]为低适生区;(0.3,0.5]为中适生区;(0.5,1.0]为高适生区。

(3)影响橡胶树南美叶疫病发生的主导环境因子

刀切法分析显示,需剔除的因子如海拔和坡度因子,贡献率分别为 3.85% 和 2.54%,排列重要性几乎为 0。影响橡胶树南美叶疫病发生的主导环境因子是年平均日较差、等温性、温度季节变化、最冷月最低温度、平均气温年较差、最干季平均温度、最暖季平均温度、最冷季平均温度、最干月降水量、降水量季节变化、最暖季降水量。其中,贡献率排名前三的主导环境因子是平均气温年较差、温度季节变化和最冷季平均温度,分别是 99.0%、29.5% 和 45.0%,与温度相关的因子贡献率达 94.7%,与降水量相关的因子贡献率达 5.3%。排列重要性排名前三的主导环境因子是最冷月最低温度、最暖季平均温度和温度季节变化,分别是 28.23%、20.54% 和 11.74%,与温度相关的因子排列重要性达 87.5%,与降水量相关的因子排列重要性达 12.5%。

(4)橡胶树南美叶疫病入侵中国的风险预测

基准时段下中国大部分植胶区中等以上程度适宜橡胶树南美叶疫病菌存活。高适生区主要集中在海南岛东北部部分地区、广东省西南部部分地区;中适生区主要集中在云南省南部地区、海南岛大部分地区、广东省南部部分地区;低适生区主要集中在云南省西南部地区、广西壮族自治区东南部部分地区、福建省南部部分地区(白蕤等,2020)。

与基准时段相比,2041—2060 年和 2061—2080 年在同一气候情景下,我国各省植胶区橡胶树南美叶疫病适生等级变化趋势不同。在 RCP2.6 情景下,海南岛东北部地区由中适生区变成高适生区。广东省西南部地区由中适生区或低适生区变成高适生区。在 RCP4.5 情景下,广西壮族自治区东南部部分地区由低适生区变成中适生区或高适生区;云南省南部地区由中适生区变成低适生区。在 RCP8.5 情景下,福建省南部部分地区由低适生区变成中适生区,广东省东南部部分地区由中适生区或低适生区变成高适生区(白蕤 等,2020)。不同增温幅度变化下,我国各植胶区橡胶树南美叶疫病适生等级不一样。高适生区没有随着增温而面积扩大。由此得出,未来气候变化下橡胶树南美叶疫病入侵中国风险较高区域(即指未来气候变化下该区域橡胶树南美叶疫病适生等级处于高度适生状态)为海南岛东北部地区、广西壮族自治区东南部部分地区、广东省南部部分地区。

我国橡胶树南美叶疫病各等级适生区绝对面积预测结果见表8.18。从基准时段至2041—2060年和2061—2080年,同一气候情景下,高、低适生区面积均呈现增加趋势,中适生区、非适生区面积均呈现减少趋势。其中,在RCP2.6情景下高、低适生区面积增加以及中适生区面积减少最为明显;在RCP4.5情景下非适生区面积减少最为明显。从2041—2060年到2061—2080年,高适生区面积呈现减少的趋势,中适生区面积呈现增加的趋势。可以看出,橡胶树南美叶疫病入侵我国风险较高的区域面积随着气候变化先增加后减少。

表8.18 我国橡胶树南美叶疫病各等级适生区绝对面积($\times 10^3 km^2$)

适生区类型	1970—2000年	RCP2.6		RCP4.5		RCP8.5	
		2041—2060年	2061—2080年	2041—2060年	2061—2080年	2041—2060年	2061—2080年
高适生区	4.5	36.7	22.7	28.3	22.0	22.7	16.0
中适生区	91.9	34.6	52.7	47.4	57.8	52.4	63.5
低适生区	70.5	101.0	90.3	91.8	94.7	96.1	90.0
非适生区	8.5	3.2	5.2	7.9	0.9	4.2	5.9

思考题

1. 农业气象灾害有哪些类型?
2. 举例说明基于遥感数据的干旱指标。
3. 常用的农业干旱预测方法是什么?
4. 涝灾与湿害有什么区别?
5. 按低温出现的时段,冻害划分为哪三种类型?

参考文献

安顺清,邢久星,1985. 修正的帕默尔指数及其应用[J]. 气象,11(12):17-79.
白蕤,李宁,张京红,等,2020. 未来气候变化背景下橡胶树南美叶疫病入侵中国的风险预测[J]. 生态学杂志,39(10):3500-3508.
陈维英,肖乾广,1994. 距平植被指数在1992年特大干旱监测中的应用[J]. 遥感学报,36(2):106-112.
杜尧东,李春梅,毛慧琴,2006. 广东省香蕉与荔枝寒害致灾因子和综合气候指标研究[J]. 生态学杂志,25(2):225-230.

冯颖竹,梁红,黄璜,2005. 广东冬季寒害指标研究[J]. 自然灾害学报,14(1):59-65.

黄朝荣,1993. 气象条件对香蕉生长和产量影响初步分析[J]. 中国农业气象,14(2):407-415.

霍治国,王石立,2009. 农业和生物气象灾害(气象灾害丛书)[M]. 北京:气象出版社.

金之庆,石春林,2006. 江淮平原小麦渍害预警系统(WWWS)[J]. 作物学报,32(10):1458-1465.

林日暖,崔巧娟,朱正心,等,2003. 广东经济林果寒害地面预警强信号和长期统计预报模式的研究[J]. 应用气象学报,14(4):499-501.

刘丽,周颖,杨凤,等,1998. 用遥感植被供水指数监测贵州干旱[J]. 贵州气象,6:17-21.

马树庆,刘玉英,王琪,2006. 玉米低温冷害动态评估和预测方法. 应用生态学报,10:137-142.

庞庭颐,宾土益,1991. 广西香蕉越冬气候条件与香蕉气候区划[J]. 气象研究与应用,12(1):30-34.

齐伟恒,彭琳,郜鲁涛,等,2017. 基于 GIS 的云南省木薯种植适宜性区划[J]. 江苏农业科学,45(16):195-198.

申建华,李月莲,陈清兰,等,2006. 转移概率预报方法在霜冻预报中的应用[J]. 山西气象,4:15-17.

王春乙,2008. 东北地区农作物低温冷害研究[M]. 北京:气象出版社:178-179.

王建林,2010. 现代农业气象业务[M]. 北京:气象出版社:167-168,200-201.

王石立,马玉平,庄立伟,等,2008. 东北地区玉米冷害预测评估模型改进研究[J]. 自然灾害学报,17(4):12-18.

王鹏新,齐璇,李俐,等,2019. 基于随机森林回归的玉米单产估测[J]. 农业机械学报,50(7):237-245.

王书裕,1995. 农作物冷害的研究[M]. 北京:气象出版社.

吴洪颜,高苹,赵凯,2003. 春季连阴雨对江苏省夏收作物产量的影响[J]. 灾害学,18(3):46-49.

杨太明,陈金华,2007. 江淮之间夏季高温热害对水稻生长的影响[J]. 安徽农业科学(27):8530-8531.

喻彦,蒙桂云,王恩超,等,2005. 灰色系统理论在冬季强低温霜冻灾变年份预测中的应用[J]. 中国农业气象,26(3):191-193.

张建平,1991. 香蕉果实低温冷害指标研究[J]. 热带作物研究,2:56-59.

张翠英,樊景豪,张斌,等,2016. 鲁西南干热风发生规律及统计预测模型[J]. 干旱气象,34(1):207-211.

张琪,张继权,严登华,等,2011. 朝阳市玉米不同生育阶段干旱灾害风险预测[J]. 中国农业气象,32(3):451-455.

张志红,成林,李书岭,等,2015. 干热风天气对冬小麦生理的影响[J]. 生态学杂志,3:712-717.

植石群,刘锦銮,杜尧东,等,2003. 广东省香蕉寒害风险分析[J]. 自然灾害学报,12(2):113-116.

中央气象局气象科学研究院,1981. 中国近五百年旱涝分布图集[M]. 北京:地图出版社.

周彬,刘端阳,夏健,等,2015. 无锡地区霜冻特征及短期预报方法的研究[J]. 自然灾害学报,4:97-103.

JACKSON R D, CHOUDHURY K,1998. A reexamination of the crop water stress index[J]. Irrigation Science, 9(4):309-317.

KOGAN F N, 1995. Application of vegetation index and brightness temperature for drought detection[J]. Advances in Space Research, 15(11):91-100.

MA H,HUANG W,JING Y,et al,2019. Integrating growth and environmental parameters to discriminate powdery mildew and aphid of winter wheat using bi-temporal landsat-8 imagery [J]. Remote Sensing,11(7):846-869.

PALMER W C, 1965. Meteorologic drought [J]. Research Paper(45):58.

PRICE M, RAMSEY M ,CROWN D, 2016. Satellite-based thermophysical analysis of volcaniclastic deposits: A terrestrial analog for mantled lava flows on mars[J]. Remote Sensing, 8(2):152-161.

ROY C B,NEWBY Z J,MATHEW J,et al,2016. A climatic risk analysis of the threat posed by the South American leaf blight(SALB)pathogen Microcyclus ulei to major rubber producing countries [J]. European Journal of Plant Pathology,148:129-138.

第 9 章 统计分析与智能预测方法

数理统计分析是统计归纳、统计分析和统计推断 3 个阶段的中心步骤。它是农业气象学分析与研究简单实用的工具之一,能定量描述农业气象研究对象本身的或相互间的复杂关系。统计模型不同于一般的数学模型,数学模型所使用的方程式能够反映自变量与因变量之间的函数关系,而统计模型反映的是自变量与因变量的随机统计关系,表现在统计模型多出随机误差项。

农业气象分析收集农业气象数据资料,利用各种统计手段,分析农业气象研究对象随时间、空间变化规律,建立各种不同的农业气象方程或统计模式。统计分析常用来解决下列几方面的问题:①确定几个变量之间是否存在相关关系,或求出它的数学表达式(回归方程);②根据一个或几个变量的值,估计另一个变量的取值,并且预测这种估计可能要达到的精度;③进行因素分析,从影响着某一个变量的许多因子中,找出哪些是主要影响因子,哪些是次要因子,这些因子间相互关系如何。

9.1 统计分析方法类别

统计分析与智能预测方法,是在观测数据基础上,利用数学手段进行一定范围内预测因子筛选和建模,对未来事件进行趋势预测。常用农业气象统计分析与智能预测方法,有线性回归分析法、非线性回归分析法、支持向量机回归法、时间序列分析法、非平稳时间序列预测法、转移概率预测法、判别分析法、卡尔曼滤波法、地统计学法等。

(1)回归分析法:它基于观测数据建立变量间的数学相关关系,以分析研究问题内在规律,并用于预测预报。一元回归模型描述预报量与一个预报因子之间的关系,而多元回归模型描述预报量与多个预报因子之间的关系。当前以应用地面气象因子进行回归预报居多,温度、湿度、降水、日照等气象因子在农业气象数理统计预报中均有应用。

回归方程包含的因变量不是越多越好,逐步回归方法可以改进统计预报效果。由于因子增多,一方面计算量与计算时间增多,另一方面,对预报量不起作用或作用较小的随机因子,影响回归方程的稳定性,使预报效果下降。逐步回归方程可以引入方差贡献显著的因子,剔除在引入新变量后方差贡献变得不显著的因子。

一些农业气象非线性关系,经过适当的对数函数、指数函数、幂函数、双曲函数等变换,可转化为线性函数,使一些曲线回归问题可以用线性回归进行处理。对于一般非线性回归模型,回归系数可用迭代方法求出。

(2)支持向量机回归法:是一种根据统计学习理论提出的机器学习方法。基本思想是通过一个非线性映射把样本空间映射到一个高维特征空间中,将寻找最优线性回归超平面的算法归结为求解一个凸约束特性下的凸规划问题,并得到全局最优解。同时支持向量机通过定义核函数(kernel function),将高维空间中的内积运算转化为原空间中的核函数运算。核函数在支持向量回归中起着重要的作用,它不仅可以解决非线性问题,克服维数灾难问题,而且还可以代替高维特征空间中的内积运算,避免高维度运算的复杂性(Vafakhah et al.,2020)。

(3)时间序列分析法:它主要用于寻找气象要素时间序列的发展变化规律,进而预测未来。时间序列可划分为日、月、年等变化的周期性特征与随机性变化时间特征。按时间顺序排列的随机变量称为随机时间序列。

传统的方差分析方法将序列按一定周期排列,利用方差比检验寻找方差比大的周期。将主要周期和剩余序列的各次要周期逐一叠加逼近原序列。经典的谐波分析将复杂的序列进行一系列正弦波叠加而成,利用傅里叶级数确定系数。气象上主要应用于气象要素的年、日变化规律。出现快速傅里叶变换以后,进一步发展出功率谱、交叉谱及以自回归模型为基础的最大熵谱等谱分析方法。功率谱分析是将时间序列中不同的频率分量按方差贡献大小进行分解,诊断出隐含在时间序列中的显著周期。功率谱分析中最大滞后长度的选取十分重要。对谱估计结果要进行显著性检验。针对功率谱对周期分辨率不高的问题,最大熵谱方法引进信息论中熵的概念,确定时间序列的参数,建立适当阶数的自回归模型。在研究两个序列间在频域变化上的相互关系时,可以用交叉谱分析。近年来广泛应用的小波分析被认为是傅里叶分析方法的突破性进展。小波变化实际上是将一维信号在时间和频率两个方向上展开,从气候系统的时频结构中提取有价值的信息。小波分析不仅给出气候序列变化的尺度,还可以显现出变化的时间位置。

(4)非平稳时间序列预测法:自回归积分滑动平均(ARIMA)模型,是指将非平稳时间序列转化为平稳时间序列,然后将因变量仅对它的滞后值以及随机误差项的现值和滞后值进行回归所建立的模型。利用 ARIMA 模型进行预测的基本思想是:某些时间序列是依赖于时间 t 的一组随机变量,构成该时序的单个序列值虽然具有不确定性,但整个序列的变化却有一定的规律性,可以用相应的数学模型近似描述。通过对该数学模型的分析研究,能够更本质地认识时间序列的结构与特征,达到最小方差意义下的最优预测。ARIMA 模型预测的基本步骤:

①根据时间序列的散点图、自相关函数和偏自相关函数图以单位根检验其方差、趋势及其季节性变化规律,对序列的平稳性进行识别(Nyatuame et al.,2018)。

②对非平稳序列进行平稳化处理。如果数据序列是非平稳的,并存在一定的增长或下降趋势,则需要对数据进行差分处理,如果数据存在异方差,则需对数据进行技术处理,直到处理后的数据的自相关函数值和偏相关函数值无显著地异于零。

③根据时间序列模型的识别规则,建立相应的模型。若平稳序列的偏相关函数是截尾的,而自相关函数是拖尾的,可断定序列适合自回归(AR)模型;若平稳序列的偏相关函数是拖尾的,而自相关函数是截尾的,则可断定序列适合滑动平均(MA)模型;若平稳序列的偏相关函数和自相关函数均是拖尾的,则序列适合自回归滑动平均(ARMA)模型。

④进行参数估计,检验是否具有统计意义。进行假设检验,诊断残差序列是否为白噪声。

⑤利用已通过检验的模型进行预测分析。

(5)转移概率预测法:是对时间离散、状态离散的马尔可夫链随机时间序列,由某时刻的状态预测下一时刻的状态。因具有长期或超长期预测的特点,它在天气预报、农业气象预报、物候预报、病虫害预报以及天气形势转变等方面均有应用。转移概率预测法的两个基本特征:一是"无后效性",指的是事物将来是什么状态,其概率有多大,只取决于该事物现在所处的状态,而与以前的状态无关;二是"遍历性",指的是不管事物的状态如何,从各状态现在的实际转移概率开始,经过多少连锁转移后,各状态的最终概率趋向于一个稳定的数值。

该方法对于随机的、平稳的时间序列有较强的预测能力,而对于未来突发性或灾变性事件的预测能力较弱。气候变化影响研究中的随机天气发生器用到了晴雨转移概率。即考虑到气温、辐射等要素变化均依赖于降水发生与否,利用晴雨转移概率方法和气候要素时间序列的统计结构分析,对研究地区逐日天气要素进行随机模拟,生成未来气候变化情景。

(6)判别分析法:判别分析法是根据观察或测量的若干变量值,判断预测对象分类的方法。例如,根据某种作物已有的若干历史资料,从中总结出高产、中产、低产分类判别公式。在进行预测预报时,只要根据经验判别公式,就可以判断它所属类别。

进行判别分析需要已知观测对象的分类和若干表明观测对象特征的变量值。判别分析就是要从中筛选出能够提供较多信息的变量并建立判别函数,利用推导出的判别函数,对观测量判别其所属类别时的错判率最小。判别函数一般形式是:

$$y = a_1 x_1 + a_2 x_2 + a_3 x_3 \cdots + a_n x_n \tag{9.1}$$

式中,y 为判别对象变量;$x_1, x_2, x_3, \cdots, x_n$ 为反映研究对象特征的变量;$a_1, a_2, a_3, \cdots, a_n$ 为各变量系数,称判别系数。

对于分为 m 类的研究对象,要建立 m 个线性判别函数。对于每个个体进行判别时,把测试的各变量值代入判别函数,得出判别分数,从而确定该个体属于哪一类。

或者计算属于各类的概率,从而判断该个体属于哪一类。

(7)卡尔曼滤波法:是将前一时刻的预报误差反馈到原来的预报方程,并及时修正预报方程系数,以此提高下一时刻的预报精度。它的最大优点是不需要太多的历史资料。预报方程因子与预报量之间的关系随时间而改变,避免了一般统计方法所建立的预测方程随时间推移、气候变化而致预报误差增大、甚至不可用的缺点。

江胜国等(2010)为开展稻飞虱发生的气象条件预警预测,应用卡尔曼滤波方法建立稻飞虱发生适宜气象条件等级预测模型。利用桐城市2005—2007年逐候田间系统调查的稻飞虱百丛虫量数据,分析了影响桐城市稻飞虱发生程度的主要气象因子。旬平均气温、候平均气温与调查的桐城市稻飞虱百丛虫量均呈显著的负相关,显示高温对稻飞虱发生具有抑制作用,最适宜的候平均气温为20.5 ℃。对桐城市2007年6—10月和2008年8—10月稻飞虱发生的气象条件等级进行试报,2007年准确率为95.8%,2008年准确率为86.7%。模型预测精度较高,可靠性和稳定性都较好。

(8)地统计学方法:是专门描述空间分布类型以及对未取样点进行估值的应用统计学的分支。它以区域化变量理论为基础,以半方差函数为主要工具,研究空间数据的随机性和结构性并进行最优无偏内插估计,或者模拟这些数据的离散性和波动性。不仅能避免经典统计方法忽略研究对象的空间位置,而且能最大限度地利用调查到的信息,充分利用稀疏或无规律的空间数据,作出更为精确的估计,有效地避免系统误差。

9.2 多元回归预报稻飞虱发生等级

9.2.1 研究区概况

桂林地处我国华南地区,纬度在北纬24.5°~26.5°之间,是水稻的主产区。每次北往南来的稻飞虱迁飞行动,基本上要对桂林地区构成影响,属于广西常年偏重程度发生的地区(卢小凤 等,2013)。桂林地区稻飞虱活动可以分为北迁和南迁两大阶段,第一阶段是4月中旬—8月上旬,第二阶段是8月中旬—10月底。

选择兴安、永福、雁山为代表站,研究广西桂林地区稻飞虱发生等级预报模型。兴安县位于广西桂林地区东北部,位居湘桂走廊中部,地处北纬25°18′~25°55′,东经110°14′~110°56′之间,年平均气温17.8 ℃,年均降雨量1814 mm,稻作制度为双季稻为主。2005—2008年间稻飞虱在兴安连续4 a大发生,发生面积等级均为5级以上。永福县位于广西桂林地区西南部,其地貌为三脉两廊南北走向,与大气环流的流向基本一致,年平均降雨量为1937 mm,为广西四大雨中心之一,是稻飞虱主降区以及迁往长江流域的主要路径之一。永福县稻飞虱历年发生均较重,早稻大都在中等偏重发生至特大发生程度,2006 年早稻达到特大发生,发生面积 10666.7 hm²,占全县早稻面积的 85%。雁山区位于桂林市区南部,年平均气温 18.8 ℃,年平均降雨量 1894.39 mm。

所用资料包括:1991—2011 年相应气象站点同期逐日平均气温、降雨量、相对湿度、日照时数的地面观测资料;1991—2008 年广西桂林地区的兴安、永福站点稻飞虱观测区历史观测记录数据,包括逐候的稻飞虱主虫态、稻飞虱高峰日、稻飞虱百丛总虫量以及水稻生育期资料。2011 年广西桂林地区的兴安、永福、雁山站点稻飞虱逐日灯诱资料,取自在以上 3 个代表站点水稻田布设自动诱虫灯的观测记录。依据植物保护部门对稻飞虱发生程度的分级标准,将观测区逐候稻飞虱百丛总虫量划分发生程度等级(表 9.1)。

表 9.1 稻飞虱发生程度等级

级别	程度	百丛虫量(头)
1	轻	<500
2	中偏轻	500~1000
3	中	1000~2000
4	中偏重	2000~3000
5	重	>3000

注:国家技术监督局,1996。

9.2.2 稻飞虱发生多元回归预报模型

依据桂林地区稻飞虱发生程度与气象因子量值间的关系,筛选与等级相关显著的地面气象因子及其各候的组合时段。选取候降雨量、平均温度、平均相对湿度、累计日照时数、温雨系数,共五项地面气象因子,对 1991—2007 年各项气象因子进行膨化处理。考虑短期预报的实效性,采用对前 4 候—本候,本候—下一候,总共一个月内 6 候的地面气象因子进行膨化处理。以下标 $s4$ 表示当候往前推第 4 候,下标 $s3$ 表示当候往前推第 3 候,……,下标 $s1$ 表示上一候,下标 d 表示当候,下标 x 表示下一候,如:T_{s4-d} 表示前推第 4 候到当候的平均温度,各项气象因子可逐候滚动地进行组合。

采用多元线性回归,分析 1991—2007 年关键期稻飞虱逐候发生程度等级与地面各时段组合气象因子,构建广西桂林地区稻飞虱发生等级逐候气象预报模型。筛选过程如下:选取通过 0.05 水平显著性检验以上的因子及其时段组合;同一因子若有多个时段通过显著性检验时,取相关系数较大的时段。为了避免模型存在共线性,尽量选择不同时段、独立性较好的气象因子。以下一候为预报候,最终选择了当候前推

3候—当候的平均气温与 26 ℃差值的绝对值$|\Delta T_{s3-d}|$、当候—下一候的日照时数S_{d-x}、下一候的降雨量P_x等 3 个气象因子作为进入模型的因子。另外,每一候稻飞虱发生程度等级与上一候发生程度等级之间存在高于 0.01 的显著性关系,把前一候发生程度等级作为进入模型的因子之一,提高模型预测的准确率。因此,广西桂林地区稻飞虱发生等级逐候气象预报模型为:

$$Y_x = 0.595 - 4.331e^{-2}|\Delta T_{s3-d}| - 5.858e^{-4}S_{d-x} + 1.178e^{-3}P_x + 0.681Y_d \tag{9.2}$$

该模型的 R 值为 0.674,通过了 0.001 水平显著性检验。式中,$|\Delta T_{s3-d}|$为当候前推 3 候—当候平均气温与 26 ℃差值的绝对值,S_{d-x}为当候—下一候的日照时数,P_x为下一候的降雨量,Y_d为当候稻飞虱发生等级。以下一候为预报候,可在每一候末进行下一候稻飞虱发生程度等级的预报。以上多元回归模型可在桂林地区两个主要预报期进行预测,应用时对计算得出的数值取整,即可对预报候稻飞虱发生程度等级进行预测。

9.2.3 稻飞虱发生人工神经网络预报模型

气象因子对稻飞虱发生等级影响的关系可能存在非线性结构,因此可利用人工神经网络进行拟合。其中 BP(back propagation)人工神经网络是一种单向传播的多层向前网络,是最简单而用途广泛的人工神经网络。该网络除输入、输出节点外还有一层或多层隐含节点,输入信号从输入节点依次传递到各个隐含节点,后传递到输出节点,每层的输入只影响下一层的输出。为探索逐候预报更好的效果,根据上例建立稻飞虱发生程度等级逐候预报的 BP 人工神经网络模型,并与已经建立的多元回归模型进行预测准确率比较。

以候平均气温与 26 ℃差值的绝对值、降雨量、日照时数、前期稻飞虱发生程度等 4 个因子作为 BP 神经网络模型的输入,并选用单隐层的 BP 网络结构进行桂林地区稻飞虱发生程度等级模拟。模型结构分为 3 层:第 1 层为输入层,4 个神经元分别是当候前推 3 候—当候的平均气温与 26 ℃差值的绝对值($|\Delta T_{s3-d}|$),当候—下一候的日照时数(S_{d-x}),下一候的降雨量(P_x),当候稻飞虱发生等级(Y_d);第 2 层为隐含层,隐层神经元个数的选择具有一定的经验性,结合网络的泛化功能,经多次拟合和筛选,BP 网络的隐层神经元数最终确定为 5 个;第 3 层为输出层,输出神经元为稻飞虱逐候的发生程度等级。

将 4 个气象变量作为输入样本,逐候的稻飞虱发生程度等级作为目标矢量。输入层到隐含层的传递函数为 tansig,隐含层到输出层的传递函数为 purelin,学习函数为 leamgdm,当训练函数为 trainlm,利用 network/sire 函数计算网络输出。模型选定相关参数的初始学习速率 η 为 0.5,惯量因子 α 为 0.9,最大迭代次数为 10000 次,目标误差为 0.0001,可得到包含前期虫害发生情况、前期气象条件以及相应时段气象条件的BP人工神经网络模型,实际应用时对模型输出数值取整即可。由于模型逐候滚动地引入了下一个新的因子组合,实现了其动态更新和预报。

对稻飞虱发生程度等级的多元线性回归预测模型和BP人工神经网络预测模型进行1991—2007年历史回代检验。与该地区稻飞虱逐候实际发生程度等级相对比,预报结果以一个级别的差距认为是基本正确,两个模型历史回代准确率见表9.2。两个模型的历史回代达到"一致"和"基本一致"的准确率,即误差在一个级别之内的准确率都达到90%以上。但是BP人工神经网络的准确率较高,因为人工神经网络预报误差为两个等级的结果明显减少,而预报结果为"一致"和"基本一致"的数量明显增大。人工神经网络由于它模拟人脑思维结构,具有很强的自学习、自组织、自适应和容错性强等特点,特别适用于非线性等复杂问题的处理。

表 9.2 两个模型历史回代检验结果比较

模型	预报与实际相差等级				样本总量	准确率(%)
	0	1	2	2以上		
线性回归模型	379	136	47	7	569	90.5
人工神经网络	386	149	27	7	569	94.0

9.3 非线性回归分析晚稻光响应曲线

晚稻光响应曲线试验在南京信息工程大学试验站进行,时间为抽穗扬花期冷空气来临前至冷空气结束后(2014年9月29日—10月5日),共7 d。试验第1 d、第3 d、第5 d和第7 d,于上午09:00—11:00测定水稻剑叶叶片光合速率,共测3次,后取平均。采用便携式光合测定仪(Li-6400,USA)测定水稻光响应曲线时,按照由弱到强的顺序手动设定光辐射强度(PAR,$\mu mol \cdot m^{-2} \cdot s^{-1}$)分别为:0、50、100、150、200、400、600、800、1000、1200、1400、1800、2000 $\mu mol \cdot m^{-2} \cdot s^{-1}$。

光合-光响应曲线采用直角双曲线修正模型(李京龙 等,2020):

$$P_n = \alpha(1-\beta PAR)/(1+\gamma PAR)PAR - R_d \tag{9.3}$$

式中,P_n为净光合速率($\mu mol \cdot m^{-2} \cdot s^{-1}$),PAR为光合有效辐射($\mu mol \cdot m^{-2} \cdot s^{-1}$),$\alpha$为初始量子效率,$\beta$为修正系数,$\gamma = \alpha/P_{max}$为最大净光合速率($\mu mol \cdot m^{-2} \cdot s^{-1}$),$R_d$为暗呼吸速率($\mu mol \cdot m^{-2} \cdot s^{-1}$)。

用DPS 7.05软件分析拟合测定数据,得到不同施肥方式和浓度对晚稻光响应曲线的特征参数(表9.3)。

实测与模拟数据表明,试验第1 d,各处理间光合速率变化趋势较为一致,光合曲线基本重合,光合最大值接近17.5 $\mu mol \cdot m^{-2} \cdot s^{-1}$,表观量子效率最大值为

0.049%,光饱和点和补偿点范围分别在 1208~1276 $\mu mol \cdot m^{-2} \cdot s^{-1}$ 和 18.84~19.76 $\mu mol \cdot m^{-2} \cdot s^{-1}$ 之间;试验第 3 d,冷空气来临,气温逐渐降低,再次进行光响应曲线的测定,发现除处理 B1、B3 和 CK 外,其余处理的最大净光合速率和光饱和点均有不同程度的增加,光补偿点和表观量子效率均有不同程度的减少,说明叶片对弱光的利用效率有所降低,其中处理 A2 增加趋势相对较为显著,最大光合速率和光饱和点分别达到 19.8 $\mu mol \cdot m^{-2} \cdot s^{-1}$ 和 1359 $\mu mol \cdot m^{-2} \cdot s^{-1}$;试验第 5 d,冷空气增强,日平均气温低于 20 ℃,CK 最大光合速率由第 1 d 的 17.27 $\mu mol \cdot m^{-2} \cdot s^{-1}$ 降至 11.53 $\mu mol \cdot m^{-2} \cdot s^{-1}$,光饱和点由第 1 d 的 1232 $\mu mol \cdot m^{-2} \cdot s^{-1}$ 降至 908 $\mu mol \cdot m^{-2} \cdot s^{-1}$,但其他处理光合速率和光饱和点普遍呈升高趋势,较试验第 1 d 增幅程度为:处理 A2>处理 B2>处理 A1>处理 A3>处理 B3,其中处理 A2 光合速率和光饱和点增幅最大,分别为 33.05% 和 20.22%。可见,低温能够显著降低水稻的光合能力,而不同施肥处理均有助于寒露风发生过程中水稻光合能力的提高。

表9.3　不同施肥方式处理下水稻叶片光合参数比较

项目	处理天数(d)	CK	处理 A1	处理 A2	处理 A3	处理 B1	处理 B2	处理 B3
最大光合速率 P_{max} ($\mu mol \cdot m^{-2} \cdot s^{-1}$)	1	17.27±1.08a	17.18±0.96a	17.43±1.13a	17.17±0.87a	17.04±2.30b	17.36±1.15a	17.17±0.99a
	3	14.81±0.96a	17.76±0.87a	19.79±1.23ab	17.31±0.79a	16.63±0.59b	18.84±0.97b	16.13±1.01b
	5	11.52±0.96b	21.35±2.16c	23.19±1.96a	20.09±2.00a	19.61±1.83b	22.05±2.19b	18.95±0.91c
	7	9.85±0.82a	23.95±1.16b	27.98±2.93c	18.99±0.89cd	21.49±2.13d	25.95±3.77a	18.66±1.15a
光补偿点 LCP ($\mu mol \cdot m^{-2} \cdot s^{-1}$)	1	19.37±1.03a	19.91±1.15b	19.76±1.09m	18.83±1.83a	19.75±1.15a	18.96±0.96b	18.84±0.83b
	3	22.76±0.36a	18.57±0.96b	15.68±0.19c	18.54±0.73bcd	20.33±1.06d	16.79±0.91a	20.05±0.26a
	5	27.08±025a	13.11±0.69ab	11.04±0.73ab	14.76±0.39b	15.17±0.69ab	12.43±0.98ab	16.91±1.01b
	7	30.61±2.01a	11.23±0.93b	8.15±0.17c	15.37±0.58d	13.77±0.97e	9.87±0.76c	17.28±1.04c
光饱和点 LSP ($\mu mol \cdot m^{-2} \cdot s^{-1}$)	1	1232±11a	1258±9b	1276±10c	1268±12d	1208±8e	1252±7a	1216±12a
	3	1114±6a	1264±9bc	1359±7b	1271±14abc	1164±11bcd	1326±4d	1170±10a
	5	908±10c	1414±6b	1534±11a	1330±10ab	1232±6a	1498±7a	1281±9a
	7	800±4a	1522±7a	1728±10a	1316±5a	1368±10a	1674±6a	1294±8a
表观量子效率 AQE (%)	1	0.049±0.003b	0.049±0.002ab	0.049±0.001a	0.047±0.004a	0.049±0.002b	0.048±0.003ab	0.047±0.002a
	3	0.052±0.006d	0.047±0.005b	0.045±0.001bc	0.046±0.001c	0.05±0.002a	0.046±0.003b	0.049±0.001b
	5	0.057±0.001a	0.042±0.001a	0.04±0.005b	0.043±0.001a	0.044±0.002a	0.042±0.003a	0.046±0.003a
	7	0.061±0.005a	0.039±0.001a	0.037±0.003ab	0.044±0.003b	0.042±0.002b	0.038±0.001a	0.046±0.001a

注:图中数值后的小写字母表示显著差异($P<0.05$)。

9.4 基于主成分回归的日光温室内低温预测

一般温室环境模拟多为温室内温度与外界温度之间单因子的相关模型,而温室内小气候与外界温度、天空状况、风速等多因素有关。此外,以往所建立的相关模型中多是温室内外气象要素之间的相关模型,没有考虑前一天温室内小气候要素,且多用逐步回归方法建模,没有充分考虑各气象要素之间存在的相关性产生的误差。因此,本例拟重点对冬季日光温室内的温度变化规律进行研究,并根据天气预报结果及温室内前一天的气象要素,运用主成分回归的方法,建立冬季日光温室内最低温度预报模型,以期在冷空气来临之前,结合天气预报及时发布低温预警,以采取有效措施,预防低温灾害(李宁 等,2013)。

主成分分析采取降维的方法,通过确定少数几个综合因子即主成分来代表原来众多的变量,使这些主成分能尽可能地反映原来变量的信息,且彼此之间互不相关。回归分析是确定两种或两种以上变数间相互依赖的定量关系的一种统计分析方法。主成分回归法即是上述两种分析方法的结合。

主成分分析的主要步骤为:①原始数据的标准化处理;②指标之间的相关性判定;③确定主成分的个数;④确定主成分的表达式;⑤主成分与考察因变量的回归分析。

9.4.1 气象因子筛选

选取 2010 年 12 月—2011 年 2 月 24 h 温室外最高气温、最低气温、最大风速和总云量,温室内最高气温、最低气温、平均气温、平均相对湿度以及 10、20 和 40 cm 平均地温观测资料,分别进行相关分析,其结果见表 9.4。由表可知,温室内最低气温与温室内前一天的气温、地温和当天室外最高温度均呈极显著的正相关关系($P<0.01$),与温室内前一天空气平均相对湿度呈极显著的负相关关系($P<0.01$),与其他因子间关系不显著,说明用温室内前一天的小气候要素和当天室外的气象要素预报温室内最低温度是合理的。此外,由于气象台发布的常规天气预报中仅有室外最高温度、最低温度、天气状况以及风级 4 项气象要素,为避免因漏掉室外其他气象要素对温室内最低温度的影响而造成预报误差,将温室外最低温度、最大风速和总云量也作为预报温室内最低温度的预报因子。表 9.4 还显示,各气象要素间同时存在显著的相关性,说明要素间存在很强的共线性,有信息重叠,需要进行要素的主成分分析。

表 9.4　日光温室内外各气象要素的相关系数

相关系数	T_{min}	T_{eave}	T_{emin}	T_{emax}	T_{esu}	T_{esm}	T_{esd}	RH_e	T_{omax}	T_{omin}	CC
T_{eave}	0.824**										
T_{emin}	0.826**	0.703**									
T_{emax}	0.492**	0.847**	0.274**								
T_{esu}	0.866**	0.896**	0.853**	0.582**							
T_{esm}	0.859**	0.836**	0.873**	0.482**	0.992**						
T_{esd}	0.743**	0.608**	0.800**	0.228*	0.852**	0.900**					
RH_e	−0.555**	−0.802**	−0.361**	−0.830**	−0.64**	−0.580**	−0.420**				
T_{omax}	0.464**	0.363**	0.361**	0.202	0.418**	0.429**	0.475**	−0.420**			
T_{omin}	0.038	−0.238*	0.118	−0.439**	−0.083	−0.022	0.205	0.294**	0.376**		
CC	0.029	−0.213*	0.130	−0.397**	−0.104	−0.060	0.069	0.347**	−0.011*	0.651**	
V_{max}	−0.029	−0.017	0.037	−0.026	0.050	0.066	0.112	0.075	−0.270**	−0.220**	−0.500**

注：T_{min} 表示当日温室内的最低温度，T_{eave}、T_{emin} 和 T_{emax} 分别表示前一日温室内的平均温度、最低温度和最高温度，T_{esu}、T_{esm} 和 T_{esd} 分别表示前一日温室内 10、20 和 40 cm 地温，RH_e 表示前一日温室内的空气相对湿度平均值，T_{omax} 和 T_{omin} 分别表示当日室外的最高气温和最低气温，CC 表示当日室外的天空总云量，V_{max} 表示当日室外的最大风速。* 表示显著性达到 0.05 显著水平，** 表示显著性达到 0.01 显著水平。

9.4.2　模型的建立

将所选温室内外 11 个气象要素与温室内最低气温进行主成分分析，结果见表 9.5。由表可见，前 3 个主成分的因子特征值均大于 1，相应的方差贡献率在 10% 以上，累积贡献率达 83.496%，以后逐渐降低。因此，系统提取前 3 个主成分向量进行主成分载荷分析，结果见表 9.6。

表 9.5　主成分分析的总方差解释

主成分	特征值	方差百分比(%)	累积贡献率(%)
1	5.443	49.483	49.483
2	2.406	21.876	71.357
3	1.335	12.140	83.496
4	0.838	7.623	91.119
5	0.429	3.902	95.021
6	0.221	2.007	97.028
7	0.143	1.302	98.331
8	0.117	1.060	99.391
9	0.052	0.476	99.867
10	0.014	0.129	99.996
11	0.000	0.004	100.000

表 9.6 主成分因子载荷矩阵

相关系数	主成分		
	1	2	3
T_{eave}	0.944	−0.160	−0.131
T_{emax}	0.699	−0.503	−0.374
T_{emin}	0.807	0.348	0.283
RH_e	−0.780	0.322	0.380
T_{esu}	0.972	0.088	0.132
T_{esm}	0.947	0.168	0.203
T_{esd}	0.809	0.376	0.318
T_{omax}	0.507	0.385	−0.347
T_{omin}	−0.122	0.869	−0.028
V_{max}	0.026	−0.398	0.809
CC	−0.190	0.814	−0.142

表 9.6 中系数的绝对值越大说明该主成分与指标间的联系越紧密。从表中可以看出，温室内前一天的小气候要素在第一主成分中的载荷较大，即与第一主成分的相关系数较高；温室外的温度和总云量与第二主成分的相关程度较高；温室外最大风速在第三主成分上的载荷较大，即与第三主成分的相关程度较高。

因此可将主成分命名为：第一主成分 Z_1 为温室内小气候要素主成分，第二主成分 Z_2 为温室外天气状况与温度主成分，第三主成分 Z_3 为风速主成分。

通过主成分因子载荷矩阵和相应的特征值计算，得出对应的单位特征向量，各气象要素与三个主成分的关系为：

$$Z_1 = 0.405T_{eave} + 0.23T_{emax} + 0.34T_{emin} - 0.334RH_e + 0.416T_{esu} + 0.406T_{esm} + 0.347T_{esd} + 0.217T_{omax} - 0.052T_{omin} + 0.011V_{max} - 0.081CC \tag{9.4}$$

$$Z_2 = -0.103T_{eave} - 0.324T_{emax} + 0.224T_{emin} + 0.208RH_e + 0.057T_{esu} + 0.108T_{esm} + 0.242T_{esd} + 0.248T_{omax} + 0.56T_{omin} - 0.257V_{max} + 0.525CC \tag{9.5}$$

$$Z_3 = -0.113T_{eave} - 0.324T_{emax} + 0.246T_{emin} + 0.329RH_e + 0.114T_{esu} + 0.176T_{esm} + 0.275T_{esd} - 0.3T_{omax} - 0.024T_{omin} + 0.670V_{max} - 0.123CC \tag{9.6}$$

以 3 个主成分为自变量，以温室内的最低温度为因变量进行回归分析，建立低温预报回归方程，最终得到温室内最低气温与温室内外各气象要素之间的多元回归模型为：

$$T_{min} = 0.096T_{eave} + 0.016T_{emax} + 0.168T_{emin} - 0.035RH_e + 0.189T_{esu} + 0.216T_{esm} + 0.363T_{esd} + 0.06T_{omax} + 0.03T_{omin} + 0.003V_{max} + 0.016CC - 1.928 \tag{9.7}$$

9.4.3 模型的检验

利用低温预报模型对 2010—2011 年冬季日光温室内最低温度进行回代检验,并对 2011—2012 年冬季日光温室内最低温度进行预报试验,不同天气条件下与实测值的对比结果见表 9.7。由表中可见,2010—2011 年冬季,晴天、多云和寡照条件下模型的模拟效果均较好,平均相对误差均不超过 10%,绝对误差不超过 0.7 ℃。2011—2012 年冬季日光温室内,日最低气温预报值与实测值的均方根误差为 1.1 ℃,平均绝对误差为 0.9 ℃,平均相对误差为 11.8%。晴天条件下的模拟效果最好,其次为寡照条件下,多云条件下的误差略大于寡照条件下。

表 9.7 日光温室内最低气温预报模型检验

年份	时段	均方根误差(℃)	平均绝对误差(℃)	平均相对误差(%)
2010	晴天	0.8	0.7	9.7
2011	多云	0.8	0.7	8.8
	寡照	0.8	0.6	9.4
	冬季	0.8	0.7	9.3
2011	晴天	1.0	0.8	10.8
2012	多云	1.2	1.0	13.0
	寡照	1.1	0.9	12.5
	冬季	1.1	0.9	11.8

9.5 灰色理论与回归模型组合的土壤类型预测

土壤的类型在一定程度上影响着土地的利用方式,而不同的土地利用方式又会促使土壤类型发生波动(任东风 等,2017)。本例以阜新市为研究区域,运用灰色关联模型对土壤多样性指数及不同的土地利用类型进行分析,找出引起土壤多样性指数波动的影响因子,然后利用这些影响因子并通过多元线性回归模型对 2015 年阜新市土壤多样性指数进行预测和检验,确定回归方程的准确性,以便用于对未来阜新市土壤多样性的预测。

9.5.1 计算方法

9.5.1.1 土壤多样性方法

土壤多样性 H 的计算公式为:

$$H = \sum P_i \ln P_i \tag{9.8}$$

式中,P_i 表示研究区内第 i 个土壤类型的相对多度,通过式子 $P_i = n_i/N$ 获得,n_i 为

被第 i 个土壤类型所覆盖的面积，N 为研究区的总面积。

9.5.1.2 灰色关联分析法

这是一种用灰色关联度顺序来描述因素间关系的强弱、大小、次序的系统理论分析方法。该方法的思路是两个变量之间越相似、联系越紧密，两者间的关联度越高。分析步骤如下：

(1) 设有 n 个因素 $x_1,x_2,\cdots,x_n$ 构成子序列，需要预测的因素为母序列 $x_0(t)$。

(2) 经过无量纲化处理，形成的新的母序列 $g_0(t)'$ 和子序列 $g_i(t)'$。

(3) 绝对化差值计算：

$$x_{0i}(t)=|g_0(t)-g_i(t)| \quad (i=1,2,3,\cdots,n';t=1,2,\cdots,m) \tag{9.9}$$

(4) 关联系数计算：

$$\delta_{0i}=\frac{x_{\min}+kx_{\max}}{x_{0i}(t)+kx_{\max}} \quad (t=1,2,3,\cdots,m) \tag{9.10}$$

式中，$x_{\min}$ 和 $x_{\max}$ 分别表示公式 $x_{0i}(t)$ 中的最小值和最大值，k 表示分辨系数，取值范围是 $0<k<1$，它的值对两个因素之间的关联系数没有影响，在研究中，令 $k=0.5$。

(5) 关联度的计算公式：

$$\xi_{0i}=\frac{1}{n}\sum_{1}^{n}\delta_{0i}(t) \tag{9.11}$$

9.5.1.3 多元回归线性模型

通过灰色关联分析计算出两个研究因素之间的关联系数，然后根据关联系数确定与分析区域关系密切的因素，设为自变量，对所选自变量运用强行进入法建立与因变量之间的多元线性回归方程。所建立的方程形式为：

$$Y=C+a_1X_1+a_2X_2+a_3X_3+\cdots+a_nX_n \tag{9.12}$$

式中，Y 表示土壤多样性指数，C 和 a 表示回归系数，X 表示影响较大的因素。

9.5.2 土壤多样性指数与土地利用的灰色关联分析

由 1985—2015 年空间多样性指数，求出阜新市土壤和土地利用之间关系的关联系数。1985—2015 年，农用地与潮土、褐土、棕壤、粗骨土、风沙土的关联系数分别为 (0.7860,0.7193)、(0.7723,0.8079)、(0.8271,0.7367)、(0.9185,0.7060)、(0.7407,0.6671)，农用地与各典型土壤的关联系数呈减小趋势，表明典型土壤与农用地的关联程度减弱，空间分布离散性也相应减弱。同时说明关联系数同样能够反映出 1985—2015 年农用地的面积有一定程度的减少，从侧面显示出城市化的不断发展。

由无量纲化处理后的初始值矩阵，求得如表 9.8 所示的绝对差值序列。根据表 9.9 可从绝对差值矩阵中找到最大差值 $x_{\max}=0.9736$，最小差值 $x_{\min}=0$，再将各值代入公式(9.9)，可以求出关联系数矩阵，如表 9.9 所示。

表9.8 绝对差值矩阵

x_{01}	x_{02}	x_{03}	x_{04}	x_{05}
0	0	0	0	0
0.0361	0.0195	0.0305	0.0692	0.1271
0.0670	0.1285	0.1176	0.1171	0.0659
0.0975	0.2366	0.1490	0.1631	0.2163
0.1178	0.1189	0.1625	0.1117	0.6208
0.1551	0.5579	0.2589	0.2040	0.8869
0.1645	0.4176	0.4110	0.2350	0.9736

表9.9 关联系数矩阵

δ_{01}	δ_{02}	δ_{03}	δ_{04}	δ_{05}
1	1	1	1	1
0.9310	0.9615	0.9410	0.8755	0.7930
0.8790	0.7912	0.8054	0.8061	0.8808
0.8331	0.6729	0.7656	0.7490	0.6924
0.8052	0.8037	0.7497	0.8134	0.4395
0.7584	0.4660	0.6528	0.7047	0.3544
0.7474	0.5383	0.5422	0.6744	0.3333

由上表及关联度公式，所求的城镇、水域、林地、农用地、其他用地的关联度值分别为：0.8506、0.7477、0.7795、0.8033 和 0.6419。

9.5.3 建立土壤多样性指数的多元线性回归模型

选择上述选定的4个影响因子作为参数模型，利用多元线性回归模型对土壤多样性进行预测，在确定多元线性回归方程时采用强行进入法进行求算，求得的回归方程为：

$$y = -0.646 + 0.14x_1 + 0.016x_2 + 0.01x_3 - 0.003x_4 \tag{9.13}$$

式中，x_1、x_2、x_3 和 x_4 分别代表城镇、水域、林地和农用地。由于该回归方程的相关系数 $R = 0.990$，因此，影响因子具有较强的相关性，所得方程有意义；同时，方程的显著性 $P = 0.038 < 0.05$，因此，该模型非常显著，回归效果很好。

通过建立的土壤多样性影响因子的回归模型，对阜新市2015年的土壤多样性指数的预测值和真实值进行对比验证，实际值和预测值的相对误差为0.0291，因此预测效果良好。

9.6 智能监测预测应用

9.6.1 智能预测方法概述

智能预测方法能够将不完全、不可靠和不确定的信息逐步转变为完全、可靠和确定的信息,适用于机理不明确的高维非线性系统,有人工神经网络(ANN)、遗传算法、支持向量机(SVM)、系统动力学法、极限学习机和物联网等方法。其中人工神经网络和支持向量机是目前应用最为广泛的农业气象智能预测法(表9.10)。其预测精确度明显高于传统分析法,并且可以精确到某一特定日期。其缺点在于,算法更为复杂,如系统动力学需要人为给出内部的关联函数,神经网络算法也需要设置各神经元节点之间的传递函数(Bashkirtseva et al.,2020)。由于这些关系式需要预测者人为给定且不易确定,就容易产生较大的系统误差。将来基于"大数据+人工智能"技术的农业气象分析预测方法,通过深度学习发现并建立预测模型,在使用中模型会根据预测结果与实际情况的对比不断调整影响因素的权值,不断提升模型的预测结果的准确性。

表 9.10 两种智能预测方法比较

预测方法	理论依据	数据要求	适用情形
ANN 预测法	神经网络原理	需要大量数据基础	中短期预测
支持向量机	统计学理论	对数据需求量较小	中短期预测

9.6.2 农作物病虫害智能监测预警

病虫害的治理和预防是我国提高粮食产量的重要途径,早期预测病虫害,采取及时有效的防治措施,减少农业损失,成为目前关注的重要问题。从信息的采集到信息的传递再到信息的处理进行预测,现代技术正在病虫害预测中起着至关重要的作用。

现代信息技术从信息的采集到信息的传递,然后到信息的分析,病虫害的预警越来越走向规范化、数据化和标准化。主要的智能化监测预警技术如下。

(1)基于人工神经网络的病虫害分析预测。影响病虫害的因子包括物理因子和环境因子,各个因子之间相互作用,对害虫的影响不是线性关系,因此传统的数理统计方法对模型的训练十分困难。而人工神经网络模拟人脑思维结构,具有很强的自学习、自组织、自适应和容错性等特点,适合非线性问题的处理。虽然人工神经网络在农业病虫害方面起到了一定的作用,但人工神经网络也有一些缺点。例如,在学习过程中该算法收敛速度慢;人工神经网络中隐含层节点数没有明确的方法来确定;采用梯度下降法,人工神经网络易陷入局部最小值,不能找到真正最优解,因此神经网络往往都需要优化,结合其他一些算法与模型来进行应用。

(2)基于3S(RS、GPS、GIS)技术的病虫害预测。随着RS(遥感)和GIS(地理信息系统)技术的逐渐成熟,3S集成技术能更加方便和广泛地应用于环境监测、气候变化和灾害预测等各个方面。3S预测病虫害技术,根据对植物反射光谱的RS影像不同,可以判断植物健康情况和病虫害的动态。GIS对RS收集到的图像进行图像处理,数据分析和专家系统对病虫害发生的程度、发生面积进行预测分析,再通过GPS(全球定位系统)进行地理位置的精确定位,找出病虫害发生地点。3S技术的集成应用不仅可以对病虫害进行精确范围的预测,还可以实时对植物健康情况进行监测。

(3)基于物联网技术的病虫害预测。物联网是指处于各种环境下的终端和设备,例如智能传感器、移动终端、视频音频监控设备、数控系统和贴有射频技术(简称RFID)的各种商品等,通过无线(或有线)短距离(或长距离)通信网络实现互联互通,在互联网环境下,提供在线监测、定位追溯、指挥调度、安全防范和决策支持等一系列的服务。在病虫害预测方面,通过传感器对植物的生长环境,例如温度、湿度、光照度等不间断地进行检测,实现对农作物的检测和病虫害的有效控制。物联网技术通过传感器、互联网等实现了信息从人与人到物与物的传输转变,大大加强了我国智能化农业发展。

9.6.3 小麦白粉病的智能监测预测

小麦白粉病的预测研究主要集中在气象因子对小麦白粉病的影响。通过田间观测与气象资料对比分析,建立小麦白粉病发生发展与各气象因子及因子组合间的定量关系。尽管气象条件是小麦白粉病发生流行程度的决定因素,但其他因子如小麦长势信息、土壤含水量,地表温度、作物品种和施肥措施等条件与小麦白粉病的发生也息息相关(马慧琴 等,2016)。另外,用于建立气象数据预测模型的气象站点数据具有单点准确客观、因其数量有限而空间信息不连续的特点,从而使得模型虽能够给出较大范围的病害发生概率,但其在面上并不连续,无法给出一定区域内地块级的空间病害发生概率。利用多源数据对区域尺度上小麦白粉病的发生状况准确及时地预报能为农业服务和农业植物保护等部门提供重要信息,实现小麦白粉病的有效预防。

9.6.3.1 数据获取与处理

(1)数据获取

用于研究区内小麦白粉病预测模型的数据主要包括遥感数据、气象数据和小麦白粉病地面调查数据。综合Landsat8数据重访周期、研究区范围以及白粉病的最佳防治时间等特点,获取了小麦抽穗期2014年5月6日的遥感影像图。区域范围包括石家庄市的藁城、晋州、赵县三地区及其周边的高邑、栾城、深泽、石家庄市、无极、辛集、元氏、正定共11个市县。重点获取了研究区域内3—5月的逐日平均气温、降雨量、日照时数和相对湿度等地面气象数据。小麦白粉病病害地面调查数据于2014年5月下旬小麦灌浆期在藁城、晋州和赵县调查获得。

(2) 遥感数据处理

首先需要对影像进行辐射定标和大气校正及影像裁剪处理。辐射定标的公式如下：

$$L = ML \times \text{QCAL} + AL \tag{9.14}$$

式中，L 为辐射亮度，ML 为增益，AL 为偏移参数，QCAL 为影像像元灰度值 DN。其中 ML 和 AL 可直接在影像头文件中获取。两热红外波段的辐射亮度公式如下：

$$L = 3.3420 \times 10^{-4} \times DN + 0.1 \tag{9.15}$$

辐射定标完成后，采用 ENVI5.1 软件中的 FLAASH 大气校正模块将影像的辐射亮度转为反射率。遥感数据预处理完成后，根据当地的作物类型及特点，通过 NDVI、DEM 和近红外波段反射率的阈值设置并结合监督分类中最大似然分类的方法，实现对研究区小麦种植面积的提取。

(3) 气象数据处理

考虑到研究区小麦白粉病的发病时间及特点，将通过气象站点的逐日地面气象资料计算所得的 3 月和 4 月的月平均气温、月大于 0.1 mm 降雨日数、月总日照时数、月平均相对湿度、月温雨系数（温雨系数=某时段降水总量/该时段平均气温）和月降雨系数（降雨系数=（降雨量×降雨日数）$^{1/2}$）；3 月下旬—5 月上旬的旬平均气温、旬大于 0.1 mm 降雨日数、旬总日照时数、旬平均相对湿度、旬温雨系数和旬降雨系数；3 月下旬—4 月中旬平均气温、大于 0.1 mm 降雨日数、总日照时数、平均相对湿度、温雨系数和降雨系数；以及 4 月中旬—5 月上旬平均气温、大于 0.1 mm 降雨日数、总日照时数、平均相对湿度、温雨系数和降雨系数 54 个特征因子作为白粉病预测模型的初选气象特征。

9.6.3.2 模型特征的选取及模型构建

(1) 模型特征的选取

Relief 算法是公认的性能较好的特征评估方法，主要是根据特征对近距离样本的区分能力来评估特征。算法核心思想为：好的特征应使同类样本接近，而使不同类样本远离。Relief 算法具有运行效率高，不限制数据类型及对特征间关系不敏感的优点，能较好地去除无关特征，但不能去除冗余特征（张丽新 等，2004）。为利用 Relief 算法的优点，同时解决其不能去除冗余的缺点，通过采用 Relief 与泊松相关系数相结合的方法来进行预测特征选取。其主要处理公式如下。

首先，计算 h_j 与 x_i 在特征上的差异 diff_hit。

$$\text{diff\_hit} = \sum_{j=1}^{R} \frac{|x_i - h_j|}{\max(X) - \min(X)} \tag{9.16}$$

式中，$X = \{x_1, x_2, \cdots, x_n\}$ 是待分析的全体对象，$x_i = [x_{i1}, x_{i2}, \cdots, x_{iN}]^T$ 为第 i 个样本的 N 个特征值，$j = 1, 2, \cdots, R$，h_j 为 R 个与 x_i 同类的最近邻样本。

之后，计算 m_{lj} 与 x_i 在特征上的差异 diff_miss。

$$\text{diff\_miss} = \sum_{l \neq \text{class}(x_i)} \frac{P(l)}{1 - P[\text{class}(x_i)]} \sum_{j=1}^{R} \frac{|x_i - m_{lj}|}{\max(X) - \min(X)} \quad (9.17)$$

式中，$P(l)$ 为第 l 类出现的概率，为第 l 类样本数与数据集样本总数的比值，m_{lj} 为每一个 x_i 与不同类子集中的 R 个最近邻样本，$l \neq \text{class}(x_i)$。

则 Relief F 算法中的各维特征权值 λ 为：

$$\lambda = \lambda - \text{diff\_hit}R + \text{diff\_miss}R \quad (9.18)$$

将以上过程重复若干次，即可得到特征集中每一个特征的权重。

Relief F 算法评估效率高，对数据类型没有限制，可以较好地去除无关特征。

首先，通过 Relief 算法计算出共 69 个遥感及气象特征在小麦健康与发生白粉病分类中的权重，并通过阈值设定筛选出权重较大的部分特征，图 9.1 为各特征的权重分布图。然后，将筛选出的特征两两计算其泊松相关系数，在冗余度大的两个特征中，保留分类权重较大的特征。最终，筛选出了 MSR、RDVI、3 月下旬—4 月中旬总日照时数和 4 月中旬—5 月上旬大于 0.1 mm 降雨日数 4 个特征量用于小麦白粉病发生预测模型的构建。

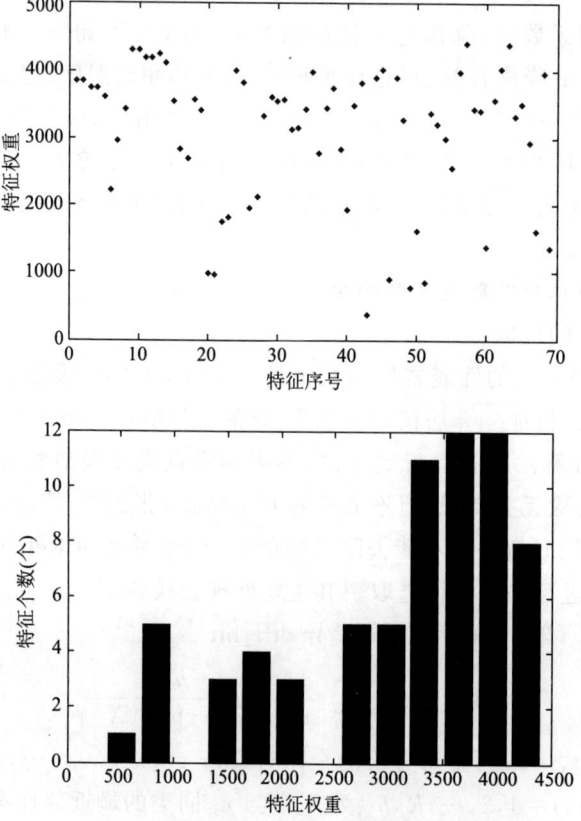

图 9.1　Relief 算法特征权重计算结果图

(2) 模型构建

获取的 95 个地面调查点的白粉病的病害严重度共分为 5 个等级,0(无病害)、1(轻度)、2(中度)、3(重度)、4(特重)。考虑到轻度病害与无病害小麦较难区分,研究将无病害与轻度两个等级合并为健康,用-1 表示,而将其余中度、重度、特重 3 个等级合并为发病,用 1 表示。

相关向量机是一种新的基于贝叶斯统计学习理论的学习方法,与支持向量机相比,具有概率型输出、更稀疏和核函数选择更自由等优点。小麦白粉病的发生预测实质为二分类问题,而相关向量机用于二分类预测的模型形式为:

$$P(t\mid\lambda)=\prod_{i=1}^{n}\sigma y_i(x_i;\lambda)^{t_i}[1-\sigma y_i(x_i;\lambda)]^{1-t_i} \qquad (9.19)$$

式中,λ 为样本的权重向量,σ 为逻辑函数。若假设 t 等于 1 代表小麦发病,t 等于-1 表示病害未发生,则预测规则为:若 $P\geqslant 0.5$,则发生白粉病;若 $P<0.5$,病害不发生。

9.6.3.3 模型预测结果及验证

(1) 小麦白粉病发生预测结果

采用 2014 年 5 月 6 日遥感影像数据以及 2014 年 3—5 月气象数据插值结果数据,以单个像元为基本处理单元,用 Relief 与泊松相关系数相结合的方式筛选出 4 个特征量 MSR、RDVI、3 月下旬—4 月中旬总日照时数和 4 月中旬—5 月上旬大于 0.1 mm 降雨日数,利用 RVM 建立遥感数据、气象数据和遥感气象数据模型,得到了 2014 年 5 月下旬小麦灌浆期的白粉病发生空间分布图(图 9.2)。

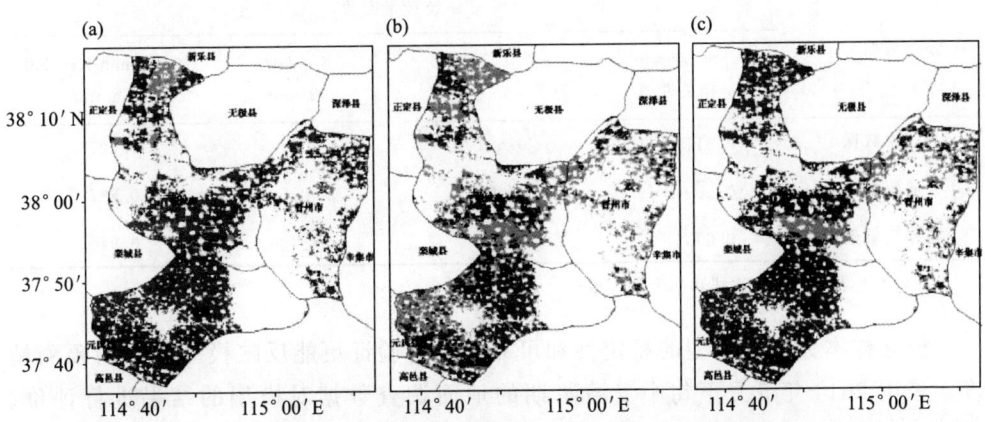

图 9.2 RVM 模型预测小麦白粉病(图中红色)发生空间分布图(附彩图)
(a)气象数据预测结果;(b)遥感数据预测结果;(c)遥感气象数据预测结果

从预测结果分布图可以看出,2014 年河北省石家庄市藁城、晋州、赵县白粉病发生严重。3 种数据模型相对比发现,不同数据模型预测的结果差异较大,气象数据预测结果中,赵县麦区均发生白粉病,藁城和晋州也全面发生,健康小麦分布为极少部分;遥感数据预测结果中,三个地区均有健康麦区与病害发生麦区,从图9.2b中可以看出赵县发生病害面积最大,藁城次之,晋州病害面积最少;遥感气象数据预测结果介于二者之间。但3种数据预测的结果大体趋势一致,均为赵县白粉病发生最为严重,藁城次之,晋州发病最轻。另外,比较气象数据和遥感数据模型发现,遥感数据模型预测结果中,小麦健康地块与病害地块之间的分布较为均匀;而气象数据模型预测结果则表现为整块的病害区域,且健康麦区为极少的一部分。

(2)小麦白粉病预测验证

对3种数据建立的模型进行Spearman拟合优度检验,并通过配对样本检验和有序变量的相关性分析获取统计量参数Somers'D、Kendall's Tau-c和Goodman-Kruskal Gamma。3种参数的取值范围分别在[-1,+1]之间,值越大表明模型预测精度越高。由表9.11可以看出,3种数据模型的Spearman相关性值为气象数据0.511,遥感数据0.609,遥感气象数据0.693,且均达到极显著相关。3种模型的Somers'D、Kendall's Tau-c和Goodman-Kruskal Gamma值均表现为遥感数据模型最大,遥感气象数据模型次之,气象数据模型最小,这说明3种数据模型中遥感数据模型的拟合优度最好。

表9.11 RVM模型的拟合优度评价

数据	统计量参数			
	Spearman 相关性值	Somers'D	Kendall's Tau-c	Goodman-Kruskal Gamma
气象数据	0.511***	0.511	0.506	0.827
遥感数据	0.609***	0.609	0.605	0.897
遥感气象数据	0.693***	0.693	0.689	0.946

注:***表示显著性达到0.001显著水平。

独立样本数据对模型的稳定性和可靠性进行验证更能反映模型实际的预测精度。采用2014年5月下旬小麦灌浆期的地面调查数据对模型的结果进行评价。表9.12列举了小麦白粉病模型的预测样本、训练样本及总样本的漏分、错分信息及模型的预测精度、训练精度、总体精度及其Kappa系数。从3种数据模型的预测情况来看,在3种数据模型中气象数据模型的预测精度最低,遥感数据对小麦白粉病发生的预测精度最高,遥感气象数据模型则介于二者之间,且3种数据预测模型均可取得较为满意的预测效果。从模型的训练情况可以看出,遥感气象数据模型的训练精度最高,气象数据模型最低,遥感数据模型则介于二者之间。对比3种数据模型的训练情况和预测情况发现,气象数据模型和遥感数据模型均表现为训练精度低于预测精度;而遥感气象数据模型则表现为训练精度高于预测精度,尽管其训练精度高于遥感数据模型的训练精度,但其预测精度却低于遥感数据模型。考虑导致上述结果的原因可能是,遥感气象数据模型相对于另两种模型变量较多,模型相对较复杂,同时遥感变量与气象变量间存在一定的相关性,导致该模型在训练过程中出现过拟合现象。考虑模型的总体情况发现,遥感气象数据模型的总体精度最高,为84.2%;遥感数据模型的总体精度为80.0%,而气象数据模型的总体精度74.7%最小。以上结果表明,与单一类型数据源相比,多源数据更适合于区域空间尺度范围内小麦病害预测模型的构建。

表 9.12 RVM 预测模型的总体验证结果

数据		精确度指标			样本精度(%)	总体精度(%)
		健康	白粉病	总和		
气象	健康	13	6	19	78.1	74.7
	白粉病	1	12	13		
	总和	14	18	32		
遥感	健康	14	5	19	84.4	80.0
	白粉病	0	13	13		
	总和	14	18	32		
遥感气象	健康	11	3	14	81.3	84.2
	白粉病	3	15	18		
	总和	14	18	32		

所以,采用遥感数据和气象数据作为输入变量的 RVM 模型所得的效果最好。与单一数据类型的模型相比,遥感气象数据结合的多源数据更为全面地反映了病害信息,使模型在输入参数中融合了更多信息,提高了小麦白粉病发生概率预测的精度。在今后的研究中,需要考虑影响气象数据空间插值的各个因素,采用更好地获取空间范围内气象数据的方法,融合更多农田管理信息数据源,同时寻找更优的特征筛选方法,以便更为准确地进行小麦白粉病的空间分布、发病严重度及发展趋势的预测。

9.6.4 基于 RDALR 模型预测太湖蓝藻水华

近年来,太湖水体出现多次严重的蓝藻水华过程,所以探索气象条件引发蓝藻水华的暴发机制及预报方法有着重要的理论意义及实际价值(张晓忆 等,2016)。由于

chl-a 含量的动态变化可反映水华与否,可利用粗糙集决策调节回归(Rough Decision-adjusted Logistic Regression,RDALR)模型将粗糙集理论与二元逻辑回归(Binary Logistic Regression,BLR)结合起来,用来建立气象条件和太湖 chl-a 含量二者之间的联系,为蓝藻暴发期水华预报提供一种可行方法。

9.6.4.1 研究方法

运用粗糙集决策调节逻辑回归(RDALR)模型(见图 9.3),结合二元逻辑回归技术与粗糙决策规则,用来分析蓝藻水华与天气条件之间的关系,得到预报值,再与二元逻辑回归模型预报值进行比较。各气象要素是自变量,叶绿素浓度为因变量,都为连续值。为了生成粗糙决策尺度,这里用离散化方法 ChiMerge 算法将连续值变为间断值。

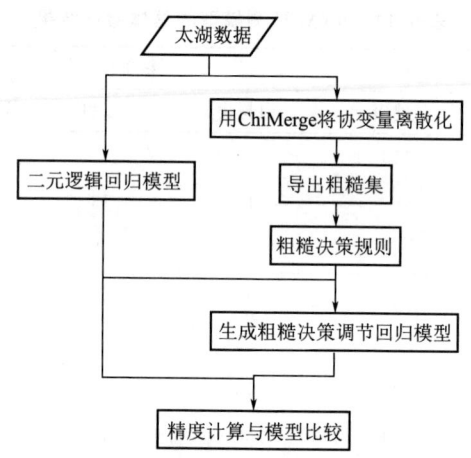

图 9.3 粗糙决策调节回归模型的研究框架

(1)二元逻辑回归

二元逻辑回归能解决 2 个因变量与若干连续或名义自变量构成的问题。为了预报蓝藻暴发与否,引入 0-1 变量的逻辑回归模型,即二元逻辑回归模型。0 表示当日不暴发,1 表示当日暴发,即可转化为简单的二元逻辑回归问题。

$$\ln[p_i/(1-p_i)] = \alpha + \beta X_i \tag{9.20}$$

式中,p_i 表示事件发生(当日蓝藻暴发:1)的条件概率,α 是常数,β 是系数变量,通常 α 和 β 用最大似然估计确定。

(2)离散化算法(ChiMerge)

ChiMerge 算法是一种将连续值合并为间隔值,自下而上的(即基于合并的)数据离散化算法。因为各个气象要素自变量都为连续值,而某个气象要素影响水华的作用效果往往在某个范围内相同。超过此范围作用会发生变化,又再维持另一种作用效果,这与电子的能级跃迁是同一道理。在建立 RDALR 模型时,满足一定显著性水平对连续的各气象要素进行离散化,保证离散后每个气象要素各区间对水华作用效果显著不同。显著性水平的取值也很关键,较高的显著性水平会导致所取间隔较大并较少,一般所取间隔在 5 个之内为佳。

(3)粗糙决策规则

粗糙集理论用来处理模糊或不确定情况下的数据挖掘。将各气象要素离散化后,离散区间可用数字 1,2,3,… 指代,即可将 2012 年蓝藻暴发期(5 月 1 日—9 月 5 日)共 128 d 东山气象数据与 chl-a 浓度对应,形成 128 项备选规则。粗糙决策规则即是在 128 项备选规则中找出确定规则,剔除不确定规则,最终用确定规则组成决策规则进行下一步二元逻辑回归运算。在生成决策规则之前,可以选择减少决策属性的个数来消除不相关的属性,并且这样做不会丢失有效的决策表信息。

9.6.4.2 模型应用与对比

(1)太湖蓝藻水华二元逻辑回归模型处理分析

对引发蓝藻水华的气象变量集合 $\{P, AWV, RH, HWV, SD, T, p, WD, C_{CO_2}\}$ 进行处理。由于蓝藻暴发期(2012 年 5 月 1 日—9 月 5 日)未出现丢失数据(至少缺乏一个变量)的情况,则 128 d 的气象数据集合与 chl-a 数据都被挑选出来,用来建立逻辑回归模型和粗糙决策规则,并进行精度评估。

由于最大风速风向 WD 不能用数值处理,故需先将其量化为数值。将 WD 分为 16 个方位,因为太湖流域主要风向为 E 和 NW,所以将 WD 分为 3 组:第 1 组为 E,SEE;第 2 组为 NWW,NW 和 NNW;剩下的风向方位组成第 3 组,即非主导最大风速风向组。每组可用二元逻辑回归中的 0-1 整数变量来表示。

二元逻辑回归是由分段推进算法演变的。表 9.13 列出了经过一个步骤之后的最优结果。常数系数项表示上述气象因子最优情况下,气象因子的配置对水华不产生影响,蓝藻水华发生与不发生的对数概率,用常数系数项可算出 12.5%的蓝藻水华基准发生率。该模型说明在显著性水平小于 0.05 的情况下,平均风速对太湖蓝藻水华有显著影响,呈正相关关系。

表 9.13 二元逻辑回归结果($p<0.05$)

因子	局部回归系数	标准误差	系数 wald 检验 χ^2	显著性水平	$\exp(\beta)$
平均风速	0.356	0.176	4.080	0.043	1.428
常量	−1.942	0.585	11.031	0.001	0.143

(2)太湖蓝藻水华粗糙集决策调节回归模型处理分析

ChiMerge算法将9个气象因子合并成几个间隔(≤5个),每个气象因子至少有90%置信概率保证各个间隔间对蓝藻水华发生有不同的作用效果,其对应值如表9.14所示。这里将AWV,C_{CO_2}值合并成2个间隔,由于对其粗糙分类,2个间隔提供的信息会比其他因子要少。因为使用共线性和抽样方法来完成回归属性选择,所以ChiMerge算法与前面的二元逻辑回归模型并不冲突。

表9.14 用ChiMerge方法对9种气象因子进行离散化

因子	1	2	3	4	5
日降水量[a]	[0,0.1)	[0.1,114.4]			
平均风速[a]	[1.2,3.8)	[3.8,3.9)	[3.9,4.9)	[4.9,8.1]	
平均RH[a]	[52,86)	[86,89)	[89,100]		
最大风速[a]	[2.4,6.9)	[6.9,7.4)	[7.4,8.0)	[8.0,14.4]	
日照时数[c]	[0,0.1)	[0.1,8.0)	[8.0,8.9)	[8.9,9.6)	[9.6,13.1]
平均气温[b]	[17.7,23.0)	[23.0,27.9)	[27.9,28.0)	[28.0,30.7)	[30.7,32.7]
平均本站气压[b]	[990.7,1003.1)	[1003.1,1003.3)	[1003.3,1004.4)	[1004.4,1016.1]	
最大风速风向[a]	E,SEE	剩余风向			
CO_2浓度[b]	[647,708)	[708,1131]			

注:a表示置信度90%,b表示置信度95%,c表示置信度97.5%。

通过精简决策表,实验生成102个确定性决策规则。例如,规则:
$P_2 \wedge AWV_1 \wedge RH_3 \wedge HWV_1 \wedge SD_1 \wedge T_1 \wedge p_3 \wedge WD_0 \wedge C_{CO_2} \rightarrow y_1$

以上公式表示,如果P、AWV、RH、HWV、SD、T、p、WD和C_{CO_2}分别在0.1~114.4 mm、1.2~3.8 m·s^{-1}、89%~100%、2.4~6.9 m·s^{-1}、0~0.1 h、17.7~23.0 ℃、1003.3~1004.4 hPa、非东南风向和708~1131 ppmv[①]之间,蓝藻会发生水华。

(3)模型比较

虽然RDALR模型与BLR模型相比总体精度接近,但39次水华暴发的预报精度比BLR模型提高近15%,89次水华未暴发的预报精度与BLR模型相近,所以RDALR模型实用性更为出色(表9.15)。在实际应用中可重点关注日降水量、平均风速、平均相对湿度的监测,采用RDALR模型对蓝藻水华进行预测。

---

① 1 ppmv=10^{-6},下同。

表 9.15　粗糙集决策调节回归结果($p<0.05$)

因子	局部回归系数	标准误差	系数 wald 检验 χ^2	显著性水平	$\exp(\beta)$
日降水量	−1.389	0.647	4.610	0.032	0.249
平均风速	0.472	0.227	4.322	0.038	1.603
平均相对湿度	1.165	0.351	11.039	0.001	3.206
常量	−1.729	0.836	4.276	0.039	0.177

本例将复杂冗余的影响要素简化，以达到用最精简的影响变量最大程度预报水华发生情况。RDALR 模型说明建模过程只需要日降水量、平均风速和相对湿度 3 个变量参与，就可用最少的变量保证最高的预报精确度，不会造成数据冗余，并没有否认其他气象变量对蓝藻水华的作用。而气象条件主要是降水、风速、相对湿度、气温、日照时数、风向、气压、CO_2 浓度等要素综合对蓝藻水华产生影响。

思考题

1. 回归分析法包含因变量是否越多越好，为什么？
2. 支持向量机回归是什么含义？
3. 非平稳时间序列预测模型进行预测的基本思想是什么？
4. 转移概率预测法有何基本特征？
5. 如何理解卡尔曼滤波分析法？

参考文献

国家技术监督局,1996.稻飞虱测报调查规范[M].北京:中国标准出版社:19-20.

江胜国,杨太明,程林,等,2010.基于虫源基数的稻飞虱发生等级气象预测模型[J].安徽农业科学,37(28):13658-13659,13744.

卢小凤,霍治国,2013.桂林地区稻飞虱发生等级气象预报模型[J].生态学杂志,32(9):2444-2450.

马慧琴,黄文江,景元书,等,2016.遥感与气象数据结合预测小麦灌浆期白粉病[J].农业工程学报,32(9):165-172.

李京龙,武胜利,2020.不同更新方式下胡杨幼苗光响应和 CO_2 响应的对比研究[J].云南大学学报(自然科学版),42(3):567-576.

李宁,申双和,黎贞发,等,2013.基于主成分回归的日光温室内低温预测模型[J].中国农业气象,34(3):306-311.

任东风,尤静静,尤明英,等,2017.基于灰色理论与回归模型的土壤组成预测研究[J].土壤通报,48(3):520-527.

张丽新,王家廞,赵雁南,等,2004.基于 Relief 的组合式特征选择[J].复旦学报(自然科学版),43(5):893-898.

张晓忆,景元书,陈飞,等,2016. 基于 RDALR 模型分析气象条件对太湖蓝藻水华发生的影响及预报[J]. 环境工程学报,10(10):5721-5729.

BASHKIRTSEVA I,NASYROVA V,RYASHKO L,et al,2020. Stochastic spiking-bursting excitability and transition to chaos in a discrete-time neuron model[J]. International Journal of Bifurcation and Chaos,30(10):34-51.

NYATUAME M,AGODZO S K,2018. Stochastic ARIMA model for annual rainfall and maximum temperature forecasting over Tordzie watershed in Ghana[J]. Journal of Water and Land Development,37(1):127-140.

VAFAKHAH M,BOZCHALOEI S K,2020. Regional analysis of flow duration curves through support vector regression[J]. Water Resources Management,34:283-294.

第 10 章 卫星遥感方法

农业气象卫星遥感方法是应用卫星遥感技术，获取研究地区农作物及其环境状况的信息，并对农业生产状况与天气条件做出预测的方法。随着各种新型遥感传感器的发展，对地观测技术已经实现了对地球表面连续重复观测，积累了海量的多源、多尺度、多分辨率遥感数据。这些数据详细记录了地表上各种地物的变化过程，极大地推动了遥感影像处理方法和预测应用。

10.1 农业生产动态监测

10.1.1 监督分类法

利用已知地物的信息对未知地物进行分类的方法称为监督分类。监督分类的基本过程是：首先根据已知的样本类别和类别的先验知识确定判别准则，计算判别函数，然后将未知类别的样本值代入判别函数，依据判别准则对该样本所属的类别进行判定。一般而言，监督分类的精度比非监督分类的精度要高，但工作量也比非监督分类要大得多。

监督分类的前提是已知遥感图像上样本区内地物的类别，该样本区又称为训练区。但由于在分类过程中容易出现同物异谱或异物同谱的现象，使得分类结果出现错分和漏分，例如在同一片农田中，不同的灌溉情况差异很大；在同一种作物类型上，不同的播期和田间管理施肥水平区别很大，导致作物长势和生物量会有明显差异；处于阴阳坡的同类地物，由于太阳照度不同，图像表现出的灰度也有差异，这些都可能导致错分。对此应根据灌溉情况、作物、播期、长势等导致的光谱差异情况，在同一类地物内先分组采样训练和分类，再进行归并。监督分类中常用的具体分类方法包括以下 4 种。

(1)最小距离分类法

最小距离分类法是以特征空间中的距离作为像素分类的依据，包括最小距离判别法和最近邻域分类法。

①最小距离判别法。这种方法要求对遥感图像中需要分类的每一类都选一个具有代表意义的均值向量，首先计算待分像元与已知类别之间的距离，然后将其归属于距离最小的一类。

最小距离分类法原理简单,是在若干先决条件下的简单分类,分类精度不高,但计算速度快,实用性强,可以在快速浏览分类概况中使用。

②最近邻域分类法。这种方法是最小距离判别法在多波段遥感图像分类中的推广。在多波段遥感图像分类中,每一个分类类别都具有多个统计特征量。最近邻域分类法首先计算待分像元到每一类中每一个代表向量间的距离,该像元到每一类都有几个距离值,取其中最小的一个距离作为该像元到该类别的距离,最后比较待分像元到所有类别间的距离,将其归属于距离最小的一类。

(2)平行六面体分类法

平行六面体分类,是指在三维即3个波段的情况下,每类形成一个平行六面体或多面体,待分个体落入其中的一,则被归属,否则就被拒绝的一种图像分类方法。平行六面体分类法要求训练区样本的选择必须覆盖所有的类型,在分类过程中,需要利用待分类像素光谱特征值与各个类别特征子空间在每一维上的值域进行内外判断,检查其落入哪个类别特征子空间中,直到完成各像素的分类。

这种方法优点是分类标准简单,计算速度快。主要问题是按照各个波段的均值和标准差划分的平行多面体与实际地物类的点群形态不一致。因为遥感图像中不同波段之间的相关程度比较高,一般点群在空间直角坐标系中的分布呈不规则的椭球形,其长轴相当于平行多面体的对角线方向。因而一个多面体和一个类别的点群分布很不一致,容易造成两类互相重叠、混淆不清。一个改进的办法是把一个自然点群分割为几个较小的平行六面体使之更加逼近实际的概率密度分布,从而提高分布的准确性(韦玉春 等,2007)。

(3)最大似然方法

最大似然法是应用比较广泛、比较成熟的监督分类方法之一,是基于贝叶斯准则的分类错误概率最小的一种非线性分类,通过求出每个像素对于各类别的归属概率,把该像素分到归属概率最大类别中去的方法。最大似然法假定遥感影像中地物的光谱特征近似呈正态分布。基于参数化密度分布模型的最大似然方法与其他非参数方法(如神经网络)相比较,它具有清晰的参数解释能力、易于与先验知识融合和算法简单而易于实施等优点。但是由于遥感信息的统计分布具有高度的复杂性和随机性,当特征空间中类别的分布比较离散而导致不能服从预先假设,或者样本的选取不具有代表性,往往得到的分类结果会偏离实际情况。

(4)光谱角分类法

光谱角分类方法是一种光谱匹配技术,通过估计像素光谱与样本光谱或是混合像素中端元成分光谱的相似性来分类。光谱角分类步骤与其他监督分类方法一样,首先选择训练样本,然后比较训练样本与每一像素之间的光谱向量之间的夹角,夹角越小表明越接近训练样本的类型。因此,分类时还要选取阈值,小于阈值的像素与训练样本属同一地物类型,反之则不属于该类。需要注意的是:任意两个像素,如果其特征空间相差一个很大的常数,光谱角分类会把它们归为一类,但最小距离分类和最大似然法分类则将会把这两个像素归为两类。光谱角方法不适用于多光谱遥感。

10.1.2 非监督分类法

非监督分类的前提是假定遥感影像上同类物体在同样条件下具有相同的光谱特征,从而表现出某种内在的相似性。非监督分类的方法是指人们事先对分类过程不加入任何的先验知识,而仅凭遥感图像中地物的光谱特征,即自然聚类的特征进行分类。分类结果只是区分了存在的差异,但不能确定类别的属性。类别的属性需要通过目视判读或实地调查后确定。

非监督分类有多种方法,其中 K-mean 方法和 ISODATA 方法是效果较好、使用最多的两种方法。在开始图像分类时,用非监督分类方法来探索数据的本来结构及其自然点群的分布情况是很有价值的。

非监督分类主要采用聚类分析的方法,把像素按照相似性归成若干类别。它的目的是使得属于同一类别的像素之间的差异(距离)尽可能的小,而不同类别中像素间的差异尽可能的大。考虑到遥感图像的数据量较大,非监督分类使用的是快速聚类方法。与统计学上的系统聚类方法不同,在进行聚类分析时不需要保持矩阵。

由于没有利用地物类别的先验知识,非监督分类只能先假定初始的参数,并通过预分类处理来形成类群,通过迭代使有关参数达到允许的范围为止。在特征变量确定后,非监督分类算法的关键是初始类别参数的选定。

与监督法的先学习后分类不同,非监督法是边学习边分类,通过学习找到相同的类别,然后将该类与其他类区分开,但是非监督法与监督法都是以图像的灰度为基础的。通过统计计算一些特征参数,如均值、协方差等进行分类的。所以也有一些共性,下面介绍几种常用的非监督分类方法。

(1) K-均值聚类法

K-均值算法的聚类准则是使每一聚类中,像素点到该类别中心的距离的平方和最小。其基本思想是,通过迭代,逐次移动各类的中心,直到满足收敛条件为止。

收敛条件:对于图像中互不相交的任意一个类,计算该类中的像素值与该类均值差平方和。将图像中所有类的差平方和相加,并使相加后的值达到最小(算法框如图 10.1 所示)。

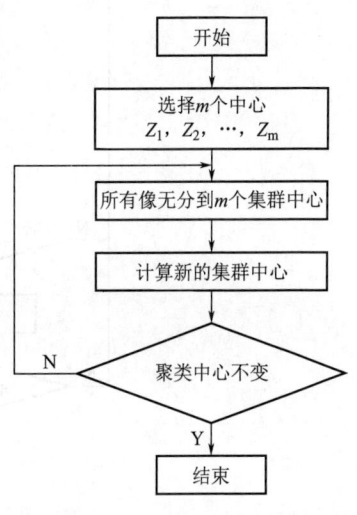

图 10.1 K-均值算法框

这种算法实现简单,但过分依赖初值,结果受到所选聚类中心的数目和其初始位置以及模式分布的几何性质和读入次序等因素的影响,不同的初始分类产生不同的结果。

(2)ISODATA 方法

ISODATA(Iterative Self-Organizing Data Analysis Techniques Algorithm)算法即迭代式自组织数据分析算法,可简称迭代法。这是一个最常用的非监督分类算法,在大多数图像处理系统或图像处理软件中都有这一算法。

ISODATA 算法与 K-均值算法有两点不同:第一,它不是每调整一个样本的类别就重新计算一次各类样本的均值,而是在把所有样本都调整完毕之后才重新计算,即成批样本修正和逐个样本修正的区别;第二,ISODATA 算法不仅可以通过调整样本所属类别完成样本的聚类分析,而且可以自动地进行类别"合并"和"分裂",从而得到类数比较合理的聚类结果(ISODATA 算法流程如图 10.2 所示)。

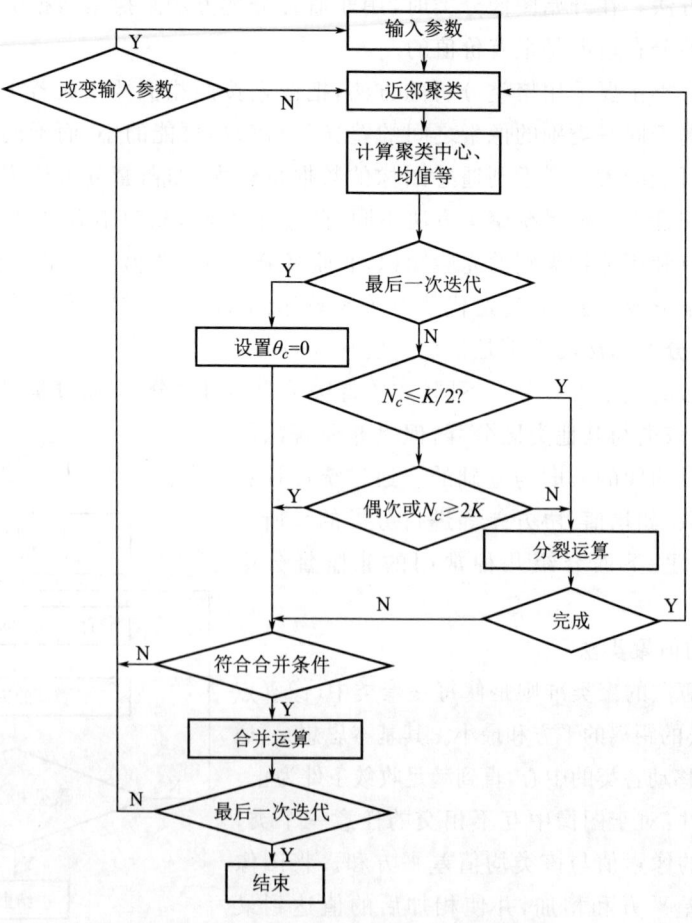

图 10.2 ISODATA 算法流程图

10.1.3 非监督分类与监督分类的结合

监督分类与非监督分类各有其优缺点。在实际工作中，常常将监督分类法与非监督分类法相结合，取长补短，使分类的效率和精度进一步提高。基于最大似然法原理的监督分类法的优势在于如果空间聚类呈正态分布，那么它会减少分类误差，而且分类速度较快。主要缺陷是必须在分类前圈定样本性质单一的训练样区，而这可以通过非监督法来进行。即通过非监督法将这一定区域聚类成不同的单一类别，监督法在利用这些单一类别区域"训练"计算机。通过"训练"后的计算机将其他区域分类完成，这样避免了使用比较慢的非监督分类法对整个影像区域进行分类，使分类精度得到保证的前提下，分类速度得到了提高。具体可按以下步骤进行。

(1)选择一些有代表性的区域进行非监督分类。这些区域尽可能包括所有感兴趣区的地物类别。这些区域的选择与监督分类法训练样区的选择要求相反，监督分类法训练样区要求尽可能单一。而这里选择的区域包括类别要尽可能多，以便使所有感兴趣的地物类别都能得到聚类。

(2)获得多个聚类类别的先验知识。这些先验知识的获取可以通过判读和实地调查来得到。聚类的类别作为监督分类的训练样区。

(3)特征选择。选择最适合的特征图像进行后续分类。

(4)使用监督法对整个影像进行分类。根据前几步获得的先验知识以及聚类后的样本数据设计分类器，并对整个影像区域进行分类。

(5)输出标记图像。由于分类结束后影像的类别信息已确定，因此可以将整幅影像标记为相应类别输出。

在实际分类任务中，往往需要应用多个分类器对遥感影像进行分类，然后根据分类任务的要求选择总体精度最高的分类器，或者选择特定类别精度最高的分类器。在遥感影像识别领域，尽管其中一个或几个分类器有较好的性能，但不同类分类器产生的误分类集合是不重叠的。由于单一分类器的不足和选择最适分类器的困难，多分类器系统在遥感影像分类领域得到广泛应用。不同的分类器对于分类模式有互补信息，将多个分类器的输出信息联合起来进行分类决策，是提高识别性能、解决复杂分类问题的一种有效方法（杜培军，2019；Briem et al.，2002）。

10.1.4 时间序列法

利用按时间序列获取的遥感影像数据，计算出相应的植被指数曲线，根据此曲线判断作物生长阶段，并对其进行分析，在此基础上结合其他相应分类方法对作物种植面积分布情况进行提取。

10.1.5 决策树分类

决策树分类器是多阶分类技术的一种,它将分类任务分解为多次完成,以分层分类思想作为指导原则,利用树结构按一定的分割原则把数据分为特征更为均质的子集。决策树分类方法是基于遥感影像数据及其他空间数据的分类,通过专家经验总结、简单的数学统计和归纳方法等,获得分类规则并进行遥感分类(郭伟,2011)。分类规则易于理解,分类过程也符合人的认知过程,最大的特点是利用多源数据。

决策树分类的分类规则由多个决策结点组成,每个结点仅完成分类任务中的一部分,经过逐级向下分类,最后完成分类任务。具体步骤大体上可分为4步:知识(规则)定义、规则输入、决策树运行和分类后处理。首先利用训练样本生成判别函数,其次根据不同取值建立树的分支,在每个分支子集中重复建立下层结点和分支,最后形成分类树。

决策树算法具有计算效率高、无需统计假设、可以处理不同空间尺度数据等优点,是将一个复杂的分类过程分解成若干步,每一步仅区分一个类别,便于问题的简化;在各个步骤可以利用不同来源的数据、不同的特征集、不同算法有针对性地解决问题;分类过程比较透明化,便于理解与掌握;每一步可以有针对性地利用数据,减少处理时间,提高分类精度,特别是小类分类的精度。在遥感影像分类领域有着广泛的应用。

决策树算法对于输入数据空间特征和分类标识具有很好的弹性和稳健性,但它的算法基础比较复杂,而且需要大量的训练样本来探究各类别属性间的复杂关系,在针对空间数据特征比较简单且样本量不足的情况下,其表现并不一定比传统方法好。但当遥感数据特征的空间分布很复杂,或者数据源各维具有不同的统计分布和尺度时,决策树分类法比较合适。

10.1.6 混合像元分解法

地球自然表面不是由均一物质所组成的。当具有不同波谱属性的物质出现在同一个像素内时,就会出现波谱混合现象,即混合像元。混合像元不完全属于某一种地物,为了能让分类更加精确,同时使遥感定量化更加深入,需要将混合像元分解成一种地物占像元的百分含量(丰度),即混合像元分解,也叫亚像元分解。混合像元分解是遥感技术向定量化深入发展的重要技术。

混合像元分解技术假设:在一个给定的地理场景里,地表由少数的几种地物(端元)组成,并且这些地物具有相对稳定的光谱特征,因此,遥感图像的像元反射率可以表示为端元的光谱特征和这个像元面积比例(丰度)的函数。这个函数就是混合像元分解模型。

近年来，研究人员提出了许多有效的分解模型，常见的混合像元分解方法主要有：线性波谱分离(LSU)、匹配滤波(MF)、混合调谐匹配滤波(MTMF)、最小能量约束(CEM)、自适应一致估计(ACE)、正交子空间投影(OSP)、独立成分分析(ICA)、模糊监督分类模型、神经网络模型等。其中比较常用的是线性模型，即线性混合光谱模型。

10.1.6.1 常见分类方法的原理

(1) 线性波段预测

线性波段预测法使用一个最小方框拟合技术来进行线性波段预测，它可以用于在数据集中找出异常波谱响应区。先计算出输入数据的协方差，用它对所选的波段进行预测模拟，预测值作为预测波段线性组的一个增加值，并计算实际波段和模拟波段之间的残差，输出为一幅图像，残差大的像元表示出现了不可预测的特征。

(2) 线性波谱分离

线性波谱分离可以根据物质的波谱特征，获取多光谱或高光谱图像中物质的丰度信息，即混合像元分解过程。假设图像中每个像元的反射率为像元中每种物质的反射率或者端元波谱的线性组合。例如：像元中的 25% 为物质 A，25% 为物质 B，50% 为物质 C，则该像元的波谱就是 3 种物质波谱的一个加权平均值，等于 0.25A+0.25B+0.5C，线性波谱分离解决了像元中每个端元波谱的权重问题。

线性波谱分离结果是一系列端元波谱的灰度图像，图像的像元值表示端元波谱在这个像元波谱中占的比重。比如端元波谱 A 的丰度图像中一个像元值为 0.45，则表示这个像元中端元波谱 A 占了 45%。丰度图像中也可能出现负值和大于 1 的值，这可能是选择的端元波谱没有明显的特征，或者在分析中缺少一种或者多种端元波谱。

(3) 匹配滤波

使用匹配滤波工具使局部分离获取端元波谱的丰度。该方法将已知端元波谱的响应最大化，并抑制了未知背景合成的响应，最后"匹配"已知波谱。该方法无需对图像中所有端元波谱进行了解，就可以快速探测出特定要素。这项技术可以找到一些稀有物质的"假阳性"。

匹配滤波工具的结果是端元波谱比较每个像素的 MF 匹配图像。浮点型结果提供了像元与端元波谱相对匹配程度，近似混合像元的丰度，1.0 表示完全匹配。

(4) 混合调谐匹配滤波

使用混合调谐工具运行匹配滤波，同时把不可行性图像添加到结果中。不可行性图像用于减少使用匹配滤波时会出现的"假阳性(false positives)"像元的数量。不可行性值高的像元即为"假阳性"像元。被准确制图的像元具有一个大于背景分布值的 MF 值和一个较低的不可行性值。不可行性值以 sigma 噪声为单位，它与 MF 值按 DN 值[①]比例变化。

混合调谐匹配滤波法的结果是每个端元波谱比较每个像元的 MF 匹配图像，以及相应的不可行性图像。浮点型的 MF 匹配值图像表示像元与端元波谱匹配程度，近似亚像元的丰度，1.0 表示完全匹配；不可行性值显示了匹配滤波结果的可行性。

具有高的匹配滤波结果和高的不可行性的"假阳性"像元，并不与目标匹配。可以用二维散点图识别具有不可行性低、匹配滤波值高的像元，即正确匹配的像元。

(5) 最小能量约束

最小能量约束法使用有限脉冲响应线性滤波器和约束条件，最小化平均输出能量，以抑制图像中噪声和非目标端元波谱信号，即抑制背景光谱，定义目标约束条件以分离目标光谱。

最小能量约束法的结果是每个端元波谱比较每个像元的灰度图像。像元值越大表示越接近目标，可以用交互式拉伸工具对直方图后半部分拉伸。

(6) 自适应一致估计

自适应一致估计法起源于广义似然比。在这个分析过程中，输入波谱的相对缩放比例作为不变量。自适应一致估计法结果是每个端元波谱比较每个像元的灰度图像。像元值越大表示越接近目标，可以用交互式拉伸工具对直方图后半部分拉伸。

(7) 正交子空间投影

正交子空间投影法首先构建一个正交子空间投影用于估算非目标光谱响应，然后用匹配滤波从数据中匹配目标，当目标波谱很特别时，效果非常好。正交子空间投影法结果是每个端元波谱匹配每个像元的灰度图像。像元值越大表示越接近目标，可以用交互式拉伸工具对直方图后半部分拉伸。

(8) 神经网络模型

人工神经网络是由大量处理单元相互连接的网络结构，是人脑的某种抽象、简化和模拟。人工神经网络可以模拟人脑神经元活动的过程，其中包括对信息的加工、处理、存储、搜索等过程。现在已经研制出很多的神经元网络模型及表征该模型动态过程的算法，如 BP(反向)传播算法、Hopfield 算法等以及它们的改型。

(9) 模糊监督分类

模糊监督分类认为一个像元还是可分的，即一个像元可以是在某种程度上属于

---

① DN 值(Digital Number)是遥感影像像元亮度值，记录的地物的灰度值。无单位，是一个整数值，值大小与传感器的辐射分辨率、地物发射率、大气透过率和散射率等有关。

某个类而同时在另一种程度上属于另一类,这种类属关系的程度由像元隶属度表示。应用模糊监督分类的关键是确定像元的隶属度函数。一般在遥感图像模糊分类中采用最大似然准则分类算法来确定像元属于各类的隶属度函数。

在模糊监督分类中,训练样本数据可用一个模糊分割矩阵来表示。由模糊分割矩阵即可得到各类地物的模糊均值向量和模糊协方差矩阵。

(10)独立成分分析

如果像元中不同的地物是不同的"源",盲源分解方法就是指在不知道"源"的情况下,针对各种获得的"源"的信号特征,利用数学统计方法进行分离,得出各个独立不相关成分的分析方法,其中一种重要的方法就是独立成分分析,其中快速独立成分分析是基于负熵的快速不动点算法。它以负熵的近似作为目标函数,使用不动点迭代法寻找非高斯性最大值,该算法采用牛顿迭代算法对观测变量 X 的大量采样点进行批处理,每次从观测信号中分离出一个独立分量,是独立成分分析的一种快速算法。

10.1.6.2 混合像元分解流程

在影像已经完成预处理的前提下,混合像元分解的一般过程为:首先获取端元波谱(从图像上、波谱库中或者其他来源),然后选择一种分解模型在每个像素中获取每个端元波谱的相对丰度图,最后从丰度图上提取不同组成比例的像元。

本节以线性光谱混合模型为例介绍如何进行混合像元分解。线性模型假设在不同物质间不存在相互作用,位于同一像元区域的波谱是纯净物质波谱的线性组合,是根据它们的组成比例进行加权,获取线性组合的组成比例就是混合像元分解。

选取合适的端元是成功的混合像元分解的关键。端元选取包括确定端元数量以及端元的光谱。理论上,只要端元数量 m 小于等于 $b+1$(b 表示波段数),线性方程组就可以求解。然而实际上由于端元波段间的相关性,选取过多的端元会导致分解结果存在更大误差。

端元光谱的确定有两种方式:一是使用光谱仪在地面或实验室测量到的"参考端元";二是在遥感图像上得到的"图像端元"。方法一一般从标准波谱库选择,方法二直接从图像上寻找端元。从图像上进行端元选择的方法主要有:

(1)基于几何顶点的端元提取

将相关性很小的图像波段,如主成分分析等变换结果的前两个波段,作为 X、Y 轴构成二维散点图。在理想情况下,散点图是三角形状,纯净端元几何位置分布在三角形的3个顶点,而三角形内部的点则是这3个顶点的线性组合,也就是混合像元。根据这个原理,可以在二维散点图上选择端元波谱。在实际的端元选择过程中,往往选择散点图周围凸出部分区域,后获取这个区域相应原图上的平均波谱作为端元波谱。

以 MNF 变换后的第一、第二波段作为 X、Y 轴构建二维散点图,如图 10.3 所示。

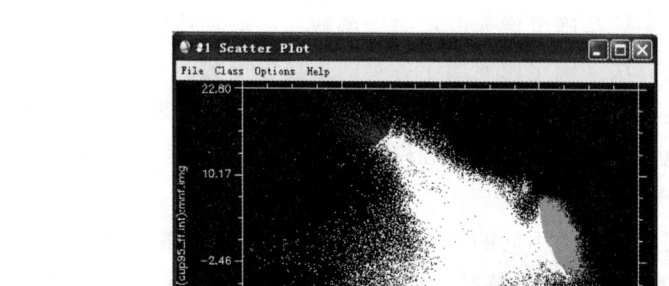

图 10.3　Scatter Plot 窗口

(2)基于最大角凸锥的端元提取

连续最大角凸锥(Sequential Maximum Angle Convex Cone)简称 SMACC。SMACC 方法可从图像中提取端元波谱以及丰度图像。它提供了更快、更自动化的方法来获取端元波谱,但是它的结果近似程度较高,精度较低。

SMACC 方法是基于凸锥模型(也称残余最小化)借助约束条件识别图像端元波谱。采用极点来确定凸锥,并以此定义第一个端元波谱;然后在现有锥体中应用一个具有约束条件的斜投影生成下一个端元波谱;继续增加锥体生成新的端元波谱。重复此过程直至生成的凸锥中包括已有的终端单元(满足一定的容差),或者直至满足指定的端元波谱类别个数。

SMACC 方法首先找到图像中最亮的像素,然后找到和最亮的像素差别最大的像素;继续再找到与前两种像素差别最大的像素。重复该方法直至 SMACC 找到一个在前面查找像素过程已经找到的像素,或者端元波谱数量已经满足。SMACC 方法找到的像素波谱转成波谱库文件格式的端元波谱。

(3)N-FINDR 法

从图像上选取端元的方法大致可以分为两类:交互式端元提取和自动端元提取。交互式提取方法就是在特征空间中目视寻找多边形的顶点作为端元,以像元纯度指数 PPI(Pixel Purity Index)为代表的定量化指标的引进在一定程度上能减少目视选取的主观性,当前大部分学者采用该类方法进行端元提取,其结果具有很强的主观性和不稳定性。而自动端元提取则是采用纯数学判据从图像中提取端元,虽然有可能会产生不具有物理意义的端元,但其结果不受主观因素的影响,能更客观地反映地表覆盖的真实情况。N-FINDR 法是结合交互式端元提取和自动端元提取方法的优点，通过遍历求最大单形体体积的方法确定端元。

直接从图像上选取端元的方法都基于这样一种思想：在特征空间中，所有的混合像元都存在于由端元连接而成的多边形内。其中，N-FINDR 法认为构成具有最大体积的单形体的一组像元即为端元，端元的确定也就是寻找这样一组像元，它们在特征空间中构成的单形体具有最大的体积或面积。

单形体是指欧氏空间中只有 $n+1$ 个顶点的凸面几何体，是 n 维空间中最简单的形式，如一维空间中由 2 个点确定的线段、二维空间中由 3 个点确定的三角形、三维空间中由 4 个点确定的四面体等。其最大单形体体积公式如下：

$$E = \begin{bmatrix} 1 & 1 & \cdots & 1 \\ e_1 & e_2 & \cdots & e_m \end{bmatrix} \quad (10.1)$$

$$V(E) = \frac{1}{(n-1)!} abs(|E|) \quad (10.2)$$

式中，e_i 为第 i 个像元的列向量，m 为像元数目，V 为这 m 个像元所构成的单形体体积，$|\cdot|$ 为行列运算符，因此 E 必须为方阵，这样 e_i 的维数 n 必须为 $m-1$，即 N-FINDR 算法提取的端元数 m 比波段数 n 大 1。具体实现过程如下：随机选择 m 个像元作为端元，计算这些像元构成的单形体的体积；然后依次将每个像元光谱代入各个端元位置，计算体积，若体积增大，则将该像元光谱替换为端元；不断循环直至体积不再增大，此时得到的端元即最终的端元。如图 10.4 所示，3 个红点（图中灰色点）即为所确定的端元。

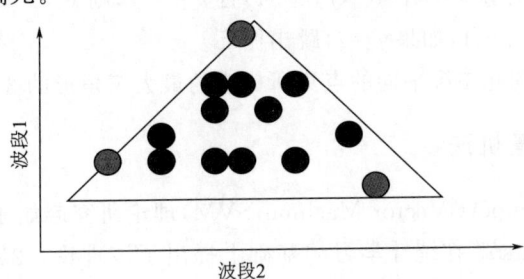

图 10.4　N-FINDR 算法端元提取示意图

另外，考虑到研究区域空间跨度大，N-FINDR 算法需要遍历像元的各种组合，计算的时间复杂度也比较大。基于这样的考虑，首先借助现有土地利用分类数据，去除研究区域内明显不包括耕地的区域，接着通过最大噪声比（Maximum Noise Fraction，MNF）变换进行数据降维，并计算纯净像元指数（PPI），最后采用旋转卡壳求凸包算法（Rotating Calipers Algorithm）实现基于 N-FINDR 思想的端元自动提取，大大提高了模块运行的时间效率。

其中,最大噪声比(MNF)变换用来确定影像的有效维度,分离出噪声,减少后续数据处理的计算量。该变换通过引入噪声协方差矩阵以实现对噪声比率的估计。首先,通过一定方式(比如对图像进行高通滤波)获取噪声的协方差矩阵;然后,将噪声协方差矩阵对角化和标准化,即可获得对图像的变换矩阵,该变换实现噪声的去相关和标准化,即变换后的图像包含的噪声在各个波段上方差都为1,并且互不相关;最后,对变换后的图像再做主成分变换,从而实现 MNF 变换,此时得到的图像的主成分的解释方差量对应于该主成分的信噪比大小。

纯净像元指数(PPI)是一种在多波谱和高波谱图像中寻找波谱最纯的像元的方法。波谱最纯净像元典型地与混合的终端单元相对应。纯净像元指数通过迭代将 N 维散点图影射为一个随机单位向量来计算。每次影射的极值像元都会被记录下来,并且每个像元被标记为极值的总次数也记下来。一幅"像元纯度图像"被建立,在这幅图像上,每个像元的 DN 值与像元被标记为极值的次数相对应。

寻找二维平面的点集所构成的最大三角形时,使用旋转卡壳法求取,因为最大三角形的3个顶点必定在凸包上。求出凸包上的点后,枚举各种组合,得到最大面积。具体算法如下:

①枚举三角形的第一个顶点 i。
②初始第二个顶点 j 为 $i+1$,第三个顶点 k 为 $j+1$。
③循环 $k+1$ 直到 Triangle Area(i,j,k)>Triangle Area$(i,j,k+1)$。
④同时更新面积的最大值,并旋转 j,k 两个点。
⑤如果 Area(i,j,k)<Area$(i,j,k+1)$ 且 $k!=i$,则 $k=k+1$,否则转②。
⑥更新面积 $j=j+1$,如果 $j=i$,跳出循环。

这样就可以得到此二维平面的点集所构成的最大三角形的3个点。

10.1.7 支持向量机法

支持向量机(Support Vector Machine,SVM)理论研究起始于20世纪60年代,俄罗斯科学家 Vapnik 等在统计学习的基础上提出了该理论。20世纪90年代成功构造了 SVM 算法。SVM 算法的提出,旨在改善传统神经网络学习方法的理论弱点,最早从最优分类面问题提出了支持向量机网络。SVM 根据有限的样本信息在原型的复杂性和学习能力之间寻求最佳折中,以获得最好的泛化能力,且能较好地解决小样本、非线性、高维数据和局部极小等实际问题,因其易用、稳定和具有相对较高的精度而得到广泛的应用。

10.1.7.1 SVM 的机理

寻找一个满足分类要求的最优分类超平面,使得它在保证分类精度的同时,能尽可能多地将两类数据点正确的分开,同时使得该超平面两侧的空白区域最大化,即使分开的两类数据点距离分类面最远。同一个训练样本可以有被不同超平面分类的情况,当超平面的空白区域最大时,超平面就是最优分类超平面。

支持向量机核心思想就是通过某种事先选择的非线性映射(核函数)将输入向量映射到一个高维特征空间,在此空间中构造具有低维最优分类超平面。支持向量机不仅考虑经验风险的大小,还得考虑置信范围的大小,依据结构风险最小化原则求最佳的经验风险,使得风险上界最小。

在遥感影像分类过程中,通过对样本的机器学习,可以建立地物类型和影像信息因子之间的支持向量机。常用的 SVM 多类分类方法有一对一(1-a-1)和一对多(1-a-r)两种,遥感图像分类器是基于二叉树的多类 SVM 分类器提出来的。基于二叉树的多类 SVM 对于 K 类的训练样本,训练 $K-1$ 个支持向量机。第一个支持向量机以第一个样本为正样本,将第 $2,3,\cdots,K$ 类训练样本作为负的训练样本训练 SVM1;第 i 个支持向量机以第 i 个类样本为正的训练样本,将第 $i+1,i+2,\cdots,K$ 类训练样本作为负的训练样本训练 SVMi,直到 $K-1$ 个支持向量机将以第 $K-1$ 类样本作为正样本,第 K 类样本为负样本训练 SVM$(K-1)$。图 10.5 为基于 SVM 的二叉树多类遥感图像分类器结构。

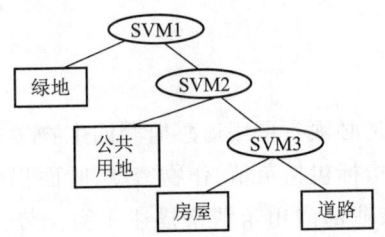

图 10.5　基于 SVM 的二叉树遥感图分类法

二叉树方法可以避免传统方法的不可分情况,并只需构造 $K-1$ 个 SVM 分类器,测试时并不一定需要计算所有的分类器判别函数,从而可节省测试时间。在实际的遥感图像分类过程中,在分类类别比较少并且不强调时间的情况下也可以采取只训练一个支持向量机的方法分别来进行分类,即将需要分类的样本都作为正样本,其他都为负样本,分别进行。

10.1.7.2　基于 SVM 分类方法的图像分类流程

基于二叉树的遥感图像感兴趣区域多类 SVM 分类过程主要包括:图像预处理、感兴趣区域属性特征及训练样本的提取、数据标准化及归一化处理、参数设置。基于 SVM 图像分类训练样本选取原则要充分考虑各种地物的光谱、结构和纹理特征,因地制宜地进行选择。感兴趣区域的选择方法可以满足训练样本的选择要求,可以是单个的多边形所包含的区域,也可以是多边形、点、矢量等的组合区域。其流程如图 10.6 所示。

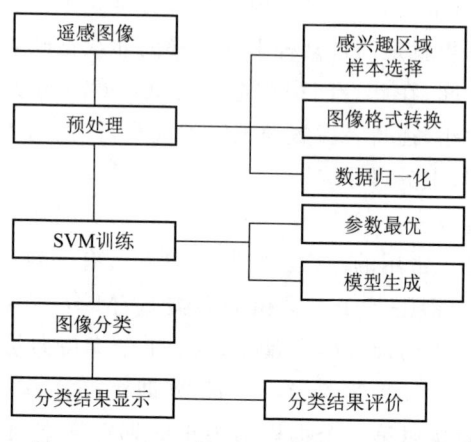

图 10.6　SVM 感兴趣区域图像分类流程

10.2　试验监测和过程监测指标集

10.2.1　概述

长势遥感监测的基础是必须有可用遥感监测的生物学指标。

用于描述作物长势的指标包括苗情、作物密度、叶面积指数、生物量、干物重及光合色素含量等。传统上，农业部门用苗情来描述作物长势。苗情主要根据作物群体密度、叶色、高度、穗粒、病虫害和天气灾害受害程度、可否丰产等一般农学参数进行评价，将苗情分为好、中、差三等级。苗情调查中的叶色、病虫害和天气灾害受害程度、可否丰产等指标难以定量描述；调查数据易受主观经验影响；另外高度、穗粒、病虫害和天气灾害受害程度难以用遥感影像提取。因而长势遥感监测的主要项目为 LAI、生物量、干物重及光合色素含量等能被遥感反演的参数。随着对长势监测精度要求的提高，作物长势遥感监测的长势定义不能搬照农学的定义，应该综合遥感机理、尺度及作物生长机理进行定义，使之能遥感定量反演，定量描述作物长势。

用于作物长势监测的遥感指标为不同类型的遥感植被指数和各类遥感反演的地表参数。遥感植被指数经多光谱遥感数据、高光谱数据波段运算得到，对植被长势、生物量等有一定指示意义，进而可以实现对植物状态信息的表达，以定性、定量地评价植被覆盖、生长活力及生物量等。植被指数在一定程度上减少了外界因素，诸如太阳天顶角、大气状态和非卫星天底观测等带来的影响。

目前，归一化植被指数（NDVI）是长势遥感监测常用的指标。也有用土壤调节植被指数(SAVI)、垂直植被指数(PVI)、增强型植被指数(EVI)进行作物长势监测研究的;这些植被指数能更好地减少土壤背景或大气变化等因素的影响。此外一些高光谱遥感植被指数、红边参数等指标与作物的长势相关明显,也可用来进行作物长势的遥感监测。用于长势监测的各类遥感反演参数包括光合有效辐射吸收率FAPAR、净初级生产力NPP、叶面积指数LAI等。

由于多数遥感指标没有很好地消除土壤背景、大气参数、地表二向性等诸多影响因素,造成了遥感指标与地面作物长势参数的统计关系不稳定。遥感指标与长势参数的关系不稳定影响了长势监测遥感指标的选择。虽然可用于作物长势监测的遥感指标较多,但目前业务化运行的遥感监测系统多使用NDVI,其半定量,不能深入说明作物长势的问题日趋明显。面向中国农情遥感监测系统长势监测中存在的问题,蒙继华(2011)以苗情监测和单产预测为目的,将苗期等级作为指标反映作物长势,以相关性、合理性、稳定性、一致性和简约性在全国尺度上的不同区划分区选择合适的指标,建立面向实时监测和过程监测的长势指标集,发展多种遥感指数的长势遥感监测;通过从多遥感指数选取对植被状态、水分、温度适合有效的指数进行长势监测,将比单一好。

10.2.2 主要指标

(1)叶面积指数(Leaf Area Index,LAI)

研究表明可用叶面积指数LAI(Leaf Area Index)来反映作物的生长状况,而且可以以叶面积指数作为主要指标进行农作物估产。LAI是一个与长势的个体特征与群体特征有关的综合指数。植物的生长靠光合作用,作物的叶面积指数是决定作物光合作用速率的重要因子,叶面积指数越大,单位面积的作物穗数越多或作物截获的光合有效辐射就越大。而且无论哪一品种都要充分利用阳光,因此叶面积指数有同一性。这是用叶面积指数监测长势的基础。当然,叶面积指数不能反映全部的个体特征与群体特征,必须用地面监测补充。

(2)比值植被指数(Ratio Vegetation Index,RVI)

RVI是基于可见光红光波段(R)与近红外波段(NIR)对绿色植物的光谱响应的反差,用两者简单的比值来表达其与反射率的差异,可表示为:

$$\mathrm{RVI}=\rho_{\mathrm{NIR}}/\rho_R \tag{10.3}$$

式中,ρ为地表反射率。

RVI能增强土壤和植被间背景的辐射差异。绿色植物红光、近红外波段反射率有较大的差异,RVI值高;而无植被的地物包括裸土、人工建筑、水体的无此特殊的光谱响应,RVI值低。

(3)归一化植被指数(Normalized Difference Vegetation Index,NDVI)

遥感影像的红波段和近红外波段遥感信息计算的植被指数与作物的叶面积指数、太阳光合有效辐射、生物量成正相关,其中归一化植被指数 NDVI 是最为常用的指标。能够避免在浓密植被的红光反射很小时,比值植被指数 RVI 无限增长的情况。对 RVI 进行线性归一化处理就能得到归一化差值植被指数,其值限定在 [-1,1] 范围内,其表达式为:

$$\text{NDVI} = (\rho_{\text{NIR}} - \rho_R)/(\rho_{\text{NIR}} + \rho_R) \tag{10.4}$$

NDVI 可以消除大部分与仪器定标、太阳角、地形、云阴影和大气条件相关的辐照度的变化的影响,增强了对植被的响应能力,是植被生长状态及植被覆盖度的最佳因子,典型的地面覆盖类型在大尺度 NDVI 图像上区分明显,植被得到有效的突出,特别适合用于全球或各大陆等大尺度的植被动态监测。但是 NDVI 在反映植被 LAI 时存在易饱和的问题,当 LAI 在 2~3 之间,就开始出现饱和,NDVI 只适合在低植被覆盖的状况。NDVI 与植被覆盖度有较大关系,当植被覆盖度小于 15%,NDVI 变化不大;当覆盖度在 25%~80% 时,NDVI 值随植被覆盖度增加呈线性增长;当覆盖度大于 80%,灵敏度下降。

(4)垂直植被指数(Perpendicular Vegetation Index,PVI)

由于植被只覆盖实际观测目标的一部分,传感器接收的信号包括植被以外的背景信息。在植被状况相同,土壤背景有变化时,传感器接收的信号有可能变化。垂直植被指数就是基于土壤线理论,除去土壤背景影响而建立的植被指数。土壤线是土壤光谱响应在红光、近红外波段二维坐标系内,表现为一条斜线,即土壤亮度线。垂直植被指数是植物像元到土壤亮度线的垂直距离,表示为:

$$\text{PVI} = \sqrt{(S_R - V_R)^2 + (S_{\text{NIR}} - V_{\text{NIR}})^2} \tag{10.5}$$

式中,S 为土壤反射率,V 为植物反射率,R 为红光波段,NIR 为近红外波段。PVI 表征在土壤背景上存在的植物生物量,距离越大,生物量越大。垂直植被指数能较好地滤除土壤背景的影响,且对大气效应的敏感程度小于其他植被指数,被广泛应用在大面积作物估产研究中。

(5)土壤调整植被指数(Soil-Adjusted Vegetation Index,SAVI)

为了减少土壤和植被冠层背景的双层干扰,提出了土壤调整植被指数,其表达式为:

$$\text{SAVI} = (\rho_{\text{NIR}} - \rho_R)(1+L)/(\rho_{\text{NIR}} + \rho_R + L) \tag{10.6}$$

式中,L 是一个土壤调节系数,随植被密度变化,取值范围为 0~1。当植被覆盖度很高时,L 为 0 时,此时 SAVI 相当于 NDVI;当植被覆盖度很低时,L 取值 1;一般中等覆盖度,L 取值 0.5。

(6)修正土壤调整植被指数(Modified Soil Adjusted Vegetation Index,MSAVI)

在植被浓密程度未知的情况下,用经验参数 L 求出的并不能消除土壤的影响,

研究人员提出了自动调节参数,由此产生的修正土壤调节植被指数,其表达式为:

$$\text{MSAVI} = \rho_{\text{NIR}} + 0.5 - \sqrt{(\rho_{\text{NIR}} + 0.5)^2 - 2(\rho_{\text{NIR}} - \rho_R)} \tag{10.7}$$

相对其他植被指数(NDVI、SAVI),MSAVI 的信噪比高,增强了植被动态响应的能力,并进一步弱化了土壤背景的影响。

(7)增强型植被指数(Enhanced Vegetation Index,EVI)

原为 SARVI2,抗土壤和大气的植被指数,可以消除大气和冠层背景影响的指数,后来被应用于生产 MODIS 产品。在 MODIS 数据产品中,EVI 表达式为:

$$\text{EVI} = 2.5(\rho_{\text{NIR}} - \rho_R)/(1 + \rho_{\text{NIR}} + 6\rho_R - 7.5\rho_b) \tag{10.8}$$

式中,ρ_b 为蓝光波段的反射率。

(8)叶绿素吸收率指数(ChlorophyII Absorption Ratio Index,CARI)

Kim 等(1994)发现如果不考虑叶绿素含量的不同,叶片 550 nm 与 700 nm 处的反射比是一个常量,因此提出了通过 CARI 指数来计算叶绿素含量。其表达式为:

$$\text{CARI} = \frac{R_{700}}{R_{670}} \frac{670a + R_{670} + b}{\sqrt{a^2 + 1}} \tag{10.9}$$

式中,$a = (R_{700} - R_{550})/150, b = R_{550} - 550a$。

(9)三角植被指数(Triangle Vegetation Index,TVI)

植被冠层在绿、红、近红外波段反射率三点连线可构成一个三角形。不管是叶绿素吸收导致红光波段反射率减小,还是饱和叶片组织引起红外反射率增加,这个三角形的面积都会增加。Broge 等(2000)提出利用这个波段的反射率来表示三角形的面积,其表达式为:

$$\text{TVI} = [120(R_{750} - R_{550}) - 200(R_{670} - R_{550})]/2 \tag{10.10}$$

式中,R_{670}、R_{550} 和 R_{750} 分别为红、绿和近红外波段的反射率。

(10)叶面叶绿素指数(Leaf ChlorophyII Index,LCI)

用于反映叶面叶绿素含量,其表达式为:

$$\text{LCI} = (R_{850} - R_{710})/(R_{850} + R_{680}) \tag{10.11}$$

LCI 对叶绿素的含量很敏感,但是对叶面散射和叶面内部结构变化不敏感,适用于中高叶绿素含量的区域。

(11)红边参数

一般包括红边位置和红边位置斜率。红边位置(Red Edge Position,REP)是红光和近红外范围内的植物反射光谱曲线斜率最大的地方。红边位置与叶片的叶绿素含量具有很好的相关,可以作为作物受胁迫的敏感指标。基于一阶导数最大的红边位置算法,是选择 680~740 nm 间一阶导数最大的波长作为红边位置的方法,其计算方法简单,适用于冠层尺度的高光谱数据求取红边位置。红边斜率为相应红边位置的一阶导数。高光谱波长处一阶导数计算方法为:

$$\frac{dR}{d\lambda} = [R(\lambda_{n+i}) - R(\lambda_{n-i})]/(\lambda_{n+i} - \lambda_{n-i}) \tag{10.12}$$

$i=1$,为光谱分辨率为 1 nm 时,其中红边位置为:

$$\text{REP} = \lambda \left[\text{maxmium}(\frac{dR}{d\lambda}) \right] \quad (680 \text{ nm} < \lambda < 740 \text{ nm}) \tag{10.13}$$

红边位置斜率为:

$$\gamma_{\text{REP}} = \text{maxmium}(\frac{dR}{d\lambda}) \quad (680 \text{ nm} < \lambda < 740 \text{ nm}) \tag{10.14}$$

10.3 定量遥感信息模型与反演

定量遥感是利用遥感传感器获取的地表地物的电磁波信息,在先验知识和计算机系统支持下,定量获取观测目标参量或特性的方法与技术。

遥感信息的定量化有两重含义:其一是遥感信息在电磁波的不同波段内给出的地表物质的定量的物理量和准确的空间位置。例如,在可见-近红外-短波红外波段内地表的反射比,热红外波段内地表的辐射温度和真实温度,在微波波段内地表物体的亮度温度和发射率及物体的后向散射系数等的定量数值。其二是从这些定量的遥感信息中,通过实验的或物理的模型将遥感信息与观测地表目标参量联系起来,定量地反演或推算某些地学或生物学的参量。例如,植被的生物量、叶面积指数、农田蒸散量、森林积蓄量、土地利用面积、积雪厚度、海洋上的风速和风向、海面温度、海洋叶绿素含量、水体泥沙含量等。这些信息,在天气分析、气候研究、农作物长势监测和产量估算、灾害监测、海洋服务及研究方面具有十分重要的意义。定量遥感是当前遥感研究与应用的前沿领域。

10.3.1 植被遥感模型

植被在陆地表面上占有很大的比例,陆地表面的植被常是遥感观测和记录的第一表层,是遥感图像反演的最直接的信息,也是人们研究的主要对象,因而,植被的结构参数显得尤为重要。

冠层物理模型解释了电磁波与叶片、土壤等冠层组分的相互作用过程,利用冠层模型可以模拟大量的不同种类的冠层光谱样本,对于反演冠层模型来提取植被生化组分信息的方法,冠层模型也是必需的。

(1)冠层反射率模型

根据模型所用的理论和假设,冠层反射率模型(CRM)可以分为 4 种不同的类型:混浊介质模型、几何光学模型、混合模型和 Monte Carlo 模型。

① 水平均匀冠层的混浊介质模型

在混浊介质模型中，冠层被假设为平面平行的无限延展的介质，其中忽略了元素的非随机尺寸、距离或空间位置分布。冠层的元素被认为是随机分布的，类似于混浊介质中的粒子。冠层的结构是由叶面积指数（LAI）和叶倾角分布（LAD）来确定的，因此除了叶片的倾向外，没有考虑其他的几何影响。每一层中，植被的元素被当作具有给定几何和光学特性的小的吸收和散射粒子。因此，它主要适用于模拟浓密的冠层，例如封陇后玉米、大豆和小麦冠层。

混浊介质 CRM 又可以分为两类：(a)基于单层 K-M 理论的模型，对辐射传输方程做了 Kublka-Munk 近似；(b)多层离散模型，其中 z 轴被离散化：冠层被分为有限层(15～40)，入射和观测半球同样被离散为有限数量的等天顶角弧面，由此求解代数方程获得每一冠层顶的上下行辐射通量。

SAIL 模型是适用于农田作物冠层的最有代表性的辐射传输模型之一，特点是在水平均匀的假设下，考虑了冠层的垂直分层结构和叶倾角分布。SAIL 模型是 Verhoef 在 SUIT 模型的基础上发展而来的，模型在阳光入射和观测方向无关的假设下计算了光线沿这两个方向的传输，并用上行辐射通量和下行辐射通量来近似计算冠层内部散射光的传输。但是，SAIL 模型无法模拟出热点现象。在 SAIL 模型的基础上，考虑了热点效应和冠层中的多次散射现象发展得到 SAILH 模型，是农作物冠层模拟中比较常用的模型之一。

② 几何光学模型

地表的真实状况有时会偏离水平均匀假设很远，尤其对于稀疏林地和有固定陇行结构的农作物等植被来说，辐射传输模型不再适用。在几何光学模型中，冠层被设计成已知尺寸和形状的立方体、圆锥、椭圆或圆柱等离散的几何体，按某种分布放置在三维空间内。处理植被冠层内部形状的几何影响的方法基本上有两种：(a)利用几何光学理论计算冠层内不同观测角度和太阳角度的阴影的影响，然后应用经验关系确定辐射状态从而模拟冠层反射率；(b)利用一个简化的辐射传输方程的形式，然后对于冠层的几何形态、叶片的形状和分布作一定的假设。几何光学模型主要是用在非浓密的冠层，冠层的间隙和开口以及单个树的形状以几何方式模拟；对于作物冠层的模拟假设单个植被的元素具有圆柱形；对于树的模拟，针叶林采用圆锥形，落叶林采用球形圆柱体或椭圆体。

③ 混合模型

当植被冠层不完全属于上述类型中的任一种时，混浊介质和几何光学模型就不适用了。混合 CRM 通过将两者相结合，从而更好地描述了冠层。考虑到几何形状，因而冠层就被设计成具有已知尺寸、相对位置和距离的元素集合。考虑到叶子可以分配到亚冠层，每个都具有不同的形状和尺寸，辐射与冠层的相互作用通过混浊介质模型来解决。混合模型可以表达均匀和非均匀的冠层,但是过于复杂和耗机时。最近的一个研究例子是 GORT(Geometric Optical and Radiative Transfer)混合模型,它结合冠层结构的几何光学和在每个单个树冠内的辐射传输原理,假设来自光照和阴影树冠表面的多重散射均匀。

④Monte Carlo 模型

Monte Carlo 模型是随着计算机的发展而发展起来的。它以一种比较现实的方式模拟植被冠层元素的位置和方向,利用 Monte Carlo 方法来追踪光子的轨迹,追踪过程从最初到它被吸收或被传感器探测到为止。通过产生随机数来决定某个入射光线与冠层作用的截点和方向,一级最邻近植被元素的位置、类型和方向。如果光子击中最邻近的元素,通过合理的统计,根据散射相函数或 LAD 来确定它被散射的方向。将这个方法应用到现实冠层时非常耗时间,从而限制了 Monte Carlo 模型在估计冠层参数中的应用。

(2)叶片模型

植被冠层的光学特性大部分取决于叶片和土壤的光学特性。为了解释从遥感影像获得的植被冠层的光谱信息需要详细地了解叶片的光学特性。因此,了解叶片模型显得尤为重要。物理模型很好地解释了光和植被叶片的相互作用过程。

①N 流模型

这些模型是从 K-M 理论得出的。它们将叶片假设成充满散射和吸收物质的厚板。N 流方程是对辐射传输方程的简化。解这些方程可以得到叶片反射率和透射率的简单解析解。

二流模型已成功地用于描述叶片辐射传输的前向过程,计算叶片的散射和吸收等光学参数。后来提出了一个更加复杂的模型,将叶片分为平行的 4 层:上表皮、栅栏组织、海绵组织和下表皮。在每一层通过不同的参数应用 K-M 理论,通过将解与合理的边界条件相结合,可以给出叶片反射率和透射率,它们是散射和吸收系数的函数。进一步的研究将可见光区的吸收系数与叶绿素含量相联系。通过反演,它们的模型可以作为一种无破坏性的测量光合色素的方式。

② 随机模型

通过马尔可夫链来模拟辐射传输。它将叶片分割为两个独立的组织:栅栏组织和海绵组织。定义了 4 种辐射状态(漫射、反射、吸收、透过)以及从一种辐射状态到另一种辐射状态的转换概率。这些概率是以叶片物质的光学特性为基础确定的,或将叶片类比为充满散射和吸收光线的生化物质的均匀混合。给定一个表述入射辐射的初始矢量,通过状态转移的迭代直到达到平衡状态,就可以获得叶片的反射率和透射率。

③ Ray tracing 模型

在目前所有模型中,只有 Ray tracing 模型可以描述如显微镜下显示的叶片内部复杂的结构。模型需要对单个细胞和它们在组织内的排列做详尽的描述。还需要定义叶物质(细胞壁、细胞质、色素、气孔等)的光学常量。利用反射、折射和吸收定律,就可以确定入射到叶面上的单个光子的传播过程。当足够多的光子的去向模拟出来后,就可以从统计意义上估计叶片内的辐射传输过程。

Ray tracing 模型的研究方法很多,但是不管哪种方法,表征近红外平台以外叶片光学特性的吸收现象都被忽略了。而且在这些模型中,叶片通常被描述为二维物体,尽管叶片器官的三维结构对于生理作用和光散射非常重要。

④平板模型

最初的平板模型(slab model)是将叶片当作一个吸收板,具有朗伯表面。所需的参数为折射指数和吸收系数。这个模型成功地用于模拟紧密(没有空气和细胞间隔)的玉米叶片。

然而很多种叶片的结构并不是这样的,于是后来人们又将其推广到非紧密叶,将叶片看作 N 个平板,被 $N-1$ 个空气间隔分开。后来又推广使得 N 可以取实数。

⑤针叶模型

上述所有的模型均不适用于针叶。因为单个针叶极其微小,使得测量它们的光学特性变得非常棘手。实际上,只有无限后簇叶的反射率可以测得。最近有一个模型 LIBERTY,可以较为准确地模拟松树叶的干湿簇叶光谱。

10.3.2 遥感模型反演算法

代价函数是传统反演算法选择较多的形式,这种方法是通过最小化代价函数来确定最优的模型参数。最小二乘法为最常用的数学方法;贝叶斯算法也因为其可以利用先验知识而得到广泛应用;迭代算法因其迭代方向不同、模型参数初值不同而反演结果各异;避免局部最小、减少搜索时间等技巧也被利用起来,该方法主要的缺点是:①达到全局最优和稳定的结果困难;②同时获得多于两个的参数困难;③计算无效率。这些缺点限制了以每个像元为基础的迭代优化反演在区域或全球研究中的实际应用。若数据集的光谱或角度维度低,则随着获取参数的增加,计算量增加将会很迅速。并且,为了开始在参数空间中的搜索,该方法需要一个初始的猜测。

(1)叶面积指数反演

叶面积及叶的空间分布是描述冠层特征的重要参数,它是表征假象的垂直于地表的冠层圆柱体内有多少叶表面或有效光合叶子的因子;这些参数决定植被可接收到的光辐射,影响植被和大气间的物质和能量交换;也是陆地生态系统碳、水循环过程模型的重要驱动量之一。叶面积指数通常定义为单位地面积上的叶投影面积。目前遥感技术成为实时获取大范围叶面积指数的唯一手段。

通过遥感获取叶面积指数的计算方法主要有两种:一种方法是用植被指数(VI)

与 LAI 的关系。由于植被的冠层反射率数据与许多因素有关,如土壤属性、植被类型、太阳辐射及大气条件,还有传感器的观测几何,所以 LAI 与 VI 之间不存在可以适用于任何地方与任一时间的唯一关系,即使对于特定的传感器也是如此。所以,在实际运用时还是应该慎重些。另一种方法是通过描述冠层反射率信息与冠层生物物理参数的植被冠层模型来反演,双向反射率分布函数 BRDF 模型可以将地表的物理属性与遥感测量的在某个波段、某个角度的信号联系起来。地表的物理属性包括土壤反射率、冠层结构与光谱属性参数、传感器的几何属性信息、太阳入射源的几何信息等。模型反演 LAI 方法的优点是这种方法是一种有物理基础的方法,是独立于植被类型的一种反演方法。

①统计模型

叶面积指数小于 6 的情况下,NDVI 和 LAI 间存在显著的线性关系,NDVI 最大值和相应季节的植被覆盖的最大 LAI 相一致,用于 LAI 或光合有效辐射的反演。基于此,为从遥感影像估测植被叶面积指数,国内外学者建立了一批植被指数与 LAI 间的统计模型。LAI 与某一生长季观测的最大 NDVI 间的关系很容易地可将不同传感器的数据融合,高分辨率和低分辨率的卫星观测数据也可结合,得到景观 LAI 格局的更为可靠的估算。

②叶面积指数遥感理论模型

在应用植被指数与叶面积指数间的经验关系时,必须要谨慎地考虑其可应用性。植被类型、生长阶段、立地环境等因子影响经验关系的可应用性。因此,基于辐射传输理论和植被几何光学模型的叶面积指数反演算法受到了许多遥感科学家的青睐。美国最新发展的对地观测系统(EOS)中分辨率成像光谱仪(MODIS)及多角度光谱成像仪(MISR)的叶面积指数产品,是基于冠层辐射传输理论的多角度遥感算法。

③植被指数的饱和

尽管假定 NDVI/LAI 关系为线性,但是这种关系并不总是线性,因为当 LAI 从 2 增大到 6 时植被指数会逐渐地达到饱和,这和植被覆盖类型和环境条件相关。然而即使假定是非线性关系,从 NDVI 估计 LAI 还是与某些因子,如冠层几何形状、叶面光学特性、土壤背景的光反射特性,特别是在 LAI 低于 4 时的土壤背景的光反射特性与太阳位置和云量等紧密相关,为弥补由于植被指数饱和对 LAI 估算的不足,可用修正的 Beer 定律来模拟 NDVI 与 LAI 的关系。

(2)陆地表面温度反演

地表温度是区域和全球尺度上地球表层系统物理过程中的一个关键参数,是研究地表和大气之间物质和能量交换、数值天气预报、全球海洋环流以及气候变化等研究的重要参数。根据所用遥感数据源的特点,地表温度反演算法可以分为单通道算法、分裂窗算法、多通道算法。

通过遥感方法获取陆地表面温度的物理基础是：随着温度的升高陆地表面发射的总辐射能也迅速地增加，而且地面物体温度的变化也影响物体的发射光谱。

(3) 地面反照率遥感反演

地面反照率(surface albedo)是地表能量平衡的重要参数，也是影响气候系统变化的主要原因。地面反照率是指在地表向上半球的可见光和近红外的反射能量之和。在现有气候模型中，地面反照率是最不确定的参数。气候模型使用预先给定的值如18%作为格点的地面反照率，在不同的地方、不同的时间，地面反照率存在5%~15%的误差，这会导致模型对近地面温度的估算误差。在辐射传输模型中，地面反照率随下垫面类型差异而不同，水体的反照率为0.10，针叶林为0.15，阔叶林为0.2，草地为0.25，小麦为0.20，雪被为0.95。多光谱的传感器可以有效地获得大气信息和地表特征信息，准确地繁衍地面反照率。

10.4 农作物种植面积遥感估测

10.4.1 水稻种植面积遥感估测方法

水稻是世界主要粮食作物之一，水稻种植面积约占世界耕地面积的15%。中国是水稻生产大国，其种植面积、长势和产量是国家粮食安全体系的重要组成部分。因此，准确及时地掌握水稻种植面积信息，可为国家和各级地方政府决策和宏观调控措施的制定提供科学依据(景元书 等，2013)。

利用遥感技术和方法进行水稻种植面积估算在国内外已有大量研究。由于水稻多生长在温暖湿润的多云多雨地区，对光学卫星数据的水稻面积监测带来极大困扰，而星载雷达卫星存在斑点噪声干扰，易受地形变化影响，且影像价格高昂，给区域水稻面积的业务化监测同样带来较大困难。当前，适宜区域水稻面积监测的数据源多采用 MODIS 传感器。该传感器提供了覆盖 0.4~14 μm 电磁波谱范围的 36 个波段数据，具有 250、500 和 1000 m 的 3 种空间分辨率。其中，MOD09A1 产品为 8 d 合成地表反射率数据，空间分辨率为 500 m。数据拥有 7 个波段，由 MODIS 1B 产品的 1~7 波段(从蓝波段至中红外波段)经过大气和气溶胶校正及卷云处理获得。另外还包括两个 QA(Quality Assurance)波段，分别标记光谱波段和地表反射率数据的质量和状态。

10.4.1.1 相似性指数法提取水稻面积

依据河南省水稻生产布局特点，结合从影像中提取的时序 EVI 和 LSWI 数据，以及水稻相似性指数可提取研究区域水稻种植分布。

(1) 研究区概况

河南省位于黄河中下游，地跨黄、淮、汉水三大流域，处于亚热带向暖温带过渡地带,年平均气温 12～15 ℃,年降水量 600～1000 mm,是典型的稻麦两熟区。为保障水稻生产用水,河南省水稻种植坚持"以水定稻"的原则,在沿黄和沿淮地区、大型水库灌区和低洼易涝地区种植水稻。2007 年以来,河南省水稻种植面积约 60×10^4 hm^2,约占全省粮食作物面积的 5.6%,主要分布在豫北和豫南两大稻区。豫北稻区包括沿黄河中下游两岸的新乡、濮阳、开封和郑州等地,种植常规粳稻,生长期从 5 月上旬—10 月中旬。豫南稻区则主要包括信阳、南阳和驻马店市,以杂交籼稻为主,生长期从 4 月下旬—9 月中旬。两稻区水稻种植多以小麦水稻、油菜水稻轮作为主。在水稻生长季内还种有玉米、棉花、大豆和花生等农作物。

(2) 实验数据

从 USGS EROS 数据中心获取了 2009 年覆盖河南省的 46 景 8 d 合成 MODIS 地表反射率产品(MOD09A1)数据,空间分辨率为 500 m。

从中国资源卫星应用中心获取了 2 景处在 2009 年水稻生长初期的 HJ-1A CCD2 影像。根据影像头文件信息,对影像进行了辐射定标。同时以 2005 年 Landsat TM 卫星数据为参照,对 HJ-1A CCD2 数据进行了几何精校正。两景影像分别覆盖豫北和豫南稻区,对本研究分类结果的验证提供了重要的参考。

通过设置采样样区,获取了研究区 2009 年 60 个水稻差分 GPS 样方数据,并结合 Google Earth 高清影像和 HJ-1A CCD2 数据,额外提取了 40 处水稻样方。样方主要分布在沿黄河中下游两岸的连片水稻种植区和豫南信阳、驻马店等水稻种植区。豫北稻区样方大小为 500 m×500 m,豫南稻区样方大多为 300 m×300 m。从河南省统计年鉴获取了 2009 年各市主要农作物播种面积,并根据实地调查,记录了豫北和豫南稻区水稻生长发育期的基本情况(表 10.1)。由表 10.1 可以看出,豫北稻区水稻生育期较豫南稻区平均推迟 10～20 d。

表 10.1 2009 年豫北和豫南稻区水稻发育期概况

稻区	播种期	移栽期	抽穗期	收割期
豫北稻区	5 月 1—12 日	6 月 15—25 日	8 月 10—25 日	9 月 30 日—10 月 20 日
豫南稻区	4 月 20—30 日	5 月 25—31 日	8 月 4—15 日	9 月 15—30 日

(3) 研究方法

在水稻生长早期,稻田需要保持一定深度的水层,与同期其他农田(玉米、大豆、花生和棉花等)相比,具有较高的地表含水量,有利于 MOD09A1 中的短红外数据对稻田的识别。另外,8 d 合成的 MOD09A1 数据能反映水稻生长规律,有助于通过比较其他农作物与水稻的生长特征曲线来提高稻田识别能力。依据上述特点,选择对地表水分含量变化敏感的 LSWI 指数和能够抑制大气、土壤背景对植被信息影响的 EVI 指数,作为提取区域稻田分布的重要指标。为此,建立水稻面积提取流程(图 10.7)。

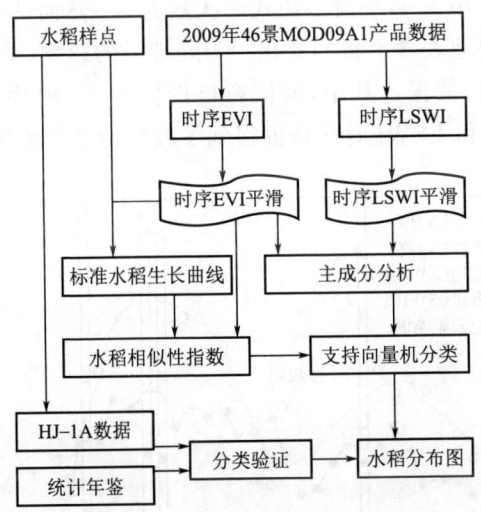

图 10.7 水稻种植分布提取流程

首先,利用 MOD09A1 数据建立时序 EVI 和 LSWI。为降低云的影响,分别采用 Savitzky-Golay 滤波算法和临近最大值插值法重建时序数据。随后根据水稻物候期,选择水稻移栽至成熟的时序 EVI 和 LSWI 数据,分别进行主成分分析,并选择前 3 个波段作为水稻面积提取的特征波段。再根据水稻样方,利用重建的时序 EVI 建立标准水稻生长曲线,计算研究区每个像元的时序 EVI 与水稻生长曲线的相似性指数,作为水稻分类的另一个特征波段。水稻面积提取采用 SVM 分类算法。参考水稻样方及相似性指数图,建立水稻训练样本,从特征波段组合中提取水稻种植面积。最后,结合 HJ-1A CCD2 影像及河南省统计年鉴对提取结果进行验证。

然而,河南省豫北和豫南稻区水稻物候期差异较大,为提高面积提取精度,分别对两大稻区按照流程提取水稻面积。同时,参考 2005—2009 年河南省统计年鉴,将常年无水稻种植地区排除,确定参与分类的豫北稻区包括濮阳、安阳、新乡、焦作、开封、郑州、洛阳、平顶山、周口和商丘市;豫南稻区包括南阳、驻马店和信阳市。为此,分别建立豫北和豫南稻区标准水稻 EVI 生长曲线。值得提出的是,尽管平顶山、周口及商丘市处于河南省中部,但其水稻物候期与豫北地区水稻物候期相近。

(4)时序 EVI 和 LSWI 指数的重建

由于云层和恶劣大气条件对 MOD09A1 数据的影响,使得时序 EVI 和 LSWI 数据存在一定的噪声,需要进行去云处理并估算缺损值。为此,针对时序 EVI 数据,选择 Savitzky-Golay 滤波算法。该方法既能够有效抑制噪声,又能够保持水稻 EVI 时序变化规律,已被广泛用于水稻时序指数的平滑重建。在滤波时,根据 MOD09A1 产品提供的 QA 波段生成二值数据(受云污染的像元值为 0,否则为 1)作为滤波权重。另外,设置滤波窗口大小为 4,平滑多项式的次数为 2。然而,时序 LSWI 数据具有较大的波动性,主要反映地表含水量的变化。为处理云的影响,采用临近最大值插值法估算受云影响的 LSWI 数据。其中,滤波窗口设置为 4。时序数据的重建结果如图 10.8 所示,可见,EVI 和 LSWI 时序数据得到了较好的平滑重建。

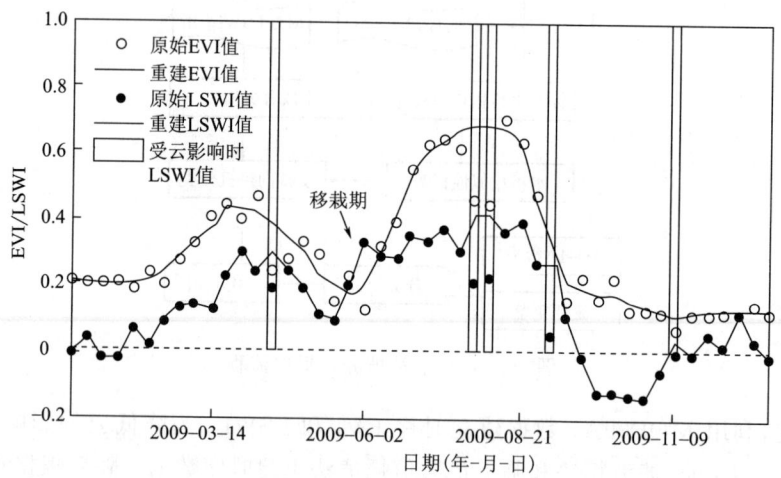

图 10.8 某像元 EVI 和 LSWI 时序数据重建

(5) 水稻 EVI 指数生长线及相似性指数

时序 EVI 指数能够有效反映水稻生长规律,一般在水稻抽穗期达到最大值。考虑到水稻生长规律的相似性,即水稻生育期相近、生长状态相似,采用水稻生长曲线相似性原理,建立基于时序 EVI 数据的标准水稻生长曲线,计算每个像元在水稻生长期的时序 EVI 与标准水稻生长曲线的相似性指数来提高识别水稻的能力。由于豫北稻区与豫南稻区水稻生育期差异较大,分别建立两区域的标准水稻生长曲线。其中,豫北稻区标准水稻生长曲线为时序 22~38,豫南稻区为时序 19~35。根据获取的水稻样方数据,取各时相水稻 EVI 指数的平均值,建立曲线如图 10.9a 所示。相似性指数的计算公式所下:

$$S_{\text{EVI}} = \sum_{i=1}^{n} | p'_i - p_i | \tag{10.15}$$

式中,S_{EVI} 为相似性指数,p'_i 为像元第 i 时序的 EVI 值,p_i 为标准水稻生长曲线对应第 i 时序的 EVI 值。计算后的水稻相似性指数如图 10.9b 所示。图中像元的 S_{EVI} 越小,则表明该像元 EVI 的时序特征越接近标准水稻生长曲线。据统计,图中水稻样方区域的相似性指数平均值为 1.16,最大值为 2.26,最小值为 0.32,标准差为 0.47。图中黄色区域表示水稻的可能性越高。

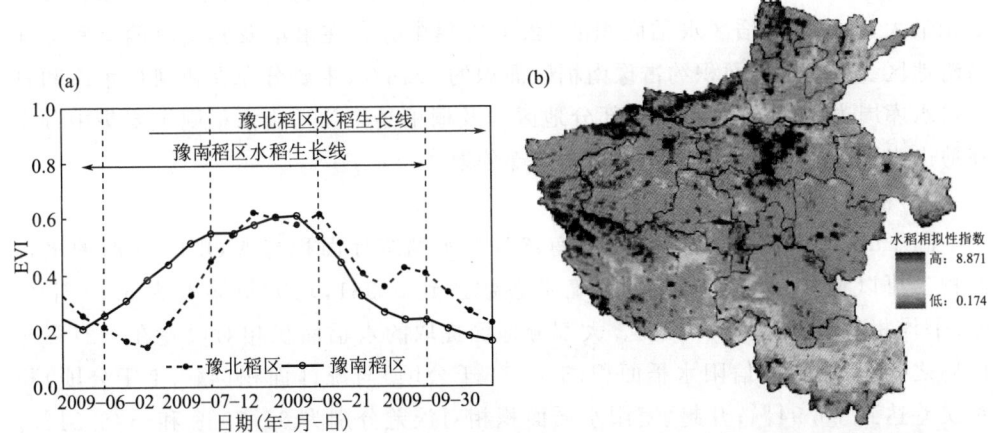

图 10.9 豫北和豫南稻区 EVI 时序水稻生长线(a)和研究区水稻的相似性指数(b)(陈怀亮 等,2016)
(附彩图)

(6) 影像分类

采用 SVM 算法提取水稻种植面积。该算法是一种建立在统计学习理论基础之上的机器学习方法,在解决小样本、非线性和高维模式识别中具有明显的优势。结合重建的时序 EVI 和 LSWI 数据,以及水稻相似性指数,对多波段影像进行分类。然而,为减少水稻与其他农作物在时序数据中的相关性,采用主成分分析方法分别对时序 EVI 和 LSWI 数据进行特征变换。取各自结果的前 3 个波段作为特征波段参与到影像分类中。另外,根据获取的地面水稻样方和水稻相似性指数图,提取水稻训练区。在 ENVI 4.7 中选用 SVM 分类方法对影像进行分类。其中,选用径向基核函数,gamma 值取 0.143,惩罚参数为 150,其他参数为默认值。

(7) 提取结果

将豫北和豫南稻区水稻分类结果进行必要的筛选和集聚分类后处理,并将分类图镶嵌后输出为矢量数据格式,获取了河南省水稻种植分布。河南省充分利用各地区水资源的分布特点种植水稻,在豫北地区形成多个集中连片的水稻种植区,而在豫南稻区的沿淮区域形成范围广、面积大的水稻种植区。

豫北稻区水稻主要分布在沿黄河中下游两岸,为引黄河水灌溉的沿黄稻区。其中,水稻种植面积较大的地区有濮阳、新乡和开封市,呈现集中种植的分布特征,水稻面积约占整个豫北稻区水稻种植面积的 87.23%。相比上述 3 个地区,郑州、洛阳、平顶山、周口和商丘市水稻种植多分散在水库、河流沿岸,呈现小片集中的分布特征。例如,平顶山水稻集中分布在白龟山水库南岸及沙河沿岸少部分地区;周口水稻主要分布在贾鲁河沿岸,而郑州水稻主要分散在黄河的南岸地区。

豫南稻区水稻多种植在沿淮河及其支流两岸和水库周边。其中,信阳水稻种植面积最大,约占豫南稻区水稻面积的92.3%,集中分布在沿淮及其支流两岸和低洼易涝地区。南阳水稻面积约占豫南稻区面积的5.16%,主要分布在鸭河口水库和丹江口水库周边、唐河与夹河两岸部分地区以及桐柏县。驻马店水稻则主要集中分布在薄山水库周边以及小洪河和汝河两岸部分地区。

(8)精度验证

图10.10以对数形式比较了河南省各地水稻统计面积与MODIS获取的水稻面积。可以看出,两者吻合较好,确定系数达到0.981,均方根误差为5.63千公顷,平均相对误差达到6.56%。大部分地区提取的水稻面积相对误差在−21%~17%之间,但提取的信阳水稻面积(550.54千公顷)与统计面积(440.1千公顷)相对误差达到79.94%;开封、安阳水稻面积相对误差分别为65.79%和−78.21%。由此可见,对于个别水稻种植区,利用MODIS时序影像提取水稻面积的精度还不够理想。

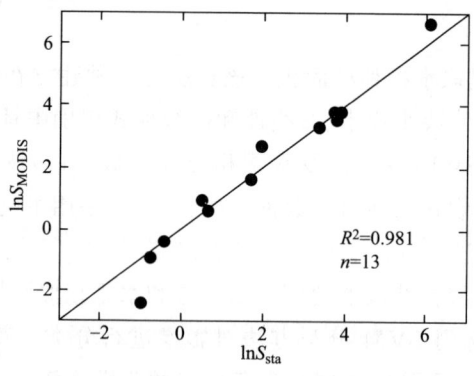

图10.10 河南省各地区2009年水稻统计面积与MODIS提取面积的比较(单位:千公顷)

为了进一步检验MODIS时序影像提取水稻面积的有效性,利用获取的两景HJ-1A CCD2数据对获取的水稻分布图进行验证。首先,根据水稻样方资料对HJ-1A影像进行目视判读和监督分类,获取影像中无云区域的水稻种植分布;然后,对水稻分类图进行矢量化,并与MODIS提取的相应区域水稻分布图进行比较,如图10.11所示。图10.11a显示了7月3日新乡—濮阳地区水稻种植的情况。该时期豫北稻区处在水稻返青期。图像中暗色区域为灌水后集中连片的稻田,具有明显区别于其他地物的颜色、纹理和空间分布特征。图10.11b和图10.11c分别显示了基于HJ-1A和MODIS提取的水稻分布图。可以看出,提取的水稻空间分布特征与实际水稻分布吻合较好。以HJ-1A水稻分布图为基准,MODIS提取的该区域水稻面积相对误差为38.4%。

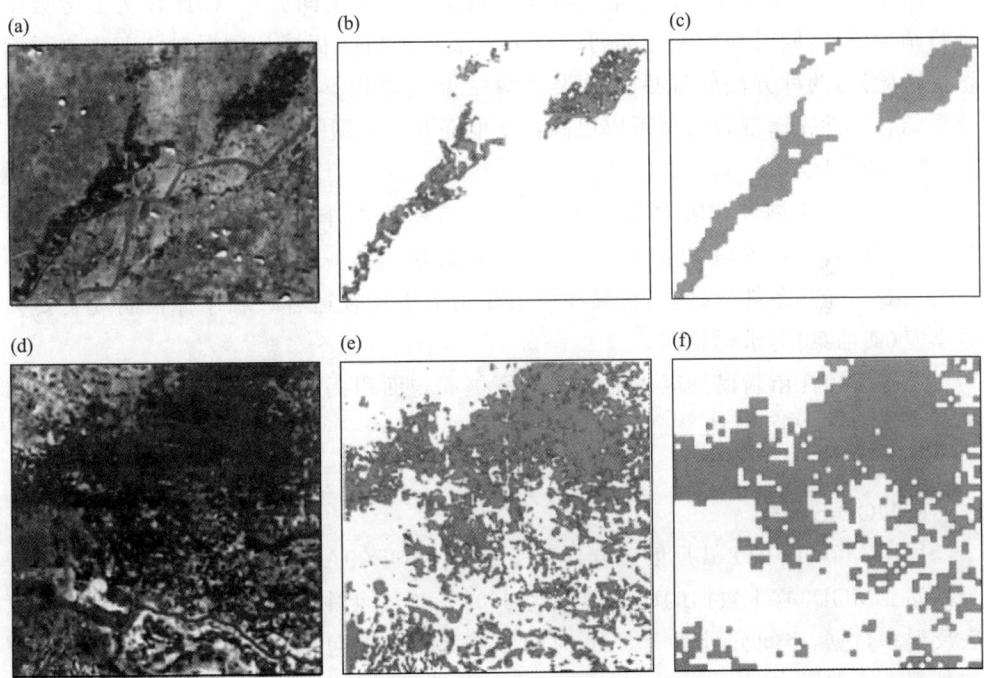

图 10.11 新乡—濮阳(区Ⅰ)和信阳(区Ⅱ)部分区域水稻分类图验证(陈怀亮 等,2016)(附彩图)
(a)、(b)、(c) 分别是区Ⅰ的 HJ-1A 假彩色合成(R:4;G:3;B:2)、HJ-1A 水稻分类图和 MODIS 水稻分类图;
(d)、(e)、(f) 分别是区Ⅱ的 HJ-1A 假彩色合成(R:4;G:3;B:2)、HJ-1A 水稻分类图和 MODIS 水稻分类图

图 10.11d 显示了信阳市息县地区假彩色合成图。豫南稻区水稻移栽期较早,该地区水稻在 7 月 3 日处于分蘖旺期。因此,在影像中稻田呈现深红色,与花生(亮蓝色)和棉花地(粉红色)颜色差异明显。比较图 10.11e 和图 10.11f 中水稻分类图,可以看出,从 MODIS 提取的水稻分布与 HJ-1A 水稻分布大体一致,但影像南部地区存在一定的差别,即 MODIS 对该地区小片面积的水稻识别能力有限。以 HJ-1A 数据中提取的水稻面积为标准,MODIS 提取的水稻面积相对误差为 8.18%。

10.4.1.2 线性混合像元分解法提取水稻面积

以江苏省为例,利用 2009—2011 年连续 3 a 的 MODIS 8 d 合成地表反射率数据(MOD09A1),计算了归一化差值植被指数(NDVI)、增强型植被指数(EVI)和陆表水指数(LSWI)。结合水稻在不同生长发育期 EVI 的时间序列变化特征,确定了水稻面积提取的关键生育期。根据水稻移栽期稻田土壤含水量高的特征,利用 NDVI、EVI 和 LSWI 3 种指数构建判别条件,确定可能种植水稻的区域。利用线性光谱混合像元分解模型对包含水稻的混合像元进行分解,得出江苏省 3 a 水稻种植空间分布图。最后,选取研究区内的水稻典型样区,利用与 MODIS 同时期较高分辨率的环境小卫星 HJ-1 CCD(30 m)数据提取水稻种植面积和空间分布,以此作为参考数据进行精度验证,同时利用统计部门的江苏省水稻种植面积统计数据对江苏省水稻面积进行验证,两种方法验证后得出误差均在 10% 以内。研究表明,采用 MOD09A1 数据结合线性光谱混合模型可以更高精度地提取大范围的水稻种植面积。

(1)研究区概况

江苏省属亚热带和暖温带过渡地带,具有明显的季风气候特征。年日照时数 2000~2600 h,年平均气温 13~16 ℃,无霜期 200~240 d,年均降雨量 800~1200 mm。光热条件较好,对喜温和中温作物的生长较适合。农业种植制度主要为冬小麦(或油菜)与水稻轮作。

选择了镇江市新民洲区作为水稻特征提取与面积提取精度评价的样区,其经纬度范围为:119.25°~119.45°E,32.10°~32.25°N。

(2)研究数据

①MODIS 数据

采用 MODIS 的 8 d 反射率合成产品数据(MOD09A1),来自美国国家航空航天局网站。MOD09A1 数据的时间范围为 2009—2011 年中 6 月 1 日—8 月 31 日的地表反射率数据,空间分辨率 500 m,时间分辨率为 8 d,包含红、绿、蓝、近红外和短波红外等 7 个波段。

②环境减灾小卫星数据(HJ-1)

根据天气条件、影像质量和样区水稻物候特征,选取了 2009 年 7 月 31 日、2010 年 8 月 21 日和 2011 年 8 月 9 日的 3 期 HJ-1 CCD 数据。HJ-1 卫星的空间分辨率为 30 m,它与 Landsat TM 数据的波段光谱特性相似,数据易获取,所以选用 HJ-1 CCD 数据进行水稻种植信息提取研究具有一定优势。

③地面测量和统计数据

地面统计数据主要作为水稻识别的先验知识和精度评价的标准。物候历作为先验知识,用于水稻特征提取中 HJ-1 卫星数据日期的选择,地面测量数据为运用 FieldSpec 3 光谱仪在样区所测得的水稻生育期内各时间段的光谱曲线,用于进行混合像元分解时的波谱参考数据。水稻种植面积统计数据用于遥感识别结果的精度验证。

(3)研究方法

利用水稻特有的移栽期地表水分指数(LSWI)与增强型植被指数(EVI)的变化特征来实现水稻的提取。首先利用长时间序列的 MODIS-EVI 的变化特征,通过水稻在 MODIS 影像上移栽期 LSWI 与 EVI 的变化特征实现对江苏省水稻的识别和提取。再根据线性光谱混合像元分解模型对所提取的水稻像元进行混合像元分解提纯,得到水稻丰度图。然后在江苏省水稻物候历的支持下,在江苏省选择 1 个具有地理代表性的县市作为样区,利用样区多时相 HJ-1 CCD 数据进行水稻种植面积提取,得到较高分辨率的水稻种植信息分布图,作为 MODIS 水稻种植面积提取的精度验证参考。最后利用样区 HJ 卫星水稻种植面积分布图和江苏省统计局水稻种植面积统计数据对识别结果进行精度评价。

(4) 数据预处理与植被指数计算

江苏省地跨两景图像(H27V05、H28V05),下载产品需要进行拼接,并对拼接后的图像进行投影和坐标系转换。将原始投影方式为等面积正弦曲线投影(sinusoidal projection)的 MODIS 数据转换成 ALBERS 等面积投影,使所有数据在相同的投影坐标系下。利用江苏省省界矢量图层作为掩膜,裁切经过镶嵌和投影转换后的图像,得到覆盖江苏省的 MODIS 图像。

利用 MODIS 数据的 3 种植被指数,进行水稻信息提取。这 3 种植被指数包括归一化差值植被指数(NDVI)、增强型植被指数(EVI)和陆表水指数(LSWI),主要利用植被在蓝光波段(ρ_{blue},459~479 nm)、红光波段(ρ_{red},620~670 nm)、近红外波段(ρ_{nir},841~876 nm)、短波红外波段(ρ_{swir},1628~1652 nm)的反射率计算得到。

它们的计算公式如下,其中 ρ 为反射率:

$$\text{NDVI} = \frac{\rho_{nir} - \rho_{red}}{\rho_{nir} + \rho_{red}} \qquad (10.16)$$

$$\text{EVI} = 2.5 \times \frac{\rho_{nir} - \rho_{red}}{\rho_{nir} + 6 \times \rho_{red} - 7.5 \times \rho_{blue} + 1} \qquad (10.17)$$

$$\text{LSWI} = \frac{\rho_{nir} - \rho_{swir}}{\rho_{nir} + \rho_{swir}} \qquad (10.18)$$

NDVI 在植被覆盖监测上应用比较广泛。与 NDVI 相比,EVI 对土壤背景和气溶胶的影响较不敏感,而且在植被覆盖度高的地区不容易饱和。当土壤湿度高时,使用 EVI 指数更合适。且水稻在生长最旺盛时期的叶面积指数很高,故 EVI 比 NDVI 更适合对水稻进行监测。因此,研究选取 EVI 作为识别水稻生长发育期的依据,确定提取水稻的关键期。水稻的多数生长期内,稻田的反射光谱是陆地表面水体和水稻秧苗及其他地物的混合光谱。因此还需要构建对水体较为敏感的植被指数。LSWI 利用对土壤湿度和植被水分敏感的短波红外波段,可以监测土壤湿度变化。

(5) 水稻特征提取

根据水稻的生理特性,农田为了便于插秧,在水稻移栽前需要对稻田进行灌水,此时稻田的土壤含水量很高。因此,在水稻移栽期从遥感图像中根据此时稻田含水量高的特点可将水稻鉴别提取出来并能很好地与其他作物区分。

图 10.12 是江苏省范围内耕地的 EVI 时间序列变化曲线,其中横坐标为 MOD09A1 数据获取时间,纵坐标为 EVI 的值。对于江苏省而言,5 月底 6 月初水稻开始进行移

栽,此时水稻田 EVI 处于一个低谷。在水稻的移栽期,由于水稻田中需要灌溉大量的水,因此此时水稻田的 EVI 处于最低值。稻田在水稻移栽后秧苗会迅速返青,此时稻田中的 EVI 值将略微增加。水稻在之后的 1~2 周时间根系和叶系将开始生长并进入分蘖期,此时稻田的 EVI 值由于水稻分蘖数量增加而快速增加。水稻在 8 月初左右将从营养生长开始转入生殖生长,植株内的养分逐渐转入到籽粒中,植株的生物量逐渐下降,此时 EVI 达到最大值,对应着水稻的抽穗期。抽穗期以后,水稻叶片逐步衰老直至死亡,此时水稻田 EVI 数值开始慢慢下降。

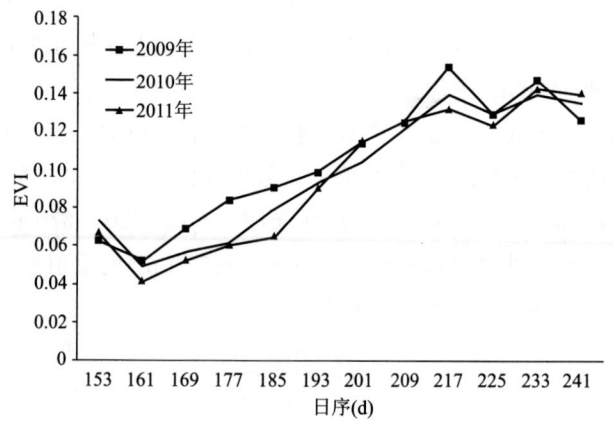

图 10.12　江苏省 2009—2011 年耕地范围内的 EVI 时间序列变化曲线

(6)水稻的识别

根据研究区影像和研究区的水稻种植特点,通过监测对土壤和植被水分含量较为敏感的 LSWI 指数和对土壤背景不敏感的 EVI 指数的变化来作为水稻识别和提取的重要依据。在研究区域内提取水稻种植面积信息由于部分地区水稻移栽日期的不同会造成一定困难。通过分析研究区多时相 MODIS 8 d 合成地表反射率数据中 EVI 和 LSWI 指数的变化特征,得出在水稻生长发育期内,EVI 通常都大于 LSWI。只有在移栽期,稻田水分含量高,像元的反射光谱表现为 EVI 小于 LSWI。因此,根据研究当某个移栽期水稻像元中符合 EVI≤(LSWI+0.05)这一特征,则该像元就可能为水稻像元。江苏省范围内水稻的移栽期集中在 6 月,因此可以利用 5 月底—7月初的数据,提取符合 EVI≤(LSWI+0.05)的像元。这是第一个条件函数。

为了确保水稻种植信息提取的准确性,需要识别并剔除云、常绿植被和水体等非水稻像元。尽管 MOD09A1 产品数据已经经过了严格的去云和去阴影的处理,然而,研究区在水稻生长发育的时期多云且影像中仍然存在大量由于云覆盖而残留的对信息提取影响较大的噪声。根据所获数据经过阈值选取确定,将第三波段蓝光波段的反射率≥0.2 作为识别云的标准将少量的云噪声剔除。由于常绿植被的 NDVI 值能终年稳定且较高,而水稻的 NDVI 值在其移栽期会突然变低。通过阈值选取将在所有 MODIS 8 d 地表反射率数据中 NDVI 均大于 0.7 的像元认为是常绿植被并剔除。

为了进一步对以上区域中可能为水体或其他容易混分的像元进行剔除和选取,研究采用了另一个条件函数。在移栽期后 40 d 左右时间里,EVI 值需超过 EVI 最大值的一半。采用移栽期后 5 个 8 d MODIS 合成数据的 EVI 值超过 EVI 最大值的一半作为第二个条件函数。

(7)线性光谱混合像元分解

采用最小噪声分离变换(Minimum Noise Fraction,MNF)对用以上方法判断的可能为水稻的遥感图像像元做出处理,将主成分数据和噪声数据进行分离,分离后的各个波谱间相互独立。其中绝大部分的有效信息集中在前 3 个波段,故分别做出 MNF 变换后各波段的 2 维散点图,并根据 2D 散点图的交互显示来选择端元,利用散点图中的各拐角位置作为参考端元,结合区域特点和先验知识,参考实测端元水稻光谱数据(图 10.13)进行目视解译判读,可以看出研究区为水稻、其他作物植被和城镇用地 3 种主要地物类型。

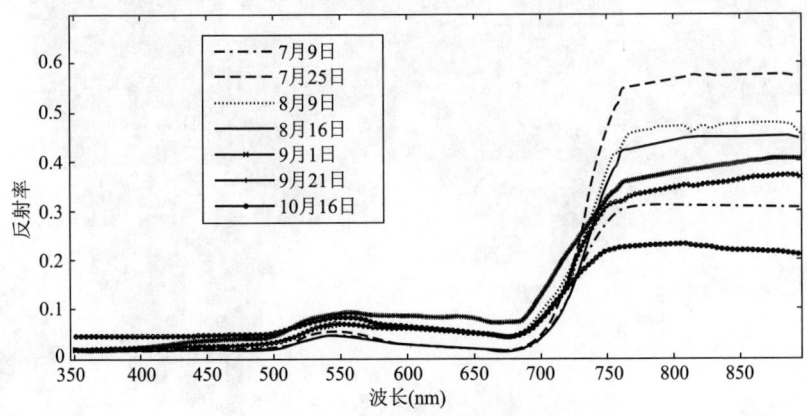

图 10.13 实测水稻端元反射率参考值

考虑到利用 MNF 方法对端元成分进行确定的精度不高并且比较随意。所以引用了纯净像元指数(Pixel Purity Index,PPI)作为对遥感图像中高纯度的像元进一步确定的指标。PPI 指数即为图像中每个像元作为极值点的频度,PPI 指数越高意味着像元的纯度也越高。在多次对比试验之后,选择了最为合适的一种阈值和迭代次数组合对遥感图像像元进行分析,得出在结果图像中高亮显示的相对纯净像元。把绝大部分不纯净的点从原始图像中去除,极大地缩小了端元组分的选择范围。

把 PPI 图的结果作 N-维散度分析,选择 MNF 图像的前 3 个波段,出现 N-维散点图。通过对 N-维散点图的旋转和对比,结合之前得到的 2D 散点图,将在三维多面体各个顶端边缘处对应选择的 3 组点集作为端元的组成成分,提取出各端元组分的平均波谱曲线,并与参考值比较进行波谱分析。利用线性混合光谱模型(LSMM)对遥感影像像元进行混合像元分解,得出各类地物端元的丰度图。

(8)结果验证

①与样区环境卫星数据提取的水稻信息对比

根据样区的较高分辨率 HJ-1 数据通过监督分类中的最大似然法分类来提取水稻信息,得到样区水稻种植面积分布图见图 10.14。

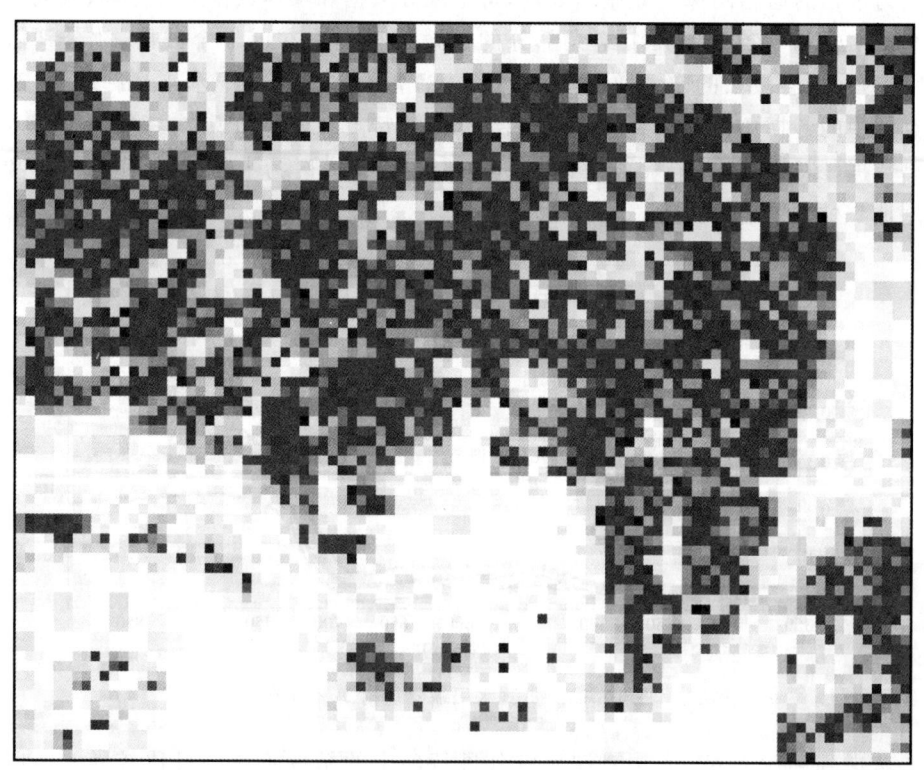

图 10.14 2010 年样区水稻分类图验证

由于所选 MODIS 数据为 500 m 分辨率,HJ-1 CCD 数据为 30 m 分辨率,根据上述水稻种植面积提取方法提取之后,经过对 MODIS 数据进行线性光谱混合像元分解的处理,可以看出两种数据在空间匹配度上大致一致。再对 HJ-1 数据的水稻分类信息进行面积提取,得到 2009—2011 年分别为 152.81 km^2、165.18 km^2、157.77 km^2,以 HJ-1 卫星数据所提取的水稻面积为基准对比 MODIS 数据所提取的水稻面积,得出 MODIS

数据所提取水稻面积的精度分别为96%、89%、94%。

②与江苏省统计数据对比

利用MODIS数据提取的江苏省全省水稻面积结果见图10.15,与江苏省统计局统计的江苏省2009—2011年水稻种植面积相比误差分别为3%、10%和6%。

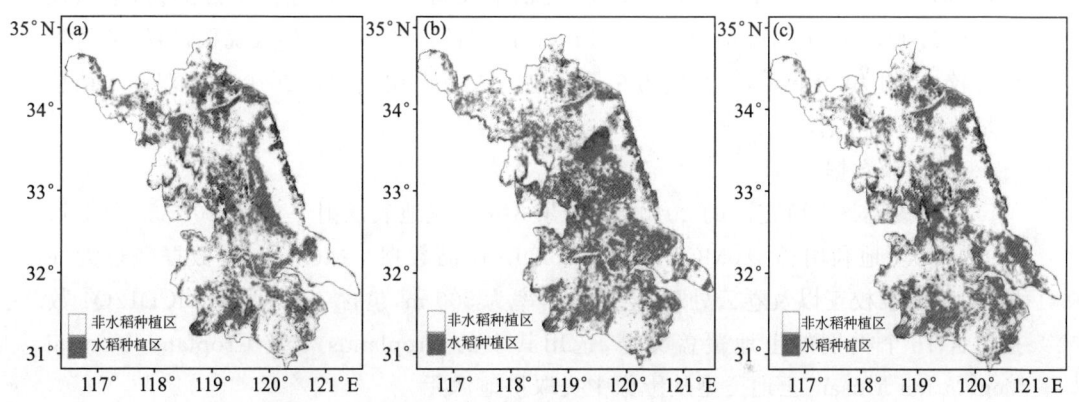

图10.15 江苏省水稻分布图(附彩图)
(a)2009年;(b)2010年;(c)2011年

10.4.1.3 利用FastICA技术提取水稻面积

以长江中下游苏、皖、赣3省为研究区域,基于2010年MODIS数据,使用FastICA算法分解混合像元提取水稻面积(耿利宁 等,2015)。重构陆地水分指数LSWI、增强型植被指数EVI、归一化植被指数NDVI的时序数据以减少云等噪声的影响;在土地覆盖类型(Land Cover Type)数据获得耕地数据基础上,利用水稻移栽期间水田像元的陆地水分指数LSWI、EVI之间特有的关系,获取水田像元;依据不同地区水稻物候期,建立不同的水稻标准生长曲线,不同地区进行相似性指数的计算,获得各地区以相似性指数为特征的单波段影像即含水稻像元的影像;在此基础上,使用ICA(独立成分分析)中的FastICA算法对不同地区含水稻影像的NDVI曲线进行独立成分分析,分离水稻NDVI曲线计算丰度,获取水稻丰度图。

(1)研究区概况

江苏、安徽、江西3省隶属长江中下游水稻生态区。其中,江西全省和江苏、安徽的南部地区属于江南丘陵双季稻种植区,而江苏和安徽北部地区属于华北单季稻区。但随着近十多年来的城市化和劳动力转移,江苏和安徽大部分地区仅种植一季中稻和晚稻,江西一季稻面积则逐年攀升。

江苏省主要种植一季水稻,生长季一般为6月中旬—11月中旬,2010年总种植面积达 223.4 万 hm², 总产量达 180.7 亿 kg。安徽省水稻种植集中在长江淮河流域, 多为一季稻, 沿淮地区水稻生长季为 6 月上旬—10 月下旬, 沿江地区生长季为 6 月上旬—9 月下旬或 10 月上旬, 两地区总种植面积达 164 万 hm², 总产量达 128.2 亿 kg。江西省水稻种植集中在中北部地区。该地区土壤肥沃, 主要种植双季水稻。其中, 早稻生长期为 4 月下旬—7 月下旬, 晚稻生长期为 7 月下旬—11 月上旬, 早稻种植面积为 140 万 hm², 晚稻为 141 万 hm²。该省还种植一季中稻或晚稻, 但种植面积相对较小, 约 40 万 hm², 生长期为 6 月上旬—10 月上旬。该省 2010 年单双季水稻总产量达 170 亿 kg。

(2) 实验数据

利用覆盖整个研究区的 2010 年 46 景 8 d 合成地表反射率 (MOD09A1) 和 1 景 (2009 年) 土地利用类型 (MCD12Q1) MODIS 产品数据。MOD09A1 数据经过大气校正、气溶胶校正以及卷云处理, 空间分辨率为 500 m, 包含 7 个波段。MCD12Q1 数据包含 16 个类别的土地覆盖类型, 选用其中的 Croplands 以及 Cropland/Natural Vegetation Mosaic 土地类型从影像中提取耕地像元。

利用已有的研究区水稻和玉米、大豆和棉花同期作物 GPS 样方资料, 结合 Google Earth 和 6 景覆盖研究区域的 Landsat TM 数据、覆盖研究区域的 HJ1A-CCD1 影像, 空间分辨率为 30 m, 从研究区内额外建立了 150 个水稻样方数据。表 10.2 给出了各省观测到的主要水稻生长期最早—最晚日期的基本情况。

表 10.2 各省主要水稻生长期基本情况

稻区	播种期	移栽期	抽穗期	成熟期
江苏单季稻	05-03—05-21	06-03—06-23	08-11—09-03	09-21—10-24
皖北单季稻	04-24—05-09	06-01—06-18	08-13—08-29	09-16—10-24
皖南单季稻	04-11—04-28	05-27—06-05	08-06—08-12	09-06—09-30
江西早稻	03-22—03-29	04-12—05-02	06-14—06-29	07-07—07-25
江西中稻	04-28—05-15	05-25—06-11	07-10—07-24	09-23—10-08
江西晚稻	06-18—07-09	07-16—07-27	09-03—09-25	10-06—11-03

注: 日期格式为月-日。

(3) 水稻面积提取方案

首先结合水稻移栽前后 LSWI 和 NDVI 变化规律和相似性指数提取水稻像元 (杨沈斌 等, 2012; 景元书 等, 2013)。选用 LSWI、NDVI 在耕地类型像元基础上提取满足 $LSWI+T \geqslant NDVI$ 的水田像元; 在此基础上, 通过样方获取的参考 NDVI 时序曲线,进行相似性指数计算,获取相似性指数影像,结合样方得出符合水稻的相似性指数范围提取水稻像元;然后,获取水稻像元的 NDVI 数据,再利用 FastICA 算法分解 NDVI 数据,获取水稻丰度提取水稻面积,具体流程见图 10.16。

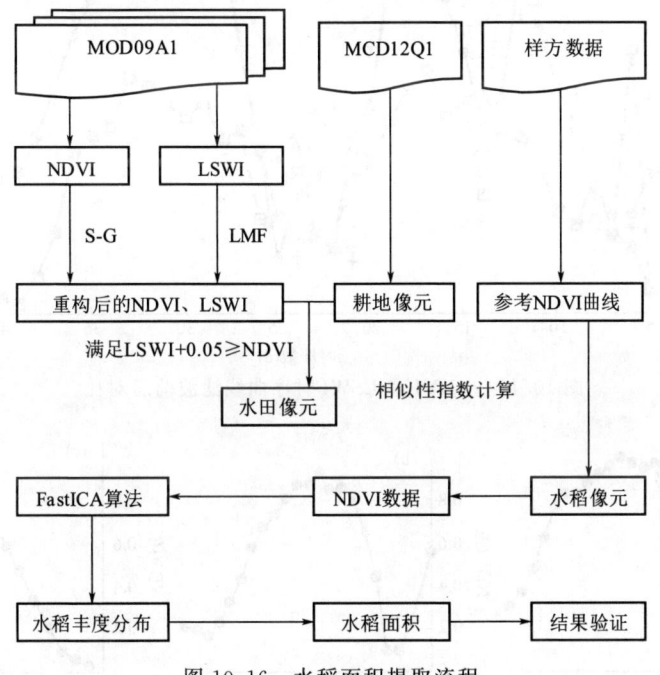

图 10.16　水稻面积提取流程

(4)植被指数的计算与滤波重构

利用公式计算出陆地水分指数 LSWI 和归一化植被指数 NDVI 的数值,对 MODIS 数据进行去云滤波和噪声抑制处理。为此,对 LSWI 时序曲线采用 LMF (基于局部最大滤波算法)进行滤波和噪声抑制,对 NDVI 时序曲线采用 TIMESAT 程序中的 Savitzky-Golay 算法进行去云滤波和平滑。两种算法都是在给定时序窗口内进行的滤波算法,利用窗口范围内数值的平均值或者线性组合替换缺失或者不良数据。LMF 方法采用局部平均值平滑,滤波窗口设定为 4;S-G 方法针对 NDVI 的窗口大小为 3,平滑多项式次数为 2。原始数据与滤波重构后的数据对比见图 10.17。从图中可以看出,NDVI 与 LSWI 数据都得到了较好的平滑并保留了原始的变化特性。

(5)水稻参考生长曲线的建立与相似性指数的计算

根据样方数据中的纯像元样方获取各区的 NDVI 时序曲线,求多个样方的平均值,得到能代表该区的水稻参考 NDVI 时序曲线(图 10.18)。其中,江苏省用一条参考曲线代表,安徽省皖北皖南各用一条参考曲线代表,而江西省用 3 条参考曲线代表

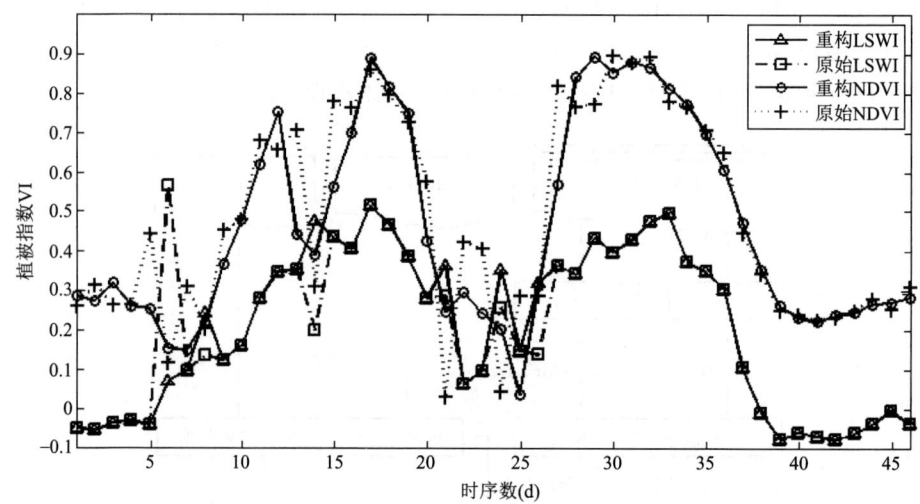

图 10.17 NDVI 和 LSWI 时序曲线滤波前后对比

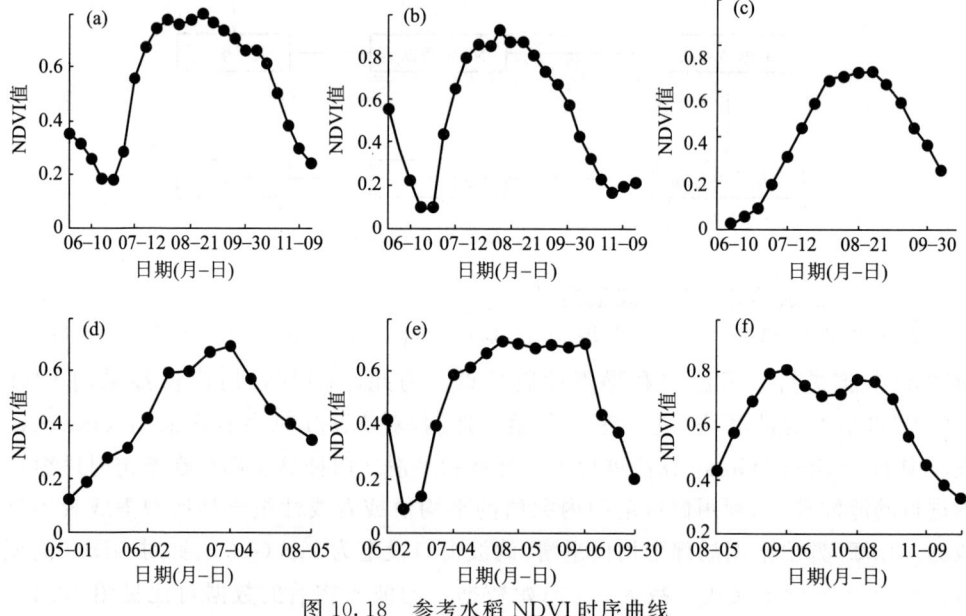

图 10.18 参考水稻 NDVI 时序曲线

(a)江苏省;(b)安徽省北部;(c)安徽省南部;(d)江西省早稻;(e)江西省中稻;(f)江西省晚稻

早、中、晚3种水稻。通过与表 10.2 的对比可以发现,选取的参考 NDVI 时序曲线符合真实的水稻物候期。

利用相似性算法公式计算相似性指数,相似性指数值越小表明与水稻生长曲线越相似,是水稻像元的可能性越大。由于研究区域较大,大区域水稻生长季的开始和结束时间不尽相同,这就使得一些原本含有水稻的像元由于与参考 NDVI 时序曲线时间横轴上的差异,相似性指数值过大而被当作非水稻。为了避免这一不同种植日期带来的干扰,对参考 NDVI 时序曲线的时间跨度进行了前后各一个 8 d 即一个时序的滑动(图 10.19),多次进行相似性指数计算。计算后的相似性指数如图 10.20 所示。

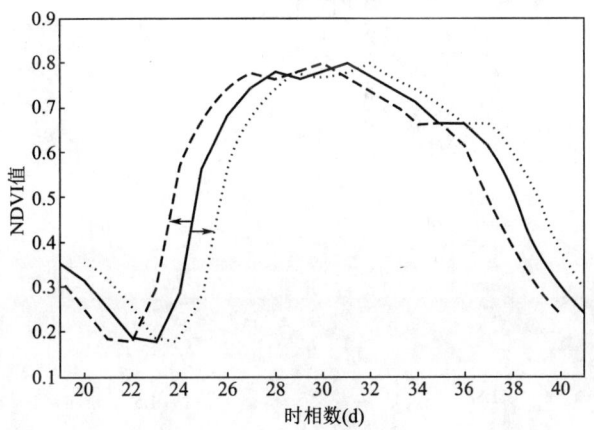

图 10.19　滑动 NDVI 时序曲线的时间序列(以江苏为例)

(6)基于 FastICA 算法的水稻像元分解

FastICA 算法是基于负熵的快速不动点算法。它以负熵的近似(近似估计一维负熵)作为目标函数,使用不动点迭代法寻找非高斯性最大值,该算法采用牛顿迭代算法对观测变量 X 的大量采样进行批处理,每次从观测信号中分解出一个独立分量,是 ICA 的一种快速算法(Hyvärinen et al.,2000),已在很多领域得到了应用(粘永健 等,2010;Norsalina et al.,2018)。

在进行 FastICA 算法之前,需要对数据进行预处理来简化 ICA 问题。设定输入的数据 X 是观测得到的 NDVI 数据,为一个 $T \times N$ 的矩阵,行为组成图像的各个像元,列为每个像元中整个时期不同时相 NDVI 的值。中心化即为零平均,X 中每列数值减去每列的平均量,使 X 成为零平均变量。白化则是使其各个分量互不相关,且各自的方差等于 1,使得 X 的协方差矩阵等于单位矩阵。预处理公式为:

$$Z(x) = \frac{x - \bar{x}}{\sqrt{\frac{(x - \bar{x})^2}{n}}} \tag{10.19}$$

通常 FastICA 算法需要的输入数据是以像元个数作为信号个数,像元的时序数作为样本个数,而在水稻面积提取的应用中,不同作物的时间生长序列可能并不符合

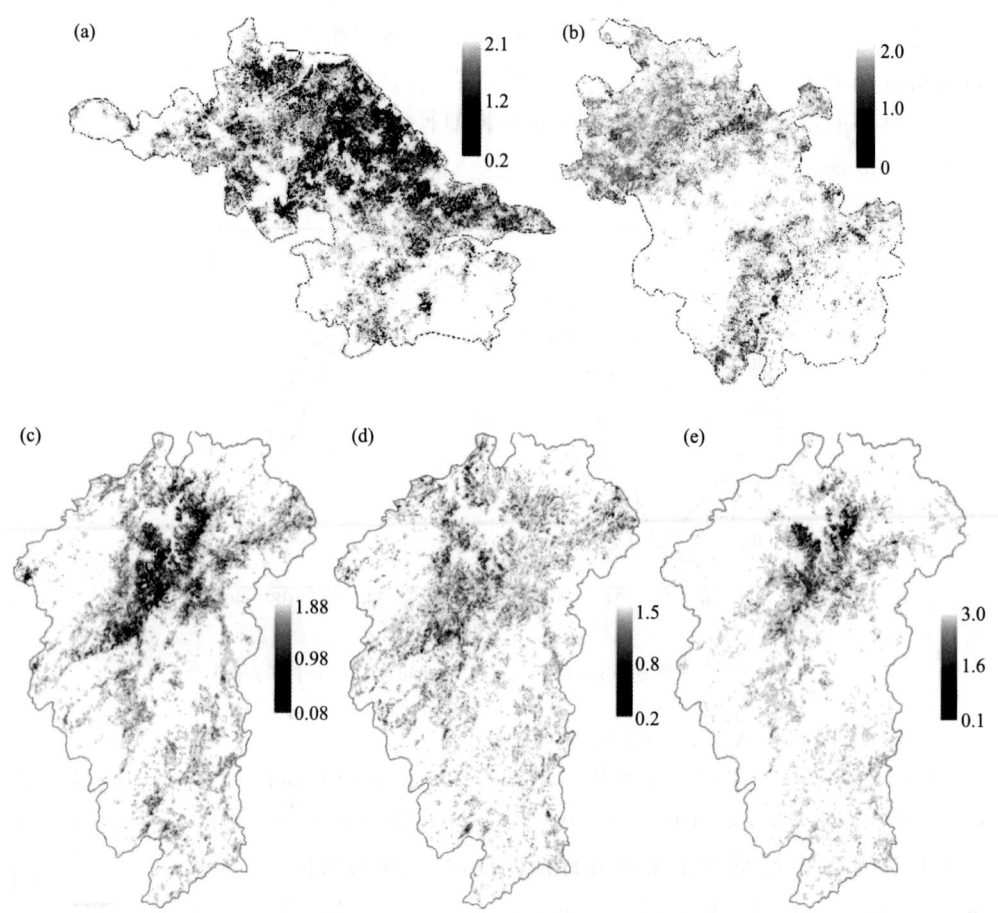

图 10.20 水稻相似性指数图(附彩图)
(a)江苏省;(b)安徽省;(c)江西省早稻;(d)江西省中稻;(e)江西省晚稻

ICA 分析中提及的统计独立,因此需要对原始数据进行转置,使得像元时序数作为信号个数,像元个数作为样本个数。得出的结果中,A 中第 i 列代表第 i 个独立成分的时间序列,IC 中第 i 行代表该独立成分信号在整个图像中的强弱分布。一般而言,结果中独立成分的排列顺序符合高斯性从强至弱的规律。

FastICA 算法在独立成分个数很多的情况下,无法使分解得到的所有独立成分完全的独立,丰度计算的误差也就很大。在水稻像元基础上进行的 FastICA 算法等于间接地对原始数据进行了降维,减少了误差。

引入一个在降维过程中使用的表征独立成分个数的特征量 VD(Virtual Dimensionality)。针对江苏地区,通过改变 VD 的大小,选取 VD=8 时,独立成分个数占总变量的 95.12%，分解得出的 NDVI 时序曲线中，符合水稻生长特性的有两条曲线（图 10.21a）。由于 FastICA 算法在计算之前要做零均值处理，所以分解得出的曲线也都是零均值的，分解得到的曲线是从实际曲线中分解出来能代表一定区域的曲线。从图中可以看出，两条曲线代表的生长季符合水稻生长季，NDVI1 较 NDVI2 略长；二者峰值相近，在时间横轴上有所偏移，NDVI1 曲线 9 月出现明显下凹。同样地，安徽地区取 $VD=7$，占总变量 94.14%，共分解出 4 条曲线符合水稻生长特性的曲线（图 10.21b）。4 条曲线同样符合水稻生长季，峰值相近，其中 NDVI3 在 9 月出现明显下凹且较其余 3 条曲线生长季较长。江西地区早稻取 $VD=6$，占总变量 90.26%，中稻取 $VD=8$，占总变量 92.5%，晚稻取 $VD=6$，占总变量 92.77%；早、中、晚稻各分解出一条 NDVI 曲线（图 10.21c）。3 条曲线峰值相近，在时间横轴上，早稻的曲线结束后晚稻的曲线开始增长，中稻的曲线位于早晚稻之间，符合江西地区早、中、晚稻的生长季，其中代表晚稻的曲线 9 月出现明显下凹。

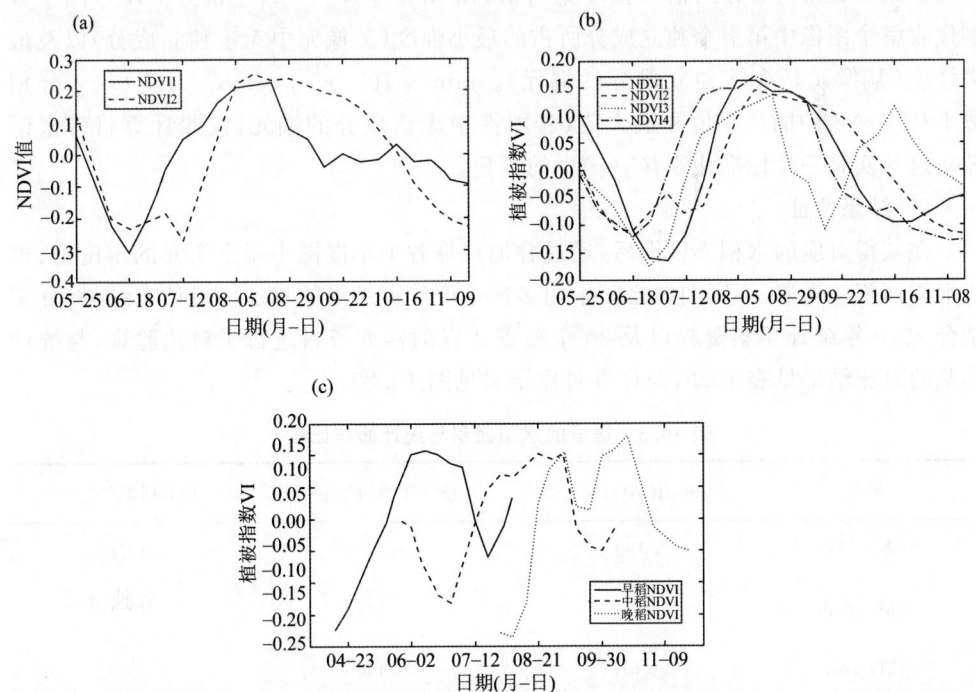

图 10.21　FastICA 提取的 NDVI 时序曲线
(a)江苏省；(b)安徽省；(c)江西省

在盲源分析中，由于地物类型众多，给分析带来了很大的困难，特别是研究区域过大时，所含地物的类型很多，VD 个数较难确定。而 VD 的大小与丰度计算误差有密切的联系。水稻种植情况、水稻生长状况和稻田土壤特征在空间上都存在一定差异,给确定 VD 数带来了困难,这同样使得我们不可能"完全分解"不同条件下的水稻像元,但我们却能"尽可能"地去分解不同条件下的水稻像元。以江苏地区为例,当分别取 $VD=8$、$VD=9$ 时,分解得到符合水稻生长特性的曲线都为 2 条,并且前后两次分解得到的两条曲线之间差异很小,说明取 $VD=8$ 时,得到的符合水稻生长特性的独立成分已经尽可能地被分解。

使用 FastICA 算法分解得到各地区不同的 NDVI 时序曲线后,获取符合水稻生长特性曲线对应的 IC 矩阵中的行数据,即曲线代表的水稻成分在不同像元的信号强度值(IC 值),选取其中的最大值和最小值,进行丰度计算,公式如下:

$$\alpha_{IC_i} = \frac{|IC_i(r)| - \min_r |IC_i(r)|}{\max_r |IC_i(r)| - \min_r |IC_i(r)|} \tag{10.20}$$

式中,α_{IC_i} 代表第 r 像元中第 i 个独立成分的丰度大小,$|IC_i(r)|$ 代表 r 像元中 IC 矩阵中第 i 个独立成分的信号强度绝对值,而 $\min_r |IC_i(r)|$、$\max_r |IC_i(r)|$ 分别代表整个图像中第 i 个独立成分所占的最小强度(某像元中无该独立成分)以及最大强度(某像元是含该独立成分的端元)。$\min_r |IC_i(r)|$、$\max_r |IC_i(r)|$ 分别取 $|IC_i(r)|$ 中的最小值和最大值(若图像中无该成分的端元,按此计算将带来误差),这其实是一个标准化 $|IC_i(r)|$ 的过程。

(7)结果验证

在获得对应的水稻丰度图后,通过叠加计算各个丰度图中每个像元的丰度值,进行水稻面积的提取,不同曲线之间采用多次丰度计算结果的相加。对计算结果,分别结合 2010 年统计年鉴资料以及 30 个覆盖 3 省的样方资料进行了对比验证,与统计年鉴的对比结果见表 10.3,与样方对比结果见图 10.22。

表 10.3 提取的水稻面积与统计面积比较

稻区	FastICA(10^4 hm^2)	统计年鉴(10^4 hm^2)	相对误差(±%)
江苏一季稻	192.9	223.4	13.6
安徽一季稻	144.2	164	12.1
江西早稻	61.7	140	55.0
江西中稻	24	40	40.0
江西晚稻	69.7	141	50.5

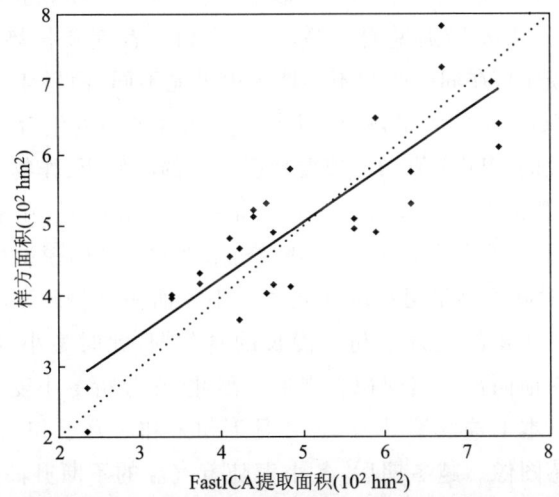

图 10.22 样方面积与 FastICA 提取面积的比较

由表 10.3 可见,提取的江苏一季稻面积约为 192.9 万 hm^2,与统计面积相对误差为 13.6%;安徽地区水稻提取面积为 144.2 万 hm^2,误差百分比为 12.1%;江西地区出提取面积分别为早稻 61.7 万 hm^2,中稻 24 万 hm^2,晚稻 69.7 万 hm^2,误差过大,平均在 51.5% 左右。由图 10.22 可见,FastICA 提取的面积与样方面积平均相对误差在 15% 以内,散点与趋势线的确定系数为 0.79。

10.4.2 冬小麦种植面积遥感估测方法

冬小麦是中国主要粮食作物之一,播种面积占粮食作物总播种面积的五分之一。及时了解冬小麦种植面积,对于加强冬小麦生产管理,调整农业结构,辅助政府有关部门制定科学合理的粮食政策具有重要意义。目前我国冬小麦种植面积遥感估算方法主要有:

(1)时间序列法提取冬小麦面积

根据江苏省冬小麦物候期的特点提出来基于时间序列 NDVI 的江苏省冬小麦播种面积提取模型(黄青 等,2010)。

如果像元值同时满足:

$NDVI_{103} < T_1$,$NDVI_{121} > T_2$,$NDVI_{23} > T_3$,$NDVI_{43} > NDVI_{42}$,$NDVI_{43} > NDVI_{51}$,$NDVI_{43} > T_4$,$NDVI_{53} < T_5$,则判断该像元为冬小麦。

上述模型中,T_1、T_2、T_3、T_4、T_5 是不同生育期的阈值,其数值大小来源于不同区域植被指数与物候期的对应关系,如 10 月下旬,T_1 值一般在 0.1 以下,12 月上旬 T_2 值一般在 0.25 左右,2 月下旬 T_3 值一般在 0.3 左右,4 月下旬 NDVI 的值最大,大于 4 月中旬和 5 月上旬,可以达到 0.6 以上,甚至更高。而收获期 5 月下旬 NDVI 值会降到 0.2 以下。需要特别说明的是,由于作物生育期及长势的差异,某一地点 NDVI 值绝不是固定的,在同一时相不同地区很可能不同,而每年气候对生育期的进程亦产生影响,如 2009 年的大旱,就使得大部分地区冬小麦生育期较常年推迟。因此,模型中关键点位的 NDVI 值、T_s 值要根据每年的物候历、作物一般的光谱特征资料或农情野外监测数据来分区设置。上述只是一般提取模型,在不同年份冬小麦的面积信息提取中,模型要根据实测数据不断修正,因此分区的模型可达到数十个。

利用 T_s-EVI 时间序列谱可提取河北省冬小麦面积(闫峰 等,2009)。河北省冬小麦自 11 月下旬—次年的 2 月下旬为漫长的越冬期,此时冬小麦地上部分停止生长,而且在该时段内地面往往出现积雪现象。因此,在分析冬小麦 T_s-EVI 序列变化特征的时间选择上,本书选取编号为 57(2 月下旬末和 3 月上旬初)～169(6 月中旬末和下旬初)的遥感图像。越冬期后,冬小麦随着气温的不断升高而快速生长,从而形成独特的 T_s-EVI 特征空间变化轨迹。结合河北省冬小麦生育期内存在的主要地表植被类型,分别在石家庄、邢台和张家口等市选取经实地调查确认的冬小麦、棉花和草地等典型地物类型建立感兴趣区,分析冬小麦、棉花和草地在 T_s-EVI 特征空间中的变化轨迹差异(图 10.23)和冬小麦 T_s-EVI 时间序列谱(图 10.24)。

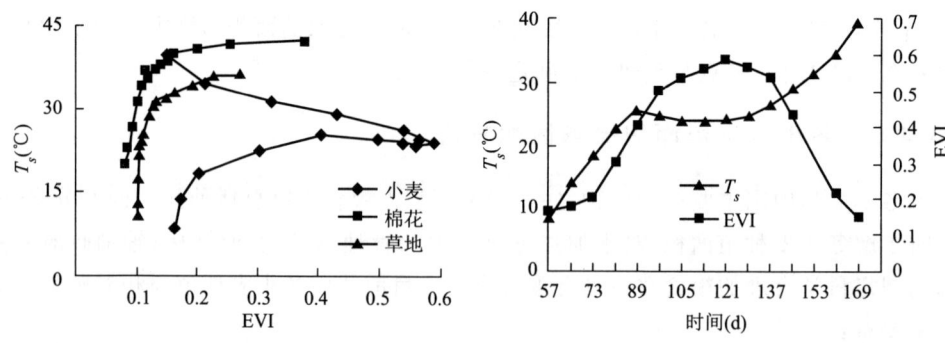

图 10.23　T_s-EVI 特征空间中典型植被变化特征　　图 10.24　冬小麦 T_s-EVI 时间序列

根据物候规律,一般情况下对于 2—6 月的裸露地、草地、树木等地物而言,裸露地在 T_s-EVI 特征空间中应表现出随着时间的增加,其 T_s 迅速升高、EVI 不变或略微增大的变化轨迹;草地、树木等地物随着春季的到来而快速发芽生长,T_s 和 EVI 表现出不断增加的现象。通过图 10.23 可以看出:在 T_s-EVI 特征空间中,棉花和草地的 T_s 和 EVI 主要表现为逐渐增加的过程,从左下角的 2 月下旬末和 3 月上旬初(图像编号 57)至 4 月中旬末和下旬初(图像编号 105),棉花和草地的 T_s 快速增加而 EVI 较低且增加缓慢,此后至 6 月中旬末和下旬初(图像编号 169),T_s 增加速度相对变缓而 EVI 增加较快;棉花的 EVI 在早期低于草地而在后期又高于草地,但其 T_s 在此时期内始终高于草地,这主要与河北省棉花一般在 4 月中下旬播种有关,播种前地面以裸土为主以及播种后较长时间内植株不能完全覆盖地表,背景裸露土壤的热特征使该时段内棉田的温度高于草地。对于多年生的苜蓿,虽然返青至开花(3—5 月上旬)影像特征与冬小麦相似,但 5 月之后苜蓿会不定期进行刈割,过 3 周左右的时间又可恢复全部覆盖,该生产管理措施使苜蓿自 5 月中下旬—6 月底在 T_s-EVI 特征空间中表现为 EVI 降低(T_s 升高)～EVI 升高(T_s 降低)～EVI 降低(T_s 升高)的波动变化,这也是 T_s-EVI 时间序列中苜蓿区别于其他作物的主要特征。对于冬小麦而言,在 T_s-EVI 特征空间中,越冬后随着气温的不断升高,其 EVI 也由最初的 0.16 升高到最大值 0.59,此后逐渐降低到 0.15。因此,冬小麦在 2—6 月的 T_s-EVI 特征空间中表现出伴随着 T_s 的增加,EVI 先增加后降低的谱相是其区别于同期其他地物的最明显特征。

随着冬小麦返青后迅速生长,其 EVI 时间序列谱表现为自第 65 d 开始,EVI 明显的逐渐增大且在第 121 d 开始达到极大值,此后又逐渐降低,至 169 d 达到最低。冬小麦的 T_s 时间序列谱则表现为自第 57 d 开始,T_s 迅速升高,从第 89 d 开始又表现为一个缓慢的降低过程,从第 129 d 开始 T_s 又表现为快速升高。结合冬小麦的实际生长过程,在不考虑冬小麦干旱与肥力的前提下,可以认为冬小麦越冬后随着气温的快速升高,冬小麦生长地区的麦苗和裸露地面的共同作用使麦区的 T_s 迅速增加,良好的光热条件使冬小麦快速返青拔节,表现为 EVI 逐渐增加;随着冬小麦植株的不断生长和增大,从第 89 d(约 4 月上旬)开始冬小麦基本上可完全覆盖地表,虽然此时气温仍表现为不断升高,但是大面积冬小麦叶片的蒸腾作用却可使麦区的 T_s 比裸露地的低;此后,随着冬小麦开花期和灌浆期的结束和成熟期的到来,冬小麦叶片的叶绿素逐渐减少,其 EVI 逐渐降低,冬小麦叶片的蒸腾作用不断减弱,造成其 T_s 又开始逐渐升高;至第 161 d(约 6 月中旬),冬小麦收获造成地面近于裸露,使 T_s 快速升高以及 EVI 进一步降低到最小值。这进一步说明了冬小麦独特的 T_s-EVI 序列谱的变化特征是实现地物分类和冬小麦遥感提取的基础。

在一定时间序列的 T_s-EVI 特征空间中,不同地物的像对(EVI,T_s)变化轨迹存在较大的差异,这是采用 T_s-EVI 时间序列实现地物遥感分类的理论基础。特征空间中像对(EVI,T_s)位置的差异可以通过二者的比值关系进行表达,从而以一定特征值将 T_s-EVI 空间中数据点的二维特征转化为一维特征。因此,本研究在实现冬小麦识别过程中,对时间序列中的每一像对(EVI,T_s)采用耦合了 EVI 和 T_s 的方法,以 EVI/T_s 作为参数实现 T_s-EVI 的一维化处理,即 WSVI=EVI/T_s。

T_s-EVI 二维特征信息一维化处理的结果在一定程度上降低了地物遥感分类的难度和后续的数据计算量。与采用单幅遥感图像实现地物分类的方法相比,利用时间序列谱遥感数据进行地物分类的方法在体现地物时间序列变化特征的同时，必然也带来了遥感数据的"冗余"问题。因此，在遥感图像分类前必须进行有效信息的选择和提取。已有的研究表明主成分分析（Principal Component Analysis，PCA）是解决这类问题的理想方法之一。PCA 基于波段内方差产生的新图像序列，将多元数据投影到一个正交坐标系统中产生的新变量，使图像按信息含量（或方差）由高到低排列，图像之间的相关性基本消除。对高维变量空间进行降维处理，导出少数几个主分量，用前几个主分量就可以表述原始数据中绝大多数信息含量，从而大大减少总的数据量并使图像信息得到增强，使图像更易于解译。利用主成分分析和非监督分类相结合实现时间序列图像的地表覆盖分类是目前较为常用且效果较好的分类方法，因此，本研究采用 2005 年 MODIS（编号 057～169）一维化处理后的 EVI/T_s 时间序列图像，运用协方差矩阵算法对图像进行主成分变化分析（图 10.25）。

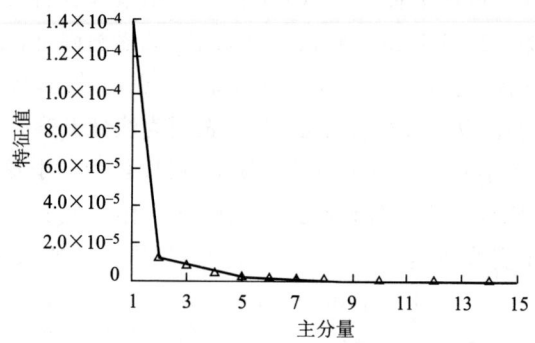

图 10.25　PCA 变换后各主分量特征值

PCA 处理结果表明：PCA 变换后的第 1 主分量 $PC1$ 的信息贡献率为 80.08%，$PC2$、$PC3$ 和 $PC4$ 的信息贡献率分别为 6.91%、4.61% 和 2.45%，前 4 个主分量累积贡献率为 94.05%，完全可以用来反映整个时间序列的冬小麦分布信息。利用主成分分析的前 4 个主分量，采用非监督分类的 ISODATA 算法，指定初始最大分类为 20 类，最大迭代次数为 60 次，迭代次数大于了分类数的 1 倍以上，形成 1 类所需的最少像元数为 1，设定循环收敛阈值为 0.998。在此基础上，对分类结果进行分类合并，最终分离提取出河北省 2005 年 2—6 月冬小麦分布结果（图 10.26）。结果检验表明冬小麦的实际分类精度为 91.20%。

（2）支持向量机法提取冬小麦面积

①研究区

选择地处我国中部偏东、黄河中下游的河南省为研究区。河南省的经纬度范围为：110°21′E～116°39′E，31°23′N～36°22′N，东西长约 580 km，南北约

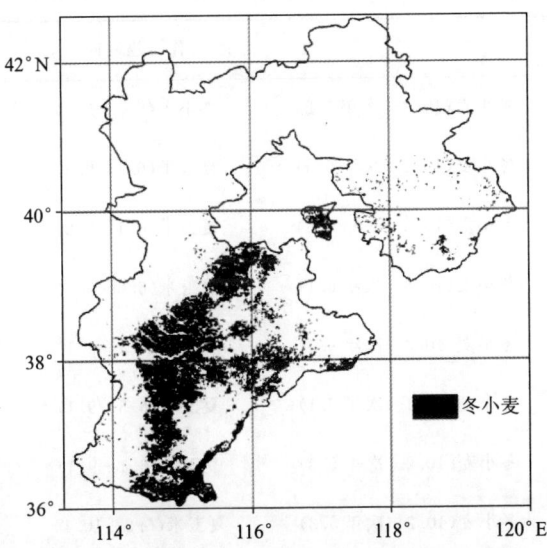

图 10.26　2005 年河北省冬小麦分布

550 km,处于我国地势的第二、第三阶梯的过渡地带,地形总体特征是西高东低,高低悬殊。河南省处于亚热带和暖温带地区,气候比较温和,并有明显的过渡性质,总的气候特点是冬季寒冷而少雨雪,春季干旱而多风沙,夏季炎热多雨,秋季晴和高爽。全省无霜期在 190~230 d 之间,大部分地区在 200~220 d 之间,可以满足农作物一年两熟的要求。降水的地域变化较大,南部年降水量可达 1300 mm,北部不足 600 mm,黄淮之间包括豫西山地,年降水量 700~900 mm,黄河以北和豫西丘陵则在 600~700 mm 之间。山地、丘陵和平原(包括盆地)面积分别占河南全省面积的 26.6%、17.7% 和 55.7%。黄淮两大水系贯穿其中,该研究区域土地覆盖类型多样,各种常规地貌类型齐全,有利于土地覆盖分类的研究。

(a)河南省农业种植结构

河南省是我国的农业大省,主要的土地利用类型为林地和耕地。林地类型主要为常绿针叶林、落叶阔叶林及混交林;种植制度多为一年两熟或两年三熟,主要有:以冬季(夏季)休闲为主的两年三熟制、烟叶集中产区的两年三熟制、一年两熟制及棉花、花生的一年一熟制。全省种植作物可分为粮食作物、经济作物和其他作物。粮食作物主要包括小麦、玉米、水稻、大豆、高粱等;经济作物主要是棉花、油料作物(花生、油菜、芝麻)、烟叶、麻类等;其他作物主要是蔬菜、瓜果类。

(b)河南省主要农作物的作物物候

河南省农业气象站记录的农作物物候信息如表 10.4 所示。

表 10.4　河南省各农业气象台站农作物物候信息

站台号	站名	作物物候期		
53991	汤阴	冬小麦(10.2—次年5.2)	夏玉米(5.3—9.1)	
57071	孟津	冬小麦(10.2—次年5.3)	夏玉米(6.1—9.3)	
57075	汝州	冬小麦(10.3—次年5.3)	夏玉米(6.1—9.2)	
54900	濮阳	冬小麦(10.3—次年6.1)	夏玉米(6.2—9.1)	
57169	内乡	冬小麦(10.3—次年5.3)	夏玉米(6.1—9.1)	白地
57290	驻马店	冬小麦(11.1—次年5.1)	夏玉米(6.3—9.1)	白地
57083	郑州	冬小麦(10.2—次年5.3)	夏玉米(6.1—9.1)	其他作物(6.1—12.3)
57178	南阳	冬小麦(10.2—次年5.3)	夏玉米(6.2—10.1)	其他作物(7.1—12.3)
57067	卢氏	冬小麦(10.2—次年6.1)	夏玉米(6.2—9.3)	其他作物(6.2—12.3)
58005	商丘	冬小麦(10.2—次年5.3)	夏玉米(6.2—9.2)	其他作物(1.1—6.3)
57096	杞县	冬小麦(3.2—次年6.1)	夏玉米(6.3—7.1)	普通棉(4.3—7.3)
53986	新乡	冬小麦(10.2—次年6.2)	夏玉米(6.1—9.2)	普通棉(6.1—10.3)
57297	信阳	冬小麦(10.3—次年5.3)	一季稻(4.2—9.2)	
58208	固始	冬小麦(11.3—次年5.3)	一季稻(4.2—8.3)	花生(6.2—8.2)
57089	许昌	冬小麦(10.2—次年6.3)	烟草(3.1—8.2)	白地(8.3—10.1)

注:日期格式为月.旬,小数1,2,3代表上、中、下旬;如10.2表示10月中旬。

冬小麦的生长期为10月中下旬—6月上旬;玉米的生长期为6月中旬—9月下旬;棉花的作物物候记录不完全,但组合起来可以看出棉花的生长期为4月下旬—10月下旬;大豆的生长期同玉米;水稻的生长期为4月中旬—9月中旬;花生的物候记录也不完全,通过查询其他物候资料,确定花生的物候期为4月下旬—9月中旬;油菜的物候期为9月上旬—次年的5月中旬。

(c)河南省部分经济作物的主要分布情况

河南省经济作物为棉花、花生、油菜。豫东、豫北及南阳盆地为河南省的棉花主产区,又集中分布在开封、中牟、兰考、新郑、民权、杞县、宁陵、尉氏、南阳、唐河、新野、邓州、社旗、方城等县域。油菜主要分布在许昌、驻马店地区的铁路沿线。花生主要分布在长葛、淮阳、太康、淮滨、息县、正阳县等地。

②数据及预处理

(a)EVI数据

EVI称为增强型植被指数,其定义形式如下:

$$\text{EVI} = 2.5 \times \frac{\rho_{nir} - \rho_{red}}{L + \rho_{nir} + C_1 \rho_{red} - C_2 \rho_{blue}} \tag{10.21}$$

式中,L为土壤调节参数,取值为1。C_1为大气修正红光校正参数,取值为6。C_2为大气修正蓝光校正参数,取值为7.5。

获得的MODIS EVI数据空间分辨率为250 m,时间分辨率为16 d,1 a共计23个时相。EVI数据为2004—2006年,用于分类的为2005年的数据,经去云处理和数据平滑后得到2005年全年的EVI数据。

(b)其他辅助数据

1∶100万的《中国植被图集》《河南省农业资源与农业区划地图集》《河南农业地理》《中国农业物候图集》、中国农作物生长发育状况资料数据集(中国气象科学数据共享服务网)、2005年河南省的农业统计数据、MODIS 2005年500 m分辨率的植被分类数据、2000年全国土地覆盖分类矢量数据。通过这些数据及资料,了解河南省农作物的种植结构、分布情况及作物物候,以确定训练数据。

③获取训练数据

(a)分类系统

土地覆盖的类型划分为表10.5所示类别。

表10.5 土地覆盖分类体系

地物编码	地物类别	地物编码	地物类别
1	水体	8	花生
2	建筑	9	油菜
3	小麦和玉米	10	落叶阔叶林
4	小麦和大豆	11	常绿针叶林
5	小麦和其他	12	混交林
6	水稻	13	草地
7	棉花	14	灌丛

(b)各类地物训练数据的时序特征曲线

对于非农作物的类别通过参考 2000 年植被分类数据及 MODIS 2005 年的河南省植被分类数据提取训练样区得到训练样本。而训练数据获取的难点在于农作物类别,为此,首先利用非监督分类法对 EVI 数据进行聚类,结合 2005 年主要农作物的种植面积、主要分布县、作物物候信息等确定训练样本区,得到各类地物训练数据的时序特征曲线。

④分类结果

对处理后的 EVI 数据 3~10 时序进行标准主成分变换,对变换后的数据进行分类,得到夏熟农作物分类结果;对应 11~20 时序的变换数据,得到秋熟农作物的分类结果。由于缺乏真实的农作物种植分布数据,因此将农作物分类的结果与 2005 年的种植面积进行对比,得到面积精度如表 10.6 所示。

由表 10.6 夏熟及秋熟作物分类结果精度可知,小麦、玉米、大豆、棉花的面积精度都在 60% 以上,而水稻、花生、油菜的面积精度则相对很低,其中油菜的分类像元数目 160000 左右远远多于种植的像元数目 65000 左右,通过分类结果一定程度上可以说明:小麦、玉米、大豆、棉花的训练样本选择基本是可靠的,而水稻、花生、油菜的训练样本是否可靠,由于可能存在混分的情况而不能确定。对于油菜分类精度偏低的原因,一方面油菜同小麦的物候期近似,可能造成长势上同油菜相似的小麦被混分成油菜;另一方面,其种植规模较小,种植分布破碎程度较高,从而造成油菜 250 m 分辨率的像元数目偏少。分类结果见图 10.27。

表 10.6 不同成熟期农作物分类面积精度

农作物	种植面积(10^3 hm^2)	熟制	像元数	分类像元数	面积精度(%)
小麦	4962.7	夏熟	794032	974669	81.47
油菜	407.8	夏熟	65248	163906	39.81
玉米	2508.3	秋熟	401328	497789	80.62
大豆	533.6	秋熟	85376	106064	80.49
水稻	511.1	秋熟	81776	158165	51.70
棉花	781.6	秋熟	125056	199852	62.57
花生	979.3	秋熟	156688	278529	56.26

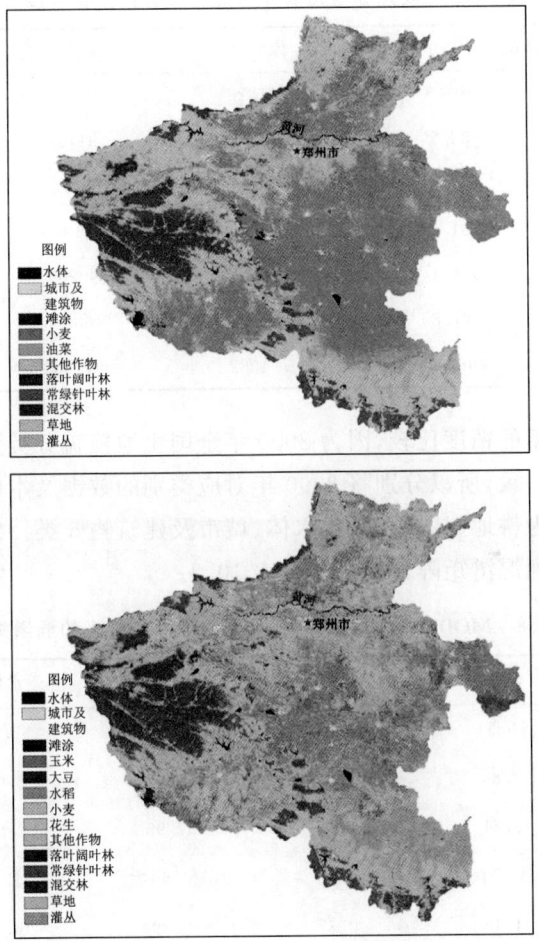

图 10.27　SVM 不同成熟期农作物分类图(陈怀亮 等,2016)(附彩图)

对非植被的分类,限于 MODIS 数据的 250 m 像元空间分辨率,从图中可以看出淮河等河流基本不可见;对城市的区分基本上可见地级市、大的县级市,而小的县级市、城镇几乎不可见。对非农作物植被,由于缺乏真实有效的验证数据,无法对各类地物进行验证。

将夏熟及秋熟的分类结果依据作物种植组合方式进行交集运算,假定交集获取的分类结果更可信。这样得到的农作物分类结果面积精度如表 10.7 所示。可见,以夏熟农作物的分类结果为基准,综合后的秋熟农作物面积分类结果精度均显著提高。

表10.7 夏熟和秋熟农作物综合后分类面积精度

农作物	种植面积(10^3 hm^2)	像元数	分类像元数	面积精度(%)
小麦和玉米	2508.3	401328	380725	94.87
小麦和大豆	533.6	85376	91161	93.65
小麦和花生	979.3	156688	210974	74.27
小麦和棉花	781.6	125056	131340	95.21
水稻	511.1	81776	99209	82.43
油菜	407.8	65248	163906	39.81
小麦	4962.7	794032	974669	81.47

同参照分类数据的精度比较,因为2000年全国土地覆盖分类数据的分类体系同本研究分类系统不一致,所以分别将2000年对应类别的数据及本研究的河南省夏熟作物分类结果归并为耕地、林地、草地、水体、城市及建筑物5类。然后对参照类别进行分层随机抽样得到混淆矩阵分析结果见表10.8。

表10.8 MODIS、EVI时间序列数据土地覆盖分类的混淆矩阵

类别	耕地	林地	草地	水体	城市及建筑物
耕地(%)	90.31	9.65	24.94	36.99	17.15
林地(%)	3.88	82.04	34.02	3.01	0.64
草地(%)	3.61	7.45	37.95	2.01	1.86
水体(%)	0.70	0.43	0.60	43.96	2.66
城市及建筑物(%)	1.47	0.37	2.39	14.03	77.69
总数(%)	100	100	100	100	100
总体精度(%)			78.07		
Kappa系数			0.6556		

由表可见,分类的总体一致性为78.07%,Kappa系数为0.6556,其中草地、水体的分类精度较低。对水体而言,不同时间水面位置有所变化,裸露河岸滩涂被开垦成耕地,是位置精度低的重要因素;对草地而言,被混分成耕地、林地是其精度低的主要原因。

另外,针对冬小麦播种面积,利用当年地市级小麦播种面积统计资料数据进行验证,计算误差(E)公式如下,按地级市划分,对比结果如表10.9所示。

$$E = (分类面积 - 统计面积)/统计面积 \times 100\% \qquad (10.22)$$

表 10.9 冬小麦分类面积与统计面积比较(SVM)

地区	统计面积(10^3 hm^2)	分类面积(10^3 hm^2)	误差 E(%)
济源	19.80	15.56	−21
三门峡	75.51	0.59	−99
鹤壁	80.89	74.93	−7
焦作	126.52	167.21	32
漯河	131.80	223.56	70
郑州	177.01	100.93	−43
许昌	198.00	338.70	71
濮阳	200.19	23.11	−88
平顶山	200.96	323.96	61
信阳	231.22	221.36	−4
洛阳	233.61	94.92	−59
开封	278.59	324.14	16
安阳	280.89	93.79	−67
新乡	309.33	418.53	35
商丘	521.74	713.14	37
南阳	601.61	754.88	25
周口	608.92	1004.02	65
驻马店	614.59	1128.00	84

在各个地级行政区内,分类误差大于 50% 的有:三门峡、漯河、许昌、濮阳、平顶山、洛阳、安阳、周口、驻马店。根据统计面积和分类面积数据制作散点图(图 10.28),线性拟合方程斜率为 1.6794,由此可见,分类结果偏离比较大,除了与训练区选择的好坏有关外,也与大量混合像元的存在有很大关系。

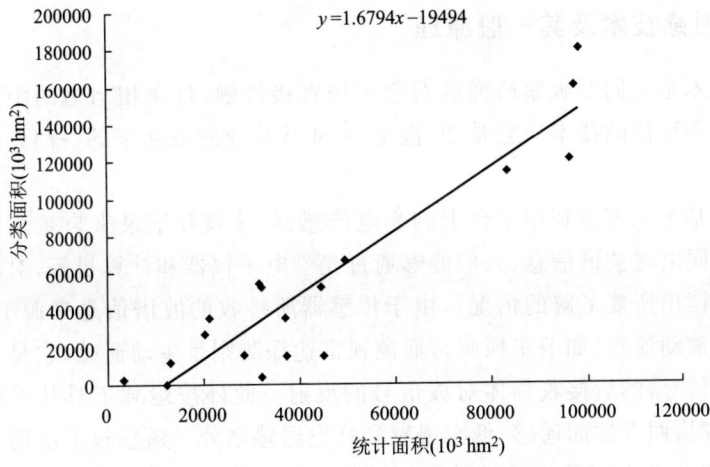

图 10.28 统计面积与分类面积散点图(SVM)

总之,基于 EVI 数据对河南省的土地覆盖进行分类,在大类农作物上的分类结果还是比较满意的,在部分经济作物上分类精度很低。造成精度低的原因主要有:一是依靠单一 EVI 数据,地物是否具有可分性;二是训练样本是否可靠;三是分类系统是否表达了研究区的所有地物类别。研究中的训练样本是通过非监督分类的结果结合作物物候选取的,因此训练样本的精度很大程度上受到非监督分类的影响,同时,分类系统中未考虑到其他农作物(经济林、芝麻、高粱等)、其他地物(裸地、滩涂等)等类别,所以在一定程度上造成地物分类结果的偏多,造成分类精度偏低。所采用的分类器 SVM,对训练样本的交叉验证分类精度可以达到 90%,因此在训练样本精度保证的情况下,SVM 将会有很好的表现效果。

10.5 卫星遥感方法监测预测应用

卫星遥感方法是分析遥感图像和数据资料,及时获取大范围地区地表及其周围环境各种自然景观现象的信息,监视和掌握自然界各种动态变化,并对所研究地区的天气气候条件和农业生产状况作出判断和预测的农业气象预报方法。

卫星遥感方法主要适用于编制农田土壤水分状况、农作物主要生育期、农业气象灾害、作物病虫害和农业气象产量预报等多种类型的农业气象预报。

运用卫星遥感方法编制农业气象预报的思路和步骤,根据从卫星或其他航空器上接收到的遥感图像和数据资料,设法将其进行各种技术处理,使其清晰化、标准化,以便从中提取有关信息,并对照预先测定的地面各种农作物有机体的辐射特征,连续多次分析、比较前后时间不同的遥感图像和数据资料,就可以对所研究地区的天气气候条件和农业生产状况作出判断和预测。

10.5.1 遥感技术及其一般原理

遥感技术是人们对观察研究的对象不用直接接触,且在相当远的距离就能感知其存在状况和特征的技术。它是 20 世纪 60 年代快速发展起来的一门先进的综合性探测科学。

遥感的基本原理是利用平台上的光电传感器,接收并记录来自被测对象所发射或反射的不同电磁波谱信息,人们能够通过光学电子仪器和计算机等,对所得信息进行处理并判读出所要了解的情况。由于传感器所接收的波谱信息来源不同,可分为主动遥感和被动遥感(如卫星探测),而侧视雷达探测则是主动遥感,它是先向被测物体发出微波信号,然后接收物体对该信号的反射。此外按运载工具从不同高度来探测物体的状况,而有地面遥感、低空遥感和高空遥感之分。遥感技术应用于农业气象上,大多是把上述的地面、低空和高空遥感配合起来解决问题。

10.5.2 小麦白粉病遥感监测

下面介绍具有应用前景的 AdaBoost 方法在作物病害的遥感监测中的应用。AdaBoost 算法能够将比随机猜测略好的弱分类器提升为分类精度高的强分类器,为学习算法的设计提供了新的思想和新的方法。该方法以中等分辨率 Landsat 8 数据为遥感数据源,提取多种能反映作物生长状况及生境信息的指数特征,并结合影像同步的小麦白粉病地面调查数据,构建了以经过两种不同方法筛选得到的敏感特征为输入变量及病害监测模型。对小麦白粉病发生严重程度进行监测,并与传统方法 FLDA 和 SVM 模型结果进行对比分析(马慧琴 等,2017)。

10.5.2.1 数据获取与处理

所用数据主要包括遥感数据和小麦白粉病地面调查数据。遥感数据为 2014 年 5 月 11 日的一景 Landsat 8 遥感影像。小麦白粉病地面调查数据于 2014 年 5 月 10 日小麦扬花期在陕西省关中平原西部调查获得。每个调查样地取 1 m×1 m 的样方,样方区域的中心经纬度坐标用亚米级高精度手持式 GPS 记录。采用 5 点调查法调查,即每个调查样方取对称的 5 点,每点取 20 株小麦,采用改进的"0~9 级法"记录病害严重程度。

数据预处理首先对 Landsat 8 遥感影像进行辐射定标、大气校正及裁剪等。根据当地的作物种植类型及其物候历,通过设置最优分割阈值结合最大似然分类法提取研究区的小麦种植区域。接着,基于预处理后的遥感影像提取与病害相关的植被指数和其他特征变量,包括 Landsat 8 蓝、绿、红及近红外波段的反射率及对病害较敏感的植被指数,以及表征生境因子的地表温度(LST)。

10.5.2.2 特征变量优选及模型构建

(1)最小冗余最大相关(mRMR)算法

最小冗余最大相关 mRMR 算法是基于信息理论的典型特征选择算法,其主要思想是从特征空间中寻找与目标类别有最大相关性且相互之间冗余性最小的 m 个特征。主要是利用互信息来衡量特征子集中特征与类别之间、特征与特征之间的相关度。

算法中特征集中的特征与类别之间的相关度为:

$$D = \frac{1}{|S|} \sum_{x_i \in S} I(x_i; c) \tag{10.23}$$

式中,S 为特征集合,c 为目标类别,$I(x_i; c)$ 为特征 i 和目标类别 c 之间的互信息。

特征集中特征与特征的相关度为:

$$R = \frac{1}{|S|^2} \sum_{x_i, x_j \in S} I(x_i; x_j) \tag{10.24}$$

式中，$I(x_i;x_j)$ 为特征 i 与特征 j 之间的互信息。

任意两个变量 x,y 之间的互信息为：

$$I(x,y)=\iint p(x,y)\lg\frac{p(x,y)}{p(x)p(y)}\mathrm{d}x\mathrm{d}y \tag{10.25}$$

式中，$p(x)$ 为变量 x 的概率，$p(y)$ 为变量 y 的概率，$p(x,y)$ 为 x,y 的联合概率。

组合以上两式即为 mRMR 原则，记为 $\max\Phi(D,R)$，得到 mRMR 原则的互信息商标准：

$$\Phi=D/R \tag{10.26}$$

在商标准的基础上，采用增量搜索优化算法得到最优特征子集。假定已有 $m-1$ 个特征组成的特征集 S_{m-1}，在剩下的样本特征 $\{X-S_{m-1}\}$ 中选择第 m 个满足下式条件的特征：

$$\max_{x_j\in X-S_{m-1}}\left\{I(x_j;c)\bigg/\left[\frac{1}{m-1}\sum_{x_i\in S_{m-1}}I(x_j;x_i)\right]\right\} \tag{10.27}$$

（2）特征变量优选

构建病害监测预测模型时选择最能反映病害发生发展状况的特征变量，可有效提高监测模型的准确度。采用相关性分析（CA）和最小冗余最大相关（mRMR）算法两种方式筛选建模特征来建立小麦白粉病发生严重程度监测模型。首先，在 IBM SPSS 中通过相关性分析计算出各个特征变量与白粉病发生严重程度间的相关系数，并将其中显著性差异达到 $0.01(p<0.01)$ 水平的特征变量作为第 1 组建模特征，最终筛选出了 Wetness、LST 和 SIWSI。之后，第 2 组建模特征 Greenness、Wetness、LST、SR 和 RDVI 由 10.5.2.2 中介绍的 mRMR 算法筛选获得。

（3）AdaBoost 监测模型构建

选取 AdaBoost 算法构建小麦白粉病严重程度遥感监测模型。AdaBoost 于 1995 年提出，该算法的基本思想是利用若干个分类能力较弱的弱分类器，将其按一定的方式叠加为分类能力很强的强分类器。AdaBoost 算法最初设计解决二分类问题，但实际问题以多分类居多，将此方法用于多分类时的二分类拆解将多分类问题拆解为多个二分类问题，这种拆解中隐式地假定了使用与二分类相同的弱分类器条件，可避免求解复杂的多分类下的弱分类器条件这一难题。该算法具体过程如下。

①输入样本集 $S=\{(x_1,y_1),\cdots,(x_m,y_m)\}$，其中，$x_i\in X$，$X$ 为训练集，$m=|X|$；$y_i\in Y$，Y 为类别标签集，$k=|Y|$，(x_i,y_i) 为某一样本点的特征变量和该点对应的类别标签。

②初始化：$D_1(i,l)=1/mk(1\leqslant i\leqslant m,1\leqslant l\leqslant k)$，为初始权重分布。

③训练过程：

循环学习 T 次

(a) 将第 t 次迭代后的分布 $D_t(t=1,\cdots,T)$ 用于训练弱学习。

(b) 得到弱规则 $h_t: X \times Y \to R$,由弱学习器产生。

(c) 选择 h_t 的加权投票权值:

$$\alpha_t = \frac{1}{2}\ln\left(\frac{1+r_t}{1-r_t}\right) \tag{10.28}$$

式中,r_t 为弱规则 h_t 的预测与类别 y_i 之间相关性的度量,其计算公式为:

$$r_t = \sum_{i,l} D_t(i,l) y_i[l] h_t(x_i,l) \tag{10.29}$$

式中,$[l]$ 指类别标签为 l;$h_t(x_i,l)$ 为类别标签 $l \in Y$ 是否应该赋给 x_i 的预测,其值反映了预测的可信度。

(d) 更新权值

$$D_{t+1}(i,l) = \frac{D_t(i,l)\exp[-\alpha_t y_i[l]h_t(x_i,l)]}{Z_t} \tag{10.30}$$

式中,$Z_t = \sqrt{1-r_t^2}$ 为归一化因子。

④ 最终的合并假设为:

$$H(x,l) = \text{sign}\left[\sum_{t=1}^{T} \alpha_t h_t(x,l)\right] \tag{10.31}$$

10.5.2.3 白粉病监测模型的验证与应用

(1) 模型的验证与评估

利用上述 2 种方法筛选出 2 组特征作为模型输入变量,采用常用的 FLDA 和 SVM 分类方法及上述 AdaBoost 方法构建监测模型,并对其结果进行评价验证。通过 Spearman、Somers'D、Kendall's Tau-c 和 Goodman-Kruskal Gamma 4 个统计量参数来检验模型,模型精度与其值大小成正比。表 10.10 列出了各参数对应的具体数值,可看出 AdaBoost 方法所建模型的 Spearman 相关性均达到了极显著水平,FLDA 和 SVM 模型中则只有 mRMR 算法对应特征结合 SVM 方法所建监测模型(mRMR-SVM 模型)达到了极显著水平。并且其余 3 参数值也均表现为 AdaBoost 模型最高,SVM 模型次之,FLDA 模型最低。在 6 个监测模型中,mRMR-SVM 模型和 2 个 AdaBoost 模型对应检验参数值高出其他模型较多,其中 mRMR 算法对应特征结合 AdaBoost 所建监测模型 (mRMR-AdaBoost 模型)为其中最高。此外,mRMR 算法对应特征结合 3 种方法所建模型的参数值均高于 CA 算法对应特征结合相应方法所建模型。

为进一步评价监测模型,研究结合病害地面调查数据对 3 种方法模型进行再次验证。两种算法对应特征结合 3 种建模方法所建监测模型的漏分、错分情况、总体精度以及 Kappa 系数如表 10.11 所示。从表中可看出,2 个 FLDA 监测模型中 mRMR-FLDA 模型的精度和 Kappa 系数为二者中最高,仅为 60.5% 和 0.321,低于其他 4 个监测模型;CA 算法和 mRMR 算法对应特征结合 SVM 所建监测模型

(CA-SVM 模型，mRMR-SVM 模型)的精度和 Kappa 系数中，后者明显高于前者；CA 算法和 mRMR 算法对应特征结合 AdaBoost 所建模型（CA-AdaBoost 模型，mRMR-AdaBoost 模型)的总体精度及 Kappa 系数为分别为 81.4% 和 0.685, 88.4% 和 0.807。对比 3 种方法所建监测模型的精度，发现 CA 算法和 mRMR 算法对应特征分别结合 AdaBoost 所建监测模型精度比其结合 FLDA 和 SVM 所建监测模型分别高出 27.9%、27.9% 和 14.0%、9.3%，且 mRMR-AdaBoost 模型精度比 CA-AdaBoost 模型高 7.0%。就模型的漏分、错分情况而言，FLDA 监测模型最为严重，AdaBoost 模型最低，SVM 监测模型则介于二者之间。从特征选择算法 CA 和 mRMR 的角度对比发现，不同方法所建模型均表现为 CA 算法对应特征所测模型的漏分、错分误差明显高于 mRMR 算法对应特征所建监测模型。

表 10.10 AdaBoost 模型的拟合优度评价

模型方法	特征选择方法	统计量参数			
		Spearman 相关	Somers'D	Kendall's Tau-c	Goodman-Kruskal Gamma
Fisher 线性判别分析	相关性分析	0.223	0.186	0.149	0.489
	最小冗余最大相关算法	0.360	0.342	0.294	0.531
支持向量机	相关性分析	0.368*	0.351	0.263	0.609
	最小冗余最大相关算法	0.761***	0.735	0.662	0.940
AdaBoost	相关性分析	0.778***	0.756	0.662	0.953
	最小冗余最大相关算法	0.868***	0.853	0.769	0.983

注：* 表示显著性达到 0.05 显著水平，*** 表示显著性达到 0.001 显著水平。

表 10.11 3 种方法所建监测模型的总体验证结果

模型方法	特征选择算法	实际样本	精确度指标							
			健康	轻发	重发	总和	漏分误差(%)	错分误差(%)	总体精度(%)	Kappa 系数
Fisher 线性判别分析	相关性分析	健康	20	15	3	38	9.1	47.4	53.5	0.125
		轻发	0	0	0	0	100.0			
		重发	2	0	3	5	50.0	40.0		
		总和	22	15	6	43				
Fisher 线性判别分析	最小冗余最大相关算法	健康	16	9	1	26	27.3	38.5	60.5	0.321
		轻发	4	6	1	11	60.0	45.5		
		重发	2	0	4	6	33.3	33.3		
		总和	22	15	6	43				

续表

模型方法	特征选择算法	实际样本	精确度指标						总体精度（%）	Kappa系数
			健康	轻发	重发	总和	漏分误差（%）	错分误差（%）		
支持向量机	相关性分析	健康	20	8	4	32	9.1	37.5	67.4	0.397
		轻发	2	7	0	9	53.3	22.2		
		重发	0	0	2	2	66.7	0.0		
		总和	22	15	6	43				
	最小冗余最大相关算法	健康	18	3	0	21	18.2	14.3	79.1	0.652
		轻发	4	11	1	16	26.7	31.3		
		重发	0	1	5	6	16.7	16.7		
		总和	22	15	6	43				
AdaBoost	相关性分析	健康	20	5	0	25	9.1	20.0	81.4	0.685
		轻发	2	9	0	11	40.0	18.2		
		重发	0	1	6	7	0	14.3		
		总和	22	15	6	43				
	最小冗余最大相关算法	健康	20	2	0	22	9.1	9.1	88.4	0.807
		轻发	2	12	0	14	20.0	14.3		
		重发	0	1	6	7	0.0	14.3		
		总和	22	15	6	43				

(2) 小麦白粉病发生严重度监测

两种特征选择算法对应特征结合3种方法所建小麦白粉病发生严重程度监测模型的评价结果显示，2个FLDA监测模型中精度较高者有60.5%，低于SVM和AdaBoost模型，无法较准确地监测病害。因此研究仅将采用SVM和AdaBoost方法构建的监测模型应用于整个研究区中小麦病害的监测，得到的麦白粉病发生严重程度的空间分布情况如图10.29所示。从中可以看出，CA-SVM模型的监测结果与其他3个模型差异较大，该模型只有将零星区域监测为病害，其余全部监测为健康；其余3个模型的监测结果则大体一致，均表现为礼泉县以东区域发病较少，以西区域发病严重，且白粉病严重发生区主要位于礼泉县以西。对比上述3个不同模型发现，对于礼泉县以东，3个模型的监测结果基本一致，白粉病严重发生区极少，少部分区域轻发，健康麦区最多。就礼泉县以西麦区而言，2个AdaBoost模型结果中轻度发生区明显少于mRMR-SVM模型，健康麦区和严重发生区域刚好相反；其中CA-AdaBoost模型的健康麦区大于mRMR-AdaBoost模型，轻发麦区则刚好相反。43个调查点中22

个调查点位于礼泉县以西,其中5个调查点为健康,11个调查点为轻发,6个点重发;21个调查点位于礼泉县以东,没有重发,17个为健康,4个轻发。将上述模型的验证结果,监测结果与白粉病发生严重程度实地调查相结合可以看出,与实际情况极为不符的监测模型为CA-SVM模型,另3个模型监测结果与实际情况则较为相符,且其中mRMR-AdaBoost监测模型是最符合实际情况的。

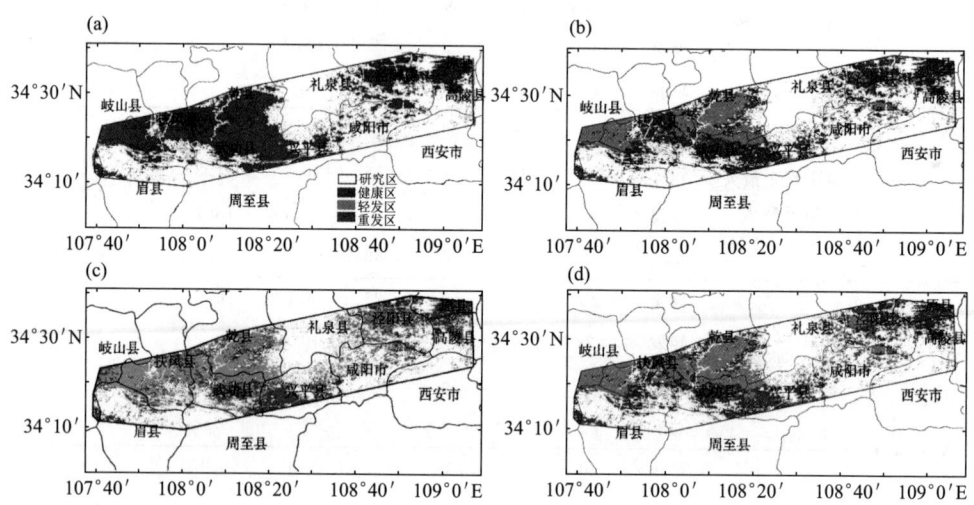

图10.29 SVM模型和AdaBoost模型监测小麦白粉病发病严重程度空间分布(附彩图)
(a)CA-SVM;(b)CA-AdaBoost;(c)mRMR-SVM;(d)mRMR-AdaBoost

10.5.3 遥感技术在农业气象预报中的应用

要精细分析和判读遥感图像的数据资料,首先必须做好各种地表自然景观辐射特征测定等基础工作,使分析、判读人员熟悉各种地表自然景观的辐射本色。从世界范围看,目前各国把遥感技术应用于农业气象预报或情报服务上主要有如下几方面。

(1)监测农作物生育状况、土壤水分变化、病虫害发生发展情况,从而为进行有效的田间管理提供资料。

利用卫星遥感资料分析作物生育状况时,经常使用植物光谱指数,这些指数是利用卫星上多光谱扫描资料(MSS),结合作物光谱反射特征而加以计算的。目前常用的有绿度、垂直植被指数、绿色植被指数等。

对于土壤水分状况的估计,主要是通过两种办法:一是简略地利用假彩色合成的卫星图像,从色调上定性地对土壤水分的多少进行判断;另一种是利用气象卫星的热红外波段(波长 10.5~12.5 μm)求算地面的温度状况,然后再利用土壤含水量多少与土壤热容量的关系,建立起土壤温度变化与土壤湿度的定量关系进行计算。

对农作物病虫害发生、发展的遥感监测，主要也是依据作物受害后，光谱反应发生变化来进行的。但病虫害症状在彩色红外遥感图像上反应得更为明显。

（2）利用遥感技术进行农作物的产量预报，这是国内外、特别是美国着重研究和取得成效的一项遥感应用内容。

估产的任务一是要预计种植面积，另一个是估计单产。遥感大面积估产的一般程序是，利用卫星图像或 C.C.T 卫星磁带上农作物特有的色调或光谱数据，进行统计分析或计算机的图像处理，去估计作物的种植面积。然后利用作物生长状况的反射特性（如绿度值与叶面积的关系等），气象卫星资料，历史上气象与产量相关资料来估计作物长势，自然灾害损害程度及用一定的气象产量模式来估算单产。单产得出后再与面积结合算出总产预报。

（3）及时调查分析气象灾害所造成的大面积作物损失情况，由于遥感技术可以定期或随时提供大范围地面出现的情况，所以目前一些国家开始用它来检测各地发生的水旱灾害及农作物的受冻情况。

思考题

1. 监督分类的基本过程是什么？
2. 如何理解最大似然方法？
3. 试解释非监督分类方法。
4. 混合像元分解技术的假设是什么？
5. 说明一种你感兴趣的冠层反射率模型。

参考文献

陈怀亮,唐世浩,俄有浩,等,2016.农作物生长动态监测与定量评价[M].北京:气象出版社:112-113.

杜培军,2019.遥感多分类器集成方法与应用[M].北京:科学出版社:25-26.

耿利宁,景元书,杨沈斌,等,2015.基于 FastICA 算法和 MODIS 数据的水稻面积提取[J].大气科学学报,38(6):819-826.

郭伟,2011.决策树分类方法在保险业务中的应用研究[D].阜新:辽宁工程技术大学.

黄青,吴文斌,邓辉,等,2010.2009 年江苏省冬小麦和水稻种植面积信息遥感提取及长势监测[J].江苏农业科学,(6):508-511.

景元书,李根,黄文江,等,2013.基于相似性分析及线性光谱混合模型的双季稻面积估算[J].农业工程学报,29(2):177-183.

马慧琴,黄文江,景元书,等,2017.基于 AdaBoost 模型和 mRMR 算法的小麦白粉病遥感监测[J].农业工程学报,33(5):162-169.

蒙继华,吴炳方,杜鑫,等,2011.基于 HJ-1A/1B 资料的冬小麦成熟期遥感预测[J].农业工程学报,27(3):225-231.

粘永健,张志,王力宝,等,2010.基于 FastICA 的高光谱图像目标分割[J].光子学报,39(6):49-55.

韦玉春,黄家柱,李云梅,等,2007.夏季太湖叶绿素 a 浓度的高光谱数据监测模型[J].遥感学报,11(5):756-762.

闫峰,王艳姣,武建军,等,2009.基于 Ts-EVI 时间序列谱的冬小麦面积提取[J].农业工程学报,25(4):135-140.

杨沈斌,景元书,王琳,等,2012.基于 MODIS 时序数据提取河南省水稻种植分布[J].大气科学学报,35(1):113-120.

BRIEM G J,BENEDIKTSSON J A,SVEINSSON J R,et al,2002. Multiple classifiers applied to multisource remote sensing data[J]. IEEE Transactions on Geoscience and Remote Sensing,40(10):2291-2299.

BROGE N H,LEBLANC E,2000. Comparing prediction power and stability of broadband and hyperspectral vegetation indices for estimation of green leaf area index and canopy chlorophyll density[J]. Remote Sensing of Environment,76(2):156-172.

HYVÄRINEN A,OJA E,2000. Independent component analysis:algorithms and applications[J]. Neural Networks,13(4):411-430.

KIM M S,DAUGHTRY C S T,CHAPPELLE E W,et al,1994. The use of high spectral resolution bands for estimating absorbed photosynthetically active radiation (APAR)[J]. In:Proc. IS-PRS'94,Val d'Isere,France,17-21 January:299-306.

NORSALINA H,DZATI A R,2018. A comparative study of blind source separation for bioacoustics sounds based on fast ICA,PCA and NMF[J]. Procedia Computer Science,126:363-372.

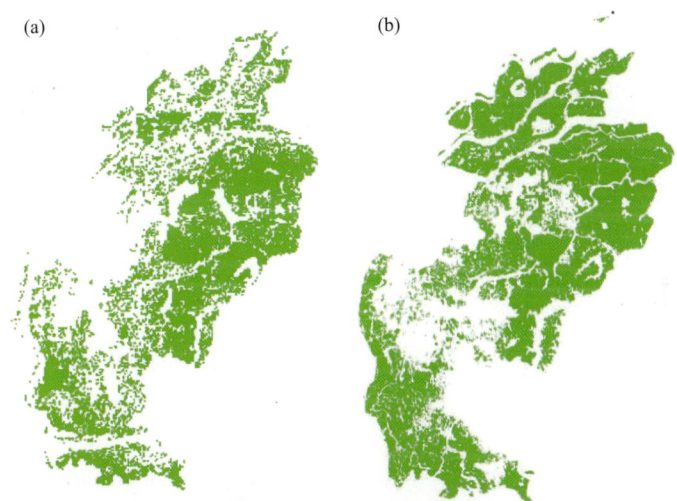

图 3.4 MOIDS 提取水稻分布图(a)和 HJ-1A 提取水稻分布图(b)

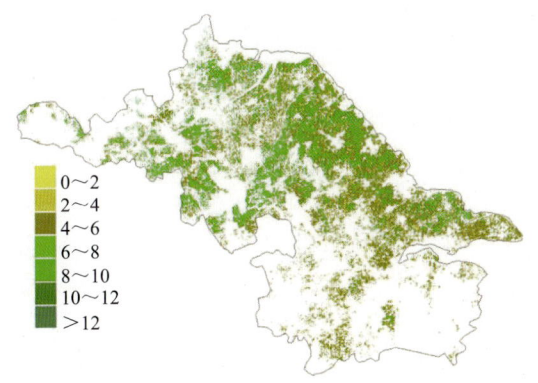

图 3.7 2010 年儒略历第 192 d LAI 区域分布图

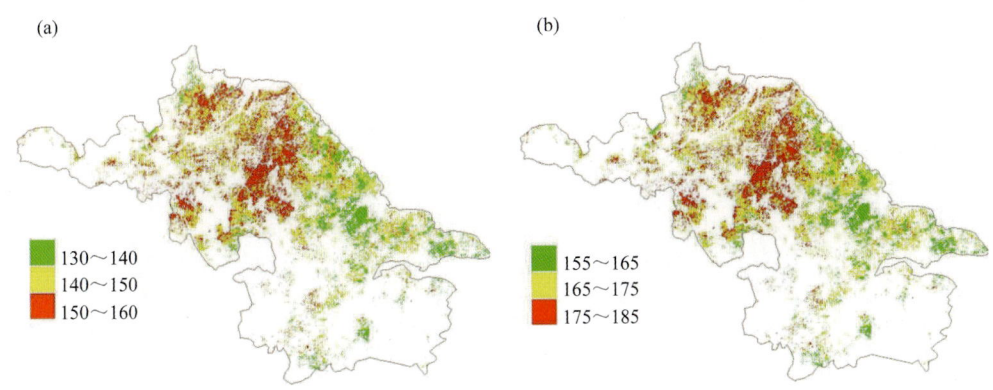

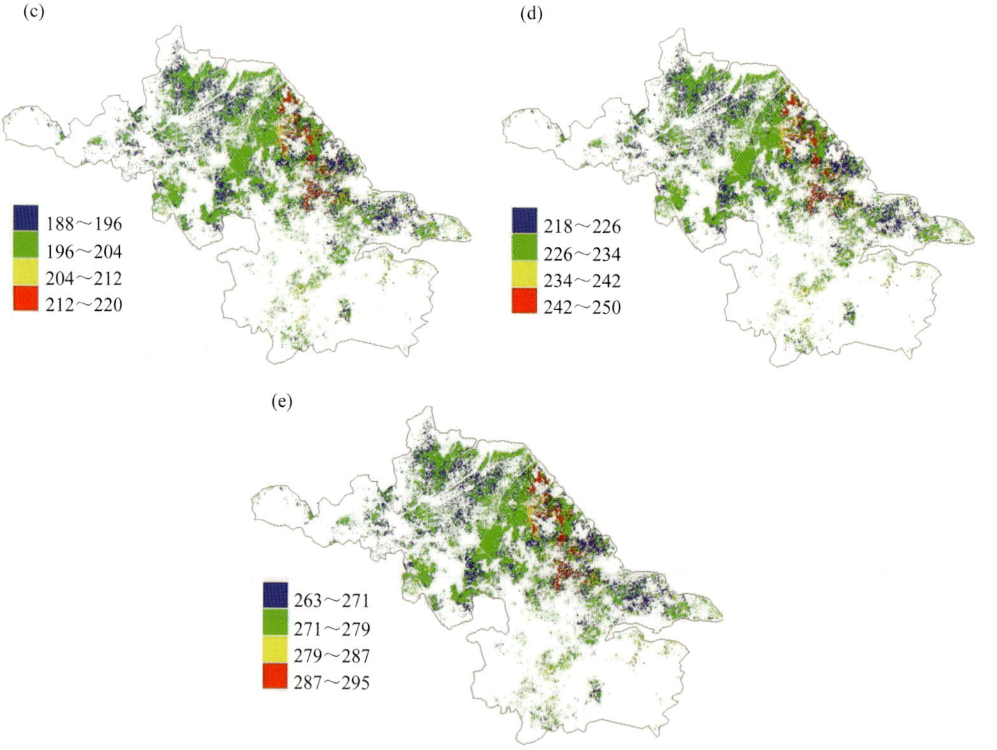

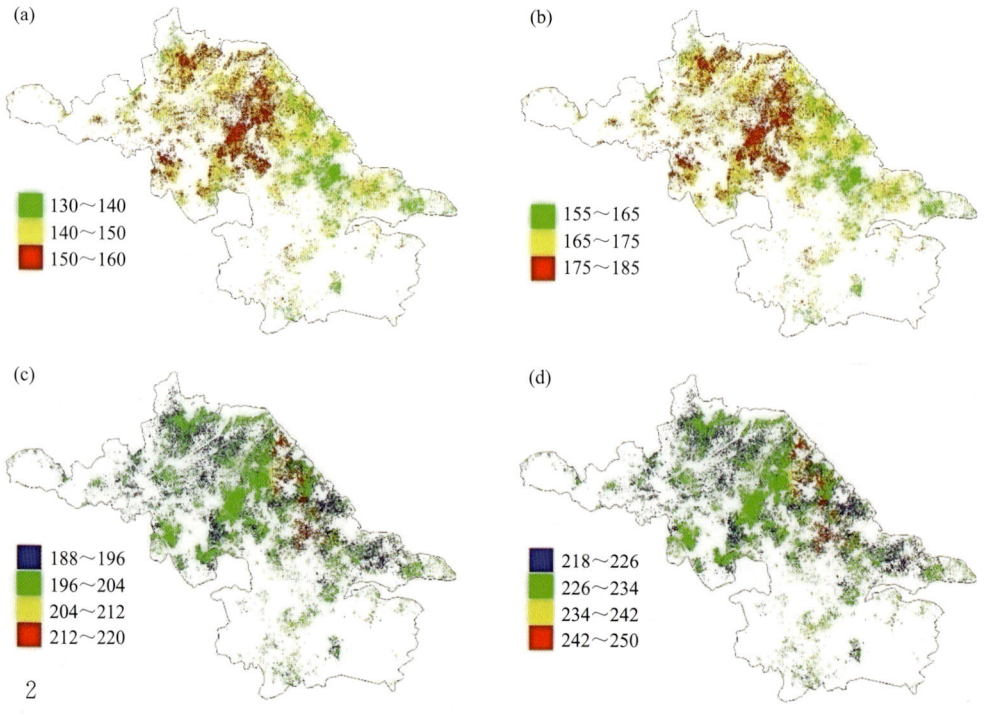

图 3.8 2010 年江苏地区生育期时空分布(单位:d)

(a)出苗期;(b)移栽期;(c)幼穗分化期;(d)抽穗期;(e)成熟期

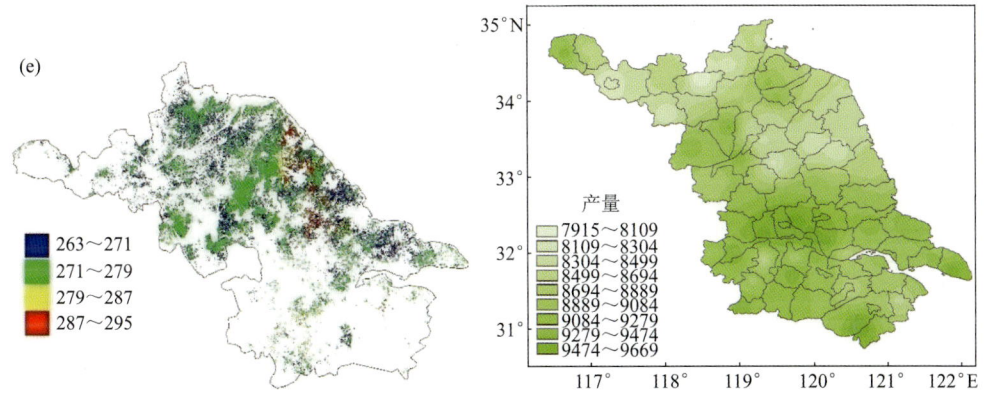

图6.9 2010年江苏地区生育期时空分布(单位:d)
(a)出苗期;(b)移栽期;(c)幼穗分化期;(d)抽穗期;(e)成熟期

图6.10 江苏省水稻产量模拟结果分布
(单位:kg·hm^{-2})

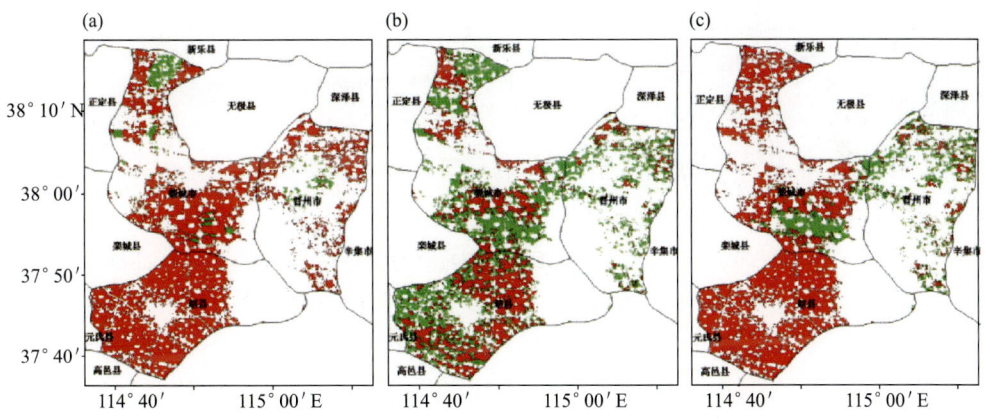

图9.2 RVM模型预测小麦白粉病(图中红色)发生空间分布图
(a)气象数据预测结果;(b)遥感数据预测结果;(c)遥感气象数据预测结果

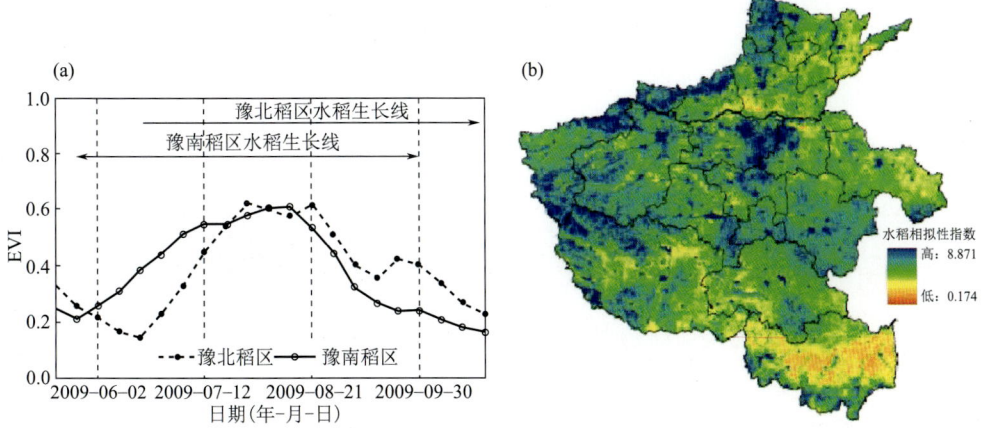

图10.9 豫北和豫南稻区EVI时序水稻生长线(a)和研究区水稻的相似性指数(b)(陈怀亮 等,2016)

3

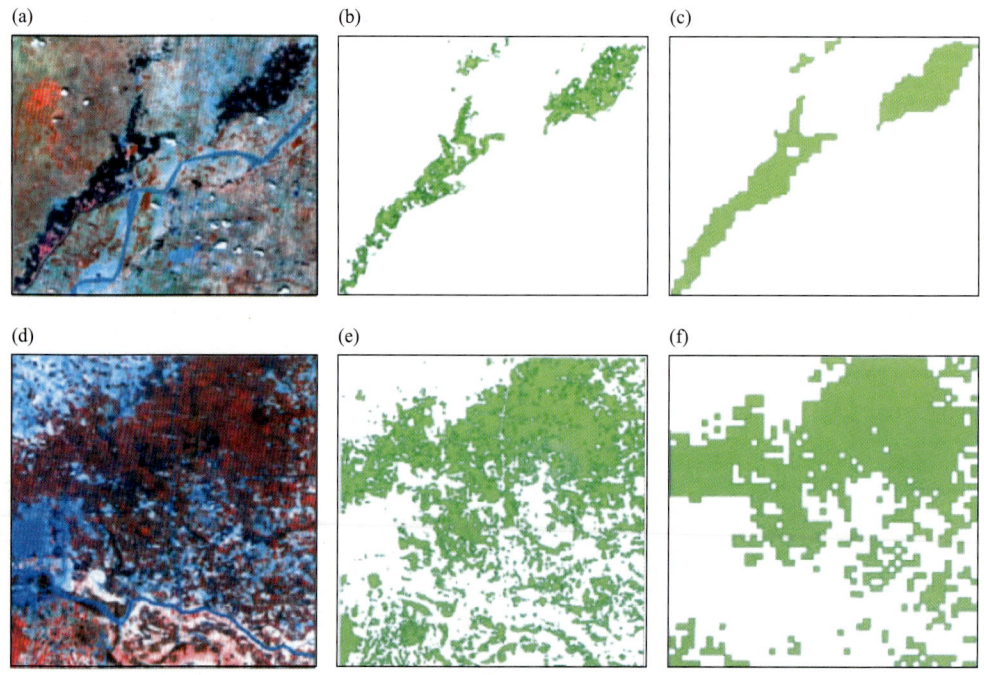

图 10.11 新乡—濮阳(区Ⅰ)和信阳(区Ⅱ)部分区域水稻分类图验证(陈怀亮 等,2016)
(a)、(b)、(c) 分别是区Ⅰ的 HJ-1A 假彩色合成(R:4;G:3;B:2)、HJ-1A 水稻分类图和 MODIS 水稻分类图;
(d)、(e)、(f) 分别是区Ⅱ的 HJ-1A 假彩色合成(R:4;G:3;B:2)、HJ-1A 水稻分类图和 MODIS 水稻分类图

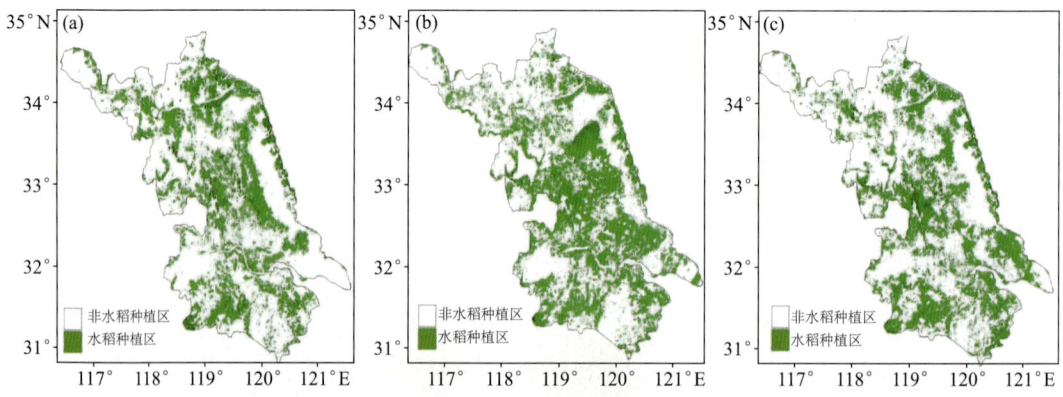

图 10.15 江苏省水稻分布图
(a)2009 年;(b)2010 年;(c)2011 年

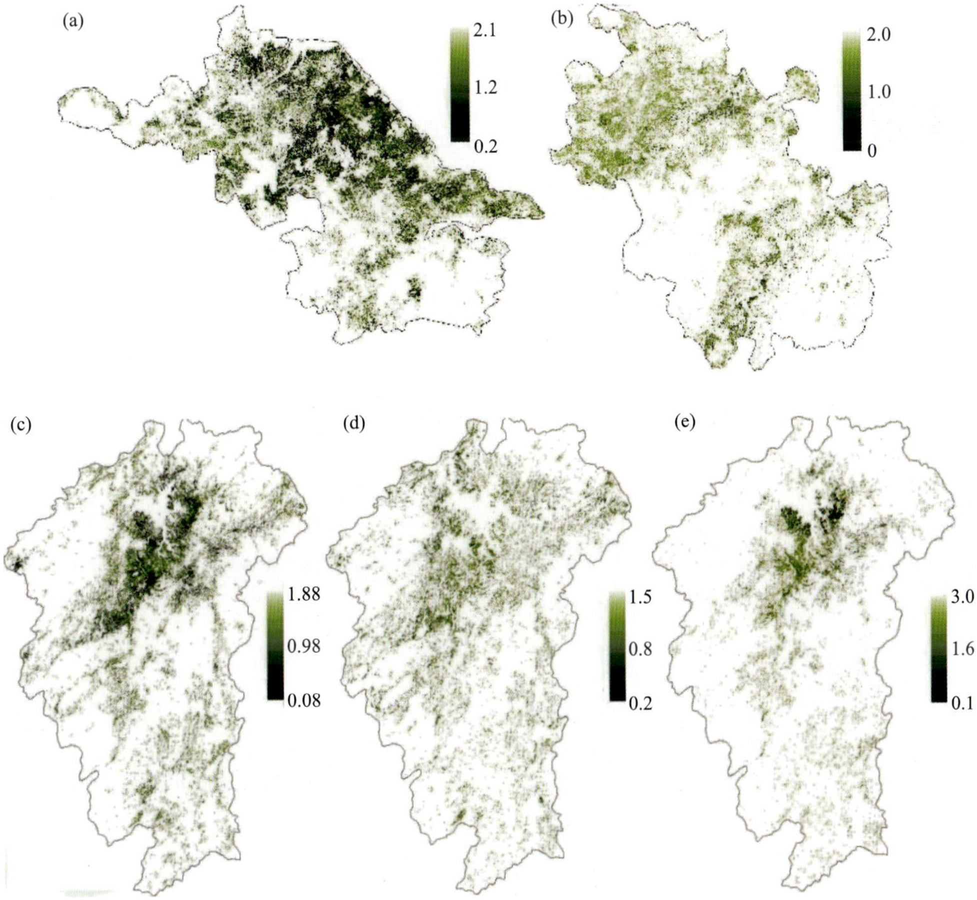

图 10.20 水稻相似性指数图
(a)江苏省；(b)安徽省；(c)江西省早稻；(d)江西省中稻；(e)江西省晚稻

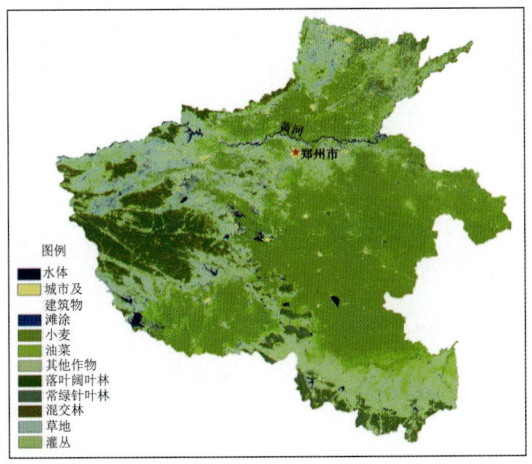

5

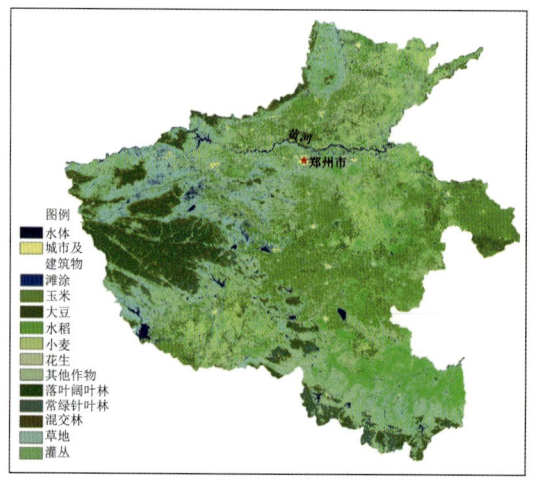

图 10.27　SVM 不同成熟期农作物分类图(陈怀亮 等,2016)

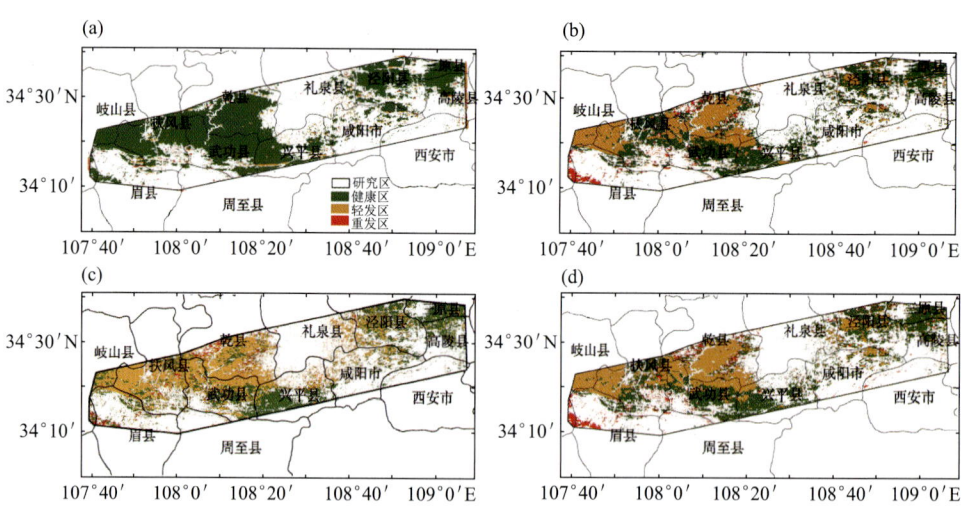

图 10.29　SVM 模型和 AdaBoost 模型监测小麦白粉病发病严重程度空间分布
(a)CA-SVM;(b)CA-AdaBoost;(c)mRMR-SVM;(d)mRMR-AdaBoost